前言
Preface

　　作業系統與 SoC（System on a Chip，系統級晶片）之間存在著緊密的聯繫。SoC 是一種高度整合的晶片，它將多個功能模組（如 CPU、GPU、NPU、記憶體等）整合在一個晶片上，以實現更高效的性能和更低的功耗。作業系統則負責管理這些硬體資源，確保它們得到合理的分配和使用。如果把晶片比作一個人的心臟的話，作業系統無疑是一個人的靈魂。

　　勢是未來發展的大勢。人工智慧、機器人、晶片自主、智慧駕駛等新一代資訊技術是當代智慧科技的主要表現。在這個百年未有之大變局的歷史機遇中，電腦底層教育的作用不言而喻，它是現代智慧科技發展的核心支柱。電腦底層的技術包含晶片設計、作業系統、編譯器、數學函式庫等內容。目前，中美競爭的加劇使高端晶片和作業系統設計成為眾所皆知的「鎖喉」技術，國家開始重視底層技術，越來越多的企業投入晶片和作業系統的研發，比如華為的海思晶片和萬物互聯導向的鴻蒙作業系統。但對開發者而言，一直以來，晶片和作業系統是兩個不同的領域。晶片從業者更多的是硬體工程師，作業系統從業者更多的是軟體工程師，在這之間還有嵌入式工程師，他們彼此合作，又各自安好。可是作業系統和晶片開發彼此是緊密相連、相互依存的，晶片提供資料處理等核心能力，作業系統調配晶片架構來驅動硬體工作。晶片的性能影響作業系統執行的流暢度，作業系統合理地調配資源也能挖掘晶片的潛在性能。

　　道是事物背後的規律。回顧歷史，每一次智慧終端機的發展，都會帶來翻天覆地的變化。從 PC 時代的個人電腦，開啟了數位化辦公與學習的先河；到網際網路時代的 WWW，將全球資訊緊密相連，徹底改變了資訊傳播的方式；再到行動網際網路時代的智慧型手機，讓資訊獲取與服務享受變得無處不在，極大提升了生活與工作的便捷性；直至現在的人工智慧時代，以智慧語音幫手、自動駕駛汽車等為代表的產品，正逐步重塑生產方式、服務模式乃至社會結構，引領世界邁向一個更加智慧化、自動化的未來。我們正在進入萬物智慧互聯的新世界，萬物智慧互聯的世界對傳統的晶片和作業系統提出了新的需求。順應時代發展，晶片和作業系統都出現了相應的革命，比如 OpenAI 的 ChatGPT、恩智浦新研究的跨界處理器、Google 新研究的 TPU 和 Fuchsia、華為新研究的鴻蒙等，它們都是為萬物智慧互聯新時代而生的新架構。

術是操作層面的方法。那麼，如何學習底層技術？作業系統包括的模組很多，包含記憶體管理、處理程序管理、檔案系統、同步機制等內容，晶片開發最基本的內容包括電源模組、時鐘模組、時間模組、中斷模組、接腳模組等，不同模組之間又是彼此連結的。想要精通這些模組，沒有好的學習方法，基本無從下手。雖然「Talk is cheap. Show me the code.」，但除非你本身就是做作業系統或晶片開發相關工作的，否則我不推薦你把相關原始程式通讀一遍，因為首先你在工作時間已經夠辛苦，工作之餘並沒有大量的時間去通讀，其次即使你啃完了程式，手頭的工作和底層關係也不大，沒有工作的實踐，過段時間還是會忘掉。

打通作業系統和晶片開發的過程，實際上是一個跨學科、跨領域的合作過程，需要作業系統開發人員和晶片設計工程師的緊密合作。儘管他們的工作背景和專長不同，但他們的目標是一致的，那就是提供高效、穩定、功能豐富的硬體和軟體解決方案。市場上有很多晶片開發和作業系統的書籍，但似乎都是針對純硬體或純軟體的內容，鮮有將二者相容的，以至於作業系統和晶片開發從業者很難再次提升自己的內功。本書重點在於打通作業系統和晶片開發，讓硬體工作者有機會走進軟體的大門，讓軟體工作者有機會理解底層的本質。總之，如果你有志於修煉底層內功，那麼本書將是你最好的選擇。

為什麼寫本書

畢業後我一直從事底層技術開發，從最初的驅動開發、核心開發、安卓 Framework 開發，再到晶片級的系統開發，一直對底層的本質原理有著濃厚的興趣，十多年的工作沉澱讓我對作業系統和晶片級的軟體開發有著一定的理解。我希望透過某種方式把自己的一些總結記錄下來，另外，我一直覺得如果把人比作電腦，人的大腦更像是 CPU，並不適合用來儲存記憶，特別是隨著時間的演進，經驗也會化作遺忘，所以需要有像硬碟一樣的東西把內容記錄下來，這也是我選擇寫書的原因之一。

那為什麼選擇寫打通作業系統和晶片開發的內容呢？我們知道，電腦行業是個變化極快的行業，特別是從事網際網路行業的朋友，經常面對技術的更新、開發語言的迭代，每天過得都很焦慮，隨著新人的入職、技術的變化，老人的技術經驗似乎無法得到發揮，這也是為什麼都說程式設計師有 35 歲失業風險的根本原因。那麼技術更新不那麼快的行業是不是就好點了呢？答案的確如此，比如更加接近底層的嵌入式行業、作業系統行業、晶片行業等都會比網際網路行業好很多，特別是同時懂軟體和硬體的工程師，甚至隨著時間的演進，越老越吃香，而且國家越來越重視底層技術的開發。即使是在網際網路行業，如果你對底層技術有著深厚的累積，依然可以很有競爭力，相當於有了武俠小說中所說的內功。一旦有了雄厚的內功，其他武功你一看就明白，一學就會，任何招式你和別人打出去的威力就不是一個等級。這種幫助無論對嵌入式開發者，還是對網際網路程式設計師都是非常明顯的。

學習最重要的是什麼？其實很簡單，好的資料，好的老師，然後花時間投入進去。現在人工智慧發展得很快，特別是大模型的出現，幾乎每個人都可以擁有自己的智慧幫手，完全可以利用人工智慧充當好的老師。好的老師有了，那學習資料呢？我剛畢業那會兒，學習資料很少，偏向底層的電腦書籍更是少之又少，只能透過閱讀程式的方式一邊理解，一邊猜測背後的邏輯，很痛苦。很羨慕現在的學生，無論是視訊、圖文，還是自媒體、紙質書，市面上的學習資料很多，大大降低了學習的門檻。但這也是最大的問題，資料太多帶來的篩選成本和學習成本也很高，而且我發現，市場上雖然有很多作業系統、Linux 核心、晶片開發的書籍，但彼此內容都是隔離的。晶片、硬體開發者中想了解軟體開發的人很多，但無法找到合適的書籍。軟體開發者想了解底層硬體技術原理，也無法找到合適的內容，這一度讓有志於挖掘底層技術原理的從業者無從下手。這也是我選擇寫本書的原因之一，希望本書能幫助一些人找到提升內功的抓手，借此機會在技術的道路上更上一層樓。

學習本書的好處

1. **有助順利通過大廠面試**。大廠面試通常非常注重技術深度。對底層技術的考查，能夠有效篩選出真正有實力的候選人。在面試中，很多面試者可能對應用層技術有一定的了解，但深入到作業系統原理、晶片架構等底層知識時，掌握這些知識的人相對較少。舉例來說，在作業系統方面，能夠深入講解處理程序排程演算法（如 CFS，完全公平排程演算法）、記憶體管理機制（如分頁和分段機制）的面試者會給面試官留下深刻印象。在晶片開發領域，如果了解晶片常用驅動等底層知識，那麼能夠在面試相關職位時展現出自己的專業度。這是因為大廠往往有自己的底層技術研發需求，大廠在實際專案中會遇到很多與底層技術相關的問題。舉例來說，軟體在執行時期出現性能瓶頸，可能與作業系統的記憶體分配不合理或 CPU 排程策略最佳化不夠有關。掌握底層技術的人能夠從根源上分析和解決這些問題，這在面試中透過案例分析等環節可以極佳地表現出來。

2. **拓寬技術職業方向**。作業系統和晶片開發等底層技術的變化相對緩慢。與應用層技術頻繁改朝換代不同，底層技術的核心原理和架構在較長時間內保持穩定。舉例來說，Linux 作業系統的核心架構雖然在不斷發展，但基本的處理程序管理、記憶體管理等核心機制變化不大。學習這些底層技術可以讓從業者在較長的職業生涯中保持技術的有效性和競爭力。

而且掌握底層技術能夠使從業者更容易實現技術遷移。無論是從不同行業領域之間擇業，還是從一種作業系統平臺轉向另一種，底層技術知識都能提供堅實的基礎。舉例來說，一個熟悉作業系統底層的開發者，在從傳統 PC 作業系統開發轉向行動作業系統開發時，能夠更快地理解和適應新的開發環境，因為行動作業系統的很多底層原理（如處理程序管理、資源排程）與傳統作業系統是相通的。在人工智慧時代亦是如此。

3. **緩解「35 歲失業」焦慮**。在技術行業，35 歲左右往往面臨年輕從業者的競爭壓力。學習作業系統和晶片開發等底層技術可以建立起較高的技術門檻。這些底層技術需要長時間的學習和實踐才能掌握，相比於年輕從業者普遍掌握的應用層技術，底層技術更能表現資深從業者的價值。舉例來說，在企業裁員時，能夠對作業系統核心進行最佳化或對晶片設計進行改進的技術人員，因其不可替代的技術能力，被裁掉的風險相對較低。

重磅推薦

業內專家

晶片與作業系統成為業界當下的熱點。然而，業界少有從打通作業系統和晶片開發角度講解的技術書籍。本書的特色在於挖掘 Linux 核心技術，剖析困難痛點，打通 Linux 作業系統與晶片開發鏈路，為嵌入式系統工程師、晶片設計工程師等從業者拓寬技術視野，助力晶片與作業系統關鍵領域技術人才的培養。

——上海交通大學特聘教授、OpenHarmony 技術指導委員會主席、華為中央軟體院副總裁、華為基礎軟體首席科學家，陳海波

這是一本少見的將核心（軟體）和晶片（硬體）貫穿在一起闡述相關原理及其實現的書籍，是作者的心血之作，對核心開發者和晶片設計者均有裨益。相信它可極大助力信創產業的發展。

——飛漫科技創始人，魏永明

作者是我多年未曾謀面的網友，一直致力於 Linux 系統下的最前線研發工作。令人欣喜的是，盼盼憑藉他多年的實戰經驗，深入剖析了從 Linux 作業系統到 SoC 晶片驅動的每一個環節，不僅詳細闡述了它們的運作原理，更是洞察了背後的深層邏輯。對那些渴望提升技術實力的技術同好來說，這無疑是一個極佳的起點，可成為升職加薪、進軍大廠的得力幫手！

——RT-Thread 創始人，熊譜翔

Linux 系統龐大而複雜，一個原因在於缺乏文件。閱讀原始程式當然是最本質的方法，但是你從哪個檔案開始？函式呼叫過程如何？你能理清楚這些，其實已經消耗了極多的時間。本書講解各個模組時，把它的主體呼叫過程羅列了出來，跟著本書可以快速掌握這些模組的主體框架、使用流程，然後再去閱讀原始程式會事半功倍。

——深圳百問網科技有限公司創辦人，韋東山

提前拜讀了盼盼的這本書，受益匪淺，該書的突出特點是文字簡練、結構清晰、內容翔實，很適合 Linux 開發者學習使用。

——CLK 導師團成員、Linux 核心多個專案的作者，宋寶華

作業系統方面的知識是電腦科學中迫切需要掌握的，而 Linux 核心是人類歷史上開放的，也是重要的和應用非常多的，因為它已經屬於全人類而非某人某公司某國家。作業系統是應用與硬體的橋樑。

盼盼是我認識很久的一位非常熱衷對作業系統和晶片進行研究的工程師，這本書表現了他累積的豐富的、寶貴的行業實踐經驗。本書對新一代的系統工程師來說是非常好的入門指南，因為它既有作業系統有關方面的知識，也有硬體晶片實操方面的內容介紹。祝讀者朋友們在閱讀這本書的過程中收穫快樂及能力提升。

——深度數智／鑑釋科技創始人，梁宇寧

如果大家想要了解 Linux 核心如何管理和驅動硬體的工作原理，相信這本書會給您帶來很多幫助。作者一直工作在開發最前線，書中很多內容都是作者的經驗總結，結合軟體程式和硬體原理講解，實踐性很強。這本書對不了解硬體的軟體工程師來說也是一個很好的知識補充。

——榮耀軟體工程技術負責人，趙俊民

　　作者是我多年的朋友，憑藉在國際頂尖科技公司多年的晶片開發和 Linux 核心經驗，他將複雜的晶片架構與作業系統機制以清晰、系統的方式呈現給讀者。這本書既適合晶片開發者理解作業系統，也適合 Linux 核心開發者深入硬體底層。

——八英哩電子科技有限公司創始人，王曉輝

　　我長期閱讀作者的「人人極客社區」微信公眾號，文章軟硬結合、圖文並茂、深入淺出、條分縷析，受益匪淺，推薦閱讀此書的讀者也去關注他的微信公眾號，定會收穫滿滿！

——泰曉科技 Linux 技術社區創始人，吳章金

　　本書的出版令人興奮，作者高屋建瓴，同時從晶片和作業系統角度講解技術，深入淺出地打通二者之間的關係，別具一格，對有志提升底層內功的朋友很有幫助，強烈推薦！

——銀河雷神特大型自研作業系統作者，謝寶友

行業媒體

　　Linux 幾乎是近些年中所有重要技術的基石。現代的技術裡上到各種流行的網際網路應用背景架構，下到各種晶片的開發都依賴 Linux 核心。本書幾乎涵蓋了 Linux 核心中的所有重要模組，既包括記憶體、處理程序、檔案系統等核心模組，也涵蓋了電源、時鐘、裝置、中斷等。對想系統學習 Linux 核心工作內部機制的同學來說，本書非常合適。

——微信公眾號「開發內功修煉」作者，張彥飛

這本書帶來一個全新的角度和想法，猶如一座橋樑，連接起了作業系統與晶片開發。作業系統偏「軟」，晶片開發偏「硬」，有了前面的作業系統的基礎，晶片開發自然水到渠成，不論是啟動過程，還是晶片的裝置管理。而晶片中和作業系統息息相關的硬體資源，如電源、時鐘、接腳、時間模組等，書中也有詳細的基礎講解和對應的操作過程。如此一來，便可以打通從晶片系統到硬體開發的所有步驟。

——達爾聞創始人，妮 mo

從書名可知，這本書是市面上少有的能夠同時講清 Linux 作業系統和底層 SoC 關鍵原理的圖書，硬體晶片是載體，軟體系統是靈魂，軟硬結合才是真正的嵌入式。作者在國際領先晶片原廠辛勤工作十餘年，對晶片內部的各個模組瞭若指掌，在此基礎上，作者充分挖掘了 Linux 核心實現之於硬體資源的關鍵應用，並且在實際開發過程中能夠做到上下一體，融會貫通，實屬難得。特別推薦！

——微信公眾號「痞子衡嵌入式」作者，痞子衡

很開心讀到這本書，市面上寫軟體的書不少，寫硬體的書也很多，但軟硬體結合來寫的作品較少。本書從 Linux 核心的記憶體管理、處理程序排程、檔案系統、系統呼叫等模組出發，逐層剖析作業系統的複雜機制；同時深入 SoC 晶片開發的關鍵環節，包括啟動流程、裝置模型、電源管理、時鐘控制和中斷處理等，將軟硬體開發的知識系統有機融合在一起。本書內容系統、細節豐富，既適合作業系統開發者深入學習，也為晶片開發工程師提供了一條從硬體原理到驅動實現的清晰路徑。無論是專案實踐還是學術研究，這本書都能幫助讀者理解從程式到晶片背後深藏的技術邏輯，打破軟硬體開發的門檻。

——微信公眾號「閃客」作者，閃客

嵌入式 Linux 的基礎知識很多，且非常繁雜，軟硬體知識都要掌握，使很多初學者無從下手。許多同學有心學習，但東學一點、西看一下，忙碌了大半年，連嵌入式的基礎都沒掌握，究其原因，還是因為沒有系統性地學習嵌入式

Linux 的重點知識。這本書的特點就是整理了嵌入式 Linux 的精華，讓初學者不再走彎路，跟著這本書中的基礎知識學習，再透過程式實踐起來，掌握嵌入式 Linux 開發將不再那麼困難。

——微信公眾號「strongerHuang」作者，黃工

我有過無數次想寫一本 Linux 圖書的衝動，又在無數次衝動之後停止了繼續行動。寫作是一件煩瑣且需要毅力的事，而技術書籍更是需要反覆推敲和打磨的，作者花費了大量時間和精力，終於完成了本書的架構以及撰寫，不僅為 Linux 底層開發者提供了最直接的技術資料，更提供了和資深技術開發者直接對話的視窗，非常值得推薦。

——微信公眾號「嵌入式 Linux」作者，韋啟發

本書是一本不可多得的技術佳作，深入剖析了 Linux 核心與 SoC 模組的開發。無論你是初學者還是資深工程師，這本書都將為你提供實用的知識和技巧，幫助你在嵌入式系統開發中遊刃有餘。讓我們一起探索 Linux 的無限可能。

——微信公眾號「良許 Linux」作者，良許

作業系統作為使用者與電腦硬體之間的橋樑，負責管理電腦的硬體元件，如 CPU、記憶體、硬碟等，確保這些資源被高效合理地使用，本書對作業系統最重要的子系統記憶體管理、處理程序管理、檔案系統、驅動等都做了詳細闡述，除此之外，本書還詳細講解了 Uboot 如何引導作業系統啟動。透過本書，大家可以掌握作業系統常用的管理機制，尤其是作業系統與晶片互動的細節，這是一本不可多得的好書。

——微信公眾號「一口 Linux」作者，彭丹

作為大專院校教師，我認為本書極具價值。作者從作業系統核心模組及 SoC 開發流程關鍵領域深入講解，基於實踐經驗、邏輯嚴謹、層層遞進，案例豐富實用，是理論與實踐結合的佳作，值得相關讀者研讀。

——微信公眾號「大魚機器人」作者，張巧龍

這本書從作業系統和 SoC，也就是軟體和硬體兩個角度對現代 MPU 和 Kernel 機制做了深度講解，我個人尤其感興趣的是 SMP 負載平衡和驅動模型、裝置樹部分。本書可謂緊接技術發展新趨勢，娓娓道來、深入淺出，可見作者對 MPU+Linux 技術堆疊的研發經驗豐富，見解頗深，推薦大家一讀。

——抖音號「朱老師硬科技學習」作者，朱有鵬

主要內容

全書共 13 章，作業系統部分包括記憶體管理、處理程序管理、檔案系統、同步管理，以及系統呼叫。SoC 部分包括 SoC 啟動的過程、裝置模型、裝置樹原理、電源模組、時鐘模組、接腳模組、時間模組和中斷模組，這些模組都是晶片執行的基本要求。作者站在最前線開發者的角度先剖析了 Kernel 6.6 的實現原理，然後結合恩智浦 i.MX9 晶片的 SoC 硬體原理，由淺入深地講解了作業系統和 SoC 的深層原理。

本書涵蓋以下主要內容。

第 1 章介紹記憶體管理，包括記憶體管理的機制、CPU 存取記憶體的過程、記憶體架構和記憶體模型、memblock 實體記憶體初始化和映射、實體記憶體的軟體劃分、分頁幀分配器的實現、快速分配之水位控制、快速分配之夥伴系統、慢速分配之記憶體碎片規整等。

第 2 章介紹處理程序管理，包括核心對處理程序的描述、使用者態處理程序、執行緒的建立，do_fork 函式的實現，處理程序的排程，SMP 的負載平衡等內容。

第 3 章介紹同步管理，包括原子操作、自旋鎖、訊號量、互斥鎖、RCU 等內容。

第 4 章介紹檔案系統，包括磁碟的物理結構、查看檔案系統、ext4 檔案系統、虛擬檔案系統的原理等。

第 5 章介紹系統呼叫，包括系統呼叫的定義，從核心態和使用者態講解系統呼叫的處理流程。

第 6 章介紹 SoC 啟動，從 Uboot 啟動前，到 Uboot 的初始化，再到 Kernel 的初始化。內容包括 SPL 的工作流程、ATF 的工作流程、Uboot 的過程，以及 Kernel 各個子系統的初始化流程。

第 7 章介紹裝置模型，這是進入研究裝置驅動的基礎，內容包括裝置模型的基石、裝置模型的探究，最後手把手和大家一起訂製一塊開發板。

第 8 章介紹裝置樹原理，包括裝置樹的基本用法、裝置樹的深度解析。

第 9 章介紹電源模組，這是作業系統在 SoC 上執行的動力來源，內容包括電源 power domain 的軟硬體實現、電源 runtime pm 的軟硬體實現等。

第 10 章介紹時鐘模組，這是作業系統在 SoC 上執行的「心跳」，內容包括時鐘控制器的硬體實現、時鐘子系統的實現、時鐘控制器的驅動實現。

第 11 章介紹接腳模組，這是作業系統在 SoC 上執行的「四肢」，用來連接其他外接裝置，內容包括 IOMUX 控制器的硬體實現、IOMUX 控制器的驅動實現，以及接腳裝置的驅動實現。

第 12 章介紹時間模組，這是作業系統在 SoC 上執行時期對外界的計時，內容包括時間子系統的架構、計時器和時鐘源的初始化、高解析度計時器 hrtimer、低解析度計時器 sched_timer。

第 13 章介紹中斷模組，這是作業系統在 SoC 上執行時期對外界的回饋，內容包括中斷控制器的硬體實現、中斷控制器的驅動實現、中斷下半部的實現過程。

目標讀者

本書包括晶片、自動駕駛、機器人、人工智慧、物聯網等核心生產力行業，適合 Linux 同好、Linux 核心開發者、作業系統工程師、硬體工程師、晶片工程師、BSP 工程師、嵌入式開發者、多媒體開發者、架構師，以及致力於向底層技術轉型的開發人員閱讀。

致謝

我用了四年時間打磨這本書，要感謝的人很多。

首先，要感謝自己和家人。工作之餘我幾乎把下班後和週末的時間全都花在這本書的寫作上，感謝自己的堅持和家人的理解，讓我有足夠的時間專心創作。

其次，要感謝我的粉絲，是你們一直以來的支援，讓我在微信公眾號有著繼續寫下去的動力，這個小小的圈子是我和你們一起成長的沃土，希望未來能夠繼續手挽手，一起創造更好的職業發展。

最後，還要感謝我所在的公司恩智浦半導體，以及一起共事的同事們。公司開放、求真務實、追求創新的特點，讓每個人能夠更進一步地平衡工作和生活。

推薦序

有幸收到本書的稿子，瀏覽書中的章節，看著一行一行的程式以及對應的文字解讀，不禁感慨電腦系統的複雜與精密。今天的電腦系統包含了幾十億行軟體程式，執行在包含著幾百億電晶體的晶片上。令人驚歎的是，如此複雜的系統卻能在毫微秒時間尺度上精確地運轉，這真是人類智慧的結晶。

今天新一輪人工智慧（AI）浪潮已經到來，深度神經網路、大模型等 AI 技術正在快速滲透到各行各業。如今的 AI 技術不僅能吟詩作畫，還能算題列表，甚至已能自動撰寫程式，大有替代人類的趨勢。那麼，AI 時代的來臨，對於電腦系統行業的從業者會有什麼影響？

我一邊翻閱著這本書稿，一邊思考著這個問題。書中一行行的程式與文字映入眼簾，不斷激發我的思緒，讓我在腦海中逐漸形成幾個不成熟的想法。

第一，即使 AI 時代到來，我相信電腦系統能力依然是一種不可或缺的核心能力，精通電腦系統依然將是一種核心競爭力。我很認同李國傑院士的觀點：「AI 是電腦技術的非平凡應用，而智慧化的前提是電腦化，目前還不存在脫離電腦的 AI」。因此，今天琳琅滿目的 AI 應用依然離不開晶片、作業系統、編譯器、數學函式庫等電腦底層技術。正如書中所言，如果你對底層技術有著深厚的累積，就相當於擁有了武俠片中的內功，一旦有了雄厚的內功，其他武功你一看就明白，一學就會，任何招式你和別人打出去的威力就不是一個等級。

Google 首席科學家傑夫•迪恩（Jeff Dean）博士便是一個擁有雄厚內功的典型案例：他博士期間從事程式語言研究，畢業後開展處理器微系統結構設計，加入 Google 後致力於資料中心分散式系統工作，之後轉向 AI 方向，領導 Google 大腦（Google Brain）。正是因為迪恩博士擁有堅實的電腦系統基礎，才能讓他不斷向上層跨越，成為一名全端式的國際領軍人才。

第二，AI 技術的快速發展，有望在未來影響越來越廣的行業，將會催生更大規模的算力需求。近年來一些諮詢機構預測，未來用於推理的算力需求將遠高於訓練算力，甚至可能高出 1~2 個數量級。然而，推理算力需求面臨一個挑戰，即需求碎片化——未來各類物品，小到寫字筆、手錶、檯燈，大到汽車、飛機、衛星等等，都將嵌入具備不同 AI 推理能力的晶片與系統。

如何應對如此多樣化的需求，一方面需要透過 AI 技術、開放原始碼模式不斷降低訂製晶片與系統的設計門檻，另一方面則需要賦能更多中小微團隊具備晶片與系統訂製化能力。因此，掌握作業系統與 SoC 開發能力，將在 AI 時代更具競爭力。

第三，如果未來 AI 可以自動設計晶片、自動設計作業系統、自動設計整個電腦系統，那是否表示未來不再需要電腦系統人才？對於這個問題，西蒙·溫徹斯特所著的《追求精確》一書也許可以給我們一些啟示。溫徹斯特認為，我們生活的世界可劃分為一個精確的世界和一個非精確的世界。精確世界，包括機械、控制、精密儀器等領域；非精確世界，則包括人文、藝術、媒體、娛樂等領域。從目前 AI 技術能力來看，還是更適用於非精確世界。

當前似乎已是無所不能的 AI 技術能用來實現多高的精確度呢？如果要實現一套極致精確度的機器或系統（如毫微秒級精準控制、10～15 等級容錯度），設計者又是否敢完全交付給 AI 技術來做決策與控制？我想大機率現在還不敢。如今的電腦系統，可歸類到精確世界中，因為這是一個幾十億行程式以毫微秒時間尺度精確執行在包含幾百億電晶體的晶片上的系統，在每秒鐘執行幾十億行指令的高速運轉條件下要保證幾個月甚至幾年不能出錯。當 AI 技術無法百分之百保證如此高的精確度，那就必定需要人類參與，必定需要人類對設計結果簽字負責。因此，我相信在未來一段時間內，AI 技術仍然會是人類工程師的幫手，而非替代者。

如何將 AI 幫手的能力充分發揮好，這需要我們人類對電腦系統本身有更深刻的認識與理解。期待這本書的讀者能成為未來 AI 時代電腦系統的駕馭者。

包雲崗

中國科學院計算技術研究所副所長/研究員

2025 年 1 月 22 日

目錄

第 1 章　記憶體管理

1.1　記憶體管理的機制 1-2
    1.1.1　分段機制 1-2
    1.1.2　分頁機制 1-3
1.2　CPU 存取記憶體的過程 1-4
    1.2.1　PN/PFN/PT/PTE 1-5
    1.2.2　MMU 中的 TLB 和 TTW 1-5
    1.2.3　一級分頁表映射過程 1-7
    1.2.4　為什麼使用多級分頁表 1-8
1.3　記憶體架構和記憶體模型 1-9
    1.3.1　Linux 記憶體模型 1-11
    1.3.2　Linux 記憶體映射 1-12
1.4　memblock 實體記憶體的初始化 1-14
    1.4.1　early boot memory 1-14
    1.4.2　memblock 的資料結構 1-15
    1.4.3　memblock 的初始化 1-18
1.5　memblock 實體記憶體的映射 1-23
    1.5.1　paging_init 函式 1-23
    1.5.2　create_pgd_mapping 函式 1-25
1.6　實體記憶體的軟體劃分 1-28
    1.6.1　劃分的資料結構 1-31
    1.6.2　劃分的初始化 1-34
1.7　分頁幀分配器的實現 1-38
1.8　分頁幀分配器的快速分配之水位控制 1-49

15

	1.8.1	水位的初始化 1-51
	1.8.2	水位的判斷 1-54
1.9	分頁幀分配器的快速分配之夥伴系統 1-55
	1.9.1	相關的資料結構 1-57
	1.9.2	夥伴演算法申請分頁 1-59
	1.9.3	夥伴演算法釋放分頁 1-62
1.10	分頁幀分配器的慢速分配之記憶體回收 1-63
	1.10.1	資料結構 1-63
	1.10.2	程式流程 1-66
1.11	分頁幀分配器的慢速分配之記憶體碎片規整 1-68
	1.11.1	什麼是記憶體碎片化 1-68
	1.11.2	規整碎片化分頁的演算 1-69
	1.11.3	資料結構 1-71
	1.11.4	規整的三種方式 1-72

第 2 章　處理程序管理

2.1	核心對處理程序的描述 2-1
	2.1.1 透過 task_struct 描述處理程序 2-1
	2.1.2 如何獲取當前處理程序 2-3
2.2	使用者態處理程序 / 執行緒的建立 2-3
	2.2.1 fork 函式 2-4
	2.2.2 vfork 函式 2-6
	2.2.3 pthread_create 函式 2-7
	2.2.4 三者之間的關係 2-9
2.3	do_fork 函式的實現 2-10
	2.3.1 copy_process 函式 2-10
	2.3.2 wake_up_new_task 函式 2-17
2.4	處理程序的排程 2-20
	2.4.1 處理程序的分類 2-20
	2.4.2 排程相關的資料結構 2-20

	2.4.3	排程時刻 2-25
	2.4.4	排程演算法 2-30
	2.4.5	CFS 排程器 2-33
	2.4.6	選擇下一個處理程序 2-36
	2.4.7	處理程序上下文切換 2-40
2.5	多核心系統的負載平衡 2-43
	2.5.1	多核架構 2-43
	2.5.2	CPU 拓撲 2-44
	2.5.3	排程域和排程組 2-48
	2.5.4	何時做負載平衡 2-53
	2.5.5	負載平衡的基本過程 2-55

第 3 章　同步管理

3.1	原子操作 3-2
3.2	自旋鎖 3-4
3.3	訊號量 3-7
3.4	互斥鎖 3-9
3.5	RCU 3-11

第 4 章　檔案系統

4.1	磁碟 4-1
	4.1.1	磁碟類型 4-1
	4.1.2	磁碟讀寫資料 4-2
4.2	磁碟的分區 4-2
4.3	磁碟上資料的分佈 4-4
4.4	查看檔案系統的檔案 4-5
	4.4.1	檔案系統物件結構 4-6
	4.4.2	查看分區資訊 4-7
	4.4.3	查看超級區塊 4-9
	4.4.4	查看區塊群組描述符號 4-10

4.5 ext4 檔案系統 4-11
4.5.1 磁碟版面配置 4-11
4.5.2 ext3 版面配置 4-12
4.5.3 ext4 中的 inode 4-14
4.5.4 ext4 檔案定址 4-17
4.6 查詢檔案 test 的過程 4-17
4.7 虛擬檔案系統 4-20
4.7.1 檔案系統類型（file_system_type） 4-21
4.7.2 超級區塊（super_block） 4-21
4.7.3 目錄項（dentry） 4-23
4.7.4 索引節點（inode） 4-24
4.7.5 檔案物件（file） 4-25

第 5 章 系統呼叫
5.1 系統呼叫的定義 5-1
5.2 系統呼叫的處理流程 5-4
5.2.1 使用者態的處理 5-6
5.2.2 核心態的處理 5-7

第 6 章 SoC 啟動
6.1 Uboot 啟動前的工作 6-1
6.1.1 連結指令稿和程式入口 6-2
6.1.2 鏡像容器 6-6
6.1.3 SPL 的啟動 6-9
6.1.4 ATF 的啟動 6-12
6.2 Uboot 的初始化過程 6-13
6.2.1 Uboot 的啟動 6-13
6.2.2 Uboot 驅動的初始化 6-15
6.2.3 Uboot 的互動原理 6-16
6.3 kernel 的初始化過程 6-23

		6.3.1	核心執行的第一行程式	6-24
		6.3.2	head.S 的執行過程	6-28
		6.3.3	內核子系統啟動的全過程	6-32

第 7 章　裝置模型

	7.1	裝置模型的基石	7-1
		7.1.1	裝置模型是什麼	7-2
		7.1.2	裝置模型的實現	7-3
	7.2	裝置模型的探究	7-7
		7.2.1	匯流排、裝置和驅動模型	7-7
		7.2.2	裝置樹的出現	7-12
		7.2.3	各級裝置的展開	7-15

第 8 章　裝置樹原理

	8.1	裝置樹的基本用法	8-1
		8.1.1	裝置樹的結構	8-2
		8.1.2	裝置樹的語法	8-3
	8.2	裝置樹的解析過程	8-8
	8.3	裝置樹常用 of 操作函式	8-14
		8.3.1	查詢節點的 of 函式	8-14
		8.3.2	查詢父 / 子節點的 of 函式	8-17
		8.3.3	提取屬性值的 of 函	8-18
		8.3.4	其他常用的 of 函式	8-22

第 9 章　電源模組

	9.1	電源子系統的 power domain	9-2
		9.1.1	power domain 的硬體實現	9-2
		9.1.2	power domain 的軟體實現	9-4
	9.2	電源子系統的 runtime pm	9-9
		9.2.1	runtime pm 在核心中的作用	9-9

9.2.2　runtime pm 的軟體流程 9-12

9.2.3　suspend/resume 的過程 9-18

第 10 章　時鐘模組

10.1　時鐘控制器的硬體實現 10-1

10.1.1　Clock Source 10-2

10.1.2　Clock Root 10-4

10.1.3　Clock Gate 10-6

10.2　時鐘控制器的驅動實現 10-8

10.3　時鐘子系統的實現 10-22

10.3.1　時鐘子系統之 Clock Provider 10-23

10.3.2　時鐘子系統之 Clock Consumer 10-28

第 11 章　接腳模組

11.1　IOMUX 控制器的工作原理 11-2

11.1.1　IOMUX 控制器的硬體實現 11-5

11.1.2　接腳的使用 11-7

11.2　pinctrl 驅動和 client device 使用過程 11-9

11.2.1　pinctrl_desc 結構 11-10

11.2.2　IOMUX 控制器驅動初始化 11-14

11.2.3　client device 使用過程 11-18

第 12 章　時間模組

12.1　計時器和計時器的初始化 12-3

12.1.1　local timer 的初始 12-5

12.1.2　system counter 的初始化 12-6

12.2　計時器的應用 12-7

12.2.1　高解析度計時器 12-8

12.2.2　低解析度計時器 12-12

12.2.3　sched_timer 12-14

第 13 章　中斷模組

13.1 中斷控制器（GIC）硬體原理 13-2
    13.1.1　GIC v3 中斷類別 13-2
    13.1.2　GIC v3 組 13-3
    13.1.3　中斷路由 13-5
    13.1.4　中斷處理狀態機 13-6
    13.1.5　中斷處理流程 13-6

13.2 中斷控制器的驅動實現 13-7

13.3 中斷的映射 13-11
    13.3.1　資料結構 13-13
    13.3.2　中斷控制器註冊 irq_domain 13-19
    13.3.3　外接裝置硬中斷和虛擬中斷編號的映射關係 13-19

13.4 中斷的註冊 13-21

13.5 中斷的處理 13-23
    13.5.1　保護現場 13-25
    13.5.2　中斷處理 13-26
    13.5.3　恢復現場 13-30

第 1 章
記憶體管理

　　在作業系統的發展歷史中，程式的儲存和執行方式經歷了顯著的演變。在作業系統尚未誕生之時，程式被編碼在紙帶上，這種物理媒體上的程式需要電腦逐筆讀取並執行，這種方式被稱為「紙帶程式設計」。顯然這種直接從外部儲存媒體（紙帶）上讀取並執行指令的方式效率極低，且受限於紙帶的物理容量和讀取速度。

　　隨著技術的進步、記憶體的發明和應用，程式執行的方式發生了根本性的變化。程式在執行前需要被載入到記憶體，然後 CPU 從記憶體中讀取指令並執行，這就是所謂的「儲存的程式」概念。這一轉變極大地提高了程式執行的效率，並為後來作業系統的快速發展奠定了基礎。

　　在記憶體管理技術的演進過程中，為了提高記憶體使用率和系統性能，出現了多種記憶體管理機制。其中，分頁機制（Paging）是一項重要技術，它將記憶體劃分為固定大小的分頁（Page），並透過分頁表（Page Table）來管理這些分頁與實體記憶體位址之間的映射關係。分頁機制使得作業系統能夠更加靈活地管理記憶體，支援虛擬記憶體（Virtual Memory）技術，從而允許程式使用的記憶體空間超過實際實體記憶體的大小。

1.1 記憶體管理的機制

為了提高記憶體使用率、最佳化記憶體存取，以及滿足不同的記憶體管理需求，記憶體管理採用了分段機制和分頁機制。分段機制和分頁機制在記憶體管理中各有其獨特的作用和優點。分段機制偏重於邏輯資訊的劃分和重定位，而分頁機制則更偏重於記憶體的靈活分配、虛擬記憶體的實現，以及記憶體安全的保護。兩者相互補充，共同組成了現代電腦系統中複雜而高效的記憶體管理系統。

1.1.1 分段機制

在 Linux 作業系統中，分段（Segmentation）機制的核心思想是為每個處理程序或程式建立一個或多個邏輯上的連續記憶體區段，並將這些區段的虛擬位址映射到實體記憶體位址空間。這種機制允許作業系統為不同的處理程序提供獨立的位址空間，從而解決了處理程序位址空間保護問題。

處理程序位址空間保護：透過分段機制，處理程序 A 和處理程序 B 會被映射到不同的物理位址空間，確保它們的物理位址不會重疊。這確保了每個處理程序只能存取自己的記憶體區段，從而防止處理程序之間的非法存取和衝突。

越界存取和異常處理：當一個處理程序試圖存取未映射的虛擬位址空間或不屬於自己的虛擬位址空間時，CPU 會捕捉這種越界存取，並觸發一個異常。CPU 將通知作業系統這個異常，作業系統隨後會處理這個異常，通常是透過終止處理程序或採取其他恢復措施來處理的。這個異常就是我們通常所說的「缺頁異常」，儘管在分段機制的上下文中，更準確的術語可能是「區段錯誤」或「區段違例」。

虛擬位址和遷移性：分段機制使得處理程序可以透過虛擬位址來存取其記憶體區段，而無須關心物理位址空間的版面配置。這極大地簡化了程式的撰寫和記憶體存取，同時也使得程式能夠無縫地遷移到不同的作業系統中，前提是目標作業系統支援相同的分段機制和虛擬位址空間管理。

記憶體區段和記憶體管理：分段機制將處理程序的虛擬位址空間劃分為多個區段，如程式碼部分、資料區段、堆積區段和堆疊區段等。這些區段的物理位址可以不連續，這有助解決記憶體碎片問題，但也可能導致外部碎片的產生。系統需要為每個處理程序的各個區段合理分配物理位址空間，以確保足夠的記憶體資源用於執行處理程序，並避免潛在的記憶體存取衝突。

記憶體使用效率：雖然分段機制為處理程序提供了獨立的位址空間和更好的記憶體管理，但它的記憶體使用效率仍然較低。這是因為分段機制對虛擬記憶體到實體記憶體的映射仍然以整個處理程序為單位。當系統記憶體不足時，作業系統通常需要將整個處理程序的所有區段都換出到磁碟上，以釋放記憶體空間。這種做法會導致大量的磁碟 I/O 操作，從而影響系統的整體性能。為了提高記憶體使用效率和系統性能，現代作業系統通常結合使用分段機制和分頁機制來更有效地管理記憶體資源。

1.1.2 分頁機制

分頁機制的核心思想：分頁機制將分段機制中的「區段」進一步細化為「分頁」（Page）。處理程序的虛擬位址空間被劃分為固定大小的分頁，通常為 4KB（儘管現代 CPU 支援多種分頁大小，如 4KB、16KB、64KB 等）。常用的資料和程式以分頁為單位駐留在記憶體中，而不常用的分頁則被交換到磁碟上，從而節省實體記憶體空間。這種以分頁為單位的記憶體管理方式比分段機制更為高效。

實體記憶體與分頁幀：實體記憶體也被劃分為同樣大小的分頁，這些分頁被稱為物理分頁（Physical Page）或分頁幀（Page Frame）。為了管理這些分頁幀，作業系統為每個分頁幀分配一個唯一的編號，即分頁幀號碼（Page Frame Number，PFN）。

虛擬位址與虛擬分頁：處理程序中的虛擬位址空間被劃分為虛擬分頁（Virtual Page）。當處理程序需要存取某個虛擬位址時，CPU 首先根據分頁表（Page Table）將該虛擬位址映射到對應的物理分頁幀號碼，然後透過物理分頁幀號碼找到實際的實體記憶體位址，並進行存取。

大分頁（Huge Page）機制：隨著電腦系統記憶體容量的不斷增加，特別是伺服器上使用的以 TB 為單位的記憶體，使用傳統的 4KB 分頁大小可能會產生性能上的缺陷。為了解決這個問題，現代處理器支援大分頁機制。大分頁允許作業系統以更大的單位（如 2MB 或 1GB）來管理記憶體，從而減少了分頁表的大小和存取分頁表的次數，提高了記憶體存取的效率。舉例來說，Intel 的至強處理器就支援以 2MB 和 1GB 為單位的大分頁。這種機制對於需要大量記憶體存取的應用程式特別有效，可以顯著提高應用程式的執行效率。

分頁機制是現代作業系統中用於管理記憶體的一種關鍵技術，其實現依賴於硬體的支援。在 CPU 內部，存在一個關鍵的硬體單元負責處理虛擬位址到物理位址的轉換，這個單元通常被稱為記憶體管理單元（Memory Management Unit，MMU）。

1.2 CPU 存取記憶體的過程

MMU（記憶體管理單元）是現代 CPU 設計中的關鍵元件，通常作為 CPU 的標準配置而非可選項。MMU 的核心職責是實現虛擬位址（Virtual Address）與物理位址（Physical Address）之間的映射轉換，並管理記憶體存取權限，確保系統安全和穩定。

當處理器嘗試存取一個虛擬位址時，這個位址會被發送到 MMU。MMU 會檢查其內部的分頁表（Page Table）或 TLB（Translation Lookaside Buffer，轉譯後備緩衝器），以查詢該虛擬位址對應的物理位址。如果找到了匹配項，MMU 會將物理位址發送給記憶體控制器，完成資料存取。如果未找到匹配項（即發生了缺頁異常），MMU 會通知作業系統，作業系統隨後會處理這個異常，例如透過將相應的物理分頁載入到記憶體中，並更新分頁表。

在分頁機制中，程式可以在虛擬位址空間自由分配虛擬記憶體。但是，只有當程式實際嘗試存取或修改這些虛擬記憶體時（即觸發了一個分頁引用），作業系統才會為其分配實體記憶體。這個過程被稱為請求調分頁或隨選調分頁

（Demand Paging）。如果請求的分頁尚未被載入到實體記憶體中，則會引發一個缺頁異常。作業系統會捕捉這個異常，並執行必要的分頁載入操作，然後重新執行導致異常的指令。透過這種方式，作業系統可以高效率地管理實體記憶體資源，確保只有真正需要的分頁才會被載入到記憶體中。

1.2.1 PN/PFN/PT/PTE

虛擬位址 VA[31:0] 的組成可精細地劃分為兩部分：其一，VA[11:0] 代表虛擬分頁內的偏移量，以常見的 4KB 分頁大小為例，這部分位址直接指向分頁內的具體位元組位置；其二，剩餘的高位元部分則用於標識該位址所屬的虛擬分頁，被稱為虛擬分頁幀號碼（Virtual Page Frame Number，VPN）。

同樣地，物理位址 PA[31:0] 的組成也遵循類似的原則：PA[11:0] 表示物理分頁內的偏移量，直接映射到實體記憶體中的具體位置；而高位元部分則標識物理分頁的唯一編號，即物理分頁幀號碼（Physical Page Frame Number，PFN）。

MMU（記憶體管理單元）的核心職責就是將 VPN 轉為 PFN，以實現虛擬位址到物理位址的轉換。為完成這一任務，處理器使用了一種稱為分頁表（Page Table，PT）的資料結構來儲存 VPN 到 PFN 的映射關係。分頁表中的每一項記錄，即分頁表項（Page Table Entry，PTE），均詳細描述了某個虛擬分頁與物理分頁之間的映射詳情。

由於分頁表可能相當龐大，若將其整體存放於暫存器中，將極大地佔用硬體資源，因此，實踐中通常採用將分頁表置於主記憶體中的做法，並透過分頁表基底位址暫存器（Translation Table Base Register，TTBR）來指向分頁表的起始位址。這樣，當處理器需要存取某個虛擬位址時，只需透過 TTBR 定位到相應的分頁表項，再從中獲取對應的 PFN，即可完成虛擬位址到物理位址的轉換。

1.2.2 MMU 中的 TLB 和 TTW

先透過圖 1-1 來看看 CPU 是如何進行記憶體定址的。

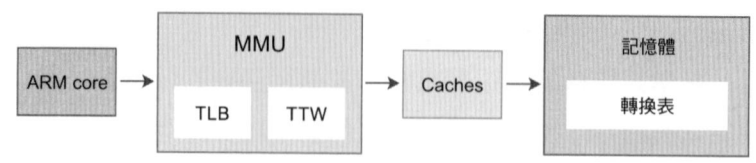

▲圖 1-1 CPU 記憶體定址的過程

在現代處理器中，軟體使用虛擬位址存取記憶體，而處理器的 MMU 負責把虛擬位址轉為物理位址。程式可以對底層的物理位址一無所知，物理位址也可以不連續，不妨礙映射連續的虛擬位址空間。為了完成這個映射過程，軟體和硬體要共同維護一個多級映射分頁表。

TLB 專門用於快取已經翻譯好的分頁表項，一般在 MMU 內部。TLB 是一個很小的快取記憶體，TLB 記錄（TLB Entry）數量比較少，每個 TLB 記錄包含一個分頁的相關資訊，如有效位元、VPN、修改位元、PFN 等。有的教科書把 TLB 稱為快表，當處理器存取記憶體時先從 TLB 中查詢是否有對應的記錄。當 TLB 命中時，處理器就不需要到 MMU 中查詢分頁表了。

如果沒有 TLB，虛擬位址的映射關係只能從映射的分頁表中查詢，這樣會頻繁存取記憶體，降低系統映射性能。

當 TLB 沒有命中時，那麼 MMU 內的專用硬體使其能夠讀取記憶體中的映射表，並將新的映射資訊快取到 TLB 中，這就是 TTW。

當處理器要存取一個虛擬位址時，首先會在 TLB 中查詢。如果 TLB 中沒有相應的記錄（即 TLB 未命中），那麼需要存取分頁表來計算出相應的物理位址（由 TTW 來完成）；如果 TLB 中有相應的記錄（即 TLB 命中），那麼直接從 TLB 記錄中獲取物理位址。

TLB 的基本單位是 TLB 記錄，TLB 容量越大，所能存放 TLB 的記錄越多，TLB 的命中率就越高。圖 1-2 示意了 CPU 定址記憶體的流程。

圖 1-2 總結了 CPU 定址記憶體的流程：首先使用 MMU（記憶體管理單元）透過 TLB（轉譯後備緩衝器，也稱為快表）查詢虛擬位址對應的物理位址映射關係。若 TLB 命中，則直接獲取物理位址並存取；若未命中，則查詢分頁表，

分頁表命中則獲取物理位址並更新 TLB 以加速後續存取；分頁表未命中則觸發缺頁中斷，系統隨後進行調分頁處理，包括申請實體記憶體並在成功時更新分頁表。

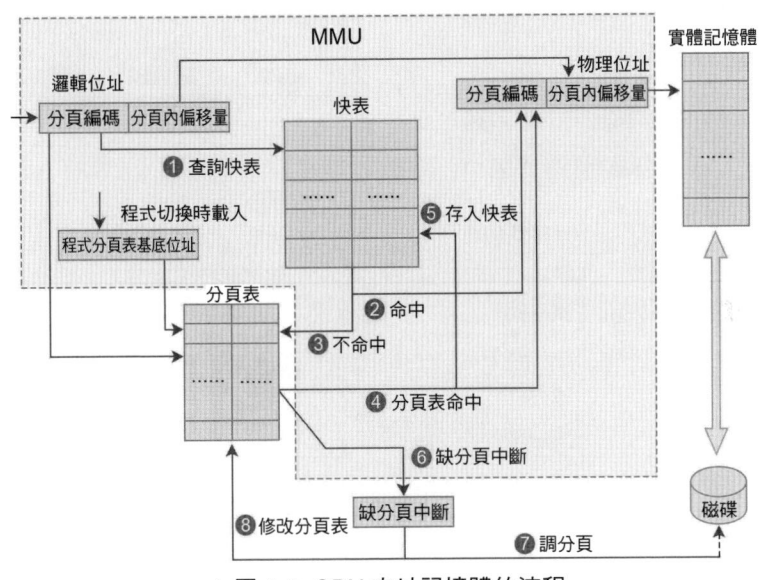

▲ 圖 1-2 CPU 定址記憶體的流程

1.2.3 一級分頁表映射過程

對於記憶體分頁的管理，不論是虛擬分頁還是物理分頁，每一個分頁內部的位址空間均保持連續性，這是分頁式記憶體管理的基本特性。這種連續性確保了虛擬分頁和物理分頁之間可以建立一一對應的關係。

在這種映射關係中，虛擬記憶體位址和實體記憶體位址的低位元部分（即位址的最後幾位元）是相等的，因為這部分位址代表了分頁內各位元組的相對位置，對於 4KB（即 2 的 12 次方位元組），位址的最後 12 位元自然表示了分頁內的偏移量（Offset）。偏移量具體指示了資料在所屬分頁內的位置。而位址的高位元部分，則被稱為分頁號碼（或分頁編號），如圖 1-3 所示。在 Linux 系統中，作業系統透過分頁表（Page Table）來記錄和維護虛擬分頁號碼與物理分頁號碼之間的映射關係，而非直接記錄分頁編號的對應關係。分頁表是記憶體管理單元（MMU）用於實現虛擬位址到物理位址轉換的關鍵資料結構。透過分頁表，作業系統可以有效地管理和利用虛擬記憶體空間，實現程式的隔離和記憶體的動態分配。

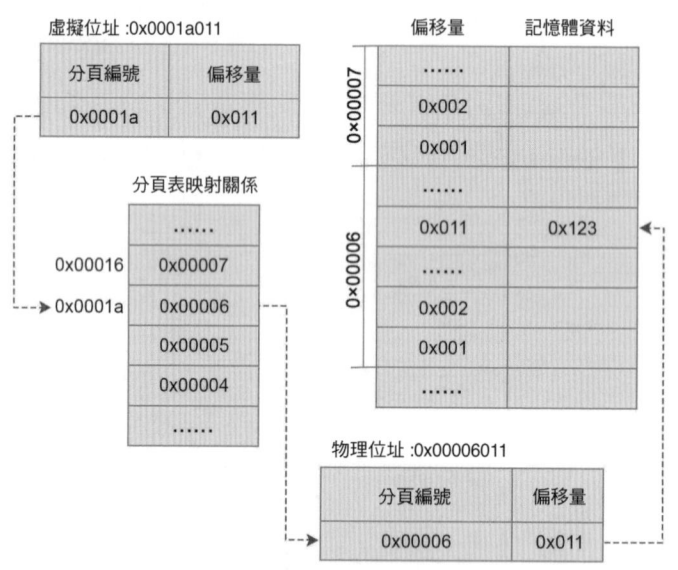

▲ 圖 1-3 一級分頁表映射過程

1.2.4 為什麼使用多級分頁表

記憶體分頁機制的核心在於精確地管理處理程序虛擬分頁與物理分頁之間的映射關係。Linux 作業系統透過分頁表（Page Table）來記錄並維護這種映射關係。分頁表的設計實現了上層抽象記憶體空間與底層實體記憶體空間的解耦，為 Linux 提供了高度靈活的記憶體管理手段。

在 Linux 中，由於每個處理程序都擁有一套獨立的虛擬記憶體位址空間，因此每個處理程序都對應一個分頁表。為了保證位址轉換的效率和速度，分頁表同樣被儲存在記憶體中。分頁表的實現方式多種多樣，其中最簡單直觀的方式是將所有映射關係記錄在一個連續的線性清單中。

然而，這種單一的連續分頁表需要為每一個潛在的虛擬分頁預留記錄空間，而在實際執行中，一個處理程序所使用的虛擬位址空間往往遠小於其分配到的最大空間。舉例來說，處理程序空間中的堆疊和堆積雖然預留了增長的空間，但通常不會完全佔用整個處理程序空間。因此，使用連續分頁表會導致大量未使用的記錄項目，造成記憶體資源的浪費。

因此，Linux 採用了多級分頁表（也稱為多層分頁表）的設計。多級分頁表透過樹狀結構來組織映射關係，有效減少了分頁表所需的儲存空間，各級分頁表的名稱如表 1-1 所示。從 Linux 2.6.11 版本開始，Linux 普遍採用了四級分頁模型，這種設計不僅減少了記憶體佔用，還提高了位址轉換的效率和靈活性。

▼表 1-1　各級分頁表名稱

名稱	描述
頁全域目錄	PGD（Page Global Directory）
頁上級目錄	PUD（Page Upper Directory）
頁中間目錄	PMD（Page Middle Directory）
頁表	PTE（Page Table）
頁內偏移	Page offset

1.3　記憶體架構和記憶體模型

現行的記憶體架構主要有以下兩種。

- UMA：Uniform Memory Access，一致性記憶體存取

從圖 1-4 可以看出，這裡有 4 個 CPU，都有 L1 快取記憶體，其中 CPU0 和 CPU1 組成一個簇（Cluster0），它們共用 L2 快取記憶體。另外，CPU2 和 CPU3 組成一個簇（Cluster1），它們共用另外一個 L2 快取記憶體。4 個 CPU 共用同一個 L3 快取記憶體。最重要的一點是，它們可以透過系統匯流排來存取實體記憶體 DDR。當處理器和核心變多的時候，記憶體頻寬將成為瓶頸。

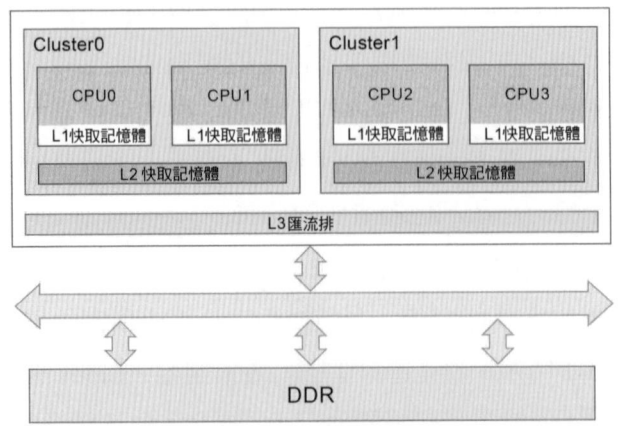

▲ 圖 1-4　一致性記憶體存取

- NUMA：Non Uniform Memory Access，非一致性記憶體存取

從圖 1-5 可以看出，這裡還是有 4 個 CPU，其中 CPU0 和 CPU1 組成一個節點（Node0），它們可以透過系統匯流排存取本地 DDR 實體記憶體，同理，CPU2 和 CPU3 組成另外一個節點（Node1），它們也可以透過系統匯流排存取本地的 DDR 實體記憶體。如果兩個節點透過超路徑互連（Ultra Path Interconnect，UPI）匯流排連接，那麼 CPU0 可以透過這個內部匯流排存取遠端的記憶體節點的實體記憶體，但是存取速度要比存取本地實體記憶體慢很多。

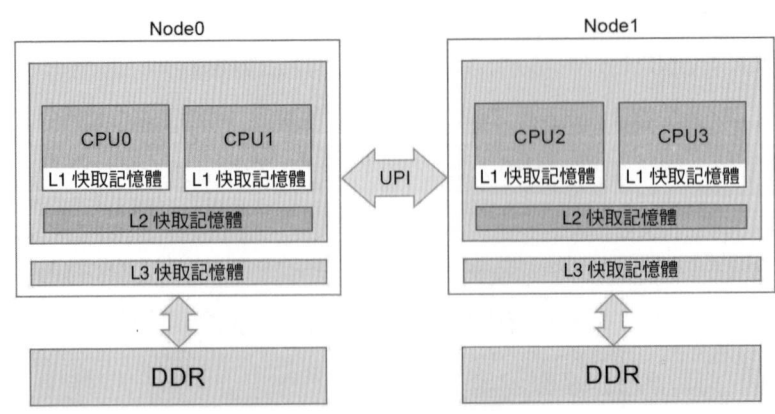

▲ 圖 1-5 非一致性記憶體存取

1.3.1 Linux 記憶體模型

Linux 目前支援三種記憶體模型：FLATMEM、DISCONTIGMEM 和 SPARSEMEM，如圖 1-6 所示。某些系統架構支援多種記憶體模型，但在核心編譯建構時只能選擇使用一種記憶體模型。

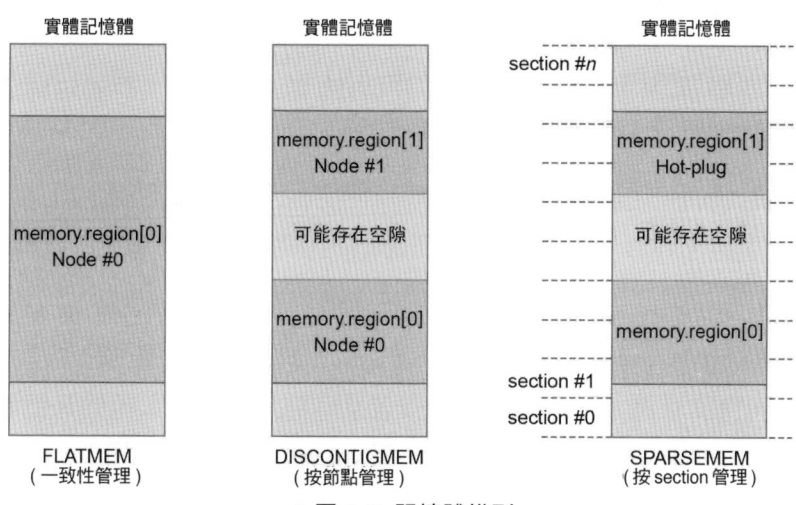

▲ 圖 1-6 記憶體模型

下面分別討論每種記憶體模型的特點：

- FLATMEM：扁平記憶體模型
    - 記憶體連續且不存在空隙。
    - 在大多數情況下，應用於 UMA（Uniform Memory Access）系統。
- DISCONTIGMEM：不連續記憶體模型
    - 多個記憶體節點不連續並且存在空隙（hole）。
    - 適用於 UMA 系統和 NUMA（Non Uniform Memory Access）系統。
    - ARM 在 2010 年已移除對 DISCONTIGMEM 記憶體模型的支援。
- SPARSEMEM：稀疏記憶體模型
    - 多個記憶體區域不連續並且存在空隙。
    - 支援記憶體熱抽換（hot-plug memory），但性能稍遜於 DISCONTIGMEM。

- x86 或 ARM64 核心採用了最近實現的 SPARSEMEM_VMEMMAP 變種，其性能比 DISCONTIGMEM 更優並且與 FLATMEM 相當。
- 對於 ARM64 核心，預設選擇 SPARSEMEM 記憶體模型。
- 以 section 為單位管理線上和熱抽換記憶體。

1.3.2 Linux 記憶體映射

前面說明了虛擬位址到物理位址的映射過程，而系統中對記憶體的管理是以分頁為單位的：

- 分頁（page）：線性位址被分成以固定長度為單位的組，稱為分頁，比如典型的 4KB 大小，分頁內部連續的線性位址被映射到連續的物理位址中。
- 頁幀（page frame）：記憶體被分為固定長度的儲存區域，稱為分頁幀，也叫物理分頁。每一個分頁幀會包含一個分頁，分頁幀的長度和一個分頁的長度是一致的，在核心中使用 struct page 來連結物理分頁。

從圖 1-7 就能看出分頁和分頁幀的關係。

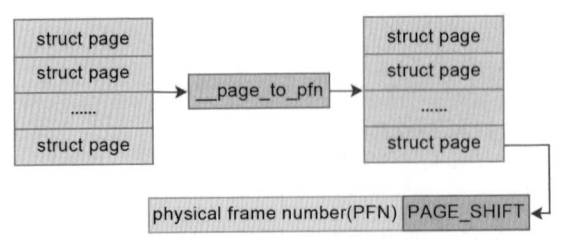

▲ 圖 1-7 分頁和分頁幀的關係

管理記憶體映射的方式取決於選用的記憶體模型，圖 1-8 顯示了不同記憶體模型的記憶體映射方法。

- FLATMEM：用全域指標變數 *mem_map 管理單一連續記憶體，其指向 struct page 類型陣列的啟始位址。
- DISCONTIGMEM：用全域陣列 node_data[] 管理所有節點的記憶體，CONFIG_NODES_SHIFT 配置選項決定陣列的容量，陣列元素數量應盡可能與記憶體節點個數一樣。陣列的每個元素是指向 pglist_data 實例的指標，一個 pglist_data 實例管理一個節點的記憶體。struct pglist_data 的 node_mem_map 欄位指向 struct page 類型陣列的啟始位址，用於管理節點的所有物理分頁幀。

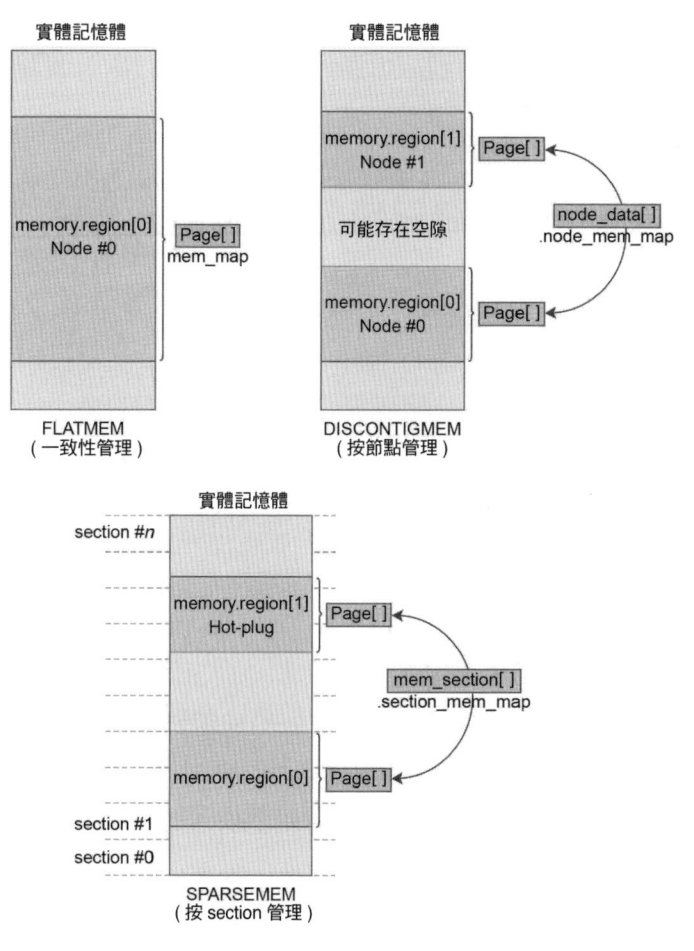

▲ 圖 1-8 不同記憶體模型的記憶體映射

- SPARSEMEM：用全域陣列 mem_section[] 管理分散稀疏的記憶體，陣列大小等於在編譯時系統架構可用物理位址空間的大小（可由配置選項設置）除以 section 大小。陣列的每個元素是指向 mem_section 實例的指標，如果一個 section 存在實體記憶體，則用一個 mem_section 實例進行管理（注意：陣列名稱 mem_section[] 和結構名稱 struct mem_section 相同）。struct mem_section 的 section_mem_map 欄位指向 struct page 類型陣列的啟始位址，用於管理 section 的所有物理分頁幀。

至此，記憶體管理的理論知識介紹完畢，下一節將進入原始程式分析階段，結合核心原始程式從零開始整理記憶體管理的始末。一步一個腳印，相信你會發現記憶體管理其實很簡單。

1.4 memblock 實體記憶體的初始化

我們知道核心初始化完成後，系統中的記憶體分配和釋放是由 Buddy 系統、slab 分配器來管理的。但是在 Buddy 系統、slab 分配器可用之前，記憶體的分配和釋放是由 memblock 分配器來管理實體記憶體的使用情況的（需要注意的是，memblock 管理的記憶體為物理位址，非虛擬位址），memblock 是唯一能夠在早期啟動階段管理記憶體的記憶體分配器，因此，這也是 early boot memory 術語的由來。

1.4.1 early boot memory

early boot memory 即從系統通電到核心記憶體管理模型建立之前這段時間的記憶體管理，嚴格來說它是系統啟動過程中的中間階段的記憶體管理，當 SPARSEMEM 記憶體模型態資料初始化完成之後，將從 early boot memory 中接管記憶體管理許可權。

那麼為什麼不等到 SPARSEMEM 記憶體模型建構完畢之後，使用 SPARSEMEM 記憶體模型申請記憶體呢？

因為，SPARSEMEM 記憶體模型本身的記憶體管理資料也需要複雜的初始化過程，而這個初始化過程也需要申請記憶體，比如 mem_map，因此在 SPARSEMEM 記憶體模型建立之前需要一個記憶體管理子系統為其分配記憶體,尤其針對 NUMA 系統,需要指明各個節點(node)上申請到的相應的記憶體。與 SPARSEMEM 記憶體模型相比,early boot memory 不需要考慮複雜的場景,尤其此時系統還在初始化階段,因此,也不需要考慮任何業務場景。所以相對來說,early boot memory 比較簡單,也不需要考慮記憶體碎片等檔案。

1.4.2 memblock 的資料結構

在了解 memblock 機制前,先來看看 memblock 相關的資料結構有哪些。

memblock 資料結構:

```
include/linux/memblock.h

struct memblock {
    bool bottom_up;  /* is bottom up direction? */
    phys_addr_t current_limit;
    struct memblock_type memory;
    struct memblock_type reserved;
};
```

- bottom_up:申請記憶體時分配器的分配方式,true 表示從低位址到高位址分配, false 表示從高位址到低位址分配。
- current_limit:區塊大小限制,一般可在 memblock_alloc 申請記憶體時檢查限制。
- memory:可以被 memblock 管理分配的記憶體(系統啟動時,會因為核心鏡像載入等原因,需要提前預留記憶體,這些都不在 memory 之中)。
- reserved:預留已經分配的空間,主要包括 memblock 之前佔用的記憶體以及透過 memblock_alloc 從 memory 中申請的記憶體空間。
- physmem:需要開啟 CONFIG_HAVE_MEMBLOCK_PHYS_MAP,即所有實體記憶體的集合。

memblock_type 資料結構：

include/linux/memblock.h

```c
struct memblock_type {
    unsigned long cnt;
    unsigned long max;
    phys_addr_t total_size;
    struct memblock_region *regions;
    char *name;
};
```

- cnt：該 memblock_type 內包含多少個 regions。
- max：memblock_type 內包含 regions 的最大個數，預設為 128，INIT_MEMBLOCK_ REGIONS。
- total_size：該 memblock_type 內所有 regions 加起來的大小。
- regions：regions 陣列，指向陣列的啟始位址。
- name：memblock_type 的名稱。

memblock_region 資料結構：

include/linux/memblock.h

```c
struct memblock_region {
    phys_addr_t base;
    phys_addr_t size;
    enum memblock_flags flags;
#ifdef CONFIG_HAVE_MEMBLOCK_NODE_MAP
    int nid;
#endif
};
```

memblock_region 代表了一塊實體記憶體區域，其中：

- base：該 region 的物理位址。
- size：該 region 的區域大小。
- flags：region 區域的 flags。
- nid：CONFIG_HAVE_MEMBLOCK_NODE_MAP 啟用時存放的 nid。

memblock_flags 資料結構：

include/linux/memblock.h

```
enum memblock_flags {
    MEMBLOCK_NONE       = 0x0,
    MEMBLOCK_HOTPLUG    = 0x1,
    MEMBLOCK_MIRROR     = 0x2,
    MEMBLOCK_NOMAP      = 0x4,
};
```

- MEMBLOCK_NONE：表示沒有特殊需求，正常使用。
- MEMBLOCK_HOTPLUG：該區塊記憶體支援熱抽換，用於後續建立 zone 時，歸 ZONE_ MOVABLE 管理。
- MEMBLOCK_MIRROR：用於鏡像（mirror）功能。記憶體鏡像是記憶體容錯技術的一種，工作原理與硬碟的熱備份類似，將記憶體資料做兩個副本，分別放在主記憶體和鏡像記憶體中。
- MEMBLOCK_NOMAP：不能被核心用於直接映射（即線性映射區域）。

各資料結構之間的關係：

為了更進一步地理解這些資料結構之間的關係，圖 1-9 舉出 memblock 的記憶體區間類型和資料結構的關係。

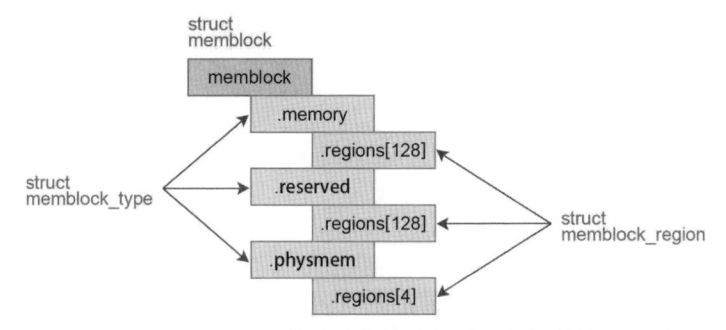

▲圖 1-9 memblock 的記憶體區間類型和資料結構的關係

1.4.3 memblock 的初始化

在 bootloader 做好初始化工作後，將 kernel image 載入到記憶體，就會跳到核心（kernel）部分繼續執行，先執行的是組合語言部分的程式，進行各種設置和環境初始化後，就會跳到核心的第一個函式 start_kernel：

```
init/main.c
asmlinkage __visible void __init start_kernel(void)
{
    ......
    cgroup_init_early();
    ......
    boot_cpu_init();
    page_address_init();
    early_security_init();
    setup_arch(&command_line); // 特別注意
    ......
    mm_init();
    ......
    sched_init();
    ......
    console_init();
    ......
    setup_per_cpu_pageset();
    ......
    fork_init();
    ......
}
```

這裡初始化的內容很多，我們特別注意 setup_arch，其參數為 command_line。

■ setup_arch：

```
arch/arm64/kernel/setup.c

void __init setup_arch(char **cmdline_p)
{
    init_mm.start_code = (unsigned long) _text;
    init_mm.end_code   = (unsigned long) _etext;
    init_mm.end_data   = (unsigned long) _edata;
    init_mm.brk        = (unsigned long) _end;

    *cmdline_p = boot_command_line;

    early_fixmap_init();
```

```
    early_ioremap_init();

    setup_machine_fdt(__fdt_pointer);
    ......
    arm64_memblock_init();

    paging_init();
    ......
    bootmem_init();
......
}
```

我們用圖 1-10 來總結 memblock 的初始化過程。

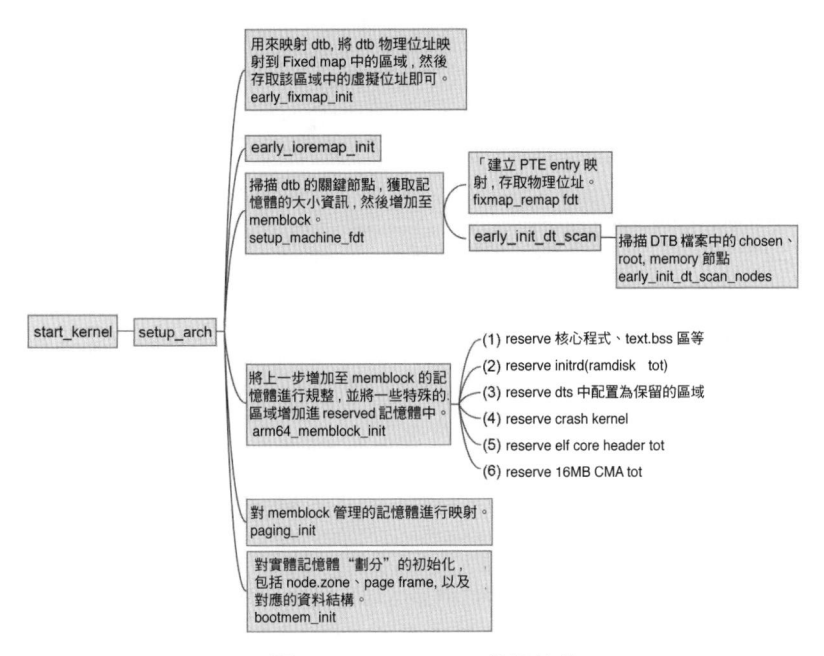

▲ 圖 1-10 memblock 的初始化

這裡以 ARM64 為例，setup_arch 中完成了 memblock 的初始化、實體記憶體映射、sparse 初始化等工作。後續會繼續剖析 paging_init 和 bootmem_init，這裡主要確認 setup_machine_fdt 和 arm64_memblock_init。

當剖析 setup_machine_fdt 時，需要先確認其入參 __fdt_pointer 是在哪裡初始化的。這裡暫不過多剖析，在 start_kernel 之前還有組合語言程式碼的執行，而 __fdt_pointer 就是在那裡初始化的，圖 1-11 所示的是 head.S 的程式。

第 1 章　記憶體管理

```
SYM_FUNC_START_LOCAL(__primary_switched)
    adr_l   x4, init_task
    init_cpu_task x4, x5, x6

    adr_l   x8, vectors            // load VBAR_EL1 with virtual
    msr vbar_el1, x8               // vector table address
    isb

    stp x29, x30, [sp, #-16]!
    mov x29, sp

    str_l   x21, __fdt_pointer, x5     // Save FDT pointer

    ldr_l   x4, kimage_vaddr       // Save the offset between
    sub x4, x4, x0                 // the kernel virtual and
    str_l   x4, kimage_voffset, x5 // physical mappings
```

▲ 圖 1-11　head.S 的程式

這個 __fdt_pointer 非常重要，指向 fdb，也就是 dtb 被載入到記憶體的啟始位址，這裡是物理位址。

arch/arm64/kernel/setup.c

```
phys_addr_t __fdt_pointer __initdata;
```

include/linux/init.h
```
#define __initdata    __section(.init.data)
```

■ setup_machine_fdt：

了解完 __fdt_pointer 之後，回過頭來看看 setup_machine_fdt()：

arch/arm64/kernel/setup.c

```
static void __init setup_machine_fdt(phys_addr_t dt_phys)
{
    int size;
    void *dt_virt = fixmap_remap_fdt(dt_phys, &size, PAGE_KERNEL);
    const char *name;

    if (dt_virt)
        memblock_reserve(dt_phys, size);

    if (!dt_virt || !early_init_dt_scan(dt_virt)) {
        pr_crit("\n"
            "Error: invalid device tree blob at physical address %pa (virtual address 0x%p)\n"
            "The dtb must be 8-byte aligned and must not exceed 2 MB in size\n"
            "\nPlease check your bootloader.",
            &dt_phys, dt_virt);
```

1.4 memblock 實體記憶體的初始化

```
    while (true)
        cpu_relax();
}

fixmap_remap_fdt(dt_phys, &size, PAGE_KERNEL_RO);

name = of_flat_dt_get_machine_name();
if (!name)
    return;

pr_info("Machine model: %s\n", name);
dump_stack_set_arch_desc("%s (DT)", name);
}
```

該函式的主要功能是：

- 拿到 DTB 的物理位址後，會透過 fixmap_remap_fdt() 進行映射，其中包括 pgd、 pud、pte 等映射，當映射成功後會傳回 dt_virt，並透過 memblock_reserve() 增加到 memblock.reserved 中。

- early_init_dt_scan() 透過解析 DTB 檔案的 memory 節點獲得可用實體記憶體的起始位址和大小，並透過類別 memblock_add 的 API 向 memory.regions 陣列增加一個 memblock_ region 實例，用於管理這個實體記憶體區域。

用圖 1-12 來總結核心在啟動的時候如何初始化 memblock 記憶體。

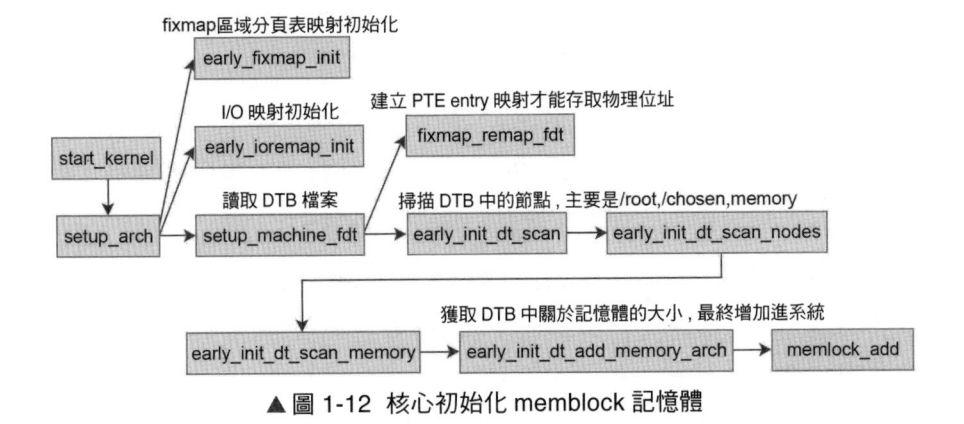

▲圖 1-12 核心初始化 memblock 記憶體

■ arm64_memblock_init：

當將實體記憶體都增加到系統之後，arm64_memblock_init 會對整個實體記憶體進行整理，主要工作就是將一些特殊區域增加到 reserved 記憶體中。函式執行完後，如圖 1-13 所示。

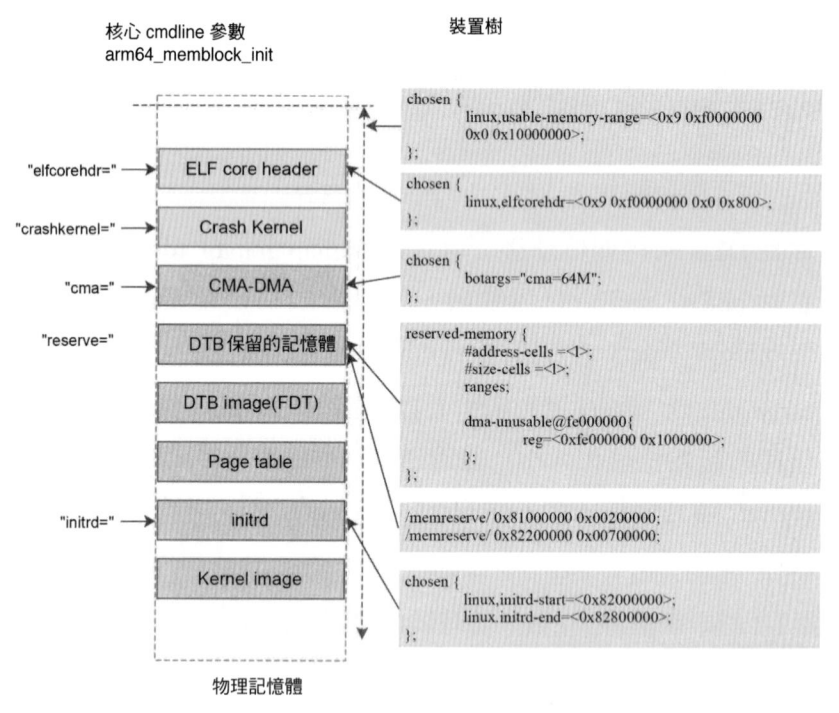

```
核心 cmdline 參數              裝置樹
arm64_memblock_init

                              chosen {
                                  linux,usable-memory-range=<0x9 0xf0000000
                                  0x0 0x10000000>;
                              };
"elfcorehdr="   ELF core header
                              chosen {
                                  linux,elfcorehdr=<0x9 0xf0000000 0x0 0x800>;
"crashkernel="  Crash Kernel   };

                              chosen {
"cma="          CMA-DMA            botargs="cma=64M";
                              };

"reserve="      DTB 保留的記憶體  reserved-memory {
                                  #address-cells =<1>;
                                  #size-cells =<1>;
                DTB image(FDT)    ranges;

                                  dma-unusable@fe000000{
                Page table            reg=<0xfe000000 0x1000000>;
                                  };
                              };
"initrd="       initrd        /memreserve/ 0x81000000 0x00200000;
                              /memreserve/ 0x82200000 0x00700000;

                Kernel image   chosen {
                                  linux,initrd-start=<0x82000000>;
                                  linux,initrd-end=<0x82800000>;
                              };
      物理記憶體
```

▲ 圖 1-13 核心對記憶體的整理

其中淺綠色的框內表示的都是保留的記憶體區域，剩下的部分就是可以實際使用的記憶體。至此，實體記憶體的大體面貌就有了，後續需要進行記憶體的分頁表映射，完成實際的物理位址到虛擬位址的映射。

本節主要介紹了 Linux 在 boot 階段的實體記憶體管理機制，包括資料結構和記憶體申請、釋放等基礎演算法。在 boot 階段沒有那麼多複雜的記憶體操作場景，甚至很多地方都是申請了記憶體做永久使用的，所以這樣的記憶體管理方式已經足夠用了，畢竟核心也不指望始終用它。在系統完成初始化之後，所有的工作會移交給強大的 Buddy 系統來進行記憶體管理。

1.5 memblock 實體記憶體的映射

經過前面實體記憶體初始化的介紹我們知道，儘管實體記憶體已經透過 memblock_add 增加到系統，但是這部分實體記憶體到虛擬記憶體的映射還沒有建立。即使可以透過 memblock_alloc 分配一段實體記憶體，但是還不能存取。那什麼時候才可以建立好分頁表，透過虛擬位址去存取物理位址呢？細心的讀者會發現，前一節的程式框架圖裡已經舉出了答案，那就是在 paging_init 函式執行之後。

1.5.1 paging_init 函式

paging_init 函式的定義如下所示：

```
void __init paging_init(void)
{
    pgd_t *pgdp = pgd_set_fixmap(__pa_symbol(swapper_pg_dir));    ----- (1)

    map_kernel(pgdp);                                              -------- (2)
    map_mem(pgdp);                                                 -------- (3)

    pgd_clear_fixmap();

    cpu_replace_ttbr1(lm_alias(swapper_pg_dir));                   ------- (4)
    init_mm.pgd = swapper_pg_dir;

    memblock_free(__pa_symbol(init_pg_dir),
            __pa_symbol(init_pg_end) - __pa_symbol(init_pg_dir));  --- (5)

    memblock_allow_resize();
}
```

（1）pgd_set_fixmap：將 swapper_pg_dir 分頁表的物理位址映射到 fixmap 的 FIX_PGD 區域，然後使用 swapper_pg_dir 分頁表作為核心的 pgd 分頁表。因為分頁表都是在虛擬位址空間建構的，所以這裡需要轉成虛擬位址 pgdp。而此時夥伴系統還沒有處於 ready 狀態，只能透過 fixmap 預先設定用於映射 PGD 的分頁表。現在 pgdp 是分配 FIX_PGD 的實體記憶體空間對應的虛擬位址。

（2）map_kernel：將核心各個區段（.text、.init、.data、.bss）映射到虛擬

記憶體空間，這樣核心就可以正常執行了。

（3）map_mem：將 memblock 子系統增加的實體記憶體進行映射。主要是把透過 memblock_add 增加到系統中的實體記憶體進行映射。注意，如果 memblock 設置了 MEMBLOCK_NOMAP 標識，則不對其位址映射。

（4）cpu_replace_ttbr1：將 TTBR1 暫存器指向新準備的 swapper_pg_dir 分頁表，TTBR1 暫存器是虛擬記憶體管理的重要組成部分，用於儲存當前使用的分頁表的啟始位址。

（5）上面已經透過 map_kernel() 重新映射了 kernel image 的各個區段，init_pg_dir 已經沒有價值了，將 init_pg_dir 指向的區域釋放。

上面已經講過虛擬位址到物理位址的定址過程，這裡再結合 paging_init 映射後的結果進行總結，這也是核心最終的定址過程：

（1）透過暫存器 TTBR1_EL1 得到 swapper_pg_dir 分頁表的物理位址，然後轉為 PGD 的虛擬位址。

（2）依此類推找到 PTE 的虛擬位址，再根據 virt addr 計算得到對應的 PTE，從 PTE 中得到所在的物理分頁幀位址。

（3）加上分頁內偏移位址，就得到虛擬位址對應的物理位址。

虛擬位址到物理位址的定址過程如圖 1-14 所示。

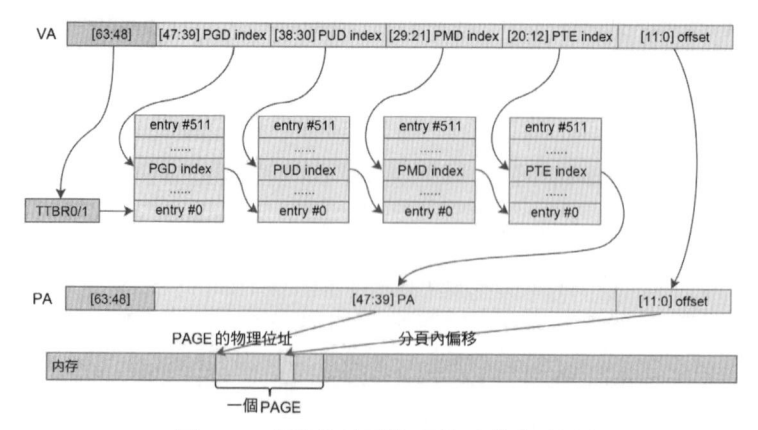

▲ 圖 1-14 虛擬位址到物理位址的定址過程

1.5.2 create_pgd_mapping 函式

map_kernel 函式用於映射核心啟動時需要的各個區段，map_mem 函式用於映射 memblock 增加的實體記憶體。但是分頁表映射最終都會呼叫到 __create_pgd_mapping 函式。

```
static void __create_pgd_mapping(pgd_t *pgdir, phys_addr_t phys,
            unsigned long virt, phys_addr_t size,
            pgprot_t prot,
            phys_addr_t (*pgtable_alloc)(int),
            int flags)
{
    unsigned long addr, end, next;
    pgd_t *pgdp = pgd_offset_pgd(pgdir, virt);

    if (WARN_ON((phys ^ virt) & ~PAGE_MASK))
        return;

    phys &= PAGE_MASK;              ---|
    addr = virt & PAGE_MASK;        ---|
    end = PAGE_ALIGN(virt + size);

    do {
        next = pgd_addr_end(addr, end);
        alloc_init_pud(pgdp, addr, next, phys, prot, pgtable_alloc,
                flags);
        phys += next - addr;
    } while (pgdp++, addr = next, addr != end);
}
```

函式 __create_pgd_mapping 的整體呼叫過程如圖 1-15 所示。

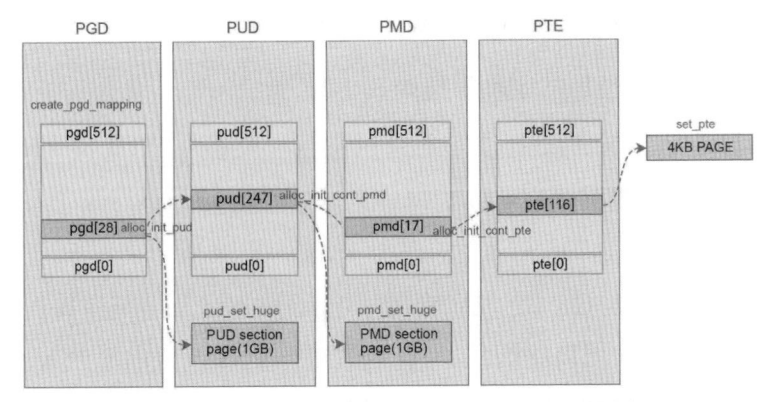

▲圖 1-15 函式 create_pgd_mapping 呼叫過程

整體來說，就是逐級分頁表建立映射關係，同時其間會進行許可權的控制等。

從上面的程式流程分析可以看出，PGD/PUD/PMD/PTE 的分頁表項雖然儲存的都是物理位址，但是 PGD/PUD/PMD/PTE 的計算分析都基於虛擬位址。

根據 paging_init 的步驟，再整理一下虛擬位址到物理位址的轉換。假設核心需要存取虛擬位址 virt_addr 對應的物理位址為 phys 上的內容：

1. 透過存放核心分頁表的暫存器 ttbr1 得到 swapper_pg_dir 分頁表的物理位址，然後轉為 pgd 分頁表的虛擬位址。

2. 根據 virt_addr 計算對應的 pgd entry（pgd 分頁表的位址 + virt_addr 計算出的 offset），pgd entry 存放的是 PUD 分頁表的物理位址，然後轉化成 PUD 分頁表基底位址的虛擬位址。

3. PUD 和 PMD 的處理過程類似。

4. 從 pmd entry 中找到 PTE 分頁表的虛擬位址，根據 virt_addr 計算得到對應的 pte entry，從 pte entry 中得到 phys 所在的物理分頁幀位址。

5. 加上根據 virt_addr 計算得到的偏移後得到 virt 對應的物理位址。

如圖 1-16 所示，虛擬位址的位址線部分由 PGD、PUD、PMD、PTE、Offset 一起作為一個索引值，最終索引到記憶體的某一個位元組處。

以虛擬位址 0xffff000140e09000 為例，它的二進位值是：

1111111111111111000000000000000010100000011100000100100000000000

虛擬位址到物理位址的定址過程如圖 1-17 所示。

1. 根據圖 1-17 中 [47:39] 位元得到 PGD=0，然後在 PGD 表（swapper_pg_dir）找到對應的記錄（藍色部分），記錄記錄的資料是下一級 PUD 表的標頭位址。

2. 根據圖 1-17 中 [38:30] 位元獲得了 PUD=5，以及上一步獲得的 PUD 表的標頭位址，可以獲取到 PUD 表對應的記錄（黃色部分），記錄記錄的資料是下一級 PMD 表的標頭位址。

1.5 memblock 實體記憶體的映射

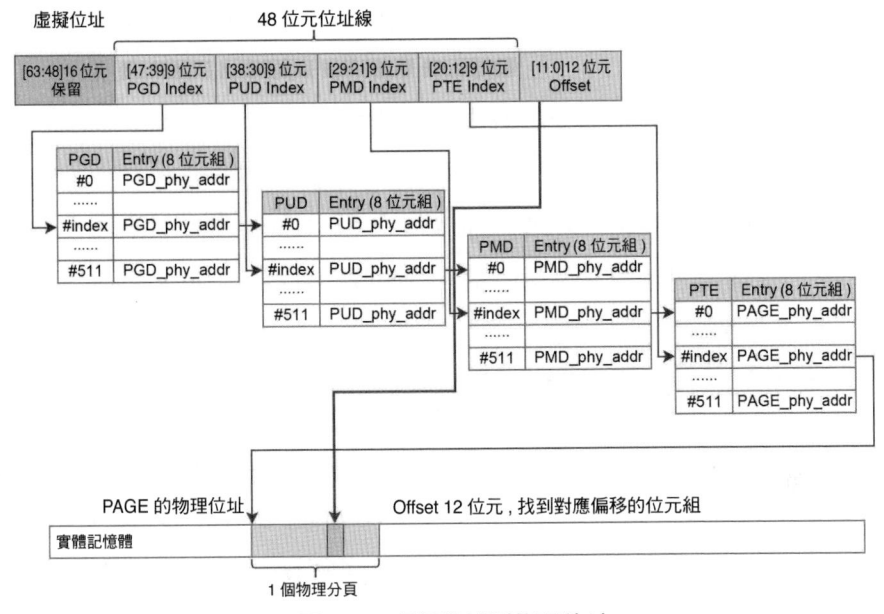

▲ 圖 1-16 虛擬位址到物理位址

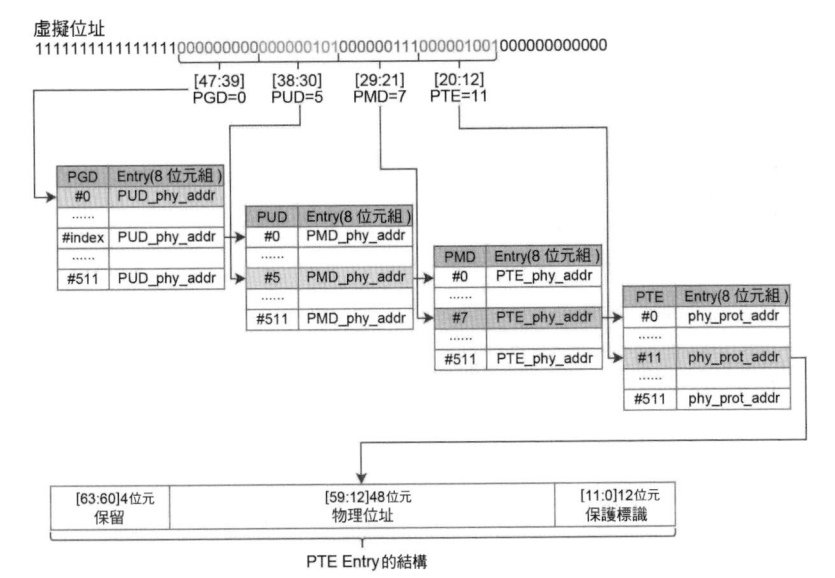

▲ 圖 1-17 虛擬位址到物理位址的定址過程

3. 根據圖 1-17 中 [29:21] 位元獲得了 PMD=7，以及上一步獲得的 PMD 表的標頭位址，可以獲取到 PMD 表對應的記錄（紫色部分），記錄記錄的資料是下一級 PTE 表的標頭位址。

4. 根據圖 1-17 中 [20:12] 位元獲得了 PTE=11，以及上一步獲得的 PTE 表的標頭位址，可以獲取到 PTE 表對應的記錄（棕黃色部分），PTE 記錄記錄的資料是物理分頁的位址及保護資訊。

5. 獲得圖 1-17 中 PTE 的 Entry 資訊後，先透過位元操作，分別得到該物理分頁的保護資訊及物理位址資訊。如果保護資訊允許存取，那麼根據物理位址資訊存取實體記憶體，然後傳回資料。

1.6 實體記憶體的軟體劃分

順著之前的分析，我們來到了 bootmem_init 函式，這個函式基本上完成了 Linux 對實體記憶體「劃分」的初始化，包括 Node、Zone、Page Frame，以及對應的資料結構。在講這個函式之前，需要了解實體記憶體組織。bootmem_init 函式的程式如下：

```
void __init bootmem_init(void)
{
    unsigned long min, max;
    min = PFN_UP(memblock_start_of_DRAM());
    max = PFN_DOWN(memblock_end_of_DRAM());

    early_memtest(min << PAGE_SHIFT, max << PAGE_SHIFT);
    max_pfn = max_low_pfn = max;
    arm64_numa_init();

    arm64_memory_present();

    sparse_init(); zone_sizes_init(min, max);

    memblock_dump_all();
}
```

讓我們用圖 1-18 來簡單總結函式 bootmem_init 的執行過程。

1.6 實體記憶體的軟體劃分

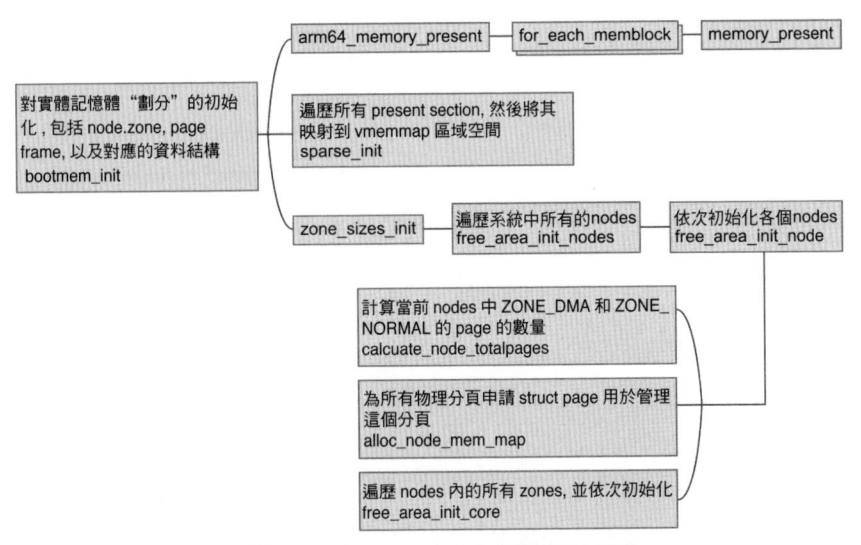

▲ 圖 1-18 bootmem_init 的初始化過程

在前面講記憶體模型的時候提到，在 SPARSEMEM 記憶體模型中，section 是管理記憶體 online/offline 的最小記憶體單元，在 ARM64 中，section 的大小為 1GB，而在 Linux 核心中，透過一個全域的二維陣列 struct mem_section **mem_section 來維護映射關係，如圖 1-19 所示。

這個工作主要在 arm64_memory_present 中來完成初始化及映射關係的建立，如圖 1-20 所示。

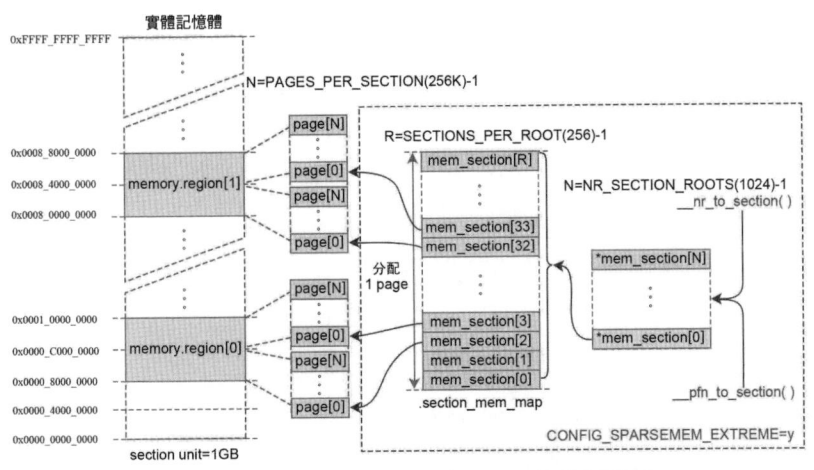

▲ 圖 1-19 mem_section 和 page 的映射關係

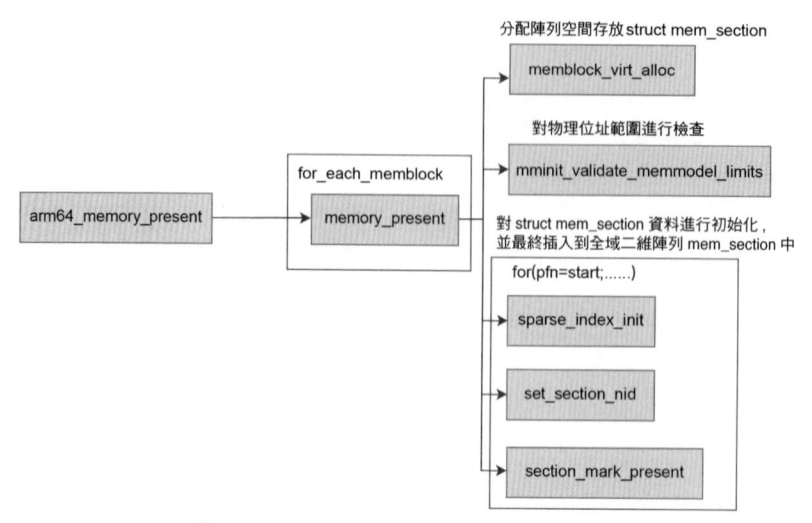

```
                                            分配陣列空間存放 struct mem_section
                                          ┌─────────────────────────┐
                                       ┌─▶│   memblock_virt_alloc   │
                                       │  └─────────────────────────┘
                                       │      對物理位址範圍進行檢查
                                       │  ┌─────────────────────────────┐
                                       ├─▶│ mminit_validate_memmodel_limits │
     ┌───────────────────┐  ┌──────────────┴──┐  └─────────────────────────────┘
     │                   │  │ for_each_memblock│    對 struct mem_section 資料進行初始化，
     │arm64_memory_present├─▶│  memory_present │    並最終插入到全域二維陣列 mem_section 中
     │                   │  │                 │       for(pfn=start;......)
     └───────────────────┘  └──────────────┬──┘  ┌─────────────────────────┐
                                       │  ┌─▶│    sparse_index_init    │
                                       │  │  └─────────────────────────┘
                                       │  │  ┌─────────────────────────┐
                                       ├─▶│    set_section_nid      │
                                       │  └─────────────────────────┘
                                       │  ┌─────────────────────────┐
                                       └─▶│   section_mark_present  │
                                          └─────────────────────────┘
```

▲圖 1-20 mem_section 和 page 的映射實現

緊接著呼叫函式 sparse_init，其實現流程如圖 1-21 所示。該函式主要有兩個作用：

1. 首先分配了 usermap，這個 usermap 與記憶體的回收機制相關。SPARSEMEM 記憶體模型會為每一個 section 分配一個 usermap，最終的物理分頁的壓縮、遷移等操作，都和這些位元相關，如圖 1-22 所示。

2. 然後遍歷所有 present section，將其映射到 vmemmap 區域。

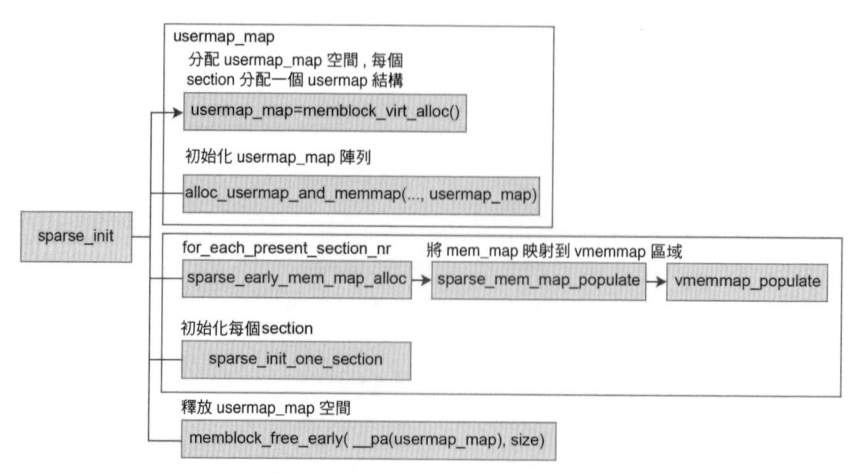

```
                       ┌─ usermap_map ─────────────────────────┐
                       │   分配 usermap_map 空間，每個         │
                       │   section 分配一個 usermap 結構       │
                       │  ┌─────────────────────────────────┐  │
                    ┌─▶│  │ usermap_map=memblock_virt_alloc()│  │
                    │  │  └─────────────────────────────────┘  │
                    │  │   初始化 usermap_map 陣列             │
                    │  │  ┌─────────────────────────────────┐  │
                    │  │  │alloc_usermap_and_memmap(..., usermap_map)│
                    │  │  └─────────────────────────────────┘  │
      ┌──────────┐  │  └───────────────────────────────────────┘
      │          │  │   for_each_present_section_nr  將 mem_map 映射到 vmemmap 區域
      │sparse_init├──┤  ┌─────────────────────────┐   ┌─────────────────────────┐   ┌─────────────────┐
      │          │  │  │sparse_early_mem_map_alloc├─▶│sparse_mem_map_populate  ├─▶│vmemmap_populate │
      └──────────┘  │  └─────────────────────────┘   └─────────────────────────┘   └─────────────────┘
                    │   初始化每個 section
                    │  ┌─────────────────────────┐
                    ├─▶│  sparse_init_one_section │
                    │  └─────────────────────────┘
                    │   釋放 usermap_map 空間
                    │  ┌─────────────────────────────────────┐
                    └─▶│memblock_free_early(__pa(usermap_map), size)│
                       └─────────────────────────────────────┘
```

▲圖 1-21 sparse_init 的實現流程

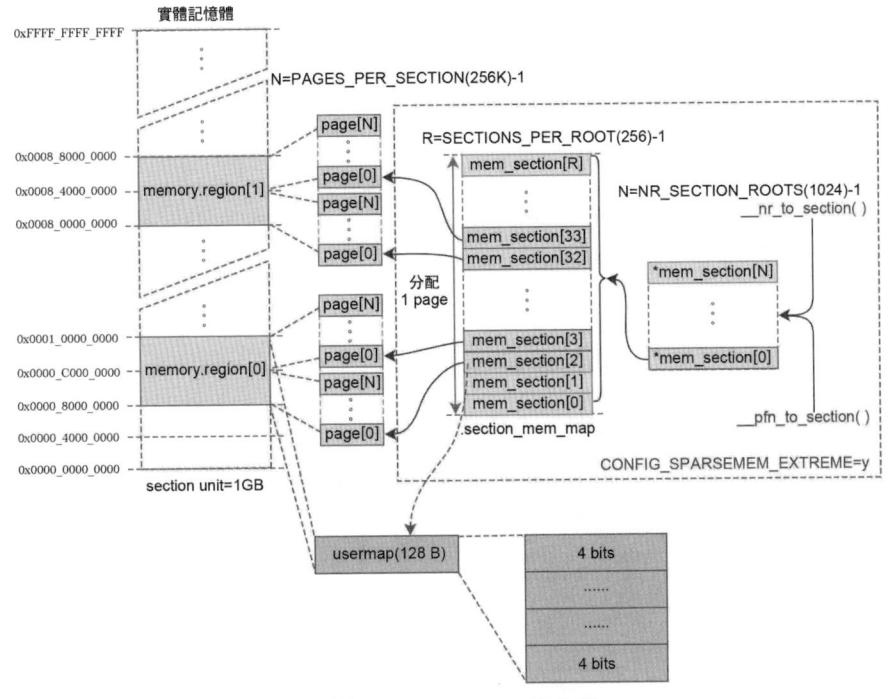

▲ 圖 1-22　usermap 的映射

接下來進入本章的重點 zone_sizes_init，Linux 對實體記憶體「劃分」的初始化，包括 Node、Zone、Page Frame，以及對應的資料結構，都是在這個函式裡做的，不過在講 zone_sizes_init 之前需要先了解對應的資料結構。

1.6.1 劃分的資料結構

Linux 把實體記憶體劃分為三個層次來管理：儲存節點（Node）、記憶體管理區（Zone）和分頁（Page）。

■ 儲存節點（Node）

前面講過記憶體架構分為 UMA 和 NUMA 兩種。

在 NUMA 架構下，每一個 Node 都對應一個 struct pglist_data，在 UMA 架構中只會使用唯一的 struct pglist_data 結構，比如在 ARM64 UMA 中使用的全域變數 struct pglist_data __refdata contig_page_data。

```
typedef struct pglist_data {
  ......
  struct zone node_zones[];                    // 對應的記憶體管理區（Zone）
  struct zonelist_node_zonelists[];

  unsigned long node_start_pfn;                // 節點的起始記憶體分頁幀號碼
  unsigned long node_present_pages;            // 總共可用的分頁數
  unsigned long node_spanned_pages;            // 總共的分頁數，包括有空洞的區域

  wait_queue_head_t kswapd_wait;               // 分頁回收處理程序使用的等待佇列
  struct task_struct *kswapd;                  // 分頁回收處理程序
  ......
} pg_data_t;
```

以 UMA 記憶體架構為例，struct pglist_data 描述單一 Node 的記憶體，然後記憶體又分為不同的 Zone 區域，zone 描述區域內的不同分頁，包括空閒分頁、Buddy 系統管理的分頁等，如圖 1-23 所示。

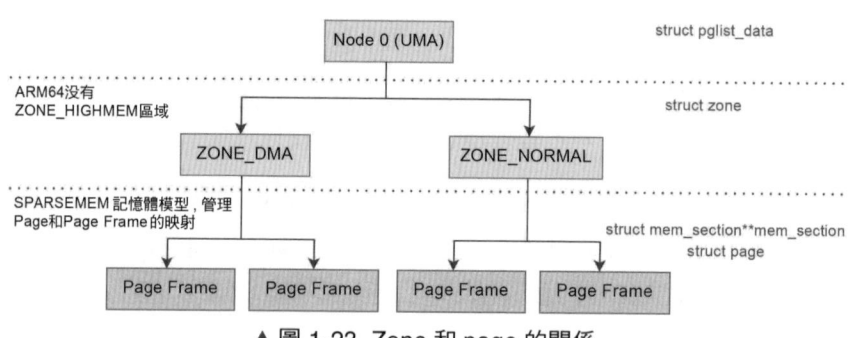

▲圖 1-23 Zone 和 page 的關係

■ 記憶體管理區（Zone）

之所以分不同的 Zone，其實是因為這是一個歷史遺留問題，出於對不同架構的相容性的考慮。比如 32 位元的處理器只支援 4GB 的虛擬位址，然後 1GB 的位址空間給核心，但這樣無法對超過 1GB 的實體記憶體進行一一映射。Linux 核心提出的解決方案是將實體記憶體分成兩部分，一部分直接做線性映射，另一部分叫高端記憶體。這兩部分分別對應記憶體管理區 ZONE_NORMAL 和 ZONE_HIGNMEM。當然，對於 64 位元的架構而言，有足夠大的核心位址空間可以映射實體記憶體，所以就不需要 ZONE_HIGHMEM 了。

所以，將 Node 拆分為 Zone 主要還是因為 Linux 為了相容各種架構和平臺，對不同區域的記憶體需要採用不同的管理方式和映射方式。

```
enum zone_type {
#ifdef CONFIG_ZONE_DMA
    ZONE_DMA,      //ISA 裝置的 DMA 操作，範圍是 0~16MB，ARM 架構沒有這個 Zone
#endif
#ifdef CONFIG_ZONE_DMA32
    ZONE_DMA32,    // 用於低於 4GB 記憶體進行 DMA 操作的 32 位元裝置
#endif
    ZONE_NORMAL,   // 標記了線性映射實體記憶體，4GB 以上的實體記憶體。如果系統記憶體不足
4GB，那麼所有的記憶體都屬於 ZONE_DMA32 範圍，ZONE_NORMAL 則為空
#ifdef CONFIG_HIGHMEM
    ZONE_HIGHMEM,  // 高端記憶體，標記超出核心虛擬位址空間的實體記憶體區段。64 位元架構
沒有該
Zone
#endif
    ZONE_MOVABLE,  // 虛擬記憶體域，在防止實體記憶體碎片的機制中會使用到該記憶體區域
#ifdef CONFIG_ZONE_DEVICE
    ZONE_DEVICE,   // 為支援熱抽換裝置而分配的 Non Volatile Memory 非揮發性記憶體
#endif
    MAX_NR_ZONES
};
```

可以透過以下命令查看 Zone 的分類：

```
cat /proc/zoneinfo |grep Node
Node 0,        zone             DMA32
Node 0,        zone             Normal
Node 0,        zone             Movable
Node 1,        zone             DMA32
Node 1,        zone             Normal
Node 1,        zone             Movable
Node 2,        zone             DMA32
Node 2,        zone             Normal
Node 2,        zone             Movable
Node 3,        zone             DMA32
Node 3,        zone             Normal
Node 3,        zone             Movable
```

zone 的資料結構定義如下：

```
struct zone {
  ……
  unsigned long watermark[];              // 水位值，WMARK_MIN/WMARK_LOV/WMARK_
HIGH，分頁分配器和 kswapd 分頁回收中會用到
  long lowmem_reserved[];                 //Zone 中預留的記憶體
  struct pglist_data *zone_pgdat;         // 執行所屬的 pglist_data
```

```
    struct per_cpu_pageset *pageset;      //per-CPU 上的分頁，減少自旋鎖的爭用
    unsigned long zone_start_pfn;         //Zone 的起始記憶體分頁幀號碼
    unsigned long managed_pages;          // 被 Buddy 系統管理的分頁數量
    unsigned long spanned_pages;          //Zone 中總共的分頁數，包含空洞的區域
    unsigned long present_pages;          //Zone 裡實際管理的分頁數量

    struct frea_area free_area[];         // 管理空閒分頁的清單
    ......
}
```

■ **分頁（Page）**

核心使用 struct page 結構來表示一個物理分頁。假設一個 Page 的大小是 4KB，核心會將整個實體記憶體分割成一個一個 4KB 大小的物理分頁，而 4KB 大小物理分頁的區域被稱為 page frame。

struct page 和物理分頁是一對一的映射關係，如圖 1-24 所示。

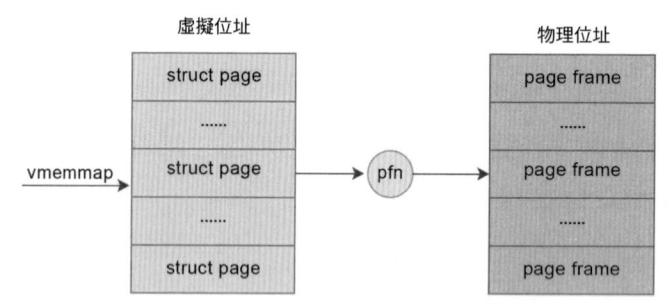

▲ 圖 1-24　struct page 和物理分頁的映射

系統啟動的時候，核心會將整個 struct page 映射到核心虛擬位址空間 vmemmap 的區域，所以我們可以簡單地認為 struct page 的基底位址是 vmemmap，因此 vmemmap + pfn 的位址就是此 struct page 對應的位址。

1.6.2　劃分的初始化

了解了 Node、Zone 和 Page 的基本概念，現在看看核心是怎麼對它們進行初始化的。

bootmem_init() 函式的程式如下：

```
void __init bootmem_init(void)
{
    unsigned long min, max;
    min = PFN_UP(memblock_start_of_DRAM());
    max = PFN_DOWN(memblock_end_of_DRAM());

    early_memtest(min << PAGE_SHIFT, max << PAGE_SHIFT);

    max_pfn = max_low_pfn = max;

    arm64_numa_init();

    arm64_memory_present();

    sparse_init();
    zone_sizes_init(min, max);

    memblock_dump_all();
}
```

bootmem_init() 函式會呼叫函式 zone_sizes_init，這是開始對記憶體進行軟體劃分的地方，如圖 1-25 所示。

這裡的重點函式是 free_area_init_node，它下面有兩個重點函式：

- calculate_node_totalpages：計算當前 Node 中 ZONE_DMA 和 ZONE_NORMAL 的 page 數量，確定 Node 下 node_spanned_pages 和 node_present_pages 的值，如圖 1-26 所示。

    `node_present_pages = node_spanned_pages - node_absent_pages`

- free_area_init_core：遍歷 Node 內的所有 Zone 並依次初始化。

關於函式 free_area_init_core 的實現，可以分為以下幾個關鍵的函式：

- calc_memmap_size：用於計算 mem_map 大小，mem_map 就是系統中儲存所有 page 的陣列。

- memmap_init：初始化 mem_map 陣列。memmap_init_zone 透過 pfn 找到對應的 struct page，初始化 page 實例，它還會將所有分頁最初都標記為可移動的（MIGRATE_MOVABLE）。（設置為可移動的主要是為了避免記憶體的碎片化，MIGRATE_MOVABLE 鏈結串列中都是可以遷移的分頁，把不連續的記憶體透過遷移的手段進行規整，把空閒記憶體組合成一塊連續記憶體，可以在一定程度上滿足記憶體申請的需求。）

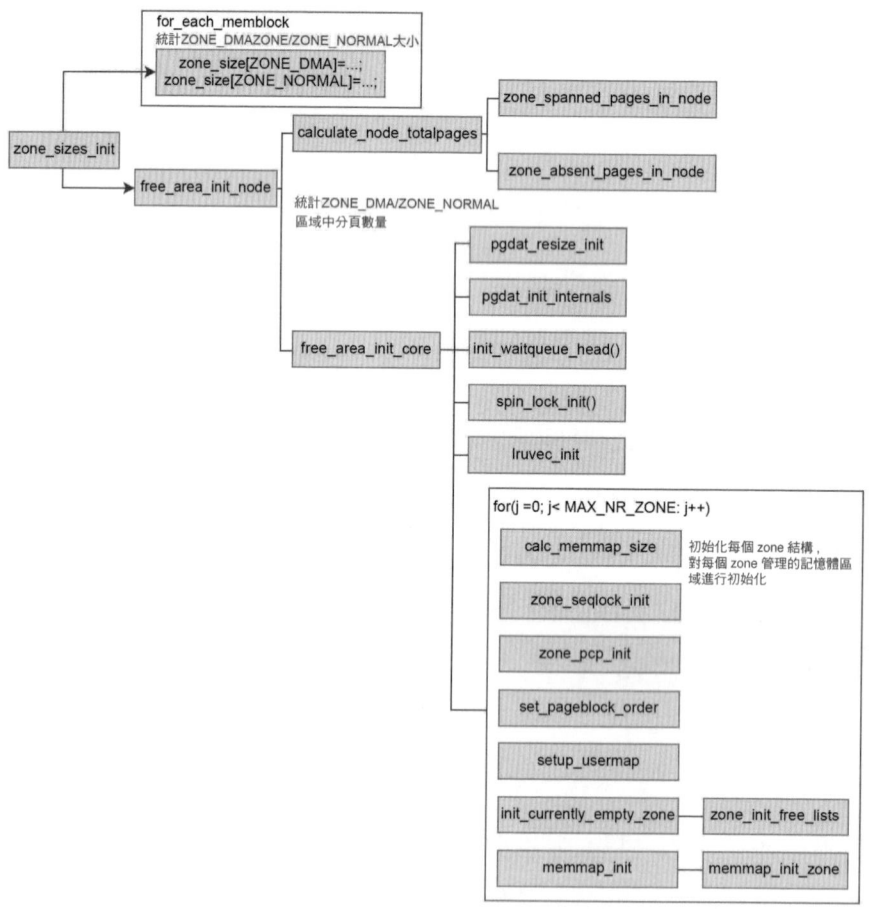

▲ 圖 1-25 zone_sizes_init 函式的初始化

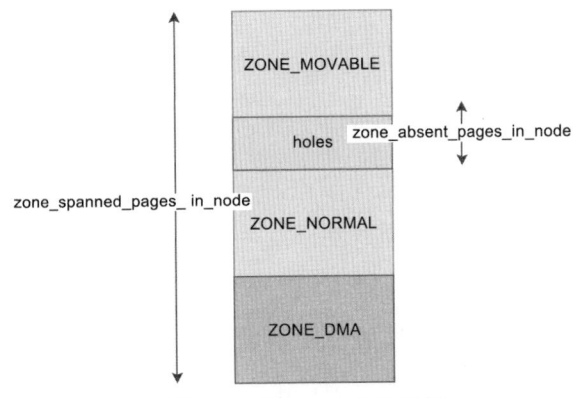

▲ 圖 1-26 Zone 大小的計算

本章包括的與記憶體管理相關的資料結構有記憶體節點（struct pglist_data）、記憶體管理區（struct zone）、物理分頁（struct page），以及 mem_map[] 陣列、PFN 分頁幀號碼等。這些都是記憶體管理中的重要概念，也是後面了解分頁分配的基礎。

或許你看完這些結構後更糊塗了，別著急，我們把 Node、Zone 和 Page 的組織關係和這些結構串起來，如圖 1-27 所示。

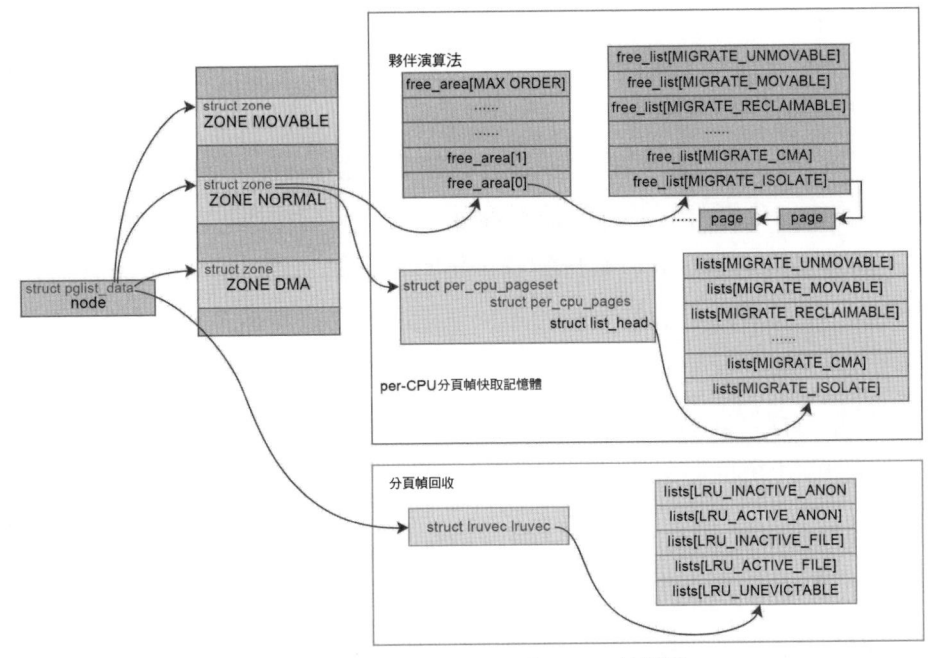

▲ 圖 1-27 Node、Zone 和 Page 的關係

核心記憶體管理機制除了上面的夥伴演算法、per-CPU 分頁幀快取記憶體外，還有 slub 快取、vmalloc 機制，後面會一個一個詳細說明。這裡先提前說說它們的區別：

- 夥伴演算法：負責大區塊連續實體記憶體的分配和釋放，以分頁幀為基本單位。該機制可以避免外部碎片。
- per-CPU 分頁幀快取記憶體：核心經常請求和釋放單一頁幀，該快取包含預先分配的分頁幀，用於滿足本地 CPU 發出的單一頁幀請求。
- slub 快取：負責小塊實體記憶體的分配，並且它也作為快取記憶體，主要針對核心中經常分配並釋放的物件。
- vmalloc 機制：vmalloc 機制使得核心透過連續的線性位址來存取非連續的物理分頁幀，這樣可以最大限度地使用高端實體記憶體。

下面進入記憶體分配機制的基本單位——分區分頁幀分配器（zoned page frame allocator）。

1.7 分頁幀分配器的實現

我們現在知道實體記憶體是以分頁幀為最小單位存在的，那麼核心中分配分頁幀的方法是什麼呢？

分頁幀分配在核心裡的機制叫作**分頁幀分配器**（page frame allocator），在 Linux 系統中，分區分頁幀分配器管理著所有實體記憶體，無論核心還是處理程序，都需要請求分區分頁幀分配器，這時才會給它們分配應該獲得的實體記憶體分頁幀。當你所擁有的分頁幀不再使用時，必須釋放這些分頁幀，讓這些分頁幀回到分區分頁幀分配器當中。

有時候目標管理區不一定有足夠的分頁幀來滿足分配，這時候系統會從另外兩個管理區中獲取要求的分頁幀，但這是按照一定規則執行的，規則如下：

- 如果要求從 DMA 區獲取，就只能從 ZONE_DMA 區中獲取。
- 如果沒有規定從哪個區獲取，就按照順序從 ZONE_NORMAL -> ZONE_DMA 獲取。

- 如果規定從 HIGHMEM 區獲取，就按照順序從 ZONE_HIGHMEM -> ZONE_NORMAL-> ZONE_DMA 獲取。

分區分頁幀分配器的分配方式如圖 1-28 所示。

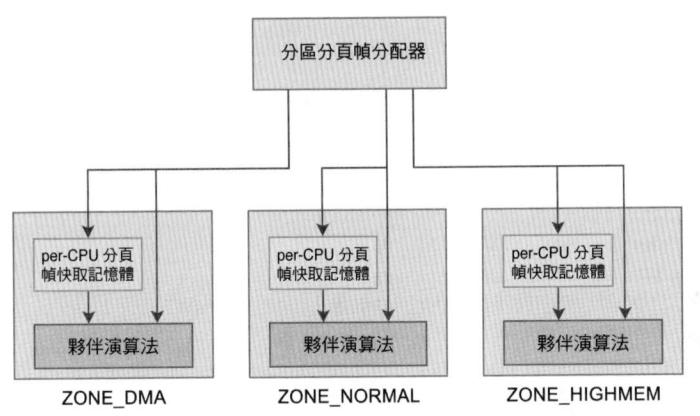

```
                        分區分頁幀分配器
          ┌─────────────────┼─────────────────┐
   per-CPU 分頁          per-CPU 分頁         per-CPU 分頁
   幀快取記憶體          幀快取記憶體         幀快取記憶體
          │                  │                  │
      夥伴演算法          夥伴演算法          夥伴演算法
       ZONE_DMA           ZONE_NORMAL         ZONE_HIGHMEM
```

▲ 圖 1-28　分區分頁幀分配器的分配方式

核心根據不同的使用場景，使用不同的分區分頁幀分配器的函式，比如分配多頁的 get_free_pages，和分配一頁的 get_free_page。圖 1-29 總結了目前核心中分配記憶體的函式。

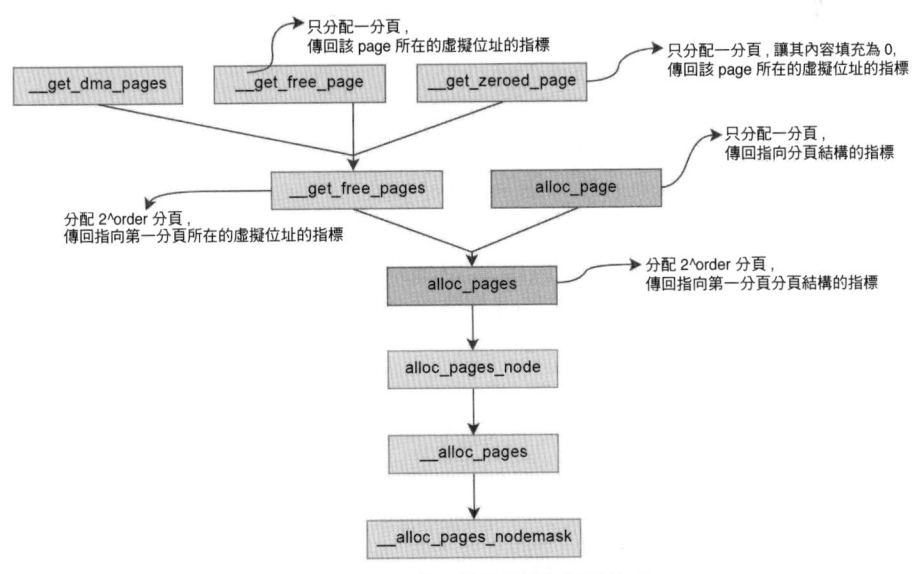

```
                          只分配一分頁，
                          傳回該 page 所在的虛擬位址的指標
                                                   只分配一分頁，讓其內容填充為 0，
                                                   傳回該 page 所在的虛擬位址的指標
  __get_dma_pages      __get_free_page        __get_zeroed_page
                                                      只分配一分頁，
                                                      傳回指向分頁結構的指標
              __get_free_pages          alloc_page
  分配 2^order 分頁，
  傳回指向第一分頁所在的虛擬位址的指標
                                                      分配 2^order 分頁，
                        alloc_pages                   傳回指向第一分頁分頁結構的指標

                     alloc_pages_node

                      __alloc_pages

                   __alloc_pages_nodemask
```

▲ 圖 1-29　常用的記憶體分配函式

所以無論哪種函式,最終都會呼叫 alloc_pages 來實現實體記憶體的申請,一直呼叫到 __alloc_pages_nodemask。

```
struct page *
__alloc_pages_nodemask(gfp_t gfp_mask, unsigned int order, int preferred_nid,
                                                nodemask_t *nodemask)
{
        struct page *page;
        unsigned int alloc_flags = ALLOC_WMARK_LOW;
        gfp_t alloc_mask; /* The gfp_t that was actually used for allocation */
        struct alloc_context ac = { };

        if (unlikely(
            order >= MAX_ORDER
            ) {
                WARN_ON_ONCE(!(gfp_mask & __GFP_NOWARN));
                return NULL;
        }

        gfp_mask &= gfp_allowed_mask;
        alloc_mask = gfp_mask;
          if (!prepare_alloc_pages(gfp_mask, order, preferred_nid, nodemask, &ac,
&alloc_mask, &alloc_flags))
                return NULL;

        finalise_ac(gfp_mask, &ac);

        alloc_flags |= alloc_flags_nofragment(ac.preferred_zoneref->zone, gfp_mask);
        alloc_mask = current_gfp_context(gfp_mask);
        ac.spread_dirty_pages = false;
        if (unlikely(ac.nodemask != nodemask))
                ac.nodemask = nodemask;

        page = __alloc_pages_slowpath(alloc_mask, order, &ac);

out:
        if (memcg_kmem_enabled() && (gfp_mask & __GFP_ACCOUNT) && page &&
            unlikely(__memcg_kmem_charge(page, gfp_mask, order) != 0)) {
                __free_pages(page, order);
                page = NULL;
        }

        trace_mm_page_alloc(page, order, alloc_mask, ac.migratetype);

        return page;
}
EXPORT_SYMBOL(__alloc_pages_nodemask);

( alloc_pages_nodemask);
```

先看看上述程式中的兩個重要參數。

- **gfp_mask：分配遮罩**

為了相容多種記憶體分配的場景，gfp_mask 主要分為以下幾類：

表 1-2 列出了記憶體管理區修飾符號，表 1-3 列出了移動和替換修飾符號（mobility and placement modifier），表 1-4 列出了水位修飾符號（watermark modifier），表 1-5 列出了分頁回收修飾符號（reclaim modifier），表 1-6 列出了動作修飾符號（action modifier）。

▼ 表 1-2 記憶體管理區修飾符號

修飾符號	描述
__GFP_DMA	從ZONE_DMA區中分配記憶體
__GFP_HIGHMEM	從ZONE_HIGHMEM區中分配記憶體
__GFP_DMA32	從ZONE_DMA32區中分配記憶體
__GFP_MOVABLE	記憶體規整時可以遷移或回收分頁

▼ 表 1-3 移動和替換修飾符號

修飾符號	描述
__GFP_RECLAIMABLE	分配的記憶體分頁可以回收
__GFP_WRITE	申請的分頁會被弄成髒頁
__GFP_HARDWALL	強制使用cpuset記憶體分配策略
__GFP_THISNODE	在指定的節點上分配記憶體
__GFP_ACCOUNT	kmemcg會記錄分配過程

▼ 表 1-4 水位修飾符號

修飾符號	描述
__GFP_ATOMIC	高優先順序分配記憶體，分配器可以分配最低警戒水位線下的系統預留記憶體
__GFP_HIGH	分配記憶體的過程中不可以睡眠或執行分頁回收動作
__GFP_MEMALLOC	允許存取所有記憶體
__GFP_NOMEMALLOC	不允許存取最低警戒水位線下的系統預留記憶體

▼ 表 1-5　分頁回收修飾符號

修飾符號	描述
__GFP_IO	啟動物理I/O傳輸
__GFP_FS	允許呼叫底層FS檔案系統。可避免分配器遞迴到可能已經持有鎖的檔案系統，避免鎖死
__GFP_DIRECT_RECLAIM	分配記憶體過程中可以使用直接記憶體回收
__GFP_KSWAPD_RECLAIM	記憶體到達低水位時喚醒kswapd執行緒非同步回收記憶體
__GFP_RECLAIM	表示是否可以直接記憶體回收或者使用kswapd執行緒進行回收
__GFP_RETRY_MAYFAIL	分配記憶體可能會失敗，但是在申請過程中會回收一些不必要的記憶體，使整個系統受益
__GFP_NOFAIL	記憶體分配失敗後無限制地重複嘗試，直到分配成功
__GFP_NORETRY	直接分頁回收或者記憶體規整後還是無法分配記憶體時，不啟用retry反覆嘗試分配記憶體，直接傳回NULL

▼ 表 1-6　動作修飾符號

修飾符號	描述
__GFP_NOWARN	關閉記憶體分配過程中的WARNING
__GFP_COMP	分配的記憶體分頁將被組合成複合分頁compound page
__GFP_ZERO	傳回一個全部填充為0的分頁

可以看出，前面描述的修飾符號種類過於繁多，因此 Linux 定義了一些組合的類型標識，供開發者使用。表 1-7 列出了組合類型標識修飾符號。

▼ 表 1-7　組合類型標識修飾符號

修飾符號	描述
GFP_ATOMIC	分配過程不能休眠，分配具有高優先順序，可以存取系統預留記憶體
GFP_KERNEL	分配記憶體時可以被阻塞（即休眠），所以避免在中斷上下文使用該標識來分配記憶體
GFP_KERNEL_ACCOUNT	和GFP_KERNEL作用一樣，但是分配的過程會被kmemcg記錄
GFP_NOWAIT	分配過程中不允許因直接記憶體回收而導致停頓
GFP_NOIO	不需要啟動任何I/O操作
GFP_NOFS	不會有存取任何檔案系統的操作
GFP_USER	使用者空間的處理程序分配記憶體
GFP_DMA	從ZONE_DMA區分配記憶體
GFP_DMA32	從ZONE_DMA32區分配記憶體
GFP_HIGHUSER	使用者處理程序分配記憶體，優先使用ZONE_HIGHMEM，且這些分頁不允許遷移

修飾符號	描述
GFP_HIGHUSER_MOVABLE	和GFP_HIGHUSER類似，但是分頁可以遷移
GFP_TRANSHUGE_LIGHT	透明大分頁的記憶體分配，light表示不進行記憶體壓縮和回收
GFP_TRANSHUGE	和GFP_TRANSHUGE_LIGHT類似，通常khugepaged使用該標識

- order：分配級數

分區分頁幀分配器使用夥伴演算法以 2 的冪進行記憶體分配。舉例來說，請求 order=3 的分頁分配，最終會分配 2^3=8 分頁。ARM64 當前預設 MAX_ORDER 為 11，即一次性最多分配 2（MAX_ORDER-1）分頁。

__alloc_pages_nodemask 的實現流程大致如圖 1-30 所示。

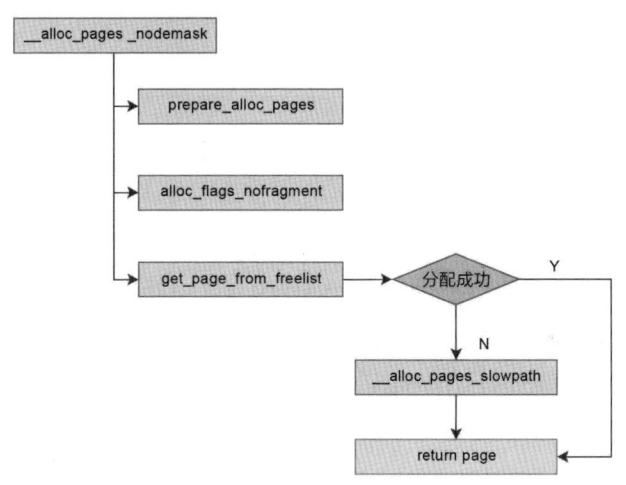

▲圖 1-30 __alloc_pages_nodemask 的流程圖

prepare_alloc_pages 初始化分區分頁幀分配器中用到的參數如下所示：

```
struct alloc_context {
      struct zonelist *zonelist;    // 指向用於分配分頁的區域清單
      nodemask_t *nodemask;    // 指定記憶體分配的節點，如果沒有指定，則在所有節點中進行分配
      struct zoneref *preferred_zoneref;    // 指定要指定要在快速路徑中首先分配的區域，在慢速路徑中指定了 zonelist 中的第一個可用區域
      int migratetype;    // 分頁遷移類型
      enum zone_type high_zoneidx;    // 允許記憶體分配的最高
      bool spread_dirty_pages;    // 指定是否進行髒分頁的傳播
};
```

alloc_flags_nofragment 根據區域和 gfp 遮罩請求增加分配標識：

```
1  static inline unsigned int
2  alloc_flags_nofragment(struct zone *zone, gfp_t gfp_mask)
3  {
4          unsigned int alloc_flags = 0;
5
6          if (gfp_mask & __GFP_KSWAPD_RECLAIM)
7                  alloc_flags |= ALLOC_KSWAPD;
8
9  #ifdef CONFIG_ZONE_DMA32
10         if (!zone)
11                 return alloc_flags;
12
13         if (zone_idx(zone) != ZONE_NORMAL)
14                 return alloc_flags;
15         BUILD_BUG_ON(ZONE_NORMAL - ZONE_DMA32 != 1);
16         if (nr_online_nodes > 1 && !populated_zone(--zone))
17                 return alloc_flags;
18
19         alloc_flags |= ALLOC_NOFRAGMENT;
20 #endif /* CONFIG_ZONE_DMA32 */
21         return alloc_flags;
22 }
```

程式中第 7 行表示，如果 gfp_mask 使用 __GFP_KSWAPD_RECLAIM，則在 alloc_flags 標識中增加 ALLOC_KSWAPD，表示在記憶體不足時喚醒 kswapd。第 19 行表示，ZONE_DMA32 分配記憶體時，在 alloc_flags 標識中增加 ALLOC_NOFRAGMENT，表示需要避免碎片化。

get_page_from_freelist 正常分配（或叫快速分配），從空閒分頁鏈結串列中嘗試分配記憶體。先遍歷當前 zone（區域），按照 HIGHMEM → NORMAL 的方向進行遍歷，判斷當前 zone 是否能夠進行記憶體分配的條件：首先判斷 free memory 是否滿足 low-water mark 水位值，如果不滿足則透過 node_reclaim() 進行一次快速的記憶體回收操作，然後再次檢測是否滿足 low-water mark，如果還是不滿足，就使用相同步驟遍歷下一個 zone，滿足的話進入正常的分配，即 rmqueue() 函式，這也是夥伴演算法的核心。get_page_from_freelist 的流程如圖 1-31 所示。

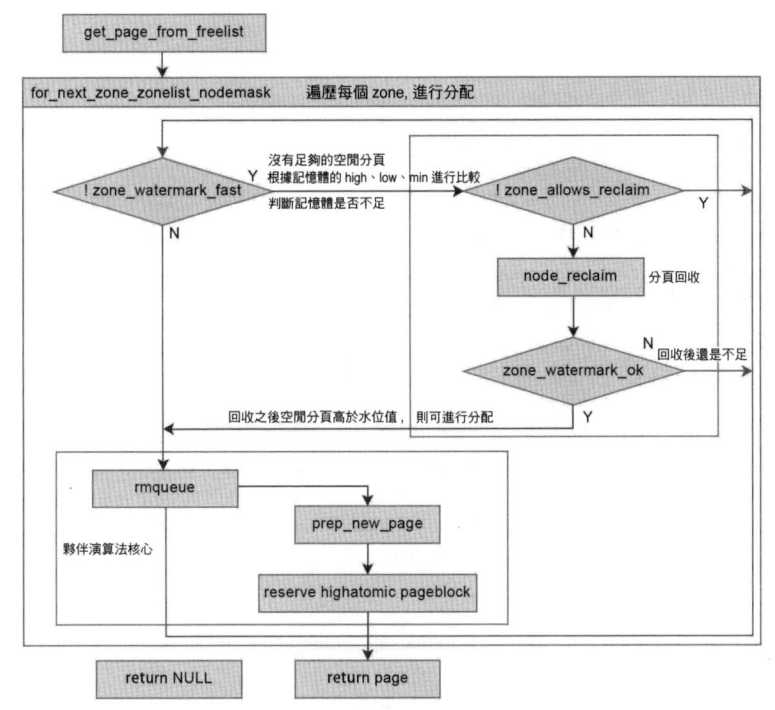

▲ 圖 1-31 get_page_from_freelist 的流程圖

__alloc_pages_slowpath 慢速分配（允許等待和分頁回收）。

當以上兩種分配方案都不能滿足要求時，考慮在分頁回收、終止處理程序等操作後再試。

```
1  static inline struct page *
2  __alloc_pages_slowpath(gfp_t gfp_mask, unsigned int order,
3                          struct alloc_context *ac)
4  {
5      bool can_direct_reclaim = gfp_mask & __GFP_DIRECT_RECLAIM;
6      const bool costly_order = order > PAGE_ALLOC_COSTLY_ORDER;
7      struct page *page = NULL;
8
9  retry_cpuset:
10     compaction_retries = 0;
11     no_progress_loops = 0;
12     compact_priority = DEF_COMPACT_PRIORITY;
13     cpuset_mems_cookie = read_mems_allowed_begin();
14
15     alloc_flags = gfp_to_alloc_flags(gfp_mask);
16     ac->preferred_zoneref = first_zones_zonelist(ac->zonelist,
```

```
17                       ac->highest_zoneidx, ac->nodemask);
18      if (!ac->preferred_zoneref->zone)
19          goto nopage;
20
21      if (alloc_flags & ALLOC_KSWAPD)
22          wake_all_kswapds(order, gfp_mask, ac);
23
24      page = get_page_from_freelist(gfp_mask, order, alloc_flags, ac);
25      if (page)
26          goto got_pg;
27
28      if (can_direct_reclaim &&
29              (costly_order ||
30              (order > 0 && ac->migratetype != MIGRATE_MOVABLE))
31              && !gfp_pfmemalloc_allowed(gfp_mask)) {
32          page = __alloc_pages_direct_compact(gfp_mask, order,
33                          alloc_flags, ac,
34                          INIT_COMPACT_PRIORITY,
35                          &compact_result);
36          if (page)
37              goto got_pg;
38          if (costly_order && (gfp_mask & __GFP_NORETRY)) {
39
40              if (compact_result == COMPACT_SKIPPED ||
41              compact_result == COMPACT_DEFERRED)
42                  goto nopage;
43
44              compact_priority = INIT_COMPACT_PRIORITY;
45          }
46      }
```

程式中第 15 行透過 gfp_to_alloc_flags()，根據 gfp_mask 對記憶體分配標識進行調整。第 16 行透過 first_zones_zonelist() 重新計算 preferred zone。第 22 行，如果 alloc_flags 標識為 ALLOC_KSWAPD，那麼會透過 wake_all_kswapds 喚醒 kswapd 核心執行緒。第 24 行使用調整後的標識再次進入慢速路徑分配記憶體。第 32~35 行，如果前面分配失敗，且滿足其他條件，將透過 __alloc_pages_direct_compact 進行一次記憶體的壓縮並分配分頁。

如果上面的分配都失敗了，會進行 retry 操作。

```
1 retry:
2       if (alloc_flags & ALLOC_KSWAPD)
3           wake_all_kswapds(order, gfp_mask, ac);
4
```

```
5    reserve_flags = __gfp_pfmemalloc_flags(gfp_mask);
6    if (reserve_flags)
7        alloc_flags = current_alloc_flags(gfp_mask, reserve_flags);
8
9    if (!(alloc_flags & ALLOC_CPUSET) || reserve_flags) {
10       ac->nodemask = NULL;
11       ac->preferred_zoneref = first_zones_zonelist(ac->zonelist,
12                    ac->highest_zoneidx, ac->nodemask);
13   }
14
15   page =get_page_from_freelist(gfp_mask, order, alloc_flags, ac);
16   if (page)
17       goto got_pg;
18
19   /* Caller is not willing to reclaim, we can't balance anything */
20   if (!can_direct_reclaim)
21       goto nopage;
22
23   /* Avoid recursion of direct reclaim */
24   if (current->flags & PF_MEMALLOC)
25       goto nopage;
26
27   /* Try direct reclaim and then allocating */
28   page = __alloc_pages_direct_reclaim(gfp_mask, order, alloc_flags, ac,
29                    &did_some_progress);
30   if (page)
31       goto got_pg;
32
33   page = __alloc_pages_direct_compact(gfp_mask, order, alloc_flags, ac,
34                compact_priority, &compact_result);
35   if (page)
36       goto got_pg;
37
38   if (gfp_mask & __GFP_NORETRY)
39       goto nopage;
40
41   if (costly_order && !(gfp_mask & __GFP_RETRY_MAYFAIL))
42       goto nopage;
43
44   if (should_reclaim_retry(gfp_mask, order, ac, alloc_flags,
45            did_some_progress > 0, &no_progress_loops))
46       goto retry;
47
48
49   if (did_some_progress > 0 &&
50            should_compact_retry(ac, order, alloc_flags,
51            compact_result, &compact_priority,
52            &compaction_retries))
```

```
53        goto retry;
54
55    if (check_retry_cpuset(cpuset_mems_cookie, ac))
56        goto retry_cpuset;
57
58    page = __alloc_pages_may_oom(gfp_mask, order, ac, &did_some_progress);
59    if (page)
60        goto got_pg;
61
62    if (tsk_is_oom_victim(current) &&
63        (alloc_flags & ALLOC_OOM ||
64         (gfp_mask & __GFP_NOMEMALLOC)))
65        goto nopage;
66
67    if (did_some_progress) {
68        no_progress_loops = 0;
69        goto retry;
70    }
```

程式中第 3 行在 retry 的過程中會重新喚醒 kswapd 執行緒（防止意外休眠），進行非同步記憶體回收。第 15 行調整 zone 後透過 get_page_from_freelist 重新進行記憶體分配。第 28 行嘗試直接記憶體回收後分配分頁。第 33 和 34 行進行第二次直接記憶體壓縮後分配分頁，即記憶體磁碟重組。第 58 行，如果記憶體回收失敗，會嘗試觸發 OOM 機制，殺掉一些處理程序，進行記憶體的回收。第 62~65 行，如果當前 task 由於 OOM 而處於被殺死的狀態，則跳躍至 nopage。

至此，分區分頁幀分配器的大致流程暫時告一段落，本節介紹了 gfp_mask 分配遮罩、alloc_flag 分配標識、快速分配和慢速分配的流程，其他包括的如 rmqueue 夥伴系統、zone_watermark_fast 水位判斷、kswapd 非同步記憶體回收、__alloc_pages_direct_reclaim 記憶體回收、__alloc_pages_direct_compact 分頁規整，以及 __alloc_pages_may_oom 進行 oom killer 會放在下面的章節進一步分析。

在分頁分配時，有兩種路徑可以選擇，如果在快速路徑中分配成功了，則直接傳回分配的分頁；如果快速路徑分配失敗，則選擇慢速路徑進行分配：

- 快速分配：

- 如果分配的是單一分頁，考慮從 per_CPU 快取中分配空間，如果快取中沒有分頁，從夥伴系統中提取分頁做補充。
- 分配多個分頁時，從指定類型中分配，如果指定類型中沒有足夠的分頁，從備用類型鏈結串列中分配。最後會試探保留類型鏈結串列。
- 慢速分配：
  允許等待和分頁回收。

當上面兩種分配方案都不能滿足要求時，考慮在分頁回收、殺死處理程序等操作後再試。

1.8 分頁幀分配器的快速分配之水位控制

透過前面的內容可以知道，在分配記憶體的時候會首先選擇快速分配，分配不成功的話會選擇慢速分配：

- 快速分配（get_page_from_freelist）：是指在現有的 Buddy 系統的 free list 中申請記憶體，或透過簡單遷移達成申請記憶體的目的。
- 慢速分配（__alloc_pages_slowpath）：是指中間經歷了記憶體磁碟重組、記憶體回收、OOM 等耗時操作，而這些操作只是為了讓 Buddy 系統獲得足夠的空閒記憶體。

```
static struct page *
get_page_from_freelist(gfp_t gfp_mask, unsigned int order, int alloc_flags,
                       const struct alloc_context *ac)
{
  ......
    for_next_zone_zonelist_nodemask(zone, z, ac->zonelist, ac->high_zoneidx,
        // 遍歷每個 zone，進行分配
                                    ac->nodemask) {
        struct page *page;
        unsigned long mark;

        // 尋找支援的 zone 區域
        if (cpusets_enabled() &&
            (alloc_flags & ALLOC_CPUSET) &&
            !__cpuset_zone_allowed(zone, gfp_mask))
                continue;
```

```c
        ......
            // 每個 node 都有髒區限制,超過則跳過
            if (!node_dirty_ok(zone->zone_pgdat)) {
                last_pgdat_dirty_limit = zone->zone_pgdat;
                continue;
            }
        }

        mark = zone->watermark[alloc_flags & ALLOC_WMARK_MASK];
        //沒有足夠的 free page(根據記憶體的 high、low、min 進行比較,判斷記憶體是否不足)
        if (!zone_watermark_fast(zone, order, mark,
                       ac_classzone_idx(ac), alloc_flags)) {
            int ret;
        ......
            if (node_reclaim_mode == 0 ||
                !zone_allows_reclaim(ac->preferred_zoneref->zone, zone))
                // 不是 local zone 則跳過
                continue;

            // 進行分頁回收,透過函式 shrink_node() 收縮
            ret = node_reclaim(zone->zone_pgdat, gfp_mask, order);
            switch (ret) {
            case NODE_RECLAIM_NOSCAN:
                /* did not scan */
                continue;
            case NODE_RECLAIM_FULL:
                continue;
            default:
                // 回收後如果空閒分頁足夠則進入夥伴系統
                if (zone_watermark_ok(zone, order, mark,
                        ac_classzone_idx(ac), alloc_flags))
                    goto try_this_zone;

                continue;
            }
        }

try_this_zone:    // 本 zone 正常水位,進入夥伴系統
        // 先從 pcp 中分配,不行的話再從夥伴系統中分配
        page = rmqueue(ac->preferred_zoneref->zone, zone, order,
                gfp_mask, alloc_flags, ac->migratetype);
        if (page) {
            // 初始化與分配記憶體對應的 page 結構
            prep_new_page(page, order, gfp_mask, alloc_flags);
        ......
            return page;
        }
    }
```

```
        return NULL;
}
```

可以看到，在進行夥伴演算法分配前會使用 zone_watermark_fast() 根據水位判斷當前記憶體情況。如果記憶體足夠，就採用夥伴演算法分配，否則就透過 node_reclaim 回收記憶體，如圖 1-31 所示。

1.8.1 水位的初始化

根據上面對分頁幀分配器的了解我們知道，首先會判斷水位的情況，再根據情況分配分頁。那麼，先來看水位的初始化過程：

```
1  int __meminit init_per_zone_wmark_min(void)
2  {
3         unsigned long lowmem_kbytes;
4         int new_min_free_kbytes;
5
6         lowmem_kbytes = nr_free_buffer_pages() * (PAGE_SIZE >> 10);
7         new_min_free_kbytes = int_sqrt(lowmem_kbytes * 16);
8
9         if (new_min_free_kbytes > user_min_free_kbytes) {
10                min_free_kbytes = new_min_free_kbytes;
11                if (min_free_kbytes < 128)
12                        min_free_kbytes = 128;
13                if (min_free_kbytes > 65536)
14                        min_free_kbytes = 65536;
15        } else {
16                pr_warn("min_free_kbytes is not updated to %d because user defined
17 value %d is preferred\n",
18                                new_min_free_kbytes, user_min_free_kbytes);
19        }
20        setup_per_zone_wmarks();
21        refresh_zone_stat_thresholds();
22        setup_per_zone_lowmem_reserve();
23
24 #ifdef CONFIG_NUMA
25        setup_min_unmapped_ratio();
26        setup_min_slab_ratio();
27 #endif
28
29        return 0;
30 }
31 core_initcall(init_per_zone_wmark_min)
```

程式的第 6 行，nr_free_buffer_pages 獲取 ZONE_DMA 和 ZONE_NORMAL 區中高於 high 水位的總頁數，nr_free_buffer_pages = managed_pages - high_pages。第 10 行的 min_free_kbytes 是總的 min 大小，min_free_kbytes = 4 * sqrt(lowmem_kbytes)。第 20 行的 setup_per_zone_wmarks 根據總的 min 值，再加上各個 zone 在總記憶體中的佔比，然後透過 do_div 計算出它們各自的 min 值，進而計算出各個 zone 的水位。min、low、high 的關係是：low= min *125%，high = min * 150%。min、low、high 之間的比例關係與 watermark_scale_factor 相關，可以透過 /proc/sys/vm/watermark_scale_factor 設置。第 22 行的 setup_per_zone_lowmem_reserve 設置每個 Zone 的 lowmem_reserve 大小。lowmem_reserve 的值可以透過 /proc/sys/vm/lowmem_reserve_ratio 來修改。

為什麼需要設置每個 Zone 的保留記憶體呢？lowmem_reserve 的作用是什麼？

我們知道，核心在分配記憶體時會按照 HIGHMEM → NORMAL → DMA 的方向進行遍歷，如果當前 Zone 分配失敗，就會嘗試下一個低優先順序的 Zone。可以想像應用處理程序透過記憶體映射申請 HIGHMEM，如果此時 HIGHMEM Zone 無法滿足分配，則會嘗試從 NORMAL 進行分配。這時就有一個問題，來自 HIGHMEM Zone 的請求可能會耗盡 NORMAL Zone 的記憶體，最終的結果就是 NORMAL Zone 沒有記憶體提供給核心的正常分配。

因此針對這個場景，可以保留記憶體 lowmem_reserve[NORMAL] 給 NORMAL Zone 自己使用。

同樣，當從 NORMAL Zone 分配失敗後，會嘗試從 zonelist 中的 DMA Zone 申請，透過 lowmem_reserve[DMA] 限制來自 HIGHMEM 和 NORMAL 的分配請求。

```
$ cat /proc/sys/vm/lowmem_reserve_ratio
256      32
$ cat /proc/zoneinfo
Node 0, zone     DMA32

......
```

```
    pages free     361678
        min        674
        low        2874
        high       3314
        spanned    523776
        present    496128
        managed    440432
        protection: (0, 3998, 3998)
    ......
Node 0, zone    Normal
    pages free     706981
        min        1568
        low        6681
        high       7704
        spanned    8912896
        present    1048576
        managed    1023570
        protection: (0, 0, 0)
    ......
Node 0, zone    Movable
    pages free     0
        min        0
        low        0
        high       0
        spanned    0
        present    0
        managed    0
        protection: (0, 0, 0)
```

其中一些重要資訊的含義如下：

- spanned：表示當前 zone 所包含的所有的 page。
- present：表示當前 zone 在去掉第一階段保留記憶體之後剩下的 page。
- managed：表示當前 zone 去掉初始化完成以後所有的 kernel reserve 的記憶體剩下的 page。

結合前面 ARM64 平臺的數值舉個例子，假設這 2 個 Zone 分別包含 440432 和 1023570 個 page（實際是 /proc/zoneinfo 裡欄位 managed 的值）。如圖 1-32 所示，使用每個區域的 managed pages 和 lowmem_reserve_ratio 計算每個區域的 lowmem_reserve 值，可以看出結果和 protection 值一樣。

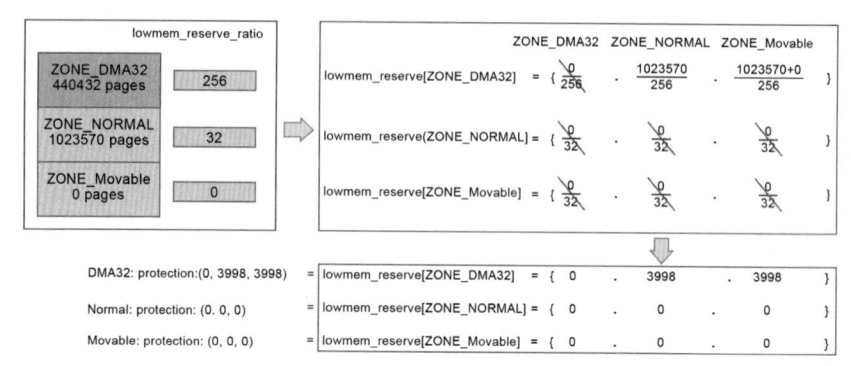

▲ 圖 1-32　每個區域的 lowmem_reserve

1.8.2　水位的判斷

先來看水位的判斷圖，如圖 1-33 所示。

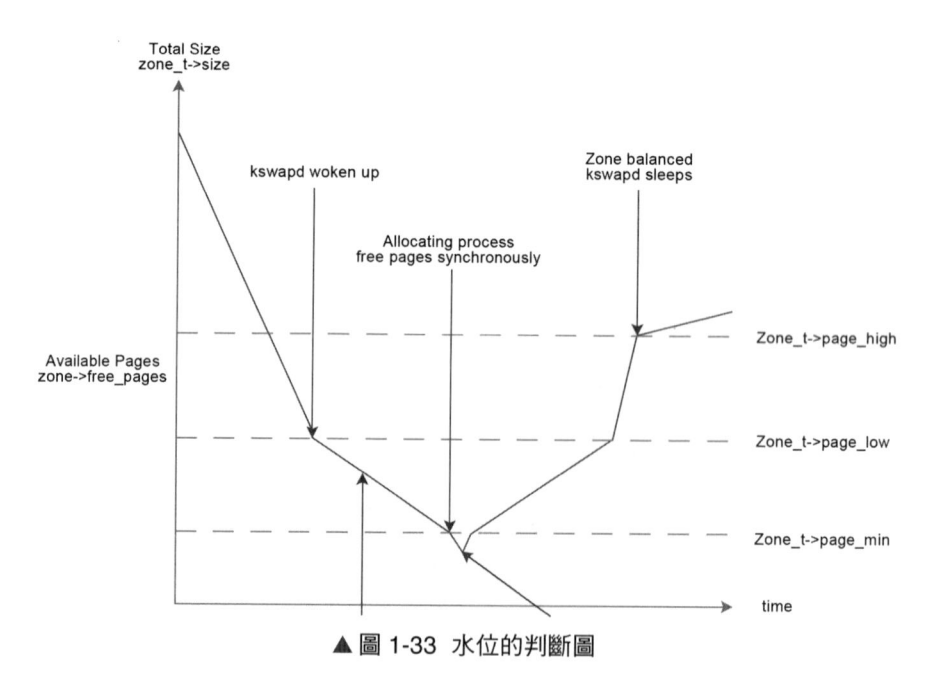

▲ 圖 1-33　水位的判斷圖

圖 1-33 中的相關資訊解釋如下：

- Total Size zone_t->size：記憶體大小。

- Available Pages zone->free_pages：空閒分頁。

- kswapd woken up：喚醒 kswapd 執行緒。
- Allocating process free pages synchronously：分配處理程序會同步釋放分頁。
- Zone balanced kswapd sleeps：kswapd 執行緒睡眠。
- Zone_t->page_high：高水位。
- Zone_t->page_low：低水位。
- Zone_t->page_min：最小水位。
- time：時間。

從圖 1-33 可以看出：

- 如果空閒分頁數目小於 min 值，則該 zone 非常缺頁，分頁回收壓力很大，應用程式寫入記憶體操作就會被阻塞，直接在應用程式的處理程序上下文中進行回收，即 direct reclaim。
- 如果空閒分頁數目小於 low 值，kswapd 執行緒將被喚醒。在預設情況下，low 值為 min 值的 125%，可以透過修改 watermark_scale_factor 來改變比例值。
- 如果空閒分頁的數目大於 high 值，kswapd 執行緒將睡眠。在預設情況下，high 值為 min 值的 150%，可以透過修改 watermark_scale_factor 來改變比例值。

1.9 分頁幀分配器的快速分配之夥伴系統

透過前面的介紹可以知道，夥伴演算法的核心是 rmqueue() 函式，在討論夥伴演算法之前先來看看當前分區分頁幀分配器存在的問題，即記憶體外部碎片。分區分頁幀分配如圖 1-34 所示。

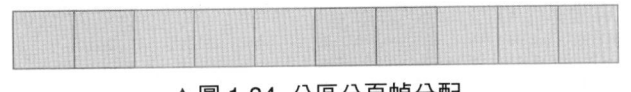

▲圖 1-34 分區分頁幀分配

假設這是一段連續的分頁幀，藍色部分表示已經被使用的分頁幀，現在需要申請一個連續的 5 個分頁幀。這個時候，在這段記憶體上不能找到連續的 5 個空閒的分頁幀，就會去另一段記憶體上尋找 5 個連續的分頁幀。久而久之就形成了分頁幀的浪費。為了避免出現這種情況，Linux 核心引入了夥伴系統（Buddy 系統）演算法。把所有的空閒分頁幀分組為 MAX_ORDER 個區塊鏈結串列，MAX_ORDER 通常定義為 11，所以每個區塊鏈結串列分別包含大小為 1，2，4，8，16，32，64，128，256，512 和 1024 個連續分頁幀的分頁幀區塊。最大可以申請 1024 個連續分頁幀，對應 4MB 大小的連續記憶體。不同 order 大小的分頁如圖 1-35 所示。

當請求分配 N 個連續的物理分頁時，會先去尋找一個合適大小的區塊，如果沒有找到相匹配的空閒分頁，則將更大的區塊分割成 2 個小塊，這 2 個小塊就是「夥伴」關係。

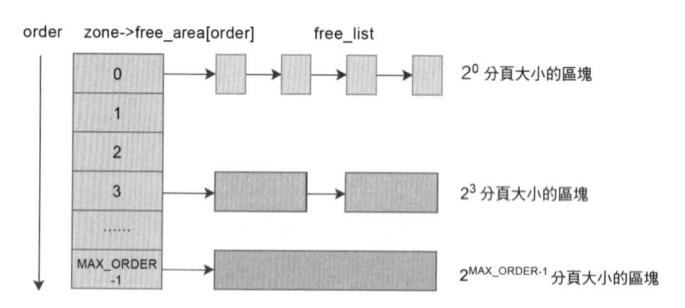

▲圖 1-35 不同 order 大小的分頁

假設要申請一個包含 256 個分頁幀的區塊，先從 256 個分頁幀的鏈結串列中查詢空閒區塊，如果沒有，就去 512 個分頁幀的鏈結串列中找，找到了則將分頁幀區塊分為 2 個 256 個分頁幀的區塊，一個分配給應用，另外一個移到 256 個分頁幀的鏈結串列中（這也是函式 expand 的執行過程）。如果 512 個分頁幀的鏈結串列中仍沒有空閒區塊，繼續向 1024 個分頁幀的鏈結串列查詢，如果仍然沒有，則傳回錯誤。分頁幀區塊在釋放時，會主動將兩個連續的分頁幀區塊合併為一個較大的分頁幀區塊。

從以上內容可以知道 Buddy 演算法一直在對分頁幀做拆開、合併的動作。Buddy 演算法的精妙之處在於：任何正整數都可以由 2n 的和組成。這也是 Buddy 演算法管理空閒分頁表的本質。空閒記憶體的資訊可以透過圖 1-36 所示的命令獲取。

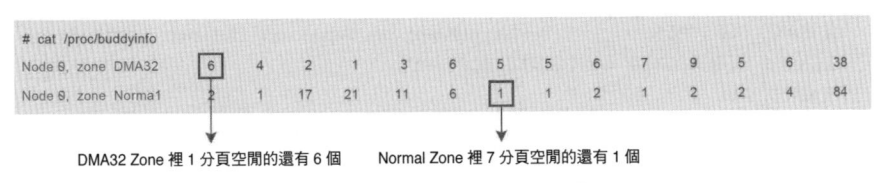

```
# cat /proc/buddyinfo
Node 9, zone  DMA32    6    4    2    1    3    6    5    5    6    7    9    5    6    38
Node 9, zone  Normal   2    1   17   21   11    6    1    1    2    1    2    2    4    84
```

DMA32 Zone 裡 1 分頁空間的還有 6 個　　　　Normal Zone 裡 7 分頁空間的還有 1 個

▲圖 1-36 buddyinfo 的解釋

也可以透過 echo m > /proc/sysrq-trigger 來觀察 buddy 的狀態，得到的資訊與 /proc/ buddyinfo 的是一致的。

1.9.1 相關的資料結構

前面講過 Node、Zone、Page 三者之間的關係，Zone 的資料結構如下所示：

```
struct zone {
    ......
    struct free_area       free_area[MAX_ORDER];
} ____cacheline_internodealigned_in_smp;
```

- free_area[MAX_ORDER]：用於儲存每一階的空閒區塊鏈結串列，其定義如下。

```
struct free_area {
    struct list_head       free_list[MIGRATE_TYPES];
    unsigned long          nr_free;
};
```

- free_list[MIGRATE_TYPES]：用於連接包含大小相同的連續記憶體區域的分頁幀的鏈結串列。
- nr_free：該區域中空閒分頁表的數量。

其中 free_list[MIGRATE_TYPES] 裡的遷移類型 MIGRATE_TYPES 有以下幾種：

```
enum migratetype {
        MIGRATE_UNMOVABLE,
        MIGRATE_MOVABLE,
        MIGRATE_RECLAIMABLE,
        MIGRATE_PCPTYPES,       /* the number of types on the pcp lists */
        MIGRATE_HIGHATOMIC = MIGRATE_PCPTYPES,
#ifdef CONFIG_CMA
        MIGRATE_CMA,
#endif
#ifdef CONFIG_MEMORY_ISOLATION
        MIGRATE_ISOLATE,        /* can't allocate from here */
#endif
        MIGRATE_TYPES
};
```

- MIGRATE_UNMOVABLE：不可移動，核心空間分配的大部分頁都屬於這一類。

- MIGRATE_MOVABLE：可移動，使用者空間應用程式的分頁屬於此類分頁。

- MIGRATE_RECLAIMABLE：kswapd 會按照一定的規則，週期性地回收這類分頁。

- MIGRATE_PCPTYPES：用來表示每個 CPU 分頁幀快取記憶體的資料結構中的鏈結串列的遷移類型數目。

- MIGRATE_HIGHATOMIC：高階的分頁區塊，此分頁區塊不能休眠。

- MIGRATE_CMA：預留一段記憶體給驅動使用，但當驅動不用的時候，夥伴系統可以分配給使用者處理程序。而當驅動需要用時，就將處理程序佔用的記憶體透過回收或遷移的方式將之前佔用的預留記憶體騰出來，供驅動使用。

- MIGRATE_ISOLATE：不能被夥伴系統分配的分頁。

這裡可以用一張圖來把這些結構綁定起來，如圖 1-37 所示。

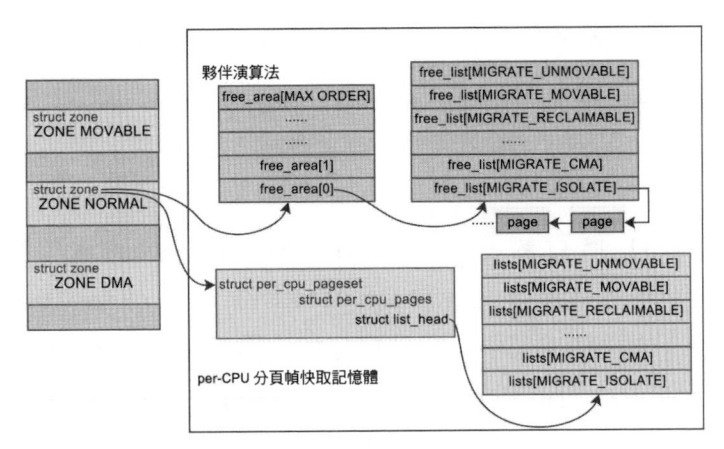

▲ 圖 1-37 記憶體常用結構

1.9.2 夥伴演算法申請分頁

下面來看夥伴演算法申請分頁的函式。

```
1  static inline
2  struct page *rmqueue(struct zone *preferred_zone,
3              struct zone *zone, unsigned int order,
4              gfp_t gfp_flags, unsigned int alloc_flags,
5              int migratetype)
6  {
7      unsigned long flags;
8      struct page *page;
9
10
11     if (likely(order == 0)) {
12         page = rmqueue_pcplist(preferred_zone, zone, order,
13                 gfp_flags, migratetype);
14         goto out;
15     }
16
17     ......
18
19     do {
20         page = NULL;
21         if (alloc_flags & ALLOC_HARDER) {
22             page = __rmqueue_smallest(zone, order, MIGRATE_HIGHATOMIC);
23             if (page)
```

```
24                    trace_mm_page_alloc_zone_locked(page, order, migratetype);
25            }
26            if (!page)
27                    // 前兩個條件都不滿足，則在正常的 free_list[MIGRATE_*] 中進行分配
28                    page = __rmqueue(zone, order, migratetype);
29     } while (page && check_new_pages(page, order));
30
31     ……
32 }
```

程式中第 11~15 行表示，當 order=0 時，從 pcplist 分配單一分頁。第 22 行表示當 order>0 且是 ALLOC_HARDER 時，從 free_list[MIGRATE_HIGHATOMIC] 的鏈結串列中進行分頁分配。第 28 行表示前兩個條件都不滿足，則在正常的 free_list[MIGRATE_*] 中進行分配。其中先從指定 order 開始從小到大遍歷，優先從指定的遷移類型鏈結串列中分配分頁，如果分配失敗，嘗試從 CMA 進行分配，如果還是失敗，查詢後備類型 fallbacks[MIGRATE_TYPES] [4]，並將查詢到的分頁移動到所需的 MIGRATE 類型中，移動成功後，重新嘗試分配。

為了更好理解，把夥伴演算法申請分頁的函式 rmqueue 整理成流程圖，如圖 1-38 所示。

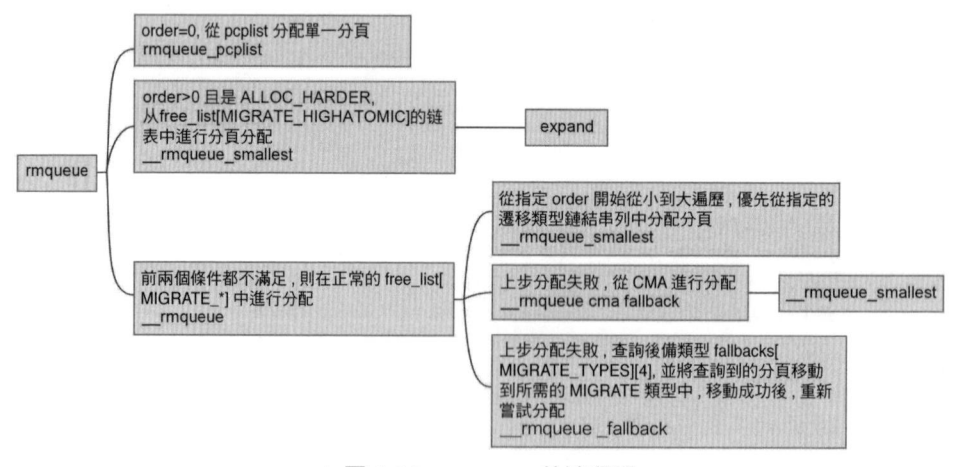

▲圖 1-38 rmqueue 的流程圖

接下來看函式 rmqueue 裡的 __rmqueue_smallest：

```
1  static __always_inline
2  struct page *__rmqueue_smallest(struct zone *zone, unsigned int order,
3                      intmigratetype)
4  {
5      unsigned intcurrent_order;
6      structfree_area *area;
7      struct page *page;
8  
9      for (current_order = order; current_order < MAX_ORDER; ++current_order) {
10         area = &(zone->free_area[current_order]);
11         page =get_page_from_free_area(area, migratetype);
12         if (!page)
13             continue;
14         del_page_from_free_list(page, zone, current_order);
15         expand(zone, page, order,current_order, migratetype);
16         set_pcppage_migratetype(page, migratetype);
17         return page;
18     }
19  
20     return NULL;
21 }
```

程式中第 9 行從 current_order 開始查詢 zone 的空閒鏈結串列。如果當前的 order 中沒有空閒物件，那麼就會查詢上一級 order，直到不大於 MAX_ORDER。第 15 行表示查詢到分頁表之後，透過 del_page_from_free_list 從對應的鏈結串列中將其刪除，並呼叫 expand 函式實現夥伴演算法，即將空閒鏈結串列上的分頁區塊分配一部分後，將剩餘的空閒部分掛在 zone 上更低 order 的分頁區塊鏈結串列上。

函式 __rmqueue_smallest 裡會呼叫 expand 函式：

```
static inline void expand(struct zone *zone, struct page *page,
      int low, int high, int migratetype)
{
      unsigned long size = 1 << high;

      while (high > low) {
              high--;
              size >>= 1;
              VM_BUG_ON_PAGE(bad_range(zone, &page[size]), &page[size]);

              if (set_page_guard(zone, &page[size], high, migratetype))
                      continue;
```

```
            add_to_free_list(&page[size], zone, high, migratetype);
            set_buddy_order(&page[size], high);
    }
}
```

1.9.3 夥伴演算法釋放分頁

夥伴演算法既有對分頁的申請，也有對分頁的釋放，如圖 1-39 所示。

▲圖 1-39 夥伴演算法釋放分頁

可以看出其核心程式是 __free_one_page()，主要工作是對此分頁幀附近的分頁幀進行合併，本質就是把符合條件的夥伴 page 合併回 free_list 裡，如圖 1-40 所示。

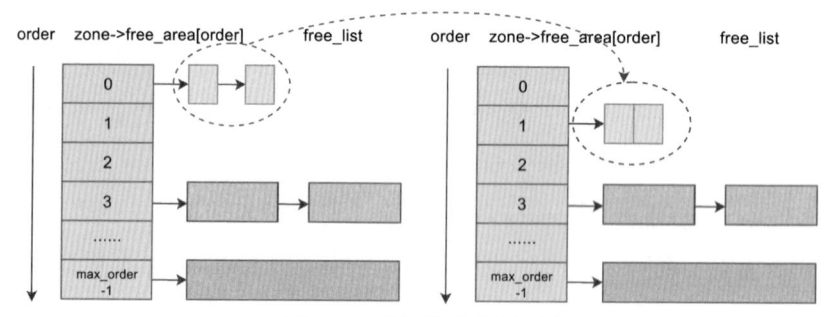

▲圖 1-40 分頁幀合併的過程

```
1  static inline void __free_one_page(struct page *page,
2              unsigned long pfn,
3              struct zone *zone, unsigned int order,
4              int migratetype)
5  {
6  ......
7  continue_merging:
8      while (order < max_order - 1) {
9              if (compaction_capture(capc, page, order, migratetype)) {
10                     __mod_zone_freepage_state(zone, -(1 << order),
11                                                     migratetype);
12                     return;
13             }
```

```
14                    buddy_pfn = __find_buddy_pfn(pfn, order);
15                    buddy = page + (buddy_pfn - pfn);
16
17                    if (!pfn_valid_within(buddy_pfn))
18                            goto done_merging;
19                    if (!page_is_buddy(page, buddy, order))
20                            goto done_merging;
21                    if (page_is_guard(buddy))
22                            clear_page_guard(zone, buddy, order, migratetype);
23                    else
24                            del_page_from_free_area(buddy, &zone->free_area[order]);
25                    combined_pfn = buddy_pfn & pfn;
26                    page = page + (combined_pfn - pfn);
27                    pfn = combined_pfn;
28                    order++;
29            }
30            ……
31  }
```

程式中第 8 行表示在當前 order 到 max_order-1 之間尋找合適的 buddy，然後合併，直到放到最大階的夥伴系統中。第 14 行根據 pfn 和 order 獲取夥伴系統中對應夥伴區塊的 pfn。第 15 行根據夥伴區塊的 pfn 計算出夥伴區塊的 page 位址 buddy。第 19 行透過 page_is_buddy 判斷夥伴區塊是否空閒等一系列合法性判斷，包括夥伴區塊要在夥伴系統內，當前分頁和夥伴區塊 order 要相同，要在同一個 zone 中。第 21 行判斷 page 和 buddy 是否可以合併。第 26 和 27 行計算 buddy 和 page 進行合併後新的 pfn 和 page。

1.10　分頁幀分配器的慢速分配之記憶體回收

前文介紹過，進入慢速記憶體分配後，會有兩種方式來回收記憶體，一種是透過喚醒 kswapd 核心執行緒來非同步回收，另外一種是透過 direct reclaim 直接回收記憶體。根據前面講到的水位情況，觸發不同的回收方式。其回收包括的演算法是 LRU（Least Recently Used），即選擇最近最少使用的物理分頁。

1.10.1　資料結構

我們把目光放到圖 1-27 裡的分頁幀回收。可以看出，每個節點會維護一個 lruvec 結構，該結構用於存放 5 種不同類型的 LRU 鏈結串列，如以下結構所示：

```c
typedef struct pglist_data {
......
/* Fields commonly accessed by the page reclaim scanner */
struct lruvec          lruvec;
......
}

struct lruvec {
    struct list_head       lists[NR_LRU_LISTS];
......
}

enum lru_list {
    LRU_INACTIVE_ANON = LRU_BASE,
    LRU_ACTIVE_ANON = LRU_BASE + LRU_ACTIVE,
    LRU_INACTIVE_FILE = LRU_BASE + LRU_FILE,
    LRU_ACTIVE_FILE = LRU_BASE + LRU_FILE + LRU_ACTIVE,
    LRU_UNEVICTABLE,
    NR_LRU_LISTS
};
```

可以看出實體記憶體進行回收的時候可以選擇兩種方式：

- 檔案背景分頁（file-backed pages）
- 匿名分頁（anonymous pages）

比如處理程序的程式碼部分、映射的檔案都是 file-backed（檔案背景），而處理程序的堆積、堆疊都是不與檔案相對應的，就屬於匿名分頁。這兩種分頁是在缺頁異常中分配的，後面會詳細介紹。

檔案背景分頁（file-backed pages）在記憶體不足的時候，如果是髒分頁，寫回對應的硬碟檔案，稱為 page-out，不需要用到交換區（swap）；而匿名分頁（anonymous pages）在記憶體不足時就只能寫到交換區裡，稱為 swap-out。交換區可以是一個磁碟分割，也可以是存放裝置上的檔案。

回收的時候，是回收檔案背景分頁，還是匿名分頁，還是都會回收呢？可透過 /proc/ sys/vm/swapiness 來控制讓誰回收多一點。swappiness 越大，越傾向於回收匿名分頁； swappiness 越小，越傾向於回收 file-backed 的分頁。當然，它們的回收方法都是一樣的 LRU 演算法，即最近最少使用的分頁會被回收。

由上述這兩種類型可回收的分頁，便產生了 5 種 LRU 鏈結串列，其中 ACTIVE 和 INACTIVE 用於表示最近的存取頻率。UNEVICTABLE，表示被鎖定在記憶體中，不允許回收的物理分頁。

```
struct pagevec {
    unsigned long nr;
    unsigned long cold;
    struct page *pages[PAGEVEC_SIZE];
};
static DEFINE_PER_CPU(struct pagevec, lru_add_pvec);
static DEFINE_PER_CPU(struct pagevec, lru_rotate_pvecs);
static DEFINE_PER_CPU(struct pagevec, lru_deactivate_file_pvecs);
static DEFINE_PER_CPU(struct pagevec, lru_lazyfree_pvecs);
#ifdef CONFIG_SMP
static DEFINE_PER_CPU(struct pagevec, activate_page_pvecs);
#endif
```

每個 CPU 有 5 種快取 struct pagevec，用來描述上面的 5 種 LRU 鏈結串列，其對應的操作分別為 lru_add_pvec、lru_rotate_pvecs、lru_deactivate_pvecs、lru_lazyfree_pvecs 和 activate_page_pvecs。

而 inactive list 尾部的分頁，將在記憶體回收時被優先回收（寫回或交換），這也是 LRU 演算法的核心。有一點需要注意，回收的時候總是優先換出 file-backed pages，而非 anonymous pages。因為大多數情況下 file-backed pages 不需要回寫入磁碟，除非分頁內容被修改了，而 anonymous pages 總是要被寫入交換區才能被換出。

```
struct scan_control {
    /* How many pages shrink_list() should reclaim */
    unsigned long nr_to_reclaim;

    /* This context's GFP mask */
    gfp_t gfp_mask;

    /* Allocation order */
    int order;
……
    unsigned int may_swap:1;
……
    /* Incremented by the number of inactive pages that were scanned */
    unsigned long nr_scanned;
```

```
    /* Number of pages freed so far during a call to shrink_zones() */
    unsigned long nr_reclaimed;
};
```

- nr_to_reclaim：需要回收的分頁數量。
- gfp_mask：申請分配的遮罩，使用者申請分頁時可以透過設置標識來限制呼叫底層檔案系統或不允許讀寫存放裝置，最終傳遞給 LRU 處理。
- order：申請分配的階數值，最終期望記憶體回收後能滿足申請要求。
- may_swap：是否將匿名分頁交換到 swap 分區並進行回收處理。
- nr_scanned：統計掃描過的非活動分頁總數。
- nr_reclaimed：統計回收了的分頁總數。

1.10.2 程式流程

前面講過有兩種方式來觸發分頁回收：

- zone 中空閒的分頁低於 low watermark 時，kswapd 核心執行緒被喚醒，進行非同步回收。
- zone 中空閒的分頁低於 min watermark 時，直接進行回收。

分頁回收如圖 1-41 所示。

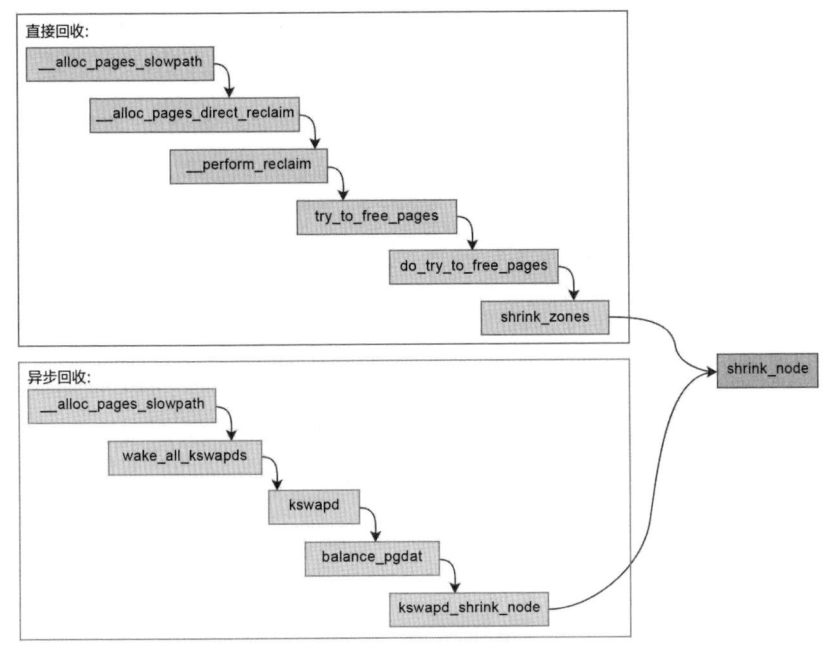

```
直接回收:
  __alloc_pages_slowpath
    → __alloc_pages_direct_reclaim
      → __perform_reclaim
        → try_to_free_pages
          → do_try_to_free_pages
            → shrink_zones

异步回收:
  __alloc_pages_slowpath
    → wake_all_kswapds
      → kswapd
        → balance_pgdat
          → kswapd_shrink_node

→ shrink_node
```

▲ 圖 1-41 分頁回收

無論哪種方式都會呼叫 shrink_node 函式，如圖 1-42 所示。

shrink_node_memcg 透過 for_each_evictable_lru 遍歷所有可以回收的 LRU 鏈結串列，然後透過 shrink_list 對指定 LRU 鏈結串列進行分頁回收。shrink_list 首先會判斷 inactive 鏈結串列上的檔案分頁或匿名分頁，當其 inactive 鏈結串列上的分頁數不夠的時候，會呼叫 shrink_active_list，該函式會將 active 鏈結串列上的分頁移動（move）到 inactive 鏈結串列上，然後呼叫 move_active_pages_to_lru 對活躍的 LRU 鏈結串列進行掃描，把分頁從 active 鏈結串列移到 inactive 鏈結串列；對不活躍的 LRU 鏈結串列進行掃描，嘗試回收分頁，並且傳回已回收分頁的數量。

```
          shrink_node
              ↓
       shrink_node_memcg
              ↓
          shrink_list
              ↓
      ◇ inactive_list_is_low ◇ ──N──┐
              │Y                      │
      shrink_active_list        shrink_inactive_list
              ↓                      ↓
    move_active_pages_to_lru    shrink_page_list
                                     ↓
                              __remove_mapping
                                     ↓
                             delete_from_page_cache
```

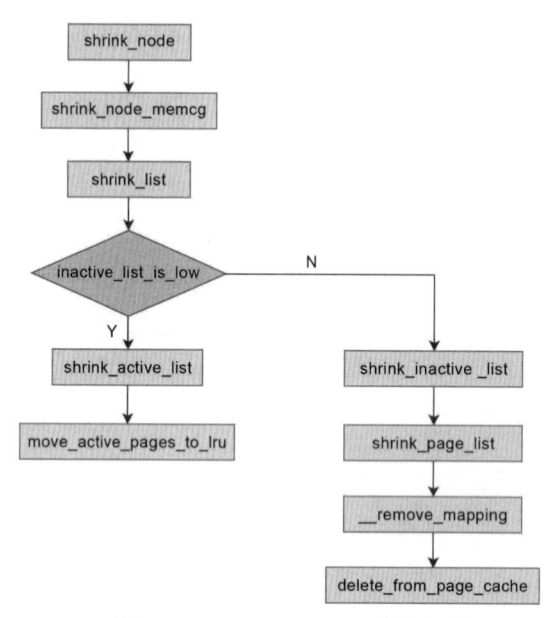

▲圖 1-42　shrink_node 函式流程圖

1.11　分頁幀分配器的慢速分配之記憶體碎片規整

根據前面的講解我們知道，記憶體回收、OOM Killer（內部不足時會殺死處理程序）、分頁規整都是在 __alloc_pages_slowpath 慢速分配記憶體中發生的。這一節主要講解碎片分頁的規整。先來理解什麼是碎片化分頁。

1.11.1　什麼是記憶體碎片化

記憶體碎片化分為內部碎片化和外部碎片化，我們從這兩個方向看看什麼是記憶體碎片化。

- 內部碎片化

比如處理程序需要使用 3KB 實體記憶體，就要向核心申請 3KB 記憶體，但是由於核心規定一個分頁的最小單位是 4KB，所以就會給該處理程序分配 4KB 記憶體，那麼其中有 1KB 未被使用，這就是所謂的內部碎片化，如圖 1-43 所示。

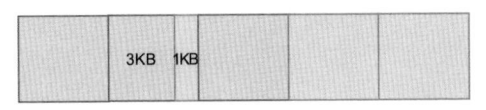

▲圖 1-43 內部碎片化

- 外部碎片化

比如系統剩餘分頁如圖 1-44 所示，雖然系統中剩餘 4KB×3 = 12KB 大小的記憶體，但是由於分頁與分頁之間的分離，沒有辦法申請到 8KB 大小的連續記憶體，這就是所謂的外部碎片化。

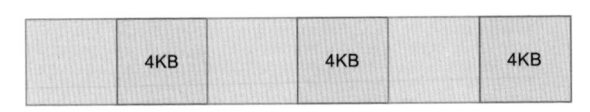

▲圖 1-44 外部碎片化

1.11.2 規整碎片化分頁的演算

碎片化分頁的規整就是解決以上內、外碎片化的過程，核心採用分頁遷移的機制對碎片化的分頁進行規整，即將可移動的分頁進行遷移，從而騰出連續的實體記憶體。

假設當前的記憶體情況如圖 1-45 所示。

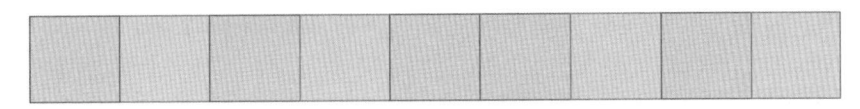

▲圖 1-45 當前記憶體情況

其中黃色表示空閒的分頁，藍色表示已經被分配的分頁，可以看到剩餘的分頁非常零散。雖然剩餘的記憶體有四分頁，但是無法分配大於兩分頁的連續實體記憶體。

核心用一個**遷移掃描器**從底部開始掃描，一邊掃描，一邊將已分配的可移動（MIGRATE_MOVABLE）分頁記錄到 migratepages 鏈結串列中；用另外一個**空閒掃描器**從頂部開始掃描，一邊掃描一邊將空閒分頁記錄到 freepages 鏈結串列中，遷移掃描的過程如圖 1-46 所示。

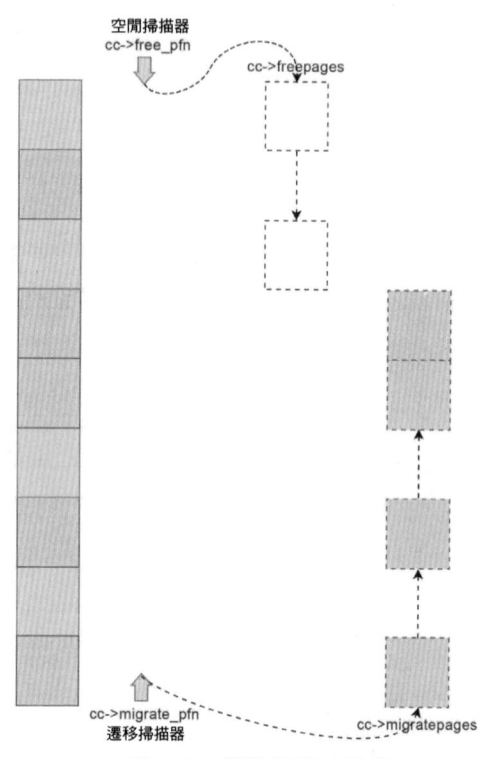

▲ 圖 1-46 遷移掃描的過程

當兩個掃描器在中間相遇時，表示掃描結束，然後將遷移鏈結串列 migratepages 裡的分頁遷移到空閒鏈結串列 freepages 中，底部就形成了一段連續的實體記憶體，即完成分頁規整，掃描後的結果如圖 1-47 所示。

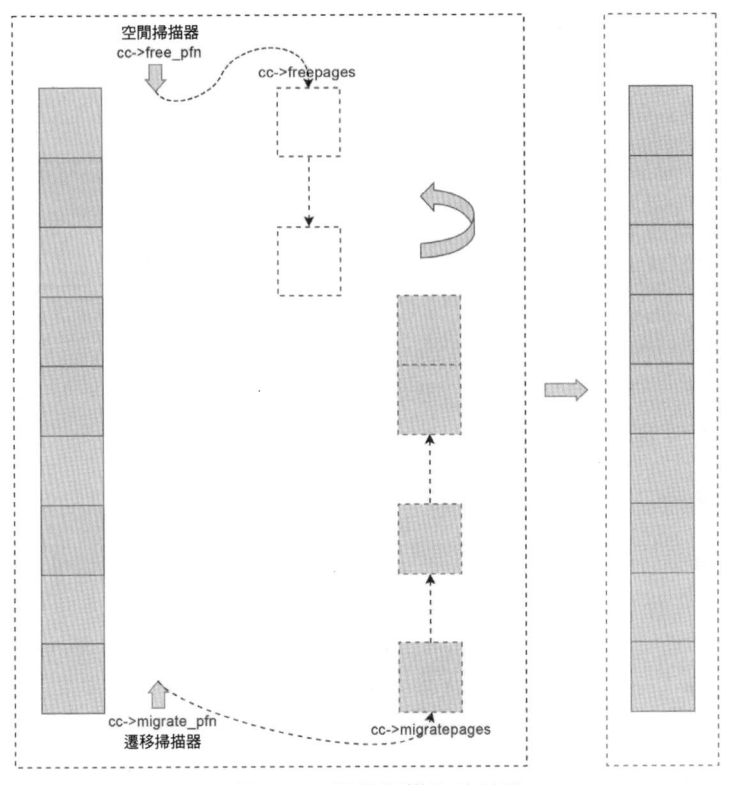

▲ 圖 1-47 遷移掃描後的結果

1.11.3 資料結構

compact_control 結構控制著整個分頁規整過程，維護著 freepages 和 migratepages 兩個鏈結串列，最終將 migratepages 中的分頁複製到 freepages 中去。

```
struct compact_control {
    struct list_head freepages;
    struct list_head migratepages;
    struct zone *zone;
    unsigned long nr_freepages;
    unsigned long nr_migratepages;
    unsigned long total_migrate_scanned;
    unsigned long total_free_scanned;
    unsigned long free_pfn;
    unsigned long migrate_pfn;
    unsigned long last_migrated_pfn;
```

```
        const gfp_t gfp_mask;
        int order;
        int migratetype;
        const unsigned int alloc_flags;
        const int classzone_idx;
        enum migrate_mode mode;
        bool ignore_skip_hint;
        bool ignore_block_suitable;
        bool direct_compaction;
        bool whole_zone;
        bool contended;
        bool finishing_block;
};
```

這裡列出這個結構裡的變數:

- freepages:空閒分頁的鏈結串列。

- migratepages:遷移分頁的鏈結串列。

- zone:在整合記憶體碎片的過程中,碎片分頁只會在本 zone 的內部移動。

- migrate_pfn:遷移掃描器開始的分頁幀。

- free_pfn:空閒掃描器開始的分頁幀。

- migratetype:可移動的類型,按照可行動性將記憶體分頁分為以下三種類型:
    - MIGRATE_UNMOVABLE:不可移動,核心分配的大部分頁都屬於此類。
    - MIGRATE_MOVABLE:可移動,使用者空間應用程式的分頁屬於此類。
    - MIGRATE_RECLAIMABLE:kswapd 會按照一定的規則,週期性地回收這類分頁。

1.11.4 規整的三種方式

前面在講夥伴演算法裡的慢速分配時,提到分頁規整的函式 __alloc_pages_direct_compact:

```c
static struct page *
__alloc_pages_direct_compact(gfp_t gfp_mask, unsigned int order,
                unsigned int alloc_flags, const struct alloc_context *ac,
                enum compact_priority prio, enum compact_result *compact_result)
{
        struct page *page = NULL;
        unsigned long pflags;
        unsigned int noreclaim_flag;

        if (!order)
                return NULL;

        psi_memstall_enter(&pflags);
        noreclaim_flag = memalloc_noreclaim_save();

        *compact_result = try_to_compact_pages(gfp_mask, order, alloc_flags, ac,
                                                prio, &page);

        memalloc_noreclaim_restore(noreclaim_flag);
        psi_memstall_leave(&pflags);


        count_vm_event(COMPACTSTALL);

        if (page)
                prep_new_page(page, order, gfp_mask, alloc_flags);

        if (!page)
                page = get_page_from_freelist(gfp_mask, order, alloc_flags, ac);

        if (page) {
                struct zone *zone = page_zone(page);

                zone->compact_blockskip_flush = false;
                compaction_defer_reset(zone, order, true);
                count_vm_event(COMPACTSUCCESS);
                return page;
        }


        count_vm_event(COMPACTFAIL);

        cond_resched();

        return NULL;
}
```

這種模式下分配和回收是同步的關係，也就是說分配記憶體的處理程序會因為等待記憶體回收而被阻塞。不過核心除了提供同步方式外，也提供了非同步的規整方式，如圖 1-48 所示。

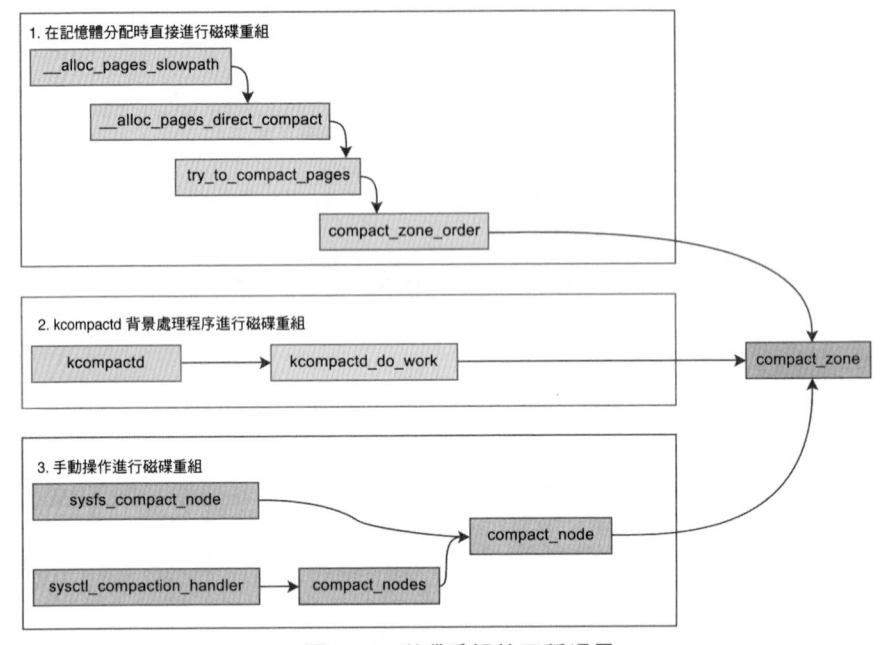

▲ 圖 1-48 磁碟重組的三種場景

這三種方式最終都會呼叫函式 compact_zone() 來實現真正的規整操作。感興趣的讀者可以自行查看，這裡不再贅述。

第 2 章
處理程序管理

在 Linux 系統中，處理程序管理就如同一位精明的交響樂團指揮家，而每個處理程序就是樂團中的一位樂手或樂器。這些處理程序可能是正在執行的瀏覽器、文字編輯器、資料庫伺服器等，它們各自負責演奏自己的「樂章」，即執行特定的任務。處理程序管理精心協調並掌控著整個系統的和諧執行。它確保每個處理程序都能得到適當的資源，並按照預定的節奏和循序執行，同時還負責處理處理程序間的通訊和同步，確保系統的高效和穩定。處理程序管理的作用是至關重要的，它讓整個 Linux 系統如同一個默契十足的交響樂團，演奏出和諧美妙的樂章。

2.1 核心對處理程序的描述

處理程序是作業系統中排程的實體，對處理程序資源的描述稱為處理程序控制區塊（PCB, Process Control Block）。

2.1.1 透過 task_struct 描述處理程序

Linux 核心透過 task_struct 結構來描述一個處理程序，稱為處理程序描述符號（Process Descriptor），它儲存著支撐一個處理程序正常執行的所有資訊。task_struct 結構內容太多，這裡只列出部分成員變數：

```
struct task_struct {
#ifdef CONFIG_THREAD_INFO_IN_TASK
  struct thread_info         thread_info;
#endif
  volatile long state;
  void *stack
;
  ......
  struct mm_struct *mm;
  ......
  pid_t pid;
  ......
  struct task_struct *parent;
  ......
  char comm[TASK_COMM_LEN];
  ......
  struct files_struct *files;
  ......
  struct signal_struct *signal;
}
```

task_struct 中的主要資訊如下：

- 識別字：描述本處理程序的唯一識別碼 pid，用來區別其他處理程序。
- 狀態：任務狀態、退出程式、退出訊號等。
- 優先順序：相對於其他處理程序的優先順序。
- 程式計數器：程式中即將被執行的下一行指令的位址。
- 記憶體指標：包括程式碼和處理程序相關資料的指標，還有和其他處理程序共用的區塊的指標。
- 上下文資料：處理程序執行時處理器的暫存器中的資料。
- I/O 狀態資訊：包括顯示的 I/O 請求、分配的處理程序 I/O 裝置和處理程序使用的檔案列表。
- 記帳資訊：可能包括處理器時間總和、使用的時鐘總和、時間限制、記帳號等。

task_struct 的結構成員變數如下所示：

- thread_info：處理程序被排程執行的資訊。
- state：=-1 是不執行狀態，=0 是執行狀態，>0 是停止狀態。
- stack：指向核心堆疊的指標。
- mm：與處理程序位址空間相關的資訊。
- pid：處理程序識別字。
- comm[TASK_COMM_LEN]：處理程序的名稱。
- files：開啟的檔案表。
- signal：訊號相關的處理。

2.1.2 如何獲取當前處理程序

　　Linux 核心中經常透過 current 巨集來獲得當前處理程序對應的 struct task_sturct 結構，我們借助 current，結合上面介紹的內容，看看具體的實現：

```
static __always_inline struct task_struct *get_current(void)
{
    unsigned long sp_el0;

    asm ("mrs %0, sp_el0" : "=r" (sp_el0));

    return (struct task_struct *)sp_el0;
}

#define current get_current()
```

　　程式比較簡單，可以看出透過讀取使用者空間堆疊指標暫存器 sp_el0 的值，將此值強制轉換成 task_struct 結構就可以獲得當前處理程序。（sp_el0 裡存放的是 init_task，即 thread_info 位址，thread_info 又是在 task_sturct 的開始處，從而找到當前處理程序。）

2.2 使用者態處理程序 / 執行緒的建立

　　建立處理程序，是指作業系統建立一個新的處理程序。常用於建立處理程序的函式有 fork、vfork，建立執行緒的函式是 pthread_create。下面來看它們之間的具體區別。

2.2.1 fork 函式

fork 函式建立子處理程序成功後，父處理程序傳回子處理程序的 pid，子處理程序傳回 0，具體說明如下：

- fork 傳回值為 -1，代表建立子處理程序失敗。
- fork 傳回值為 0，代表子處理程序建立成功，這個分支是子處理程序的執行邏輯。
- fork 傳回值大於 0，這個分支是父處理程序的執行邏輯，並且傳回值等於子處理程序的 pid。

我們看一個透過 fork 函式來建立子處理程序的例子：

```c
#include <stdio.h>
#include <sys/types.h>
#include <unistd.h>

int main()
{
    pid_t pid = fork();

    if(pid == -1){
        printf("create child process failed!\n");
        return -1;
    }
    else if(pid == 0){
        printf("This is child process!\n");
    }
    else{
        printf("This is parent process!\n");
        printf("parent process pid = %d\n",getpid());
        printf("child process pid = %d\n",pid);
    }

    getchar();

    return 0;
}
```

執行結果輸出如下：

```
$ ./a.out
This is parent process!
```

```
parent process pid = 25483
child process pid = 25484
This is child process!
```

從上面的執行結果來看，建立的子處理程序 pid=25484，父處理程序的 pid=25483。

當執行 fork 建立新子處理程序時，核心不需要將父處理程序的整個處理程序位址空間複製給子處理程序，而是讓父處理程序和子處理程序共用同一個副本，只有寫入時，資料才會被複製。這也叫寫入時複製（COW）技術，是一種推遲或避免複製資料的技術。我們用一個簡單的例子描述如下：

```c
#include <stdio.h>
#include <sys/types.h>
#include <unistd.h>

int peter = 10;

int main()
{
    pid_t pid = fork();

    if(pid == -1){
        printf("create child process failed!\n");
        return -1;
    }else if(pid == 0){
        printf("This is child process, peter = %d!\n", peter);
        peter = 100;
        printf("After child process modify peter = %d\n", peter);
    }
    else{
        printf("This is parent process = %d!\n", peter);
    }

    getchar();

    return 0;
}
```

執行結果如下：

```
$ ./a.out
This is parent process = 10!
This is child process, peter = 10!
After child process modify peter = 100
```

從執行結果可以看到，不論子處理程序如何修改 peter 的值，父處理程序永遠看到的是自己的那一份。fork 函式的結構如圖 2-1 所示。

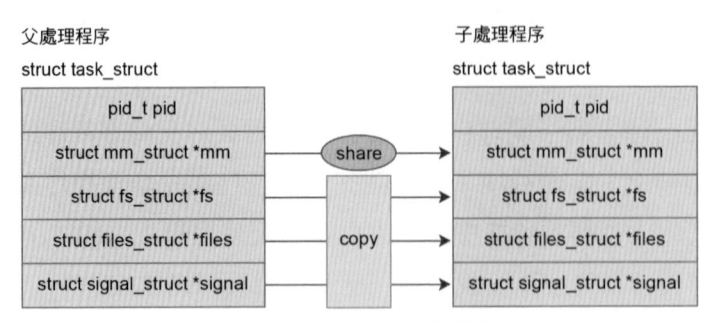

▲ 圖 2-1 fork 函式的結構

2.2.2 vfork 函式

與 fork 函式類似，也用於建立新處理程序，但 vfork 函式建立的子處理程序並不完全複製父處理程序的位址空間。相反，子處理程序在父處理程序的位址空間中執行，直到它呼叫 exec 或 exit。這樣做的好處是減少了不必要的記憶體複製，提高了效率。然而，由於子處理程序和父處理程序共用位址空間，子處理程序在呼叫 exec 或 exit 之前不能進行寫入操作，以避免破壞父處理程序的資料。此外，vfork 函式還保證子處理程序先執行，直到它呼叫 exec 或 exit 後，父處理程序才可能被排程執行。接下來看看使用 vfork 函式建立子處理程序的過程：

```c
#include <stdlib.h>
#include <stdio.h>
#include <sys/types.h>
#include <unistd.h>

int peter = 10;

int main()
{
  pid_t pid = vfork();

  if(pid == -1){
      printf("create child process failed!\n");
      return -1;
```

```
    }
    else if(pid == 0){
        printf("This is child process, peter = %d!\n", peter);
        peter = 100;
        printf("After child process modify peter = %d\n", peter);
        exit(0);
    }
    else{
        printf("This is parent process = %d!\n", peter);
    }

    getchar();

    return 0;
}
```

執行結果如下：

```
$ ./a.out
This is child process, peter = 10!
After child process modify peter = 100
This is parent process = 100!
```

從執行結果可以看出，當子處理程序修改了 peter = 100 後，父處理程序中列印 peter 的值也是 100。vfork 函式的結構如圖 2-2 所示。

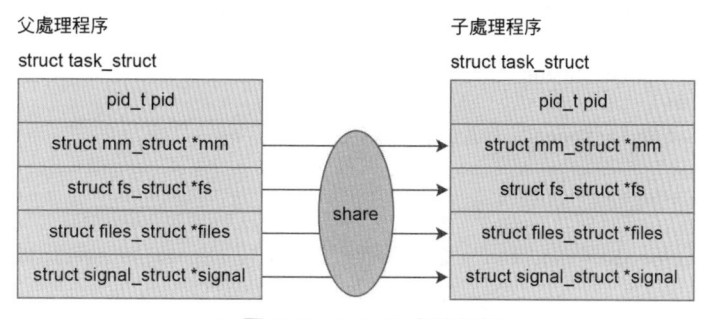

▲ 圖 2-2 vfork 函式的結構

2.2.3 pthread_create 函式

現在我們知道了建立處理程序有兩種方式：fork，vfork，那麼如何建立一個執行緒呢？執行緒的建立用的是 pthread_create 函式：

```c
#include <pthread.h>
#include <stdio.h>
#include <sys/types.h>
#include <unistd.h>
#include <sys/syscall.h>

int peter = 10;

static pid_t gettid(void)
{
 return syscall(SYS_gettid);
}

static void* thread_call(void* arg)
{
 peter = 100;
 printf("create thread success!\n");
 printf("thread_call pid = %d, tid = %d, peter = %d\n", getpid(), gettid(), peter);
 return NULL;
}

int main()
{
 int ret;
 pthread_t thread;

 ret = pthread_create(&thread, NULL, thread_call, NULL);
 if(ret == -1)
     printf("create thread faild!\n");

 ret = pthread_join(thread, NULL);
 if(ret == -1)
     printf("pthread join failed!\n");

 printf("process pid = %d, tid = %d, peter = %d\n", getpid(), gettid(), peter);

 return ret;
}
```

執行結果如下：

```
$ ./a.out
create thread success!
thread_call pid = 9719, tid = 9720, peter = 100
process pid = 9719, tid = 9719, peter = 100
```

從以上結果可以看出，因為處理程序和執行緒共用 pid 空間，所以處理程序和執行緒的 pid 是相同的。當執行緒修改了 peter = 100 之後，父處理程序中列印 peter 的值也是 100，pthread_create 函式的結構如圖 2-3 所示。

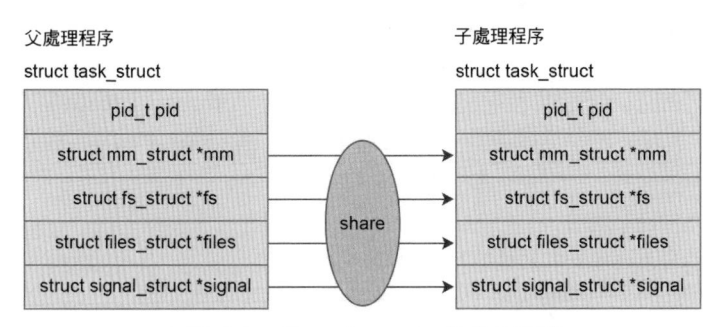

▲ 圖 2-3 pthread_create 函式的結構

2.2.4 三者之間的關係

上面介紹了使用者態建立處理程序和執行緒的方式，以及各種方式的特點。關於其底層的實現本質，後面會詳細講解。這裡先提供三者之間的關係，由圖 2-4 可見三者最終都會呼叫 do_fork 實現。

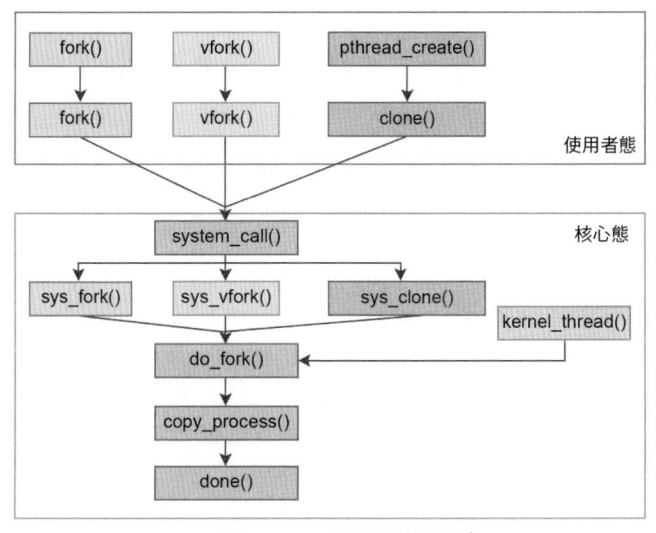

▲ 圖 2-4 三者之間的關係

但是核心態沒有處理程序、執行緒的概念，核心中只認 task_struct 結構，只要是 task_struct 結構就可以參與排程。

2.3 do_fork 函式的實現

現在我們知道，使用者態透過 fork、vfork、pthread_create 建立處理程序 / 執行緒；核心透過 kernel_thread 建立執行緒，最終都會透過系統呼叫 do_fork 去實現。

```
1 long _do_fork(unsigned long clone_flags,
2      unsigned longstack_start,
3      unsigned longstack_size,
4      int __user *parent_tidptr,
5      int __user *child_tidptr,
6      unsigned longtls)
7 {
8   ……
9   p = copy_process(clone_flags, stack_start, stack_size,
10                  child_tidptr, NULL, trace, tls, NUMA_NO_NODE);
11  ……
12  pid = get_task_pid(p, PIDTYPE_PID);
13  ……
14  wake_up_new_task(p);
15 }
```

上述程式中的第 9 行是建立一個處理程序 / 執行緒的主要函式，主要功能是負責複製父處理程序 / 執行緒的相關資源。傳回值是一個 task_struct 指標。第 12 行給上面建立的子處理程序 / 執行緒分配一個 pid。第 14 行將子處理程序 / 執行緒加入到就緒佇列中，至於何時被排程由排程器說了算。

2.3.1 copy_process 函式

上面程式的第 9 行呼叫了函式 copy_process，下面來看這個函式的實現：

```
1 static __latent_entropy struct task_struct *copy_process(
2                  unsigned longclone_flags,
3                  unsigned longstack_start,
4                  unsigned longstack_size,
5                  int __user *child_tidptr,
6                  struct pid *pid,
```

```
7                    int trace,
8                    unsigned longtls,
9                    int node)
10 {
11   ……
12   p = dup_task_struct(current, node);
13   ……
14   retval = sched_fork(clone_flags, p);
15   ……
16   retval = copy_files(clone_flags, p);
17   ……
18   retval = copy_fs(clone_flags, p);
19   ……
20   retval = copy_mm(clone_flags, p);
21   ……
22   retval = copy_thread_tls(clone_flags, stack_start, stack_size, p, tls);
23   ……
24   if (pid != &init_struct_pid) {
25     pid = alloc_pid(p->nsproxy->pid_ns_for_children);
26     if (IS_ERR(pid)) {
27       retval = PTR_ERR(pid);
28       goto bad_fork_cleanup_thread;
29     }
30   }
31   ……
32 }
```

上述程式中的第 12 行為子處理程序 / 執行緒建立一個新的 task_struct 結構，然後將父處理程序 / 執行緒的 task_struct 結構複製到新建立的子處理程序 / 執行緒。第 14 行初始化子處理程序 / 執行緒排程相關的資訊。第 16 行複製處理程序 / 執行緒的檔案資訊。第 18 行複製處理程序 / 執行緒的檔案系統資源。第 20 行複製處理程序 / 執行緒的記憶體資訊。第 22 行複製處理程序 / 執行緒的 CPU 系統相關的資訊。第 25 行為新處理程序 / 執行緒分配新的 pid。

上面程式中的第 12 行呼叫函式 dup_task_struct，表示為子處理程序 / 執行緒建立一個新的 task_struct 結構，然後將父處理程序 / 執行緒的 task_struct 結構複製到新建立的子處理程序 / 執行緒。下面來看它的具體實現：

```
1   static struct task_struct *dup_task_struct(struct task_struct *orig, int node)
2   {
3       struct task_struct *tsk;
4       unsigned long *stack;
5       struct vm_struct *stack_vm_area;
```

```
6        int err;
7        ……
8        tsk =alloc_task_struct_node(node);
9        if (!tsk)
10               return NULL;
11
12       stack =alloc_thread_stack_node(tsk, node);
13       if (!stack)
14               goto free_tsk;
15
16       stack_vm_area = task_stack_vm_area(tsk);
17
18       err =arch_dup_task_struct(tsk, orig);
19
20       tsk->stack = stack;
21       ……
22       setup_thread_stack(tsk, orig);
23       clear_user_return_notifier(tsk);
24       clear_tsk_need_resched(tsk);
25       ……
26   }
```

上述程式中的第 8 行使用 slub 分配器，為子處理程序 / 執行緒分配一個 task_struct 結構。第 12 行為子處理程序 / 執行緒分配核心堆疊。第 18 行將父處理程序 task_struct 的內容複製給子處理程序 / 執行緒的 task_struct。第 20 行設置子處理程序 / 執行緒的核心堆疊。第 22 行建立 thread_info 和核心堆疊的關係。第 24 行清空子處理程序 / 執行緒需要排程的標識位元。

上面講了函式 sched_fork 的作用是初始化子處理程序 / 執行緒排程相關的資訊，並把處理程序 / 執行緒狀態設置為 TASK_NEW。下面來看它的具體實現：

```
1  int sched_fork(unsigned long clone_flags, struct task_struct *p)
2  {
3      unsigned long flags;
4      intcpu = get_cpu();
5
6      __sched_fork(clone_flags, p);
7
8      p->state = TASK_NEW;
9
10     p->prio = current->normal_prio;
11     ……
12     if (dl_prio(p->prio)) {
13             put_cpu();
```

```
14              return -EAGAIN;
15      }else if (rt_prio(p->prio)) {
16              p->sched_class = &rt_sched_class;
17      }else {
18              p->sched_class = &fair_sched_class;
19      }
20      ……
21      init_task_preempt_count(p);
22      ……
23 }
```

上述程式中的第 6 行表示對 task_struct 中排程相關的資訊進行初始化。第 8 行把處理程序 / 執行緒狀態設置為 TASK_NEW，表示這是一個新建立的處理程序 / 執行緒。第 10 行設置新建立處理程序 / 執行緒的優先順序，優先順序是跟隨當前處理程序 / 執行緒的。第 18 行設置處理程序 / 執行緒的排程類別為 CFS。第 21 行初始化當前處理程序 / 執行緒的 preempt_count 欄位。此欄位包含先佔啟用、中斷啟用等。

copy_mm 函式的作用是複製處理程序 / 執行緒的記憶體資訊，下面來看它的具體實現：

```
1 static int copy_mm(unsigned long clone_flags, struct task_struct *tsk)
2 {
3       struct mm_struct *mm, *oldmm;
4       intretval;
5       ……
6       if (!oldmm)
7               return 0;
8
9       /* initialize the newvmacache entries */
10      vmacache_flush(tsk);
11
12      if (clone_flags & CLONE_VM) {
13              mmget(oldmm);
14              mm =oldmm;
15              goto good_mm;
16      }
17
18      retval = -ENOMEM;
19      mm =dup_mm(tsk);
20      ……
21 }
```

上述程式中的第 6 行說明如果當前 mm_struct 結構為 NULL，代表是一個核心執行緒。第 12 行說明如果設置了 CLONE_VM，則新建立處理程序 / 執行緒的 mm 和當前處理程序 mm 共用。第 19 行重新分配一個 mm_struct 結構，複製當前處理程序 / 執行緒的 mm_struct 的內容，下面來看該函式的具體實現：

```
0   static struct mm_struct *dup_mm(struct task_struct *tsk)
1   {
2       struct mm_struct *mm, *oldmm = current->mm;
3       int err;
4
5       mm =allocate_mm();
6       if (!mm)
7           goto fail_nomem;
8
9       memcpy(mm, oldmm,sizeof(*mm));
10
11      if (!mm_init(mm, tsk, mm->user_ns))
12          goto fail_nomem;
13
14      err =dup_mmap(mm, oldmm);
15      if (err)
16          goto free_pt;
17      ......
18  }
```

程式中的第 5 行表示重新分配一個 mm_struct 結構。第 9 行進行一次複製。第 11 行對剛分配的 mm_struct 結構做初始化的操作，其中會為當前處理程序 / 執行緒分配一個 PGD，基於全域目錄項。第 14 行將父處理程序 / 執行緒的 VMA 對應的 PTE 分頁表項複製到子處理程序 / 執行緒的分頁表項中。

在講解這個函式之前，先看幾個重要的結構：

```
struct task_struct {
    struct thread_info thread_info;
    ......
    /* CPU-specific state of this task: */
    struct thread_struct        thread;
}

struct cpu_context {
    unsigned long x19;
    unsigned long x20;
    unsigned long x21;
    unsigned long x22;
```

```c
    unsigned long x23;
    unsigned long x24;
    unsigned long x25;
    unsigned long x26;
    unsigned long x27;
    unsigned long x28;
    unsigned long fp;
    unsigned long sp;
    unsigned long pc;
};

struct thread_struct {
    struct cpu_context    cpu_context;    /* cpu context */

    unsigned int          fpsimd_cpu;
    void                  *sve_state;     /* SVE registers, if any */
    unsigned int          sve_vl;         /* SVE vector length */
    unsigned int          sve_vl_onexec;  /* SVE vl after next exec */
    unsigned long         fault_address;  /* fault info */
    unsigned long         fault_code;     /* ESR_EL1 value */
    struct debug_info     debug;          /* debugging */
};

struct pt_regs {
    union {
        struct user_pt_regs user_regs;
        struct {
            u64 regs[31];
            u64 sp;
            u64 pc;
            u64 pstate;
        }
;
    };
    u64 orig_x0;
#ifdef __AARCH64EB__
    u32 unused2;
    s32 syscallno;
#else
    s32 syscallno;
    u32 unused2;
#endif

    u64 orig_addr_limit;
    u64 unused;        // maintain 16 byte alignment
    u64 stackframe[2];
};
```

- cpu_context：在處理程序 / 執行緒切換時用來儲存上一個處理程序 / 執行緒的暫存器的值。

- thread_struct：在核心態兩個處理程序 / 執行緒發生切換時，用來儲存上一個處理程序 / 執行緒的相關暫存器。

- pt_regs：當使用者態的處理程序發生異常（系統呼叫、中斷等）進入核心態時，用來儲存使用者態處理程序的暫存器狀態。

下面來看函式 copy_thread，表示複製處理程序 / 執行緒的 CPU 系統相關的資訊：

```
1    int copy_thread(unsigned long clone_flags, unsigned long stack_start,
2                unsigned longstk_sz, struct task_struct *p)
3    {
4        structpt_regs *childregs = task_pt_regs(p);
5
6        memset(&p->thread.cpu_context, 0, sizeof(struct cpu_context));
7        ……
8        if (likely(!(p->flags & PF_KTHREAD))) {
9                *childregs = *current_pt_regs();
10               childregs->regs[0] = 0;
11               ……
12       } else {
13               memset(childregs, 0, sizeof(struct pt_regs));
14               childregs->pstate = PSR_MODE_EL1h;
15                if (IS_ENABLED(CONFIG_ARM64_UAO) &&
16                cpus_have_const_cap(ARM64_HAS_UAO))
17                    childregs->pstate |= PSR_UAO_BIT;
18               p->thread.cpu_context.x19 =stack_start;
19               p->thread.cpu_context.x20 =stk_sz;
20       }
21       p->thread.cpu_context.pc = (unsigned long)ret_from_fork;
22       p->thread.cpu_context.sp = (unsigned long)childregs;
23
24       ptrace_hw_copy_thread(p);
25
26       return 0;
27   }
```

上述程式中的第 4 行表示獲取新建立處理程序 / 執行緒的 pt_regs 結構。第 6 行將新建立處理程序 / 執行緒的 thread_struct 結構清空。第 8 行表示使用者處理程序 / 執行緒的情況。第 9 行獲取當前處理程序 / 執行緒的 pt_regs。第

10 行表示一般使用者態透過系統排程陷入核心態後處理完畢會透過 x0 暫存器設置傳回值，這裡先將傳回值設置為 0。第 14 行設置當前處理程序 / 執行緒是在 EL1 模式下， ARM64 架構中使用 pstate 來描述當前處理器模式。第 18 行建立核心執行緒的時候會將核心執行緒的回呼函式傳遞到 stack_start 的參數，將其設置到 x19 暫存器。第 19 行建立核心執行緒的時候也會將回呼函式的參數傳遞到 x20 暫存器。第 21 行設置新建立處理程序 / 執行緒的 PC 指標為 ret_from_fork，當新建立的處理程序 / 執行緒執行時期會從 ret_from_fork 執行，ret_from_fork 是用組合語言撰寫的。第 22 行設置新建立處理程序 / 執行緒的 SP_EL1 的值為 childregs，SP_EL1 則是指向核心堆疊的堆疊底處。

我們用圖 2-5 進行簡單總結。

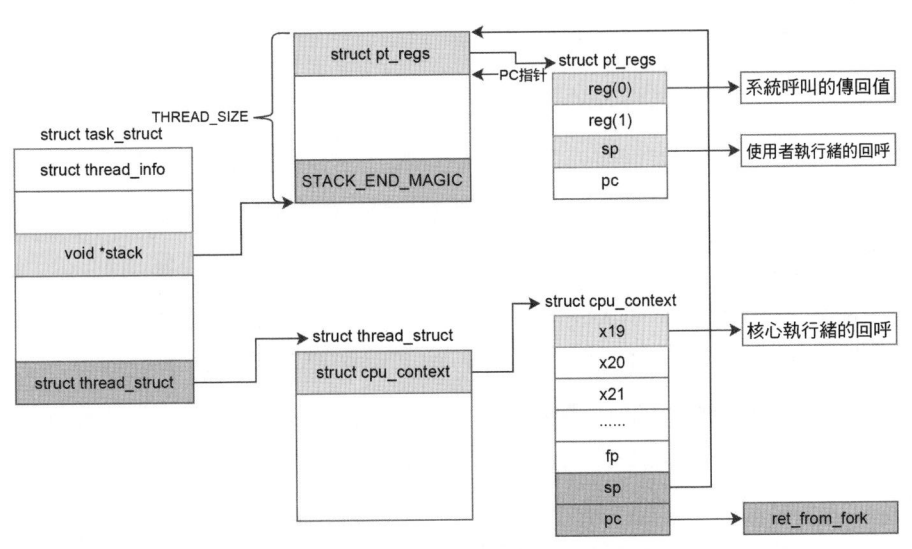

▲ 圖 2-5　task_struct 結構的詳細解釋

2.3.2 wake_up_new_task 函式

當 copy_process 傳回新建立處理程序 / 執行緒的 task_struct 結構後，透過 wake_up_new_task 來喚醒處理程序 / 執行緒，函式中會設置處理程序的狀態為 TASK_RUNNING，選擇需要在哪個 CPU 上執行，然後將此處理程序 / 執行緒加入到該 CPU 對應的就緒佇列中，等待 CPU 的排程。當排程器選擇此處理程序/執行緒執行時期，就會執行之前在 copy_thread 中設置的 ret_from_fork 函式。

```
1  # arch/arm64/include/asm/assembler.h
2
3      .macro      get_thread_info, rd
4      mrs         \rd, sp_el0
5      .endm
6  # arch/arm64/kernel/entry.S
7
8  tsk      .req    x28                    // current thread_info
9
10 ENTRY(ret_from_fork)
11     bschedule_tail------(1)
12     cbz     x19, 1f             ------(2)    // not a kernel thread
13     mov     x0, x20
14     blr     x19                 ------(3)
15 1:     get_thread_info tsk------(4)
16     b       ret_to_user------(5)
17 ENDPROC(ret_from_fork)
18 NOKPROBE(ret_from_fork)
```

上述程式中的第 11 行表示為上一個切換出去的處理程序 / 執行緒做一個掃尾的工作。第 12 行判斷 x19 的值是否為 0。第 14 行表示如果 x19 的值不為 0，則會透過 blr x19 去處理核心執行緒的回呼函式（其中 x20 要賦值給 x0，x0 一般當作參數傳遞）；如果 x19 的值是為 0，則會跳到標號 1 處。第 15 行 get_thread_info 會去讀取 SP_EL0 的值，SP_EL0 的值儲存的是當前處理程序 / 執行緒的 thread_info 的值（tsk 代表的是 x28，則使用 x28 儲存當前處理程序 / 執行緒 thread_info 的值）。第 16 行跳躍到 ret_to_user 處傳回使用者空間。

```
1  work_pending:
2      mov     x0, sp                  // 'regs'
3      bl      do_notify_resume
4  #ifdef CONFIG_TRACE_IRQFLAGS
5      bl      trace_hardirqs_on       // enabled while in userspace
6  #endif
7      ldr     x1, [tsk, #TSK_TI_FLAGS]    // re-check for single-step
8      b       finish_ret_to_user
9
10 ret_to_user:
11     disable_daif
12     ldr     x1, [tsk, #TSK_TI_FLAGS]
```

```
13       and      x2, x1, #_TIF_WORK_MASK
14       cbnz     x2, work_pending
15 finish_ret_to_user:
16       enable_step_tsk x1, x2
17 #ifdef CONFIG_GCC_PLUGIN_STACKLEAK
18       bl       stackleak_erase
19 #endif
20       kernel_exit 0
21 ENDPROC(ret_to_user)
```

第 12 行表示將 thread_info.flags 的值賦值給 x1。第 13 行表示將 x1 的值和 TIF_WORK_ MASK 的值與（TIF_WORK_MASK 是一個巨集，裡面包含了很多欄位，比如是否需要排程欄位 _TIF_NEED_RESCHED 等）。第 14 行說明當 x2 的值不等於 0 時，跳躍到 work_pending。第 20 行傳回到使用者空間。

至此我們關於 do_fork 的實現分析完畢，用圖 2-6 總結所包括的內容。

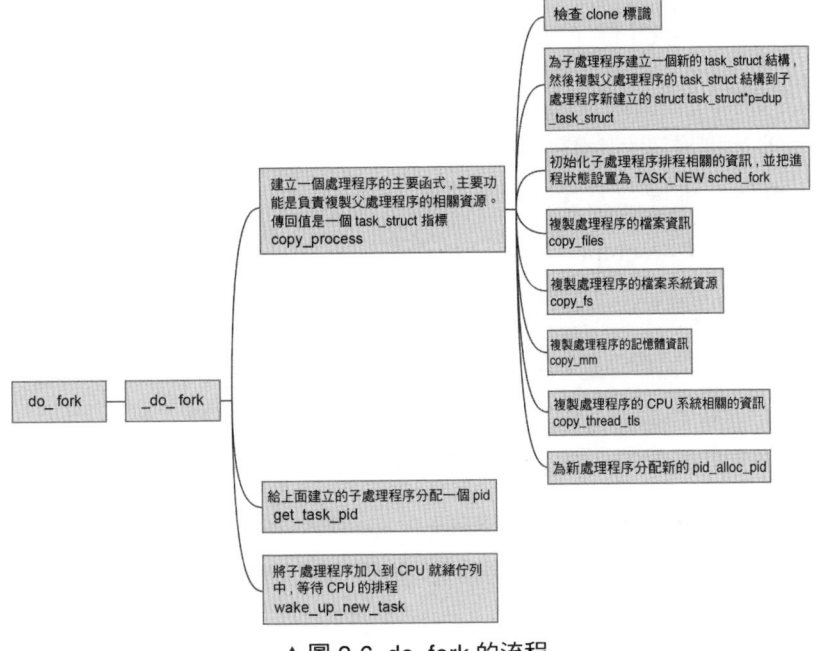

▲ 圖 2-6 do_fork 的流程

2.4 處理程序的排程

前面我們重點分析了如何透過 fork、vfork 和 pthread_create 建立一個處理程序或執行緒（注意核心中執行緒和處理程序是一個概念），以及它們共同呼叫 do_fork 的實現。現在已經知道一個處理程序是如何建立的，但是處理程序何時被執行，需要排程器來選擇。所以這一節將介紹處理程序排程和處理程序切換。

2.4.1 處理程序的分類

從 CPU 的角度看處理程序行為的話，可以將處理程序分為兩類：

- CPU 消耗型：此類處理程序一直佔用 CPU 進行計算，CPU 使用率很高。
- I/O 消耗型：此類處理程序會包括 I/O，需要和使用者互動，比如鍵盤輸入，佔用 CPU 不是很高，只需要 CPU 的一部分計算，大多數時間是在等待 I/O。

CPU 消耗型處理程序需要高的吞吐量，I/O 消耗型處理程序需要強的回應性，這兩點都是排程器需要考慮的。為了更快回應 I/O 消耗型處理程序，核心提供了一個先佔（preempt）機制，使優先順序更高的處理程序，先佔優先順序低的處理程序。核心用以下巨集來選擇核心是否開啟先佔機制：

- CONFIG_PREEMPT_NONE：不開啟先佔，主要是面向伺服器。此配置下，CPU 在計算時，當輸入鍵盤之後，因為沒有先佔，可能需要一段時間等待鍵盤輸入的處理程序才會被 CPU 排程。
- CONFIG_PREEMPT：開啟先佔，一般多用於手機裝置。此配置下，雖然會影響吞吐量，但可以及時回應使用者的輸入操作。

2.4.2 排程相關的資料結構

先來看幾個排程相關的資料結構：

- task_struct：

    先把 task_struct 中和排程相關的結構拎出來：

```
struct task_struct {
    ......
    const struct sched_class   *sched_class;
    struct sched_entity         se;
    struct sched_rt_entity      rt;
    ......
    struct sched_dl_entity      dl;
    ......
    unsigned int                policy;
    ......
}
```

- struct sched_class：對排程器進行抽象，一共分為 5 類。
    - Stop 排程器：優先順序最高的排程類別，可以先佔其他所有處理程序，不能被其他處理程序先佔。
    - Deadline 排程器：使用紅黑樹，把處理程序按照絕對截止期限進行排序，選擇最小處理程序進行排程執行。
    - RT 排程器：為每個優先順序維護一個佇列，priority 的優先順序為 0~99，是對即時處理程序的一種描述。
    - CFS 排程器：採用完全公平排程演算法，引入虛擬執行時間概念。
    - IDLE-Task 排程器：每個 CPU 都會有一個 idle 執行緒，當沒有其他處理程序可以排程時，排程執行 idle 執行緒。
- unsigned int policy：處理程序的排程策略有 6 種，使用者可以呼叫排程器裡的不同排程策略。
    - SCHED_DEADLINE：使 task 選擇 Deadline 排程器來排程執行。
    - SCHED_RR：時間切片輪轉，處理程序用完時間切片後加入優先順序對應執行佇列的尾部，把 CPU 讓給同優先順序的其他處理程序。
    - SCHED_FIFO：先進先出排程沒有時間切片，在沒有更高優先順序的情況下，只能等待主動讓出 CPU。
    - SCHED_NORMAL：使 task 選擇 CFS 排程器來排程執行。

○ SCHED_BATCH：批次處理，使 task 選擇 CFS 排程器來排程執行。

○ SCHED_IDLE：使 task 以最低優先順序選擇 CFS 排程器來排程執行。

把上面的排程器和排程策略總結如圖 2-7 所示。

- struct sched_entity se：採用 CFS 演算法排程的普通非即時處理程序的排程實體。

- struct sched_rt_entity rt：採用 Round-Robin 或 FIFO 演算法排程的即時排程實體。

- struct sched_dl_entity dl：採用 EDF 演算法排程的即時排程實體。

分配給 CPU 的 task，作為排程實體加入到 runqueue 執行佇列中。

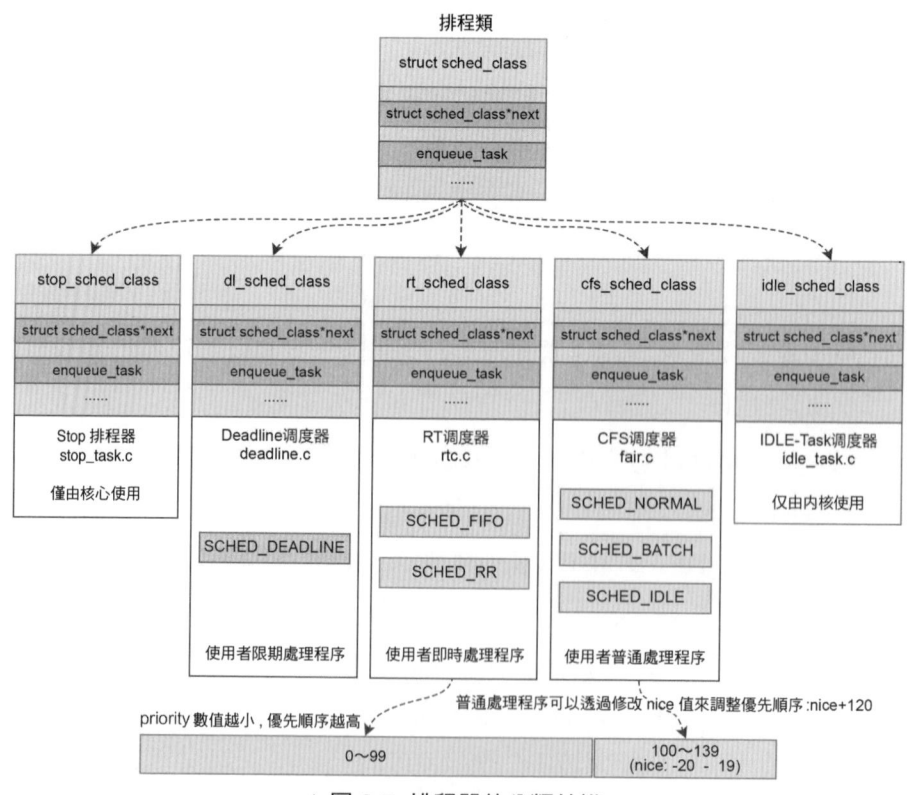

▲ 圖 2-7 排程器的分類結構

■ runqueue 執行佇列：

　　runqueue 執行佇列是本 CPU 上所有可執行處理程序的佇列集合。每個 CPU 都有一個執行佇列，每個執行佇列中有三個排程佇列，task 作為排程實體加入到各自的排程佇列中。

```
struct rq {
    ......
    struct cfs_rq cfs;
    struct rt_rq rt;
    struct dl_rq dl;
    ......
}
```

　　三個排程佇列分別如下：

- struct cfs_rq cfs：CFS 排程佇列。
- struct rt_rq rt：RT 排程佇列。
- struct dl_rq dl：DL 排程佇列。

排程佇列中的資料結構的關係如圖 2-8 所示。

- cfs_rq：追蹤就緒佇列資訊以及管理就緒態排程實體，並維護一棵按照虛擬執行時間排序的紅黑樹。tasks_timeline->rb_root 是紅黑樹的根，tasks_timeline->rb_ leftmost 指向紅黑樹中最左邊的排程實體，即虛擬執行時間最小的排程實體。

```
struct cfs_rq {
    ......
    struct rb_root_cached tasks_timeline
    ......
};
```

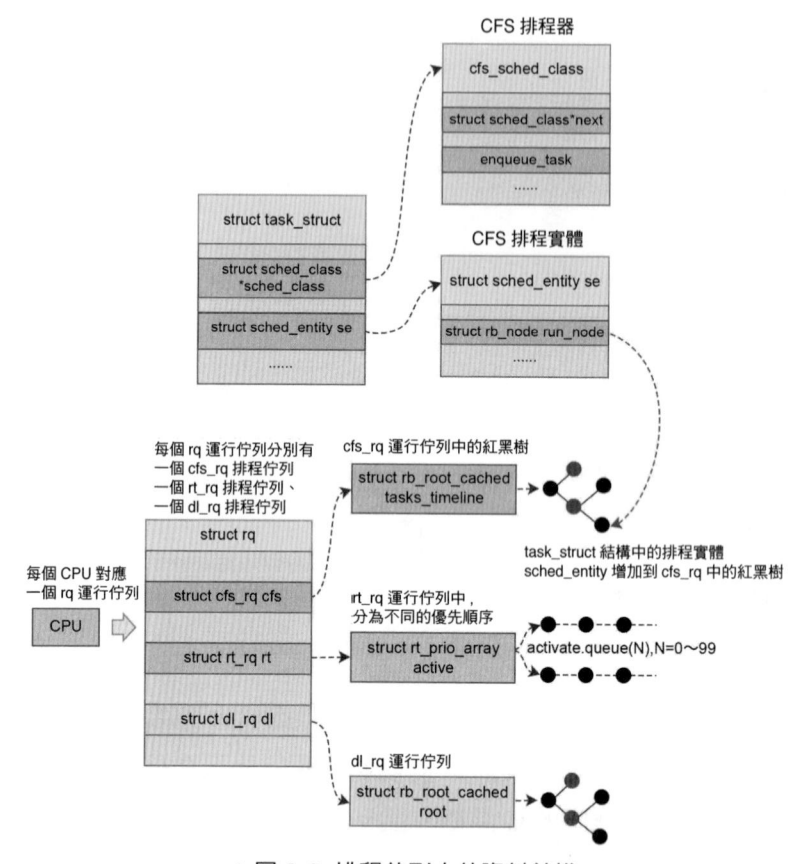

▲ 圖 2-8 排程佇列中的資料結構

- sched_entity：可被核心排程的實體。每個就緒態的排程實體 sched_entity 包含插入紅黑樹中使用的節點 rb_node，同時 vruntime 成員記錄已經執行的虛擬執行時間。

```
struct sched_entity {
  ......
  struct rb_node      run_node;
  ......
  u64                 vruntime;
......
```

這些資料結構的關係如圖 2-9 所示。

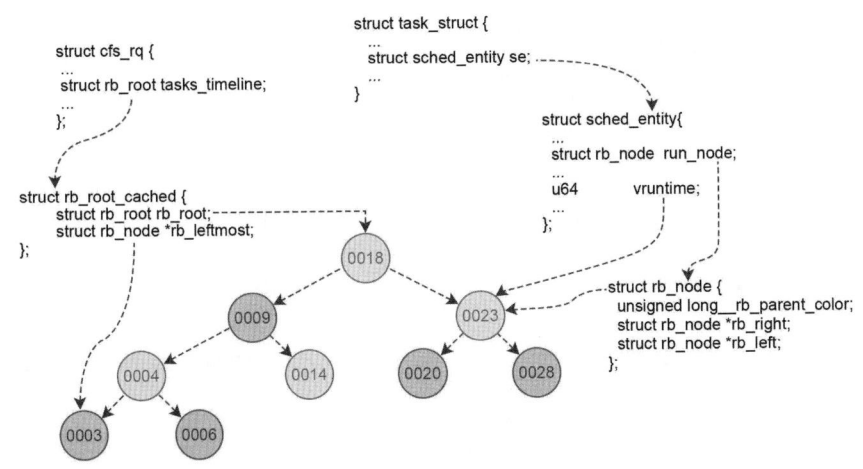

▲ 圖 2-9　CFS 排程器的資料結構關係

2.4.3 排程時刻

排程的本質就是選擇下一個處理程序，然後切換。在執行排程之前需要設置排程標記 TIF_NEED_RESCHED，然後在排程的時候會判斷當前處理程序有沒有被設置 TIF_NEED_RESCHED，如果有，則呼叫函式 schedule 進行排程。

■ 設置排程標記

為 CPU 上正在執行的處理程序 thread_info 結構裡的 flags 成員設置 TIF_NEED_RESCHED。那麼，什麼時候設置 TIF_NEED_RESCHED 呢？以下 5 種情況會設置。

1. scheduler_tick，時鐘中斷

scheduler_tick 函式的實現如圖 2-10 所示。

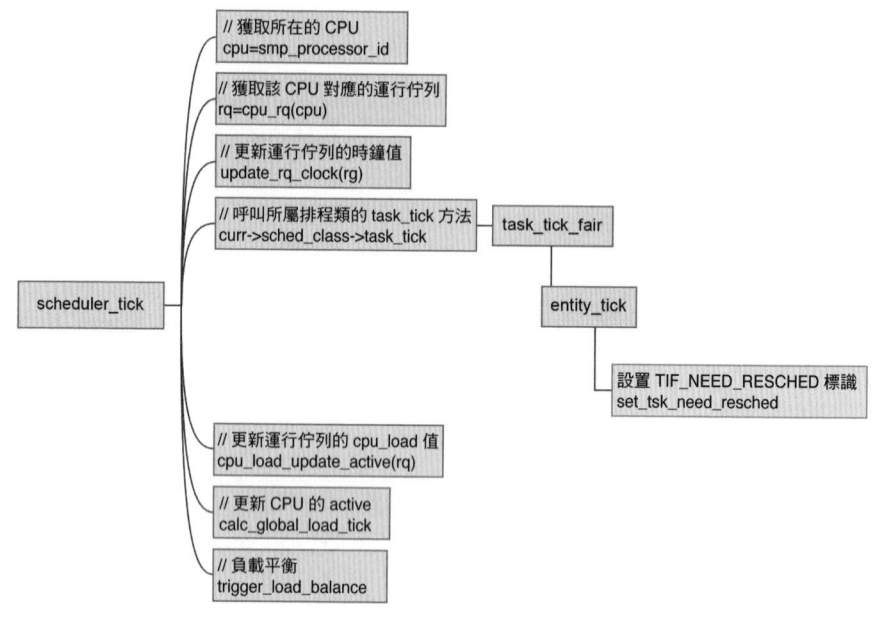

```
scheduler_tick ─┬─ // 獲取所在的 CPU
                │   cpu=smp_processor_id
                ├─ // 獲取該 CPU 對應的運行佇列
                │   rq=cpu_rq(cpu)
                ├─ // 更新運行佇列的時鐘值
                │   update_rq_clock(rq)
                ├─ // 呼叫所屬排程類的 task_tick 方法 ── task_tick_fair ── entity_tick ── 設置 TIF_NEED_RESCHED 標識
                │   curr->sched_class->task_tick                                          set_tsk_need_resched
                ├─ // 更新運行佇列的 cpu_load 值
                │   cpu_load_update_active(rq)
                ├─ // 更新 CPU 的 active
                │   calc_global_load_tick
                └─ // 負載平衡
                    trigger_load_balance
```

▲圖 2-10 scheduler_tick 函式的實現

2. wake_up_process，喚醒處理程序的時候

wake_up_process 函式的實現如圖 2-11 所示。

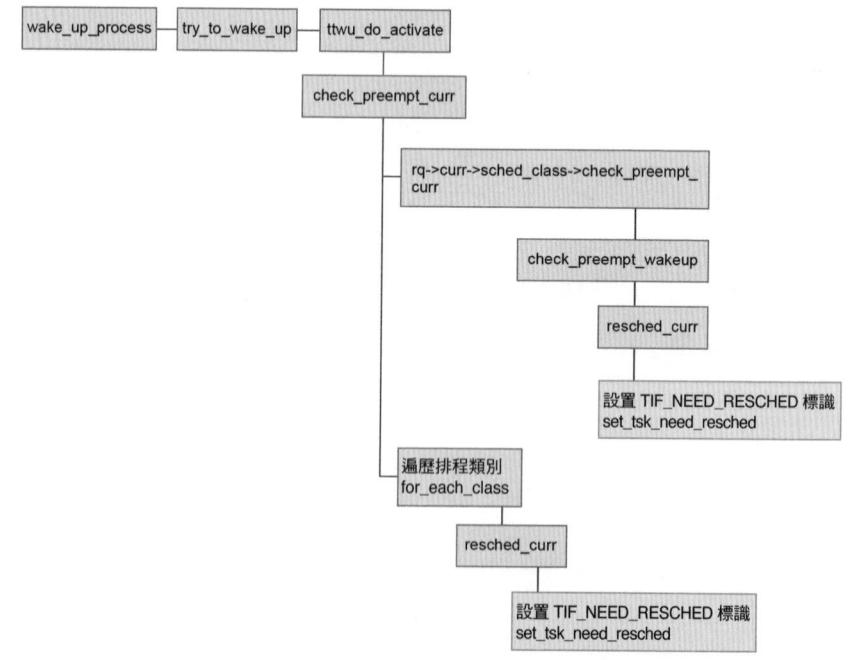

```
wake_up_process ── try_to_wake_up ── ttwu_do_activate
                                          │
                                     check_preempt_curr
                                          │
                              ┌───────────┴───────────┐
                      rq->curr->sched_class->check_preempt_curr
                                          │
                                  check_preempt_wakeup
                                          │
                                    resched_curr
                                          │
                              設置 TIF_NEED_RESCHED 標識
                              set_tsk_need_resched
                                          │
                                  遍歷排程類別
                                  for_each_class
                                          │
                                    resched_curr
                                          │
                              設置 TIF_NEED_RESCHED 標識
                              set_tsk_need_resched
```

▲圖 2-11 wake_up_process 函式的實現

3. do_fork，建立新處理程序的時候

do_fork 函式的實現如圖 2-12 所示。

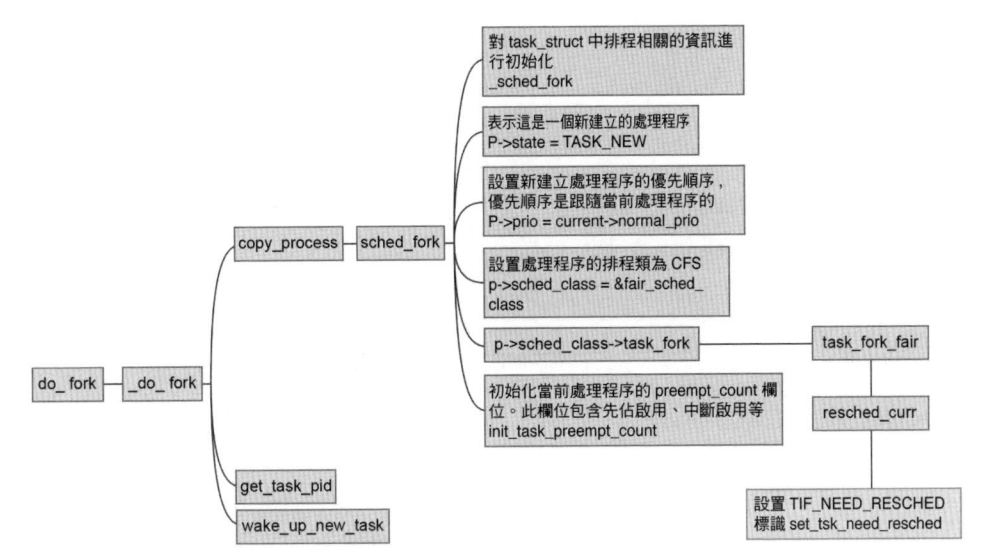

▲圖 2-12 do_fork 函式的實現

4. set_user_nice，修改處理程序 nice 值的時候

set_user_nice 函式的實現如圖 2-13 所示。

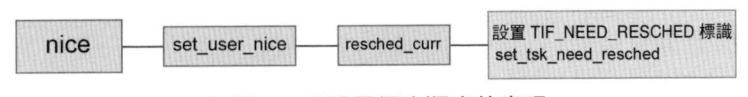

▲圖 2-13 設置優先順序的實現

5. smp_send_reschedule，負載平衡的時候

■ 執行排程

　　核心判斷當前處理程序標記是否為 TIF_NEED_RESCHED，是的話呼叫 schedule 函式，執行排程，切換上下文，這也是先佔（preempt）機制的本質。那麼在哪些情況下會執行排程（schedule）呢？

（1）使用者態先佔

ret_to_user 是異常觸發、系統呼叫、中斷處理完成後都會呼叫的函式，如圖 2-14 所示。

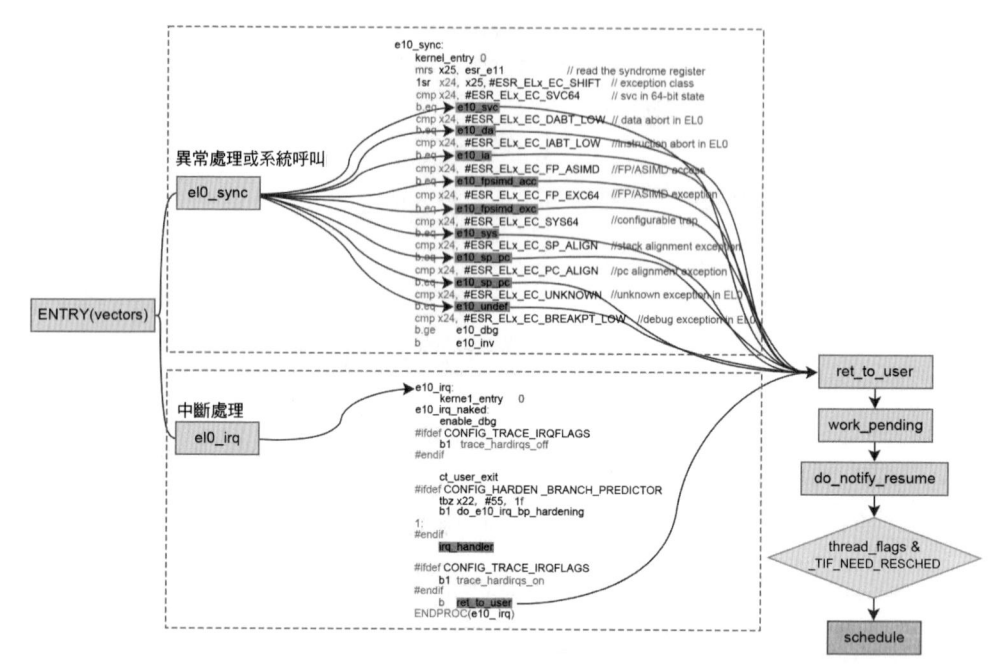

▲圖 2.14　使用者態先佔

（2）核心態先佔

核心態先佔有中斷處理、啟用先佔、主動呼叫等幾種情況，如圖 2-15 所示，這幾種情況最終都會呼叫函式 __schedule。

```
中斷處理
ENTRY(vectors)
```

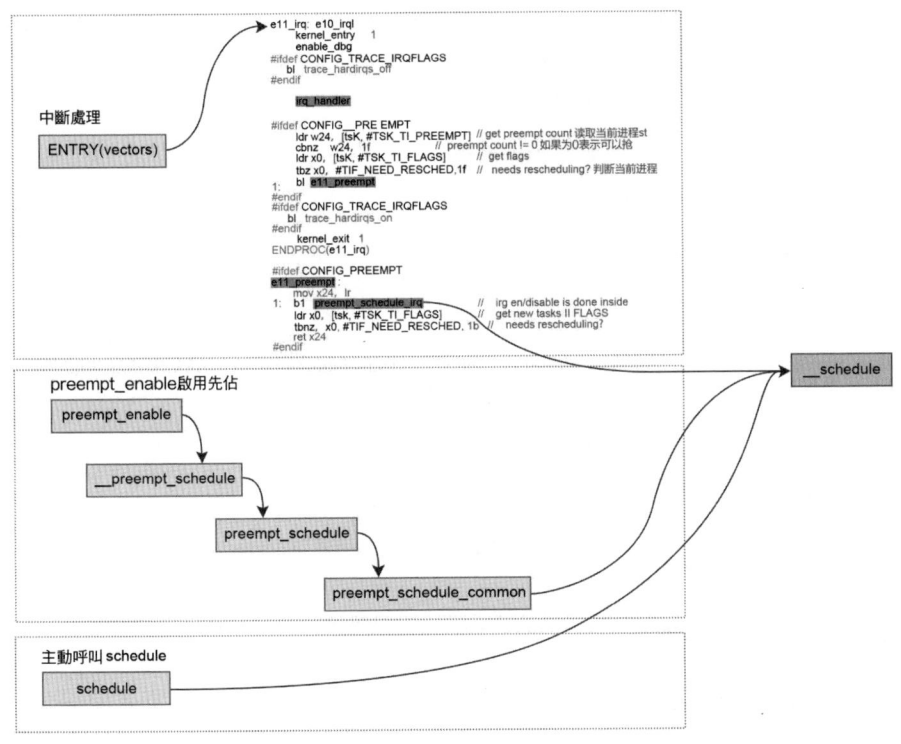

```
e11_irq: e10_irql
    kernel_entry   1
    enable_dbg
#ifdef CONFIG_TRACE_IRQFLAGS
    bl    trace_hardirqs_off
#endif
    irq_handler

#ifdef CONFIG__PRE EMPT
    ldr w24, [tsK, #TSK_TI_PREEMPT]  // get preempt count 讀取當前進程st
    cbnz w24, 1f                     // preempt count != 0 如果為0表示可以搶
    ldr x0,  [tsK, #TSK_TI_FLAGS]    // get flags
    tbz x0,  #TIF_NEED_RESCHED,1f    // needs rescheduling? 判斷當前進程
    bl e11_preempt
1:
#endif
#ifdef CONFIG_TRACE_IRQFLAGS
    bl    trace_hardirqs_on
#endif
    kernel_exit  1
ENDPROC(e11_irq)

#ifdef CONFIG_PREEMPT
e11_preempt:
    mov x24, lr
1:  bl  preempt_schedule_irq         // irq en/disable is done inside
    ldr x0,  [tsk, #TSK_TI_FLAGS]    // get new tasks II FLAGS
    tbnz  x0, #TIF_NEED_RESCHED, 1b  // needs rescheduling?
    ret x24
#endif
```

preempt_enable 啟用先佔
- preempt_enable
- __preempt_schedule
- preempt_schedule
- preempt_schedule_common

主動呼叫 schedule
- schedule

→ __schedule

▲ 圖 2-15 核心態先佔

可以看出，無論是使用者態先佔，還是核心態先佔，最終都會呼叫 schedule 函式來執行真正的排程，如圖 2-16 所示。

排程的本質就是選擇下一個處理程序，然後切換處理程序。用函式 pick_next_task 選擇下一個處理程序，其本質就是排程演算法的實現；用函式 context_switch 完成處理程序的切換，即處理程序上下文的切換。下面分別來看這兩個核心功能。

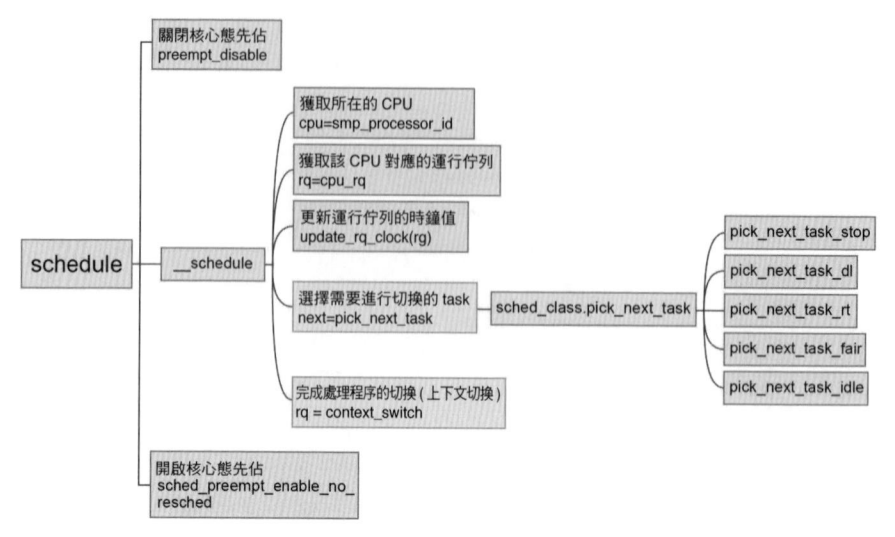

▲ 圖 2-16　shedule 函式的實現

2.4.4 排程演算法

表 2-1 列出了排程器的歷史版本。

▼ 表 2-1　排程器版本

欄位	版本
O(n)排程器	Linux 0.11~2.4
O(1)排程器	Linux 2.6
CFS排程器	Linux 2.6至今

　　O(n) 排程器是在核心 2.4 以及更早版本中採用的演算法，O(n) 代表的是尋找一個合適的任務的時間複雜度。排程器定義了一個 runqueue 的執行佇列，處理程序的狀態變為 Running 的都會增加到此執行佇列中。但是不管是即時處理程序，還是普通處理程序，都會增加到這個執行佇列中。當需要從執行佇列中選擇一個合適的任務時，就需要從佇列頭部遍歷到尾部，這個時間複雜度是 O(n)。執行佇列中的任務數目越大，排程器的效率就越低，O(n) 排程器的執行佇列如圖 2-17 所示。

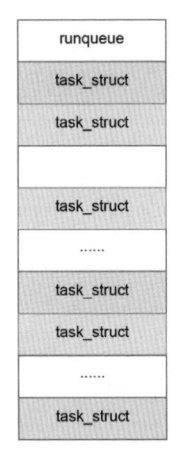

```
                runqueue
              ┌──────────┐
              │task_struct│
              ├──────────┤
              │task_struct│
              ├──────────┤
              │          │
              ├──────────┤
              │task_struct│
              ├──────────┤
              │  ......  │
              ├──────────┤
              │task_struct│
              ├──────────┤
              │task_struct│
              ├──────────┤
              │  ......  │
              ├──────────┤
              │task_struct│
              └──────────┘
```

▲ 圖 2-17　O(n) 排程器

所以 O(n) 排程器有以下缺陷：

- 時間複雜度是 O(n)，執行佇列中的任務數目越大，排程器的效率就越低。
- 即時處理程序不能及時排程，因為即時處理程序和普通處理程序在一個列表中，每次查即時處理程序時，都需要掃描整個清單，所以即時處理程序不是很「即時」。
- SMP 系統不好，因為只有一個 runqueue，選擇下一個任務時，需要對這個 runqueue 佇列進行加鎖操作，當任務較多的時候，在臨界區的時間會比較長，導致其餘的 CPU 自旋，產生浪費。
- CPU 空轉的現象存在，因為系統中只有一個 runqueue，當執行佇列中的任務少於 CPU 的個數時，其餘 CPU 則是 idle 狀態。

核心 2.6 採用了 O(1) 排程器，讓每個 CPU 維護一個自己的 runqueue，從而減少了鎖的競爭。每一個 runqueue 執行佇列維護兩個鏈結串列，一個是 active 鏈結串列，表示執行的處理程序都掛載 active 鏈結串列中；一個是 expired 鏈結串列，表示所有時間切片用完的處理程序都掛載到 expired 鏈結串列中。當 acitve 中無處理程序可執行時期，說明系統中所有處理程序的時間切片都已耗光，這時候則只需調整 active 和 expired 的指標即可。每個優先順序陣列包含 140 個優先順序佇列，也就是每個優先順序對應一個佇列，其中前 100 個對應即時處理程序，後 40 個對應普通處理程序，$O(1)$ 排程器的執行佇列如圖 2-18 所示。

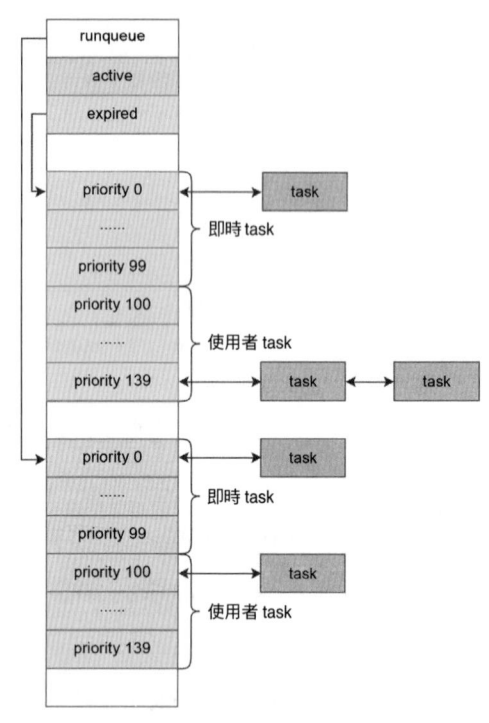

▲圖 2-18 $O(1)$ 排程器

整體來說 $O(1)$ 排程器的出現是為了解決 $O(n)$ 排程器所不能解決的問題，但 $O(1)$ 排程器有個問題：一個高優先順序多執行緒的應用會比低優先順序單執行緒的應用獲得更多的資源，這就會導致一個排程週期內，低優先順序的應用可能一直無法回應，直到高優先順序應用結束。CFS 排程器則是站在一視同仁的角度解決了這個問題，保證在一個排程週期內每個任務都有執行的機會，執行時間的長短，取決於任務的權重。下面詳細講解 CFS 排程器是如何動態調整任務的執行時間，達到公平排程的。

2.4.5 CFS 排程器

CFS 是 Completely Fair Scheduler 的簡稱，即完全公平排程器。CFS 排程器和以往的排程器的不同之處在於沒有固定時間切片的概念，而是公平分配 CPU 的使用時間。比如，兩個優先順序相同的任務在一個 CPU 上執行，那麼每個任務都將分配一半的 CPU 執行時間，這就是要實現的公平。

但現實中，必然是有的任務優先順序高，有的任務優先順序低。CFS 排程器引入權重 weight 的概念，用 weight 代表任務的優先順序，各個任務按照 weight 的比例分配 CPU 的時間。比如，有兩個任務，A 和 B，A 的權重是 1024，B 的權重是 2048，則 A 佔 1024/ (1024+2048) = 33.3% 的 CPU 時間，B 佔 2048/(1024+2048)=66.7% 的 CPU 時間。

在引入權重之後，分配給處理程序的時間計算公式為：**實際執行時間 = 排程週期 × 處理程序權重 / 所有處理程序權重之和**。

CFS 排程器用 nice 值表示優先順序，設定值範圍是 [-20, 19]，nice 值和權重是一一對應的關係。數值越小代表優先順序越大，同時也表示權重越大，nice 值和權重之間的轉換關係：

```
const int sched_prio_to_weight[40] = {
 /* -20 */        88761,      71755,      56483,      46273,      36291,
 /* -15 */        29154,      23254,      18705,      14949,      11916,
 /* -10 */         9548,       7620,       6100,       4904,       3906,
 /*  -5 */         3121,       2501,       1991,       1586,       1277,
 /*   0 */         1024,        820,        655,        526,        423,
 /*   5 */          335,        272,        215,        172,        137,
 /*  10 */          110,         87,         70,         56,         45,
 /*  15 */           36,         29,         23,         18,         15,
};
```

權重值計算公式是：weight = 1024 / 1.25nice。

■ 排程週期

如果一個 CPU 上有 N 個優先順序相同的處理程序，那麼每個處理程序會得到 1/N 的執行機會，每個處理程序執行一段時間後，就被呼叫出，換下一個處理程序。如果這個 N 的數量太大，導致每個處理程序執行的時間很短就要排程出去，那麼系統的資源就消耗在處理程序上下文切換上了。對於此問題在 CFS 中引入了排程週期，使處理程序至少保證執行 0.75ms。排程週期的計算透過以下程式實現：

```
static u64 __sched_period(unsigned long nr_running)
{
    if (unlikely(nr_running > sched_nr_latency))
        return nr_running * sysctl_sched_min_granularity;
    else
        return sysctl_sched_latency;
}

static unsigned int sched_nr_latency = 8;
unsigned int sysctl_sched_latency            = 6000000ULL;
unsigned int sysctl_sched_min_granularity    = 750000ULL;
```

當處理程序數目小於 8 時，排程週期等於 6ms。當處理程序數目大於 8 時，排程週期等於處理程序的數目乘以 0.75ms。

■ 虛擬執行時間

根據處理程序實際執行時間的公式可以看出，權重不同的兩個處理程序的實際執行時間是不相等的，但是 CFS 想保證每個處理程序執行時間相等，因此 CFS 引入了虛擬執行時間的概念。虛擬執行時間（virture_runtime）和實際時間（wall_time）的轉換公式如下：

virture_runtime = (wall_time * NICE0_TO_weight) / weight

其中，NICE0_TO_weight 代表的是 nice 值等於 0 對應的權重，即 1024，weight 是該任務對應的權重。

權重越大的處理程序獲得的虛擬執行時間越少，那麼它將被排程器排程的機會就越大，所以，**CFS 每次排程的原則是：總是選擇 virture_runtime 最小的任務來排程。**

為了能夠快速找到虛擬執行時間最小的處理程序，Linux 核心使用紅黑樹來儲存可執行的處理程序。CFS 追蹤排程實體 sched_entity 的虛擬執行時間 vruntime，將 sched_entity 透過 enqueue_entity() 和 dequeue_entity() 來進行紅黑樹的出隊加入佇列，vruntime 少的排程實體 sched_entity 排到紅黑樹的左邊，如圖 2-19 所示。

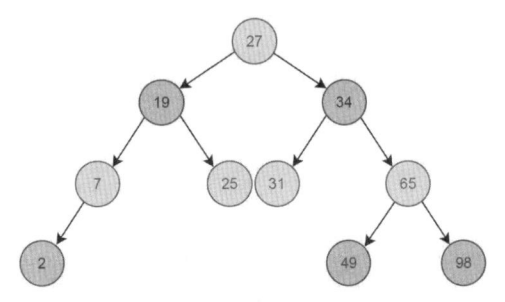

▲圖 2-19 CFS 紅黑樹

如圖 2-19 所示，紅黑樹的左節點比父節點小，而右節點比父節點大。所以查詢最小節點時，只需獲取紅黑樹的最左節點。

相關步驟如下：

1. 每個 sched_latency 週期內，根據各個任務的權重值，可以計算出執行時間 runtime。
2. 執行時間 runtime 可以轉換成虛擬執行時間 vruntime。
3. 根據虛擬執行時間的大小，插入到 CFS 紅黑樹中，虛擬執行時間少的排程實體放到左邊，如圖 2-20 所示。

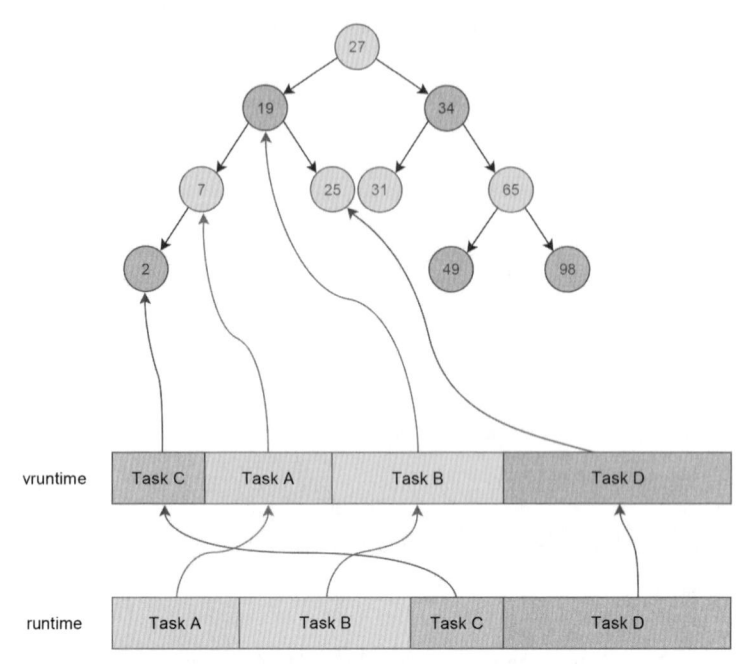

▲ 圖 2-20　尋找最小虛擬執行時間的過程

4. 在**下一次進行任務排程**的時候，選擇虛擬執行時間少的排程實體來執行。pick_next_task 函式就是從就緒佇列中選擇最適合執行的排程實體，即虛擬執行時間最小的排程實體，下面我們看看 CFS 排程器如何透過 pick_next_task 的回呼函式 pick_next_task_fair 來選擇下一個處理程序。

2.4.6　選擇下一個處理程序

處理程序在排程的時候，如何選擇下一個處理程序呢？讓我們先一起看看，選擇下一個處理程序的整體流程，如圖 2-21 所示。

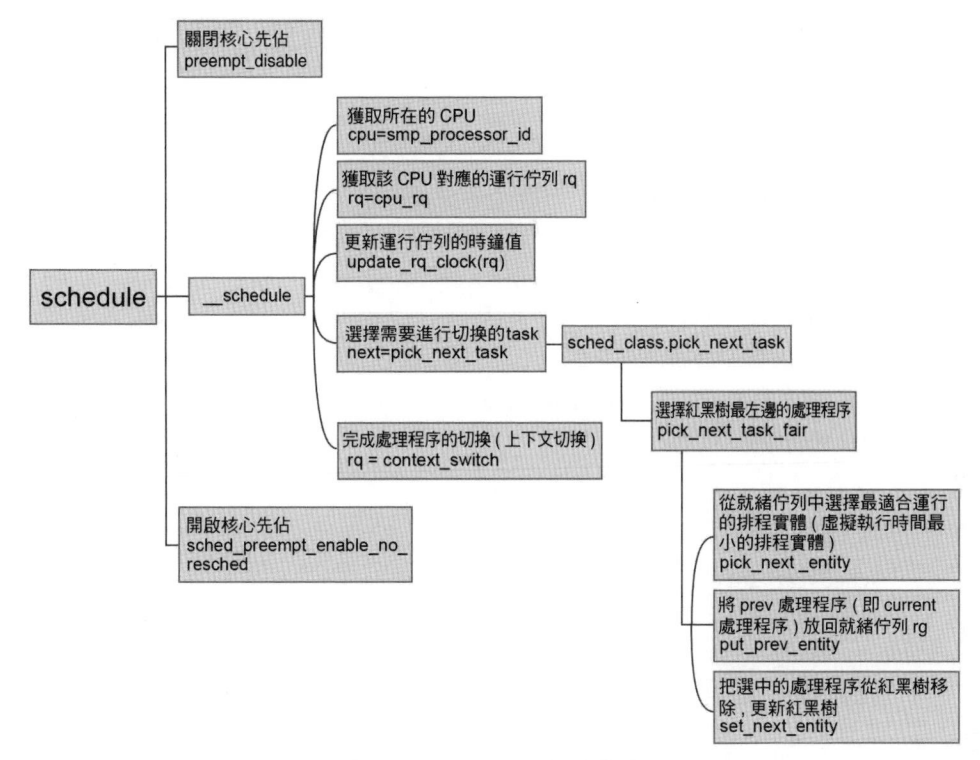

▲ 圖 2-21　schedule 函式的實現

在圖 2-21 的函式 pick_next_task_fair 中，會判斷上一個 task 的排程器是否是 CFS，這裡我們預設都是 CFS 排程，如圖 2-22 所示。

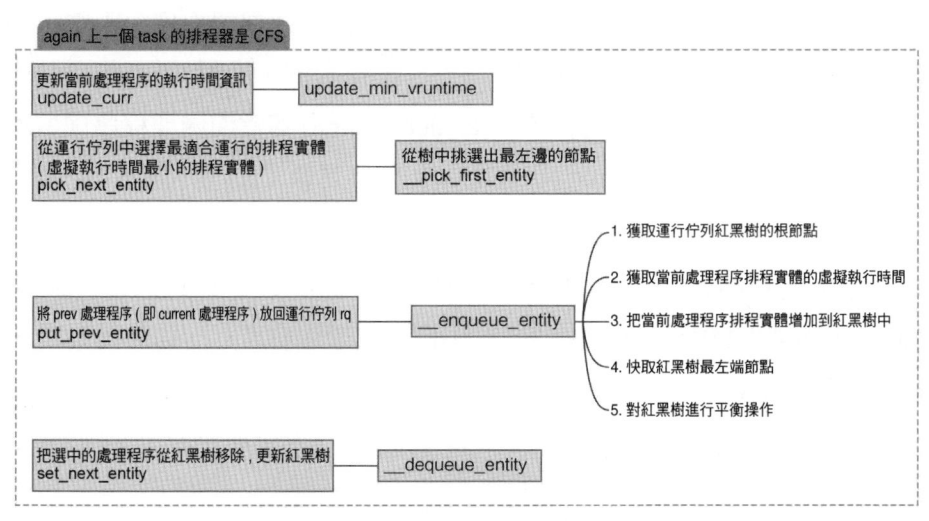

▲ 圖 2-22　上一個 task 的排程器是 CFS

圖 2-22 中的 update_curr 函式用來更新當前處理程序的執行時間資訊，程式如下所示：

```
1    static void update_curr(struct cfs_rq *cfs_rq)
2    {
3        struct sched_entity *curr = cfs_rq->curr;
4        u64 now =rq_clock_task(rq_of(cfs_rq));
5        u64 delta_exec;
6
7        if (unlikely(!curr))
8            return;
9
10       delta_exec = now - curr->exec_start;
11       if (unlikely((s64)delta_exec <= 0))
12           return;
13
14       curr->exec_start = now;
15
16       schedstat_set(curr->statistics.exec_max,
17                 max(delta_exec, curr->statistics.exec_max));
18
19       curr->sum_exec_runtime += delta_exec;
20       schedstat_add(cfs_rq->exec_clock, delta_exec);
21
22       curr->vruntime += calc_delta_fair(delta_exec, curr);
23       update_min_vruntime(cfs_rq);
24
25
26       account_cfs_rq_runtime(cfs_rq, delta_exec);
27   }
```

　　上述程式中的第 10 行計算出當前 CFS 執行佇列的處理程序，距離上次更新虛擬執行時間的差值。第 14 行更新 exec_start 的值。第 19 行更新當前處理程序總共執行的時間。第 22 行透過 calc_delta_fair 計算當前處理程序虛擬執行時間。第 23 行透過 update_min_vruntime 函式來更新 CFS 執行佇列中最小的 vruntime 的值。

　　pick_next_entity 函式會從就緒佇列中選擇最適合執行的排程實體（虛擬執行時間最小的排程實體），即從 CFS 紅黑樹最左邊節點獲取一個排程實體。

```
1 pick_next_entity -> pick_eevdf -> __pick_eevdf
2
3 struct sched_entity *__pick_eevdf(struct cfs_rq *cfs_rq)
4 {
```

```
5      // 初始化：從紅黑樹根節點開始，當前任務為候選
6      struct rb_node *node = cfs_rq->tasks_timeline.rb_root.rb_node;
7      struct sched_entity *best = NULL;
8
9      // 階段 1：檢查當前任務是否可繼續執行
10     if (sched_feat(RUN_TO_PARITY) && curr && curr->vlag == curr->deadline)
11         return curr; // 允許任務用完完整時間切片
12
13     // 階段 2：兩階段紅黑樹搜索
14     while (node) {
15         // 2.1 過不 eligible 的節點（左子樹可能有更優候選）
16         if (!entity_eligible(cfs_rq, se)) {
17             node = node->rb_left;
18             continue;
19         }
20
21         // 2.2 更新最佳候選（deadline 最小）
22         if (!best || deadline_gt(deadline, best, se))
23             best = se;
24
25         // 2.3 處理左子樹的最佳化路徑
26         if (node->rb_left) {
27             if (left->min_deadline == se->min_deadline)
28                 break; // 左子樹有更優候選，跳躍到精確匹配階段
29         }
30
31         // 2.4 根據 min_deadline 決定搜索方向
32         if (se->deadline == se->min_deadline) break; // 當前節點最佳
33         else node = node->rb_right; // 繼續搜索右子樹
34     }
35
36     // 階段 3：精確匹配 min_deadline
37     if (best_left) {
38         while (node) {
39             if (se->deadline == se->min_deadline)
40                 return se; // 找到目標
41     }
42     return best;
43 }
```

上述程式的第 4 行從樹中挑選出最左邊的節點。第 16 行選擇最左的那個排程實體 left。第 18 行摘取紅黑樹上第二左的處理程序節點。

put_prev_entity 會呼叫 __enqueue_entity 將 prev 處理程序（即 current 處理程序）加入 CFS 執行佇列 rq 上的紅黑樹，然後將 cfs_rq->curr 設置為空。

```
1   static void  enqueue_entity(struct cfs_rq *cfs_rq, struct sched_entity *se)
2   {
3       struct rb_node **link = &cfs_rq->tasks_timeline.rb_root.rb_node; // 紅黑樹根節
點
4       struct rb_node *parent = NULL;
5       structs ched_entity *entry;
6       bool leftmost = true;
7
8       while (*link) {
9           parent = *link;
10          entry =rb_entry(parent, struct sched_entity, run_node);
11          /*
12           * Wedont care about collisions. Nodes with
13           * the same key stay together.
14           */
15          if (entity_before(se, entry)) {
16              link = &parent->rb_left;
17          } else {
18              link = &parent->rb_right;
19              leftmost = false;
20          }
21      }
22
23      rb_link_node(&se->run_node, parent, link);
24      rb_insert_color_cached(&se->run_node,
25              &cfs_rq->tasks_timeline, leftmost);
26  }
```

第 8 行表示從紅黑樹中找到 se 應該在的位置。第 15 行以 se->vruntime 值為鍵值進行紅黑樹節點的比較。第 23 行將新處理程序的節點加入到紅黑樹中。第 24 行為新插入的節點進行著色。

set_next_entity 會呼叫 __dequeue_entity，將下一個選擇的處理程序從 CFS 執行佇列的紅黑樹中刪除，然後將 CFS 佇列的 curr 指向處理程序的排程實體。

2.4.7 處理程序上下文切換

理解了下一個處理程序的選擇後，就需要做當前處理程序和所選處理程序的上下文切換。

Linux 核心用函式 context_switch 進行處理程序的上下文切換，處理程序上下文切換主要包括兩部分，處理程序位址空間切換和處理器狀態切換，切換的程式流程如圖 2-23 所示。

2.4 處理程序的排程

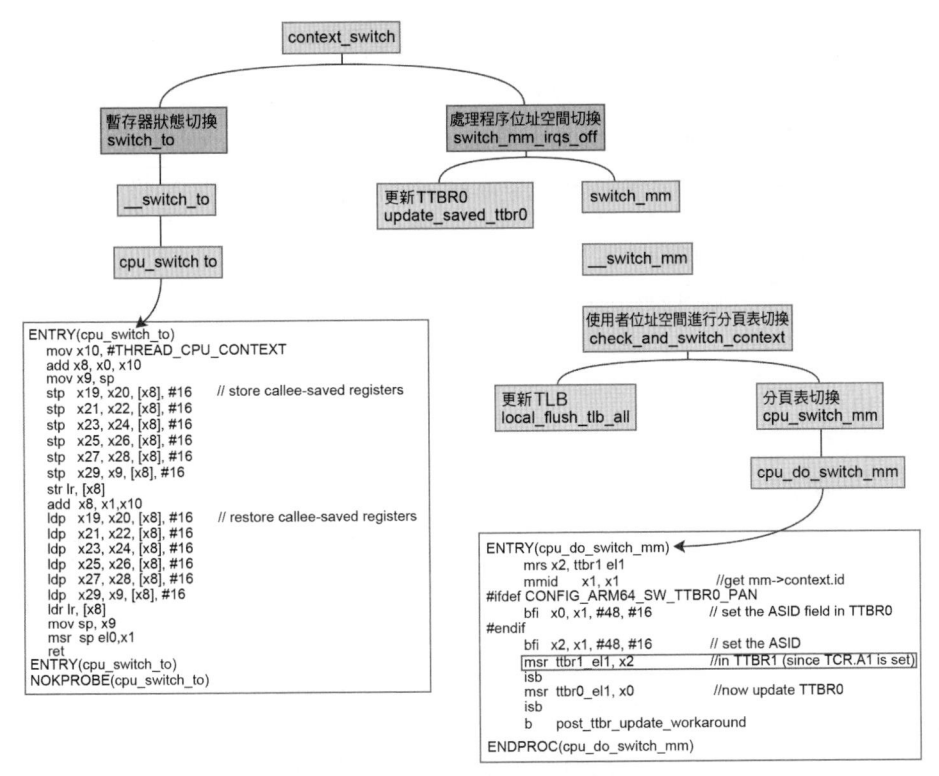

▲圖 2-23 上下文切換的過程

- 處理程序的位址空間切換

處理程序的位址空間切換可以用圖 2-24 表示。

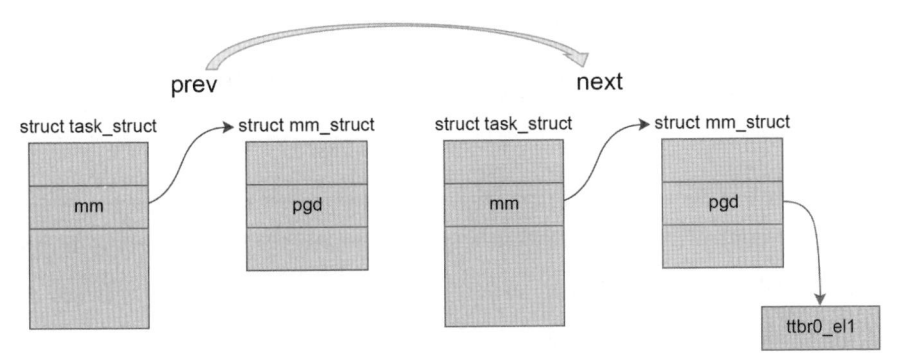

▲圖 2-24 處理程序的位址空間切換

將下一個處理程序的 pdg 虛擬位址轉化為物理位址存放在 ttbr0_el1 中（這是使用者空間的分頁表基址暫存器），當存取使用者空間位址的時候，MMU 會透過這個暫存器來遍歷分頁表獲得物理位址。完成了這一步，也就完成了處理程序的位址空間切換，確切地說是處理程序的虛擬位址空間切換。

- 暫存器狀態切換

暫存器狀態切換可以用圖 2-25 表示。

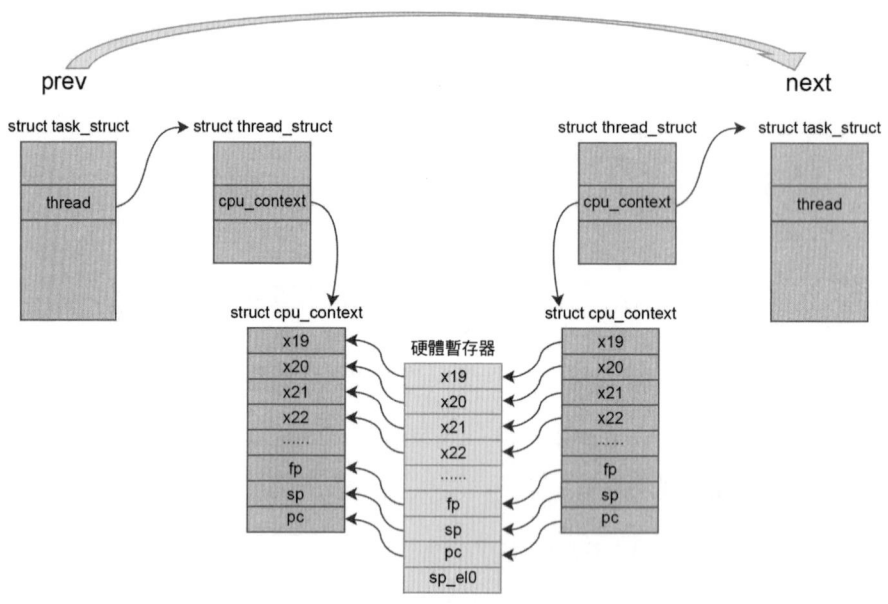

▲ 圖 2-25 暫存器狀態切換

其中 x19~x28 是 ARM64 架構規定需要呼叫儲存的暫存器，可以看到處理器狀態切換的時候將前一個處理程序（prev）的 x19~x28，fp，sp，pc 儲存到了處理程序描述符號的 cpu_contex 中，然後將即將執行的處理程序（next）描述符號的 cpu_contex 的 x19~x28，fp，sp，pc 恢復到相應暫存器中，而 next 處理程序的處理程序描述符號 task_struct 位址存放在 sp_el0 中，用於透過 current 找到當前處理程序，這樣就完成了處理器的狀態切換。

2.5 多核心系統的負載平衡

前面所講的排程都是預設在單一 CPU 上的排程策略。我們知道，為了 CPU 之間減少「干擾」，每個 CPU 上都有一個任務佇列。執行的過程中可能會出現有的 CPU 很忙，有的 CPU 很閒，如圖 2-26 所示。

為了避免這個問題的出現，Linux 核心實現了 CPU 可執行處理程序佇列之間的負載平衡。因為負載平衡是在多個核心上的均衡，所以在講解負載平衡之前，我們先來看多核心的架構。

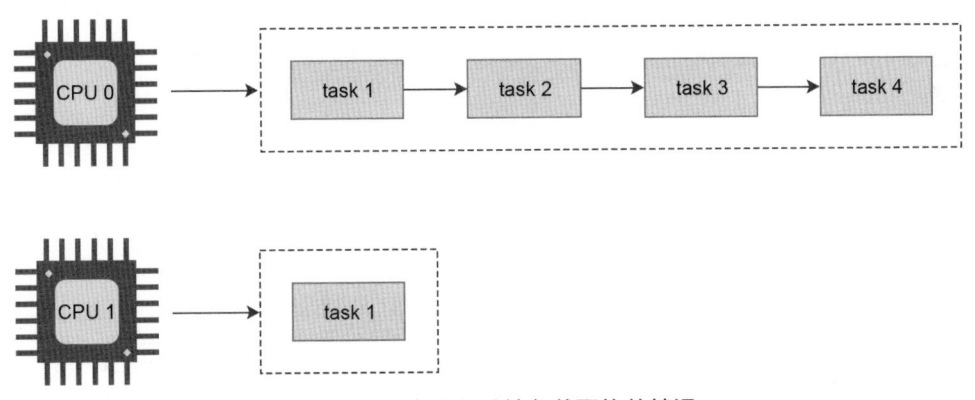

▲圖 2-26 多核心系統負載不均的情況

將 task 從負載較重的 CPU 上轉移到負載相對較輕的 CPU 上執行，這就是負載平衡的過程。

2.5.1 多核架構

這裡以 ARM64 的 NUMA（Non Uniform Memory Access，非一致性記憶體存取）架構為例，看看多核心架構的組成，如圖 2-27 所示。

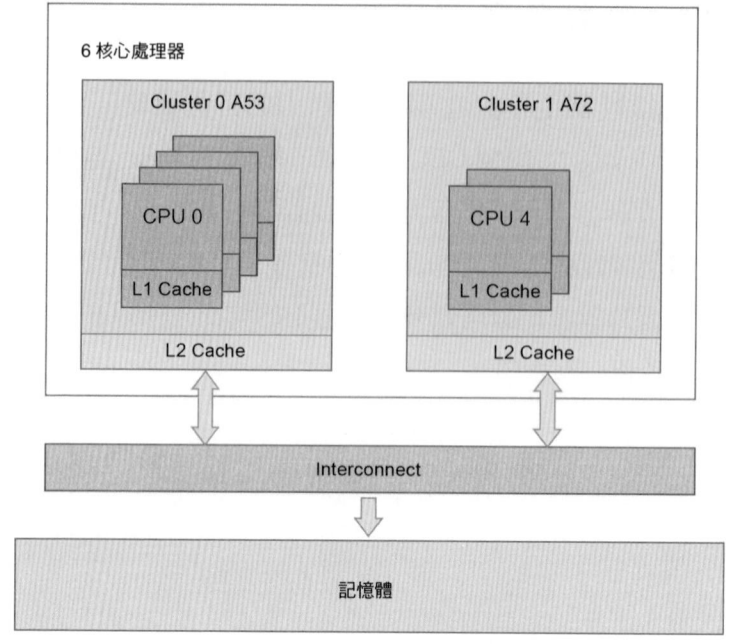

```
                            6 核心處理器
        ┌─────────────────────────────────────────────────┐
        │   Cluster 0 A53              Cluster 1 A72      │
        │   ┌──────────────┐          ┌──────────────┐    │
        │   │   CPU 0      │          │   CPU 4      │    │
        │   │              │          │              │    │
        │   │   L1 Cache   │          │   L1 Cache   │    │
        │   │              │          │              │    │
        │   │   L2 Cache   │          │   L2 Cache   │    │
        │   └──────┬───────┘          └──────┬───────┘    │
        └──────────┼─────────────────────────┼────────────┘
                   │      Interconnect       │
                   └─────────────┬───────────┘
                                 ↓
                          ┌─────────────┐
                          │   記憶體     │
                          └─────────────┘
```

▲ 圖 2-27 多核心處理器架構

從圖 2-27 中可以看出，這是非一致性記憶體存取。每個 CPU 存取本地記憶體（local memory），速度更快，延遲更小。因為 Interconnect 模組的存在，整體的記憶體會組成一個記憶體池，所以 CPU 也能存取遠端記憶體（remote memory），但是相對本地記憶體來說速度更慢，延遲更大。

我們知道一個多核心的 SoC（系統單晶片），內部結構是很複雜的。核心採用 CPU 拓撲結構來描述一個 SoC 的架構，使用**排程域**和**排程組**來描述 CPU 之間的層次關係。

2.5.2 CPU 拓撲

每一個 CPU 都會維護這麼一個結構實例，用來描述 CPU 拓撲：

```
struct cpu_topology{
    int thread_id;
    int core_id;
    int cluster_id;
    cpumask_t thread_sibling;
    cpumask_t core_sibling;
};
```

- thread_id：從 mpidr_el1 暫存器中獲取。
- core_id：從 mpidr_el1 暫存器中獲取。
- cluster_id：從 mpidr_el1 暫存器中獲取。
- thread_sibling：當前 CPU 的兄弟 thread。
- core_sibling：當前 CPU 的兄弟 Core，即在同一個 Cluster 中的 CPU。

可以透過序列埠的裝置模型節點 /sys/devices/system/cpu/cpuX/topology 查看 CPU 拓撲的資訊。

cpu_topology 結構是透過函式 parse_dt_topology() 解析裝置樹中的資訊建立的，其被呼叫的流程是：kernel_init()->kernel_init_freeable()->smp_prepare_cpus()->init_cpu_topology()->parse_dt_topology()。

```
1   static int __init parse_dt_topology(void)
2   {
3       struct device_node *cn, *map;
4       int ret = 0;
5       intcpu;
6
7       cn = of_find_node_by_path( "/cpus" );
8       if (!cn) {
9               pr_err( "No CPU information found in DT\n" );
10              return 0;
11      }
12
13      /*
14       * When topology is providedcpu-map is essentially a root
15       * cluster with restrictedsubnodes.
16       */
17      map =of_get_child_by_name(cn, "cpu-map" );
18      if (!map)
19              goto out;
20
21      ret =parse_cluster(map, 0);
22      if (ret != 0)
23              goto out_map; 24
25      topology_normalize_cpu_scale();
26
27      /*
28       * Check that all cores are in the topology; the SMP code will
29       * only mark cores described in the DT as possible.
30       */
```

```
31          for_each_possible_cpu(cpu)
32                  if (cpu_topology[cpu].cluster_id == -1)
33                          ret = -EINVAL;
34
35  out_map:
36          of_node_put(map);
37  out:
38          of_node_put(cn);
39          return ret;
40  }
```

程式中的第 7 行用來找到 dts 中 CPU 拓撲的根節點 /cpus。第 17 行找到 cpu-map 節點。第 21 行解析 cpu-map 中的 cluster。

舉個例子，CPU 拓撲節點為：4A53+2A72，裝置樹 dts 中的定義如下：

```
cpus: cpus {
        #address-cells = <2>;
        #size-cells = <0>;

        A53_0: cpu@0 {
                device_type = "cpu";
                compatible = "arm,cortex-a53", "arm,armv8";
                reg = <0x0 0x0>;
                clocks = <&clk IMX_SC_R_A53 IMX_SC_PM_CLK_CPU>;
                enable-method = "psci";
                next-level-cache = <&A53_L2>;
                operating-points-v2 = <&a53_opp_table>;
                #cooling-cells = <2>;
        };

        A53_1: cpu@1 {
                device_type = "cpu";
                compatible = "arm,cortex-a53", "arm,armv8";
                reg = <0x0 0x1>;
                clocks = <&clk IMX_SC_R_A53 IMX_SC_PM_CLK_CPU>;
                enable-method = "psci";
                next-level-cache = <&A53_L2>;
                operating-points-v2 = <&a53_opp_table>;
                #cooling-cells = <2>;
        };

        A53_2: cpu@2 {
                device_type = "cpu";
                compatible = "arm,cortex-a53", "arm,armv8";
                reg = <0x0 0x2>;
                clocks = <&clk IMX_SC_R_A53 IMX_SC_PM_CLK_CPU>;
```

```
            enable-method = "psci";
            next-level-cache = <&A53_L2>;
            operating-points-v2 = <&a53_opp_table>;
            #cooling-cells = <2>;
    };

    A53_3: cpu@3 {
            device_type = "cpu";
            compatible = "arm,cortex-a53", "arm,armv8";
            reg = <0x0 0x3>;
            clocks = <&clk IMX_SC_R_A53 IMX_SC_PM_CLK_CPU>;
            enable-method = "psci";
            next-level-cache = <&A53_L2>;
            operating-points-v2 = <&a53_opp_table>;
            #cooling-cells = <2>;
    };

    A72_0: cpu@100 {
            device_type = "cpu";
            compatible = "arm,cortex-a72", "arm,armv8";
            reg = <0x0 0x100>;
            clocks = <&clk IMX_SC_R_A72 IMX_SC_PM_CLK_CPU>;
            enable-method = "psci";
            next-level-cache = <&A72_L2>;
            operating-points-v2 = <&a72_opp_table>;
            #cooling-cells = <2>;);
    };
    A72_1: cpu@101 {
            device_type = "cpu";
            compatible = "arm,cortex-a72", "arm,armv8";
            reg = <0x0 0x101>;
            clocks = <&clk IMX_SC_R_A72 IMX_SC_PM_CLK_CPU>;
            enable-method = "psci";
            next-level-cache = <&A72_L2>;
            operating-points-v2 = <&a72_opp_table>;
            #cooling-cells = <2>;
    };

    A53_L2: l2-cache0 {
            compatible = "cache";
    };

    A72_L2: l2-cache1 {
            compatible = "cache";
    };
            cpu-map{
              cluster0 {
                    core0 {
```

```
                                cpu = <&A53_0>;
                        };
                                cpu = <&A53_1>;
                        core1 {

                        };
                                cpu = <&A53_2>;
                        core2 {

                        };
                                cpu = <&A53_3>;
                        core3 {

                        };
                };
                cluster1 {
                        core0 {
                                cpu = <&A72_0>;
                        };
                        core1 {
                                cpu = <&A72_1>;
                        };
                };
        };
};
```

經過 parse_dt_topology() 解析後得到 cpu_topology 的值為：

```
CPU0: cluster_id = 0, core_id = 0
CPU1: cluster_id = 0, core_id = 1
CPU2: cluster_id = 0, core_id = 2
CPU3: cluster_id = 0, core_id = 3
CPU4: cluster_id = 1, core_id = 0
CPU5: cluster_id = 1, core_id = 1
```

2.5.3 排程域和排程組

在 Linux 核心中，排程域使用 sched_domain 結構表示，排程組使用 sched_group 結構表示。

■ 排程域 sched_domain

```
struct sched_domain {
    struct sched_domain *parent;
```

```
    struct sched_domain *child;
    struct sched_group *groups;
    unsigned long min_interval;
    unsigned longmax_interval;
    ……
};
```

- parent：由於排程域是分層的，上層排程域是下層排程域的父親，所以這個欄位指向的是當前排程域的上層排程域。
- child：如上所述，這個欄位用來指向當前排程域的下層排程域。
- groups：每個排程域都擁有一批排程組，所以這個欄位指向的是屬於當前排程域的排程組列表。
- min_interval/max_interval：做負載平衡也是需要銷耗的，不能時刻去檢查排程域的均衡狀態，這兩個參數定義了檢查該 sched domain 均衡狀態的時間間隔的範圍。

sched_domain 分為兩個等級，底層區域和頂層區域。

■ 排程組 sched_group

```
struct sched_group {
    struct sched_group *next;
    unsigned int group_weight;
    ……
    struct sched_group_capacity *sgc;
    unsigned long cpumask[0];
};
```

- next：指向屬於同一個排程域的下一個排程組。
- group_weight：該排程組中有多少個 CPU。
- sgc：該排程組的算力資訊。
- cpumask：用於標記屬於當前排程組的 CPU 列表（每一位元表示一個 CPU）。

為了減少鎖的競爭，每一個 CPU 都有自己的底層區域、頂層區域及 sched_group，並且形成了 sched_domain 之間的層級結構、sched_group 的環狀鏈結串列結構。CPU 對應的排程域和排程組可在裝置模型檔案 /proc/sys/kernel/sched_domain 裡查看。

具體的 sched_domain 的初始化程式呼叫順序如下：kernel_init() -> kernel_init_freeable() -> sched_init_smp() -> init_sched_domains(cpu_active_mask) -> build_sched_domains(doms_cur[0], NULL)

```
1   static int
2   build_sched_domains(const struct cpumask *cpu_map, struct sched_domain_attr *attr)
3   {
4       enum s_alloc alloc_state;
5       struct sched_domain *sd;
6       structs_data d;
7       inti, ret = -ENOMEM;
8
9       alloc_state = __visit_domain_allocation_hell(&d, cpu_map);
10      if (alloc_state != sa_rootdomain)
11          goto error;
12
13      for_each_cpu(i, cpu_map){
14          struct sched_domain_topology_level *tl;
15
16          sd = NULL;
17          for_each_sd_topology(tl){
18              sd = build_sched_domain(tl, cpu_map, attr, sd, i);
19              if (tl == sched_domain_topology)
20              *per_cpu_ptr(d.sd, i) = sd;
21              if (tl->flags & SDTL_OVERLAP)
22              sd->flags |= SD_OVERLAP;
23          }
24      }
25
26      for_each_cpu(i, cpu_map){
27          for (sd = *per_cpu_ptr(d.sd, i); sd; sd = sd->parent) {
28              sd->span_weight = cpumask_weight(sched_domain_span(sd));
29              if (sd->flags & SD_OVERLAP) {
30                  if (build_overlap_sched_groups(sd, i))
31                      goto error;
32              } else {
33                  if (build_sched_groups(sd, i))
34                      goto error;
35              }
36          }
37      }
38      ……
39      rcu_read_lock();
```

```
40      for_each_cpu(i, cpu_map){
41          intmax_cpu = READ_ONCE(d.rd->max_cap_orig_cpu);
42          intmin_cpu = READ_ONCE(d.rd->min_cap_orig_cpu);
43
44          sd = *per_cpu_ptr(d.sd, i);
45
46          if ((max_cpu < 0) || (cpu_rq(i)->cpu_capacity_orig >
47          cpu_rq(max_cpu)->cpu_capacity_orig))
48              WRITE_ONCE(d.rd->max_cap_orig_cpu, i);
49
50          if ((min_cpu < 0) || (cpu_rq(i)->cpu_capacity_orig <
51          cpu_rq(min_cpu)->cpu_capacity_orig))
52              WRITE_ONCE(d.rd->min_cap_orig_cpu, i);
53
54          cpu_attach_domain(sd, d.rd, i);
55      }
56      rcu_read_unlock();
57
58      if (!cpumask_empty(cpu_map))
59          update_asym_cpucapacity(cpumask_first(cpu_map));
60
61      ret = 0;
62  error:
63      __free_domain_allocs(&d, alloc_state, cpu_map);
64      return ret;
65  }
```

程式中的第 9 行表示，在每個 tl 層次，給每個 CPU 分配 sd、sg、sgc 空間。第 18 行遍歷 cpu_map 裡的所有 CPU，建立與物理拓撲結構對應的多級排程域。第 33 行遍歷 cpu_map 裡所有 CPU，建立排程組。第 54 行將每個 CPU 的 rq 與 rd(root_domain) 進行綁定。第 63 行釋放掉分配失敗或分配成功多餘的記憶體。

所以，可執行處理程序佇列與排程域和排程組的關係如圖 2-28 所示，其中 DIE 和 MC 是兩個不同的排程域。

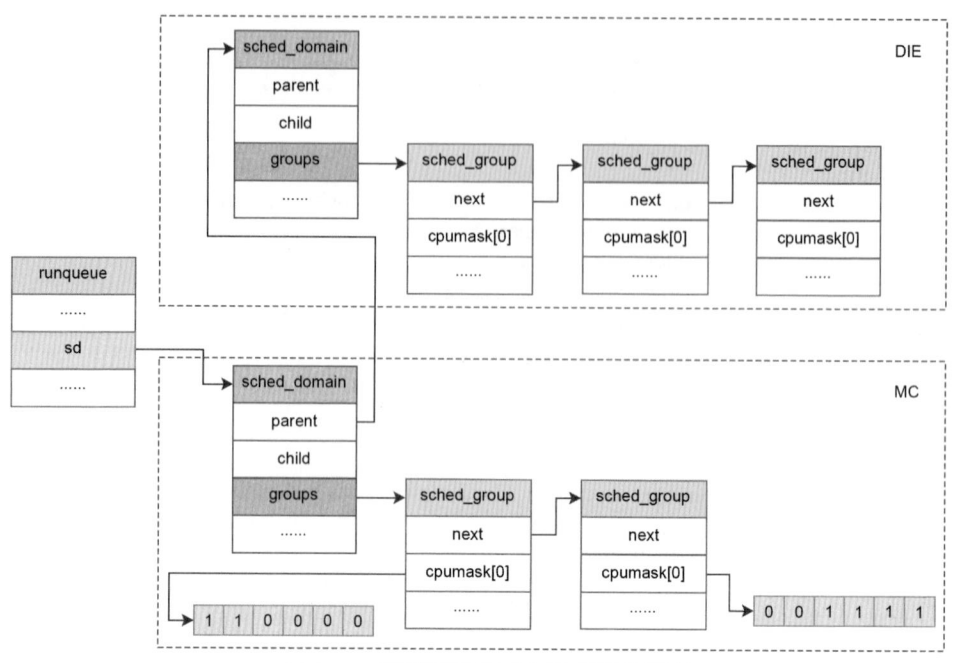

▲ 圖 2-28 佇列與排程域和排程組的關係

最後這裡用圖 2-29 來總結 CPU 拓撲、排程域初始化的過程。

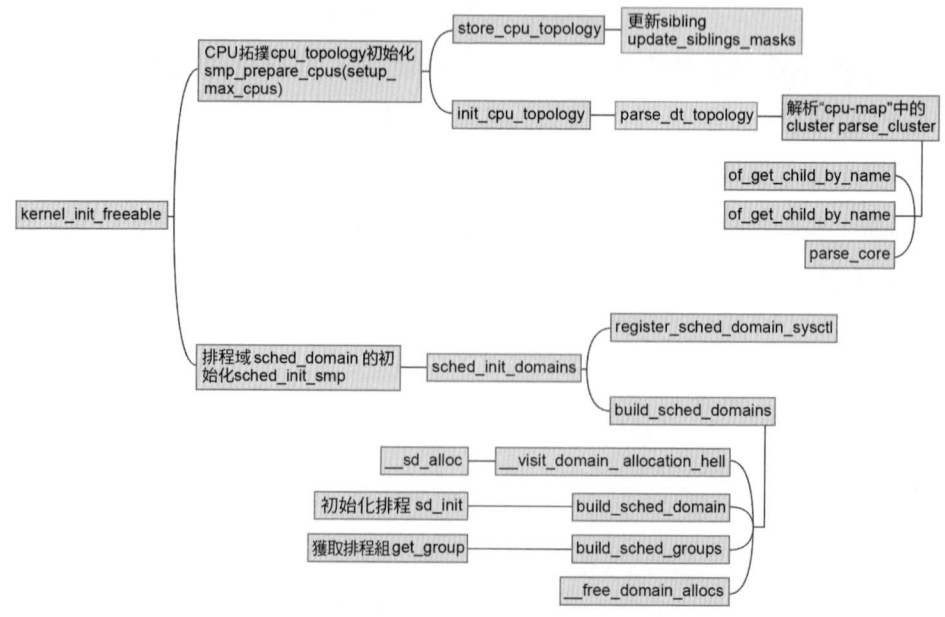

▲ 圖 2-29 kernel_init_freeable 流程

2.5 多核心系統的負載平衡

根據已經生成的 CPU 拓撲、排程域和排程組，最終可以生成如圖 2-30 所示的關係圖。

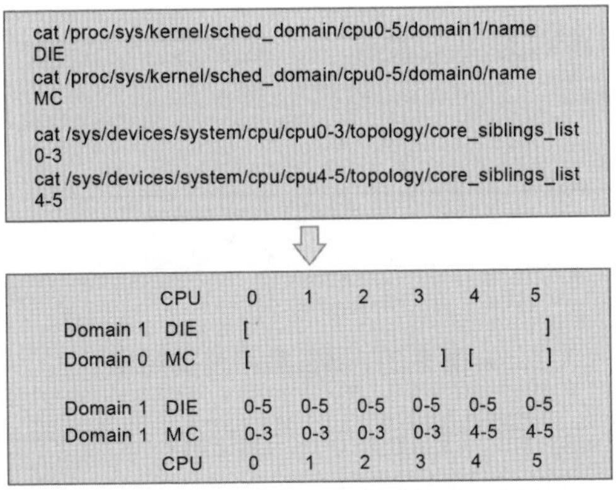

```
cat /proc/sys/kernel/sched_domain/cpu0-5/domain1/name
DIE
cat /proc/sys/kernel/sched_domain/cpu0-5/domain0/name
MC
cat /sys/devices/system/cpu/cpu0-3/topology/core_siblings_list
0-3
cat /sys/devices/system/cpu/cpu4-5/topology/core_siblings_list
4-5
```

	CPU	0	1	2	3	4	5
Domain 1	DIE	[				]	
Domain 0	MC	[			]	[	]
Domain 1	DIE	0-5	0-5	0-5	0-5	0-5
Domain 0	MC	0-3	0-3	0-3	0-3	4-5	4-5
	CPU	0	1	2	3	4	5

▲圖 2-30 CPU 拓撲、排程域和排程組的關係

在圖 2-27 的結構中，頂層的 DIE domain 覆蓋了系統中所有的 CPU，4 個 A53 是 Cluster 0，共用 L2 Cache，另外 2 個 A72 是 Cluster 1，共用 L2 Cache。那麼每個 Cluster 可以認為是一個 MC 排程域，左邊的 MC 排程域中有 4 個排程組，右邊的 MC 排程域中有 2 個排程組，每個排程組中只有 1 個 CPU。整個 SoC 可以被認為是高一級別的 DIE 排程域，其中有兩個排程組，Cluster 0 屬於一個排程組，Cluster 1 屬於另一個排程組。跨 Cluster 的負載平衡是需要清除 L2 Cache 的，銷耗很大，因此 SoC 等級的 DIE 排程域進行負載平衡的銷耗比 MC 排程域更大一些。

到目前為止，我們已經將核心的排程域建構起來了，CFS 可以利用 sched_domain 來完成多核心間的負載平衡了。

2.5.4 何時做負載平衡

CFS 任務的負載平衡器有兩種，如圖 2-31 所示。

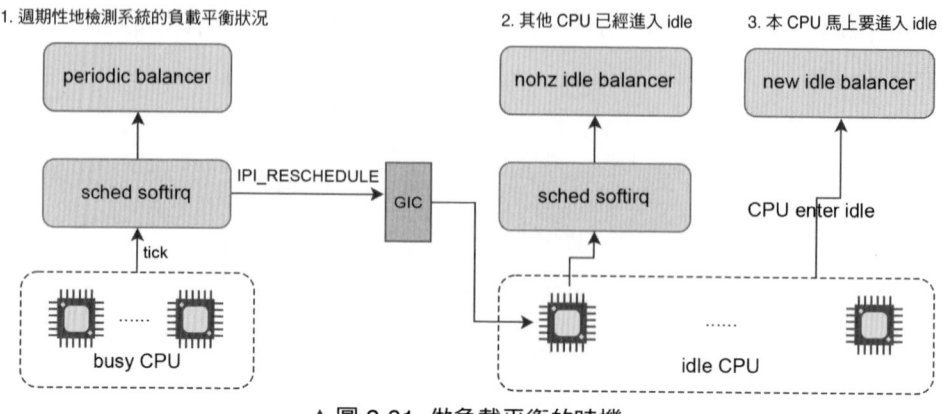

▲ 圖 2-31　做負載平衡的時機

- 一種是針對 busy CPU 的 periodic balancer，用於處理程序在 busy CPU 上的均衡。busy CPU 是指在執行中的 CPU。

- 一種是針對 idle CPU 的 idle balancer，用於把 busy CPU 上的處理程序均衡到 idle CPU 上來。idle CPU 是指空閒的 CPU。

1. **periodic balancer**：週期性負載平衡是在時鐘中斷 scheduler_tick 中，找到該 domain 中最繁忙的 sched group 和 CPU runqueue，將其上的任務拉（pull）到本 CPU，以便讓系統的負載處於均衡的狀態，如圖 2-32 所示。

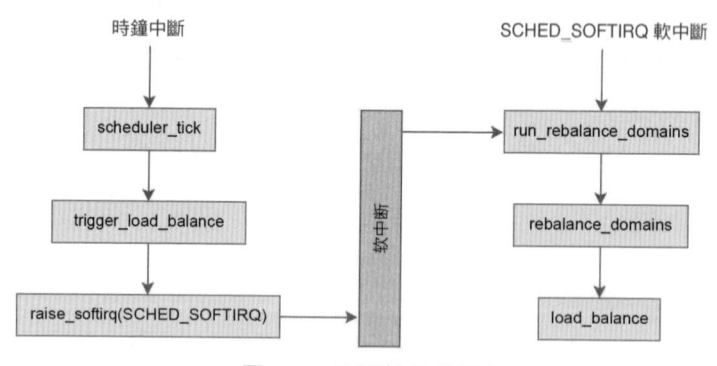

▲ 圖 2-32　週期性負載平衡

2. **nohz idle balancer**：當其他 CPU 已經進入 idle，本 CPU 任務太重，需要透過 IPI（Inter-Processor Interrupt，處理器之間的中斷）將其他 idle 的 CPU 喚醒來進行負載平衡，如圖 2-33 所示。

2.5 多核心系統的負載平衡

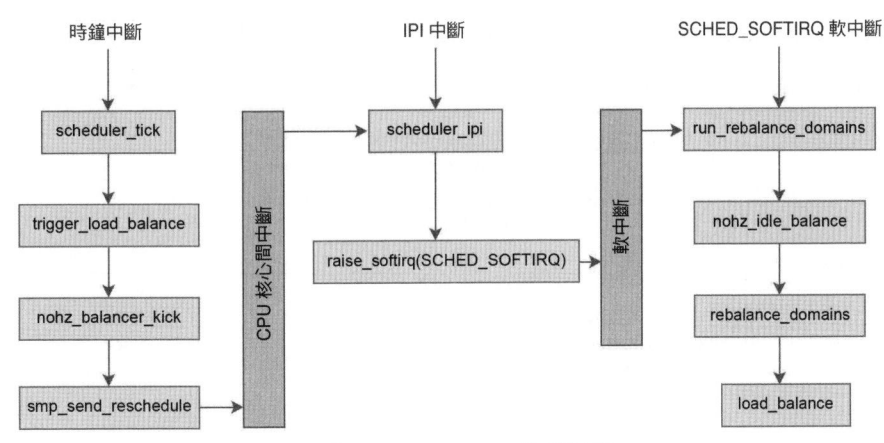

▲ 圖 2-33 nohz idle 負載平衡

3. new idle balancer：本 CPU 上沒有任務執行，馬上要進入 idle 狀態的時候，看看其他 CPU 是否需要幫忙，來從 busy CPU 上拉（pull）任務，讓整個系統的負載處於均衡狀態，如圖 2-34 所示。

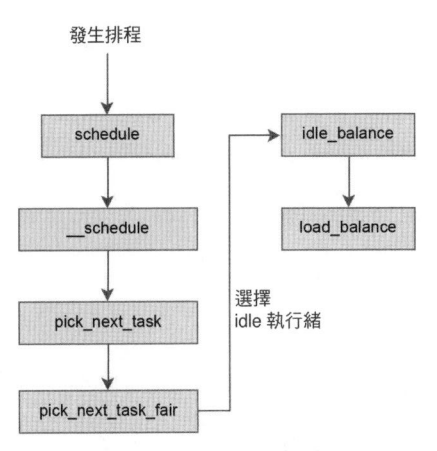

▲ 圖 2-34 new idle 負載平衡

2.5.5 負載平衡的基本過程

當在一個 CPU 上進行負載平衡的時候，總是從 base domain 開始，檢查其所屬 sched group 之間的負載平衡情況，如果有不均衡情況，那麼會在該 CPU 所屬 Cluster 之間進行遷移，以便維護 Cluster 內各個 CPU 的任務負載平衡。

load_balance 是處理負載平衡的核心函式，它的處理單元是一個排程域，其中會包含對排程組的處理。

```
1    static int load_balance(int this_cpu, struct rq *this_rq,
2                            struct sched_domain *sd, enum cpu_idle_type idle,
3                            int *continue_balancing)
4    {
5                    ......
6    redo:
7            if (!should_we_balance(&env)) {
8                    *continue_balancing = 0;
9                    goto out_balanced;
10           }
11
12           group = find_busiest_group(&env);
13           if (!group) {
14                   schedstat_inc(sd->lb_nobusyg[idle]);
15                   goto out_balanced;
16           }
17
18           busiest = find_busiest_queue(&env, group);
19           if (!busiest) {
20                   schedstat_inc(sd->lb_nobusyq[idle]);
21                   goto out_balanced;
22           }
23
24           BUG_ON(busiest == env.dst_rq);
25
26           schedstat_add(sd->lb_imbalance[idle], env.imbalance);
27
28           env.src_cpu = busiest->cpu;
29           env.src_rq = busiest;
30
31           ld_moved = 0;
32           if (busiest->nr_running > 1) {
33                   env.flags |= LBF_ALL_PINNED;
34                   env.loop_max = min(sysctl_sched_nr_migrate, busiest->nr_running);
35
36   more_balance:
37                   rq_lock_irqsave(busiest, &rf);
38                   update_rq_clock(busiest);
39
40                   cur_ld_moved = detach_tasks(&env);
41
42                   rq_unlock(busiest, &rf);
43
44                   if (cur_ld_moved) {
```

```
45                          attach_tasks(&env);
46                          ld_moved += cur_ld_moved;
47                  }
48
49                  local_irq_restore(rf.flags);
50
51                  if (env.flags & LBF_NEED_BREAK) {
52                          env.flags &= ~LBF_NEED_BREAK;
53                          goto more_balance;
54                  }
55                  ……
56          }
57          ……
58  out:
59          return ld_moved;
60  }
```

程式中的第 12 行用來找到該 domain 中最繁忙的 sched group。第 18 行表示在這個最繁忙的 group 中挑選最繁忙的 CPU runqueue，作為 src。第 40 行從這個佇列中選擇任務來遷移，然後把被選中的任務從其所在的 runqueue 中移除。第 45 行從最繁忙的 CPU runqueue 中拉（pull）一些任務到當前可執行佇列 dst。

以上程式的實現可以用圖 2-35 表示。

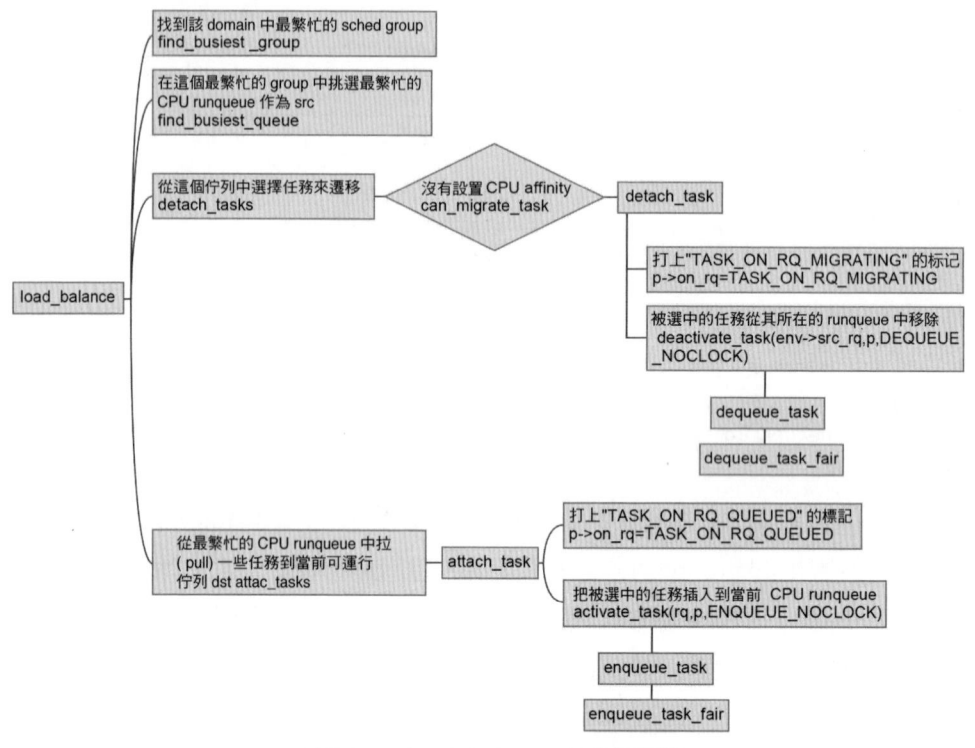

▲ 圖 2-35 load_balance 函式的實現

第 3 章
同步管理

因為現代作業系統是多處理器計算的架構,必然更容易遇到多個處理程序、多個執行緒存取共用資料的情況,如圖 3-1 所示。

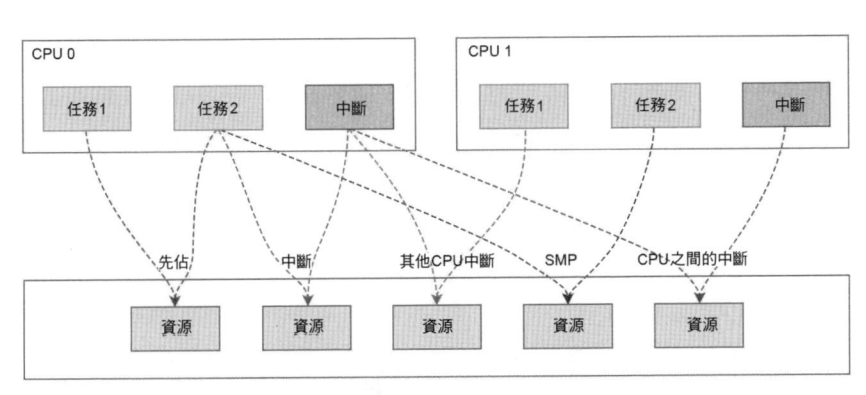

▲ 圖 3-1 多執行緒存取共同資料

圖 3-1 中每一種顏色代表一種競爭狀態情況,主要歸結為三類:

- 處理程序與處理程序之間:單核心上的先佔、多核心上的 SMP。
- 處理程序與中斷之間:中斷又包含上半部分與下半部分,中斷總是能打斷處理程序的執行串流。
- 中斷與中斷之間:外接裝置的中斷可以路由到不同的 CPU 上,它們之間也可能帶來競爭狀態。

這時候就需要一種同步機制來保護併發存取的記憶體資料。在主流的 Linux 核心中包含了以下這些同步機制：

- 原子操作
- 自旋鎖（spin_lock）
- 訊號量（semaphore）
- 互斥鎖（mutex）
- RCU

3.1 原子操作

原子操作的概念來源於物理概念中的原子定義，指執行結束前不可分割（即不可打斷）的操作，是最小的執行單位。原子操作與硬體架構強相關，其 API 具體的定義均位於對應 arch 目錄下的 include/asm/atomic.h 檔案中，透過組合語言實現。核心原始程式根目錄下的 include/asm-generic/atomic.h 則抽象封裝了 API，該 API 最後排程的實現來自 arch 目錄下對應的程式。以 ARM 平臺為例，原子操作的 API 如表 3-1 所示。

▼ 表 3-1 原子操作的 API

API	說明
int atomic_read(atomic_t *v)	讀取操作
void atomic_set(atomic_t *v, int i)	設置變數
void atomic_add(int i, atomic_t *v)	增加i
void atomic_sub(int i, atomic_t *v)	減少i
void atomic_inc(atomic_t *v)	加1
void atomic_dec(atomic_t *v)	減1
void atomic_inc_and_test(atomic_t *v)	加1是否為0
void atomic_dec_and_test(atomic_t *v)	減1是否為0
void atomic_add_negative(int i, atomic_t *v)	加i是否為負
void atomic_add_return(int i, atomic_t *v)	增加i傳回結果
void atomic_sub_return(int i, atomit_t *v)	減少i傳回結果
void atomic_inc_return(int i, atomic_t.*v)	加1傳回
void atomic_dec_return(int i, atomic_t *v)	減1傳回

3.1 原子操作

原子操作通常是內聯函式，往往是透過內嵌組合語言指令來實現的，如果某個函式本身就是原子的，它往往被定義成一個巨集，例如：

```
#define ATOMIC_OP(op, c_op, asm_op)                     \
static inline void atomic_##op(int i, atomic_t *v)      \
{                                                       \
    unsigned long tmp;                                  \
    int result;                                         \
                                                        \
    prefetchw(&v->counter);                             \
    __asm__ __volatile__("@ atomic_" #op "\n"           \
"1: ldrex   %0, [%3]\n"                                 \
"   " #asm_op " %0, %0, %4\n"                           \
"   strex   %1, %0, [%3]\n"                             \
"   teq %1, #0\n"                                       \
"   bne 1b"                                             \
    : "=&r" (result), "=&r" (tmp), "+Qo" (v->counter)   \
    : "r" (&v->counter), "Ir" (i)                       \
    : "cc");                                            \
}
```

可見原子操作的原子性依賴於 ldrex 與 strex 實現，ldrex 讀取資料時會進行獨佔標記，防止其他核心路徑存取，直至呼叫 strex 完成寫入後清除標記。自然 strex 也不能寫入被別的核心路徑獨佔的記憶體，若是寫入失敗則循環至成功寫入。

ldrex 與 strex 指令，將單純的更新記憶體的原子操作分成了兩個獨立的步驟：

1. ldrex 用來讀取記憶體中的值，並標記對該區段記憶體的獨佔存取：

    ```
    ldrex Rx, [Ry]
    ```

    讀取暫存器 Ry 指向的 4 位元組記憶體值，將其儲存到 Rx 暫存器中，同時標記對 Ry 指向記憶體區域的獨佔存取。如果執行 ldrex 指令的時候發現已經被標記為獨佔存取了，並不會對指令的執行產生影響。

2. strex 在更新記憶體數值時，會檢查該段記憶體是否已經被標記為獨佔存取，並以此來決定是否更新記憶體中的值：

    ```
    strex Rx, Ry, [Rz]
    ```

如果執行這行指令的時候發現已經被標記為獨佔存取了,則將暫存器 Ry 中的值更新到暫存器 Rz 指向的記憶體,並將暫存器 Rx 設置為 0。指令執行成功後,會將獨佔存取標記位元清除。如果執行這行指令的時候發現沒有設置獨佔標記,則不會更新記憶體,且將暫存器 Rx 的值設置為 1。

ARM 內部的實現架構如圖 3-2 所示,這裡不再贅述。

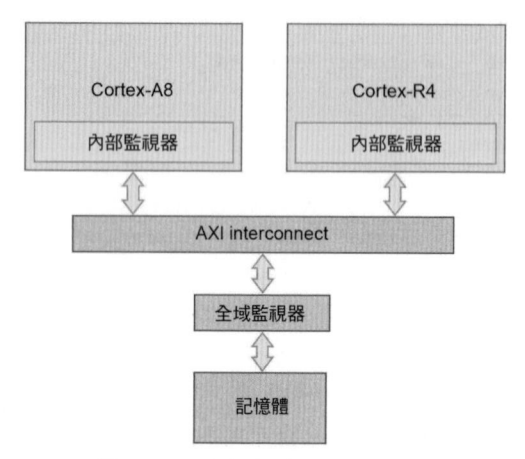

▲圖 3-2 同步存取的 ARM 內部架構

3.2 自旋鎖

Linux 核心中最常見的鎖是自旋鎖,自旋鎖最多只能被一個可執行執行緒持有。若自旋鎖已被別的執行者持有,呼叫者就會原地循環等待並檢查該鎖的持有者是否已經釋放鎖(即進入自旋狀態),若釋放則呼叫者開始持有該鎖。自旋鎖被持有期間不可被先佔。

另一種處理鎖爭用的方式為:讓等待中的執行緒睡眠,直到鎖重新可用時再喚醒它,這樣處理器不必循環等待,可以去執行其他程式,但是這會有兩次明顯的上下文切換的銷耗,訊號量便提供了這種鎖機制。

自旋鎖的使用介面如表 3-2 所示。

▼ 表 3-2 自旋鎖的使用介面

API	說明
spin_lock()	獲取指定的自旋鎖
spin_lock_irq()	禁止本地中斷並獲取指定的鎖
spin_lock_irqsave()	釋放指定的鎖
spin_unlock()	儲存本地中斷當前狀態,禁止本地中斷,獲取指定的鎖
spin_unlock_irq()	釋放指定的鎖,並啟動本地中斷
spin_unlock_irqrestore()	釋放指定的鎖,並讓本地中斷恢復以前狀態
spin_lock_init()	動態初始化指定的鎖
spin_trylock()	試圖獲取指定的鎖,成功傳回0,否則傳回非0
spin_is_locked()	測試指定的鎖是否已被佔用,已被佔用傳回非0,否則傳回0

以 spin_lock 這個獲取指定自旋鎖的函式為例,看看它的用法:

```
DEFINE_SPINLOCK(mr_lock);
spin_lock(&mr_lock);
/* 臨界區 */
spin_unlock(&mr_lock);
```

函式 spin_lock 的流程如圖 3-3 所示,spin_lock 最終會呼叫函式 arch_spin_lock。

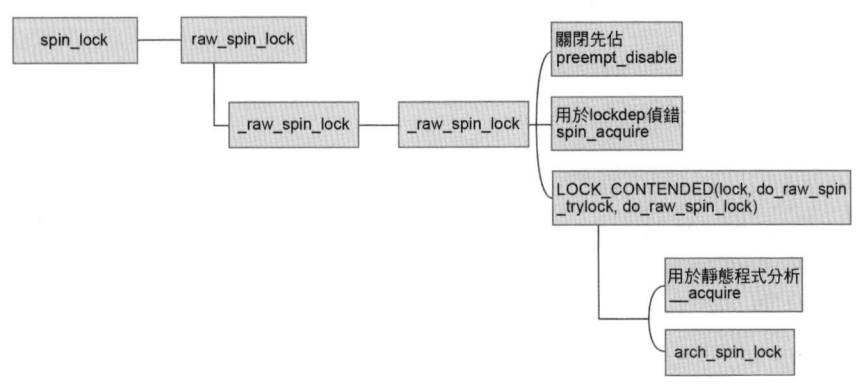

▲ 圖 3-3 函式 spin_lock 的流程圖

接下來我們看看呼叫的 arch_spin_lock 函式的細節:

```
static inline void arch_spin_lock(arch_spinlock_t *lock)
{
    unsigned int tmp;
    arch_spinlock_t lockval, newval;
```

```
    asm volatile(
    ARM64_LSE_ATOMIC_INSN(
    /* LL/SC */
"   prfm    pstl1strm, %3\n"
"1: ldaxr   %w0, %3\n"
"   add %w1, %w0, %w5\n"
"   stxr    %w2, %w1, %3\n"
"   cbnz    %w2, 1b\n",
    /* LSE atomics */
"   mov %w2, %w5\n"
"   ldadda  %w2, %w0, %3\n"
    __nops(3)
    )

"   eor %w1, %w0, %w0, ror #16\n"
"   cbz %w1, 3f\n"
"   sevl\n"
"2: wfe\n"
"   ldaxrh  %w2, %4\n"
"   eor %w1, %w2, %w0, lsr #16\n"
"   cbnz    %w1, 2b\n"
"3:"
    : "=&r" (lockval), "=&r" (newval), "=&r" (tmp), "+Q" (*lock)
    : "Q" (lock->owner), "I" (1 << TICKET_SHIFT)
    : "memory");
}

static inline void arch_spin_unlock(arch_spinlock_t *lock)
{
    unsigned long tmp;

    asm volatile(ARM64_LSE_ATOMIC_INSN(
    /* LL/SC */
"   ldrh    %w1, %0\n"
"   add %w1, %w1, #1\n"
"   stlrh   %w1, %0",
    /* LSE atomics */
"   mov %w1, #1\n"
"   staddlh %w1, %0\n"
    __nops(1))
    : "=Q" (lock->owner), "=&r" (tmp)
    :
    : "memory");
}
```

　　以上程式的核心邏輯在於，asm volatile() 內聯組合語言中，有很多獨佔的操作指令，只有基於指令的獨佔操作，才能保證軟體上的互斥。可以看出，

Linux 中針對每一個 spin_lock 有兩個計數，分別是 next 與 owner（初始值為 0）。處理程序 A 申請鎖時，會判斷 next 與 owner 的值是否相等。如果相等就代表鎖可以申請成功，否則原地自旋。直到 next 與 owner 的值相等才會退出自旋。

3.3　訊號量

訊號量是在多執行緒環境下使用的一種措施，它負責協調各個處理程序，以保證它們能夠正確、合理地使用公共資源。它和 spin_lock 最大的不同之處在於：無法獲取訊號量的處理程序可以睡眠，因此會導致系統排程。

訊號量的定義如下：

```
struct semaphore {
    raw_spinlock_t       lock;         // 利用自旋鎖同步
    unsigned int         count;        // 用於資源計數
    struct list_head     wait_list;    // 等待佇列
};
```

訊號量在建立時設置一個初始值 count，用於表示當前可用的資源數。一個任務要想存取共用資源，必須先得到訊號量，獲取訊號量的操作為 count - 1。若當前 count 為負數，表明無法獲得訊號量，該任務必須暫停在該訊號量的等待佇列；若當前 count 為非負數，表示可獲得訊號量，因而可立刻存取被該訊號量保護的共用資源。

當任務存取完被訊號量保護的共用資源後，必須釋放訊號量，釋放訊號量的操作是 count + 1，如果加 1 後的 count 為非正數，表明有任務等待，則喚醒所有等待該訊號量的任務。

了解了訊號量的結構與定義，接下來我們看看常用的訊號量介面，如表 3-3 所示。

▼表 3-3　常用的訊號量介面

API	說明
DEFINE_SEMAPHORE(name)	宣告訊號量並初始化為1
void sema_init(struct semaphore *sem, int val)	宣告訊號量並初始化為val
down	獲得訊號量，task不可被中斷，除非是致命訊號
up	釋放訊號量

這裡我們看看兩個核心實現：down 函式和 up 函式。

- down 函式

down 函式用於呼叫者獲得訊號量，若 count 大於 0，說明資源可用，將其減 1 即可。

```
void down(struct semaphore *sem)
{
    unsigned long flags;

    raw_spin_lock_irqsave(&sem->lock, flags);
    if (likely(sem->count > 0))
        sem->count--;
    else
        __down(sem);
    raw_spin_unlock_irqrestore(&sem->lock, flags);
}
EXPORT_SYMBOL(down);
```

若 count<0，呼叫函式 down()，將 task 加入等待佇列，並進入等待佇列，進入排程迴圈等待，直至其被 up 函式喚醒，或因逾時被移出等待佇列。

```
static inline int __sched __down_common(struct semaphore *sem, long state,
                                long timeout)
{
    struct semaphore_waiter waiter;

    list_add_tail(&waiter.list, &sem->wait_list); waiter.task = current;
    waiter.up = false;

    for (;;) {
        if (signal_pending_state(state, current))
            goto interrupted;
        if (unlikely(timeout <= 0))
            goto timed_out;
        __set_current_state(state);
        raw_spin_unlock_irq(&sem->lock);
        timeout = schedule_timeout(timeout);
        raw_spin_lock_irq(&sem->lock);
        if (waiter.up)
            return 0;
    }

 timed_out:
    list_del(&waiter.list);
    return -ETIME;
```

```
    interrupted:
        list_del(&waiter.list);
        return -EINTR;
}
```

- up 函式

up 函式用於呼叫者釋放訊號量，若 waitlist 為空，說明無等待任務，count + 1，該訊號量可用。

```
void up(struct semaphore *sem)
{
    unsigned long flags;
    raw_spin_lock_irqsave(&sem->lock, flags);
    if (likely(list_empty(&sem->wait_list)))
        sem->count++;
    else
        __up(sem);
    raw_spin_unlock_irqrestore(&sem->lock, flags);
}
EXPORT_SYMBOL(up);
```

若 waitlist 不可為空，將 task 從等待佇列移除，並喚醒該 task。

```
static noinline void  sched  up(struct semaphore *sem)
{
    struct semaphore_waiter *waiter = list_first_entry(&sem->wait_list,
                        struct semaphore_waiter, list);
    list_del(&waiter->list);
    waiter->up = true;
    wake_up_process(waiter->task);
}
```

3.4 互斥鎖

　　Linux 核心中還有一種類似訊號量的同步機制叫作互斥鎖。互斥鎖類似於 count 等於 1 的訊號量。所以說訊號量是在多個處理程序 / 執行緒存取某個公共資源的時候，進行保護的一種機制。而互斥鎖是單一處理程序 / 執行緒存取某個公共資源的一種保護機制，屬於互斥操作。

　　互斥鎖有一個特殊的地方：只有持鎖者才能解鎖，如圖 3-4 所示。

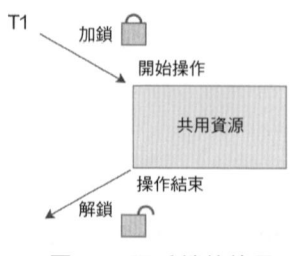

▲ 圖 3-4 互斥鎖的使用

　　用一句話來講訊號量和互斥鎖的區別就是，訊號量用於執行緒的同步，互斥鎖用於執行緒的互斥。

　　互斥鎖的結構定義如下：

```
struct mutex {
    atomic_long_t      owner;           // 互斥鎖的持有者
    spinlock_t         wait_lock;       // 利用自旋鎖同步
#ifdef CONFIG_MUTEX_SPIN_ON_OWNER
    struct optimistic_spin_queue osq; /* Spinner MCS lock */
#endif
    struct list_head   wait_list;       // 等待佇列
......
};
```

　　互斥鎖的常用介面如表 3-4 所示。

▼ 表 3-4 互斥鎖的常用介面

API	說明
DEFINE_MUTEX(name)	靜態宣告互斥鎖並初始化解鎖狀態
mutex_init(mutex)	動態宣告互斥鎖並初始化解鎖狀態
void mutex_destroy(struct mutex *lock)	銷毀該互斥鎖
bool mutex_is_locked(struct mutex *lock)	判斷互斥鎖是否被鎖住
mutex_lock	獲得鎖，task不可被中斷
mutex_unlock	解鎖
mutex_trylock	嘗試獲得鎖，不能加鎖則立刻傳回
mutex_lock_interruptible	獲得鎖，task可以被中斷
mutex_lock_killable	獲得鎖，task可以被訊號殺死
mutex_lock_io	獲得鎖，在該task等待鎖時，它會被排程器標記為io等候狀態

上面講的自旋鎖、訊號量和互斥鎖的實現，都使用了原子操作指令。由於原子操作會處於 lock 狀態，當執行緒在多個 CPU 上爭搶進入臨界區的時候，都會操作那個在多個 CPU 之間共用的資料。CPU 0 呼叫了 lock，為了資料的一致性，會導致其他 CPU 的 L1 中的鎖操作變成 invalid，在隨後的來自其他 CPU 對鎖的存取會導致 L1 cache miss（更準確地說是 communication cache miss），必須從下一個等級的 cache 中獲取。

這就會使快取一致性變得很糟，導致性能下降。所以 Linux 核心提供了一種新的同步方式：RCU（讀取 - 複製 - 更新）。

3.5 RCU

RCU 是讀寫鎖的高性能版本，它的核心理念是讀者存取的同時，寫入者可以更新存取物件的副本，但寫入者需要等待所有讀者完成存取之後，才能刪除老物件。讀者沒有任何同步銷耗，而寫入者的同步銷耗則取決於使用的寫入者間同步機制。

RCU 適用於需要頻繁地讀取資料，而相應修改資料並不多的情景。例如在檔案系統中，經常需要查詢定位目錄，而對目錄的修改相對來說並不多，這就是 RCU 發揮作用的最佳場景。

RCU 常用的介面如表 3-5 所示。

▼ 表 3-5 RCU 常用的介面

API	說明
rcu_read_lock	標記讀者進入讀取端臨界區
rcu_read_unlock	標記讀者退出臨界區
synchronize_rcu	同步RCU，即所有的讀者已經完成讀取端臨界區，寫入者才可以繼續下一步操作，由於該函數將阻塞寫入者，只能在處理程序上下文中使用
call_rcu	把回呼函式func註冊到RCU回呼函式鏈上，然後立即傳回
rcu_assign_pointer	用於RCU指標賦值
rcu_dereference	用於RCU指標設定值
list_add_rcu	向RCU註冊一個鏈結串列結構
list_del_rcu	從RCU移除一個鏈結串列結構

第 3 章 同步管理

為了更進一步地理解,在剖析 RCU 之前先看一個例子:

```c
#include <linux/kernel.h>
#include <linux/module.h>
#include <linux/init.h>
#include <linux/slab.h>
#include <linux/spinlock.h>
#include <linux/rcupdate.h>
#include <linux/kthread.h>
#include <linux/delay.h>
struct foo {
        int a;
        struct rcu_head rcu;
};
static struct foo *g_ptr;
static int myrcu_reader_thread1(void *data) // 讀者執行緒 1
{
        struct foo *p1 = NULL;
        while (1) {
                if(kthread_should_stop())
                        break;
                msleep(20);
                rcu_read_lock();
                mdelay(200);
                p1 = rcu_dereference(g_ptr);
                if (p1)
                        printk("%s: read a=%d\n", __func__, p1->a);
                rcu_read_unlock();
        }
        return 0;
}
static int myrcu_reader_thread2(void *data) // 讀者執行緒 2
{
        struct foo *p2 = NULL;
        while (1) {
                if(kthread_should_stop())
                        break;
                msleep(30);
                rcu_read_lock();
                mdelay(100);
                p2 = rcu_dereference(g_ptr);
                if (p2)
                        printk("%s: read a=%d\n", __func__, p2->a);
                rcu_read_unlock();
        }

        return 0;
}
static void myrcu_del(struct rcu_head *rh) // 回收處理操作
{
```

```c
        struct foo *p = container_of(rh, struct foo, rcu);
        printk("%s: a=%d\n", __func__, p->a);
        kfree(p);
}
static int myrcu_writer_thread(void *p) // 寫入者執行緒
{
        struct foo *old;
        struct foo *new_ptr;
        int value = (unsigned long)p;
        while (1) {
                if(kthread_should_stop())
                        break;
                msleep(250);
                new_ptr = kmalloc(sizeof (struct foo), GFP_KERNEL);
                old = g_ptr;
                *new_ptr = *old;
                new_ptr->a = value;
                rcu_assign_pointer(g_ptr, new_ptr);
                call_rcu(&old->rcu, myrcu_del);
                printk("%s: write to new %d\n", __func__, value);
                value++;
        }
        return 0;
}
static struct task_struct *reader_thread1;
static struct task_struct *reader_thread2;
static struct task_struct *writer_thread;
static int __init my_test_init(void)
{
        int value = 5;
        printk("figo: my module init\n");
        g_ptr = kzalloc(sizeof (struct foo), GFP_KERNEL);
        reader_thread1 = kthread_run(myrcu_reader_thread1, NULL, "rcu_reader1");
        reader_thread2 = kthread_run(myrcu_reader_thread2, NULL, "rcu_reader2");
        writer_thread = kthread_run(myrcu_writer_thread, (void *)(unsigned long)value, "rcu_writer");

        return 0;
}
static void __exit my_test_exit(void)
{
        printk("goodbye\n");
        kthread_stop(reader_thread1);
        kthread_stop(reader_thread2);
        kthread_stop(writer_thread);
        if (g_ptr)
                kfree(g_ptr);
}
MODULE_LICENSE("GPL");
module_init(my_test_init);
module_exit(my_test_exit);
```

執行結果是：

```
myrcu_reader_thread2: read a=0\
myrcu_reader_thread1: read a=0\
myrcu_reader_thread2: read a=0\
myrcu_writer_thread: write to new 5\
myrcu_reader_thread2: read a=5\
myrcu_reader_thread1: read a=5\
myrcu_del: a=0
```

從上面的例子可以看出，RCU 可以極佳地完成讀和寫的同步。下面我們看一下 RCU 的工作原理。

可以用圖 3-5 來總結，當寫入執行緒 myrcu_writer_thread 寫入完後，會更新到另外兩個讀取執行緒 myrcu_reader_thread1 與 myrcu_reader_thread2。讀取執行緒像是訂閱者，一旦寫入執行緒對臨界區有更新，寫入執行緒就像發行者一樣通知到訂閱者那裡。

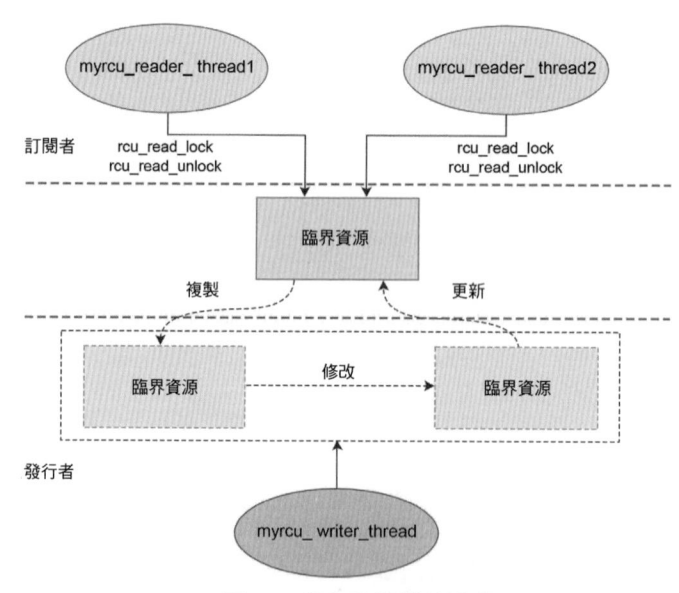

▲ 圖 3-5 寫入時複製的流程

寫入時複製在副本修改後進行更新時，首先把舊的臨界資源資料移除（Removal）；然後把舊的資料進行回收（Reclamation）。結合 API 實現就是，首先使用 rcu_assign_pointer 來移除舊的指標指向，轉而指向更新後的臨界資源；

然後使用 synchronize_rcu 或 call_rcu 啟動 Reclaimer，對舊的臨界資源進行回收（其中 synchronize_rcu 表示同步等待回收，call_ rcu 表示非同步回收）。

因為 rcu_read_lock 與 rcu_read_unlock 分別是關閉先佔和開啟先佔，如下所示：

```
static inline void __rcu_read_lock(void)
{
    preempt_disable();
}

static inline void __rcu_read_unlock(void)
{
    preempt_enable();
}
```

所以發生先佔，就說明不在 rcu_read_lock 與 rcu_read_unlock 之間，即已經完成存取或還未開始存取。

表 3-6 總結了這幾種和步方式的差別和使用場景。

▼ 表 3-6 幾種和步方式的差別和使用場景

機制	等待機制	優缺點	場景
原子操作	無;ldrex 與 strex 實現記憶體獨佔存取	性能相當高;場景受限	資源計數
自旋鎖	忙等待;唯一持有	多處理器下性能優異;臨界區時間長會浪費	中斷上下文
訊號量	睡眠等待(阻塞);多數持有	相對靈活,適用於複雜情況;耗時長	情況複雜且耗時長的情景,比如核心與使用者空間的互動
互斥鎖	睡眠等待(阻塞);優先自旋等待;唯一持有	較訊號量高效,適用於複雜場景;存在若干限制條件	滿足使用條件下,互斥鎖優先於訊號量
RCU		絕大部分為讀取而只有極少部分為寫入的情況下,它是非常高效的;但延後釋放記憶體會造成記憶體銷耗,寫入者阻塞比較嚴重	讀多寫少的情況下,對記憶體消耗不敏感的情況下,滿足RCU條件的情況下,優先於讀寫鎖使用;對於動態分配資料結構這類引用計數的機制,也有高性能的表現

第 4 章
檔案系統

在 Linux 系統中，檔案系統如同一座功能強大的圖書館，它不僅是資料的儲存倉庫，更提供了精細的分類、索引和檢索機制。透過層次化的目錄結構，我們可以迅速找到並存取所需檔案。同時，檔案系統還提供了嚴格的存取控制和許可權管理功能，確保資料的安全性和完整性。此外，檔案系統還具備可擴充性和靈活性，能夠適應不斷增長的資料儲存需求。因此，檔案系統在 Linux 系統中扮演著至關重要的角色，為我們提供了高效、安全和便捷的資料管理服務。

4.1 磁碟

4.1.1 磁碟類型

按工作原理分為機械硬碟和固態硬碟，如圖 4-1 所示。

- 機械硬碟即傳統普通硬碟，主要由碟片、磁頭、碟片轉軸及控制電機、磁頭控制器、資料轉換器、介面、快取等幾部分組成。
- 固態驅動器（Solid State Disk 或 Solid State Drive，簡稱 SSD），俗稱固態硬碟。固態硬碟是用固態電子儲存晶片陣列製成的硬碟。

▲ 圖 4-1 機械硬碟和固態硬碟

4.1.2 磁碟讀寫資料

在磁碟上讀取和寫入資料所花費的時間可分為三部分：

- 首先磁頭徑向移動來尋找資料所在的磁軌，這部分時間叫尋軌時間。
- 找到目標磁軌後透過碟面旋轉，將目標磁區移動到磁頭的正下方。
- 從目標磁區讀取或向目標磁區寫入資料。

到此為止，一次磁碟 I/O 完成。

故單次磁碟 I/O 時間 = 尋軌時間 + 旋轉延遲 + 存取時間。

4.2 磁碟的分區

分區是作業系統對磁碟進行管理的第一步，也是一個重要環節，將一個磁碟分成若干個邏輯區域，能夠把連續的磁碟區塊當作一個獨立的磁碟分開使用。之所以要對磁碟進行分區，主要基於以下幾個原因：

- 防止資料遺失：如果系統只有一個分區，那麼假如這個分區損壞，使用者將遺失所有資料。
- 增加磁碟空間使用效率：可以用不同的區塊大小來格式化分區，如果有很多 1KB 的檔案，而磁碟分割區塊大小為 4KB，那麼每儲存一個檔案將浪費 3KB 空間。這時需要取這些檔案大小的平均值進行區塊大小的劃分。
- 將使用者資料和系統資料分開，可以避免使用者資料填滿整個磁碟引起的系統暫停。

在 Linux 中對磁碟分割有兩個方案：MBR 分區和 GPT 分區。

主引導記錄（Master Boot Record，MBR）分區和全域唯一標識分區清單（GUID Partition Table，GPT）分區是磁碟的兩種分區方式，它們各自佔據了從磁碟的 0 磁軌 0 磁區開始的不同位元組數大小，這兩種不同分區方式也決定了磁碟的各種特性，是電腦啟動之前最先載入的程式。

在 MBR 磁碟的第一個磁區內儲存著啟動程式和硬碟分區表。啟動程式的作用是指引電腦從使用中的磁碟分割引導啟動作業系統，也可以叫作 Bootloader；硬碟分區表的作用是記錄硬碟的分區資訊。如圖 4-2 所示，在 MBR 中，分區表的大小是固定的，一共可容納 4 個主要磁碟分割資訊。最後是磁碟有效標識，它是磁碟分割的驗證位元。

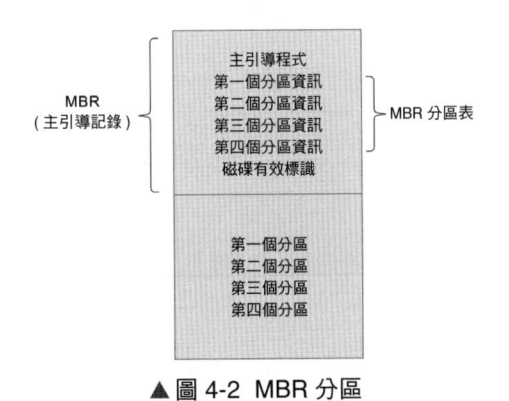

▲ 圖 4-2 MBR 分區

在 GPT 磁碟的第一個磁區中同樣有一個與 MBR（主引導記錄）類似的標記，叫作 PMBR。PMBR 的作用是當使用不支援 GPT 的分區工具時，整個硬碟將顯示為一個受保護的分區，以防止分區表及硬碟資料遭到破壞。而其中儲存的內容和 MBR 一樣，如圖 4-3 所示。

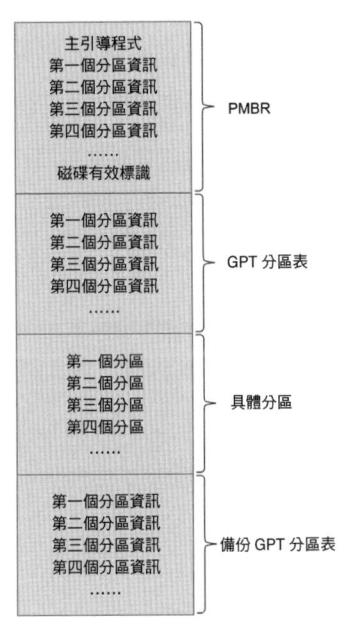

▲ 圖 4-3 PMBR

4.3　磁碟上資料的分佈

磁碟上分為一個個資料區塊，一個區塊的大小通常是 4KB，磁碟又把大量的資料區塊分為有限的區塊群組。在每個區塊群組中，有 GDT、區塊點陣圖、inode 點陣圖、inode 表和不均勻超級區塊等，如圖 4-4 所示。

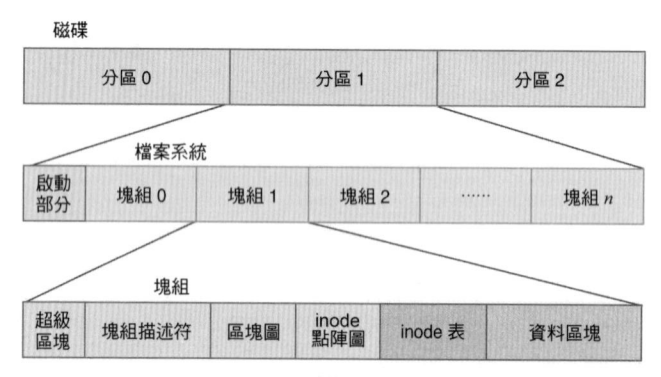

▲ 圖 4-4　磁碟上的資料區塊

關於各個資料區塊儲存的資訊，做以下簡介：

- 啟動部分：前面已經介紹過，裡面儲存的是 MBR 或 GDT 等系統啟動的程式。
- 超級區塊：記錄著磁碟上所有資料區塊群組的資訊以及資料區塊的大小、inode 大小一旦損壞，資料遺失，需備份多次。
- GDT：儲存著每個區塊群組的磁碟區塊的數量，需備份多次。
- 區塊點陣圖：是磁碟區塊上資料區塊的索引，是加快查詢 inode 的一種非常重要的資料結構。
- inode 點陣圖：作用和區塊點陣圖相似。
- inode 表：遍歷 inode 點陣圖。

4.4 查看檔案系統的檔案

前面介紹了分區的內部結構,為了更加直觀地理解,這裡把圖 4-4 重新解釋一下,如圖 4-5 所示。

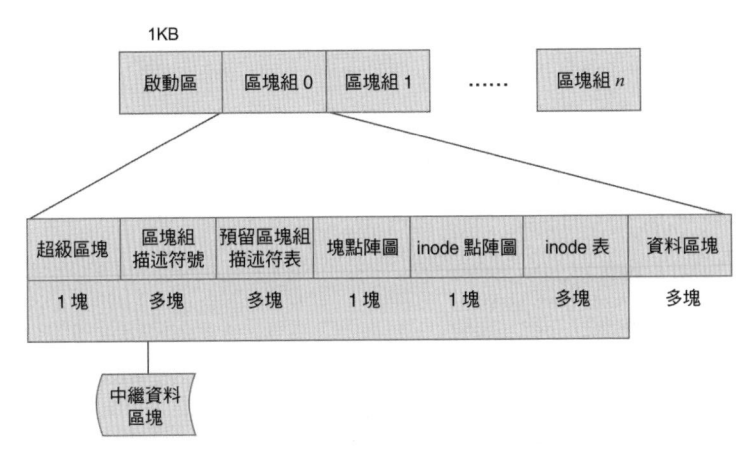

▲ 圖 4-5 磁碟上的資料區塊中文

- 啟動區（Boot sector）：前面已經介紹過,裡面儲存的是 MBR 或 GDT 等系統啟動的程式。
- 超級區塊（Super block）：記錄著磁碟上所有資料區塊群組的資訊以及資料區塊的大小、 inode 大小一旦損壞,資料遺失,需備份多次。
- GDT：儲存著每個區塊群組的磁碟區塊的數量,需備份多次。
- 區塊點陣圖（Block bitmap）：是磁碟區塊上資料區塊的索引,是加快查詢 inode 的一種非常重要的資料結構。
- inode 點陣圖：作用同區塊點陣圖。
- inode 表：遍歷 inode 點陣圖。
- ext4 檔案系統中只有 0 號區塊群組的超級區塊和區塊群組描述符號表的位置是固定的,其他都不固定。其中,超級區塊總是開始於偏移位置 1024 位元組,佔據 1024 位元組,區塊群組描述符號表緊隨超級區塊後面,佔用的大小不定。

4.4.1 檔案系統物件結構

磁碟中的檔案系統物件結構在核心的 fs/ext4/ext4.h 檔案中定義。

磁碟超級區塊定義如下:

```
struct ext4_super_block {
        __le32 s_inodes_count;
        __le32 s_blocks_count;
        __le32 s_r_blocks_count;
        __le32 s_free_blocks_count;
        __le32 s_free_inodes_count;
        __le32 s_first_data_block;
        __le32 s_log_block_size;
        __le32 s_log_frag_size;
        __le32 s_blocks_per_group;
        __le32 s_frags_per_group;
        __le32 s_inodes_per_group;
    ......
}
```

磁碟區塊群組描述符號定義如下:

```
struct ext4_group_desc
{
        __le32 bg_block_bitmap;
        __le32 bg_inode_bitmap;
        __le32 bg_inode_table;
        __le16 bg_free_blocks_count;
        __le16 bg_free_inodes_count;
        __le16 bg_used_dirs_count;
        __le16 bg_pad;
        __le32 bg_reserved[3];
};
```

磁碟 inode 定義如下

```
struct ext4_inode {
        __le16 i_mode;
        __le16 i_uid;
        __le32 i_size;
        __le32 i_atime;
        __le32 i_ctime;
        __le32 i_mtime;
        __le32 i_dtime;
        __le16 i_gid;
        __le16 i_links_count;
        __le32 i_blocks;
```

```
        ......
        __le32 i_block[EXT4_N_BLOCKS];
    ......
};
```

磁碟目錄項定義如下：

```
struct ext2_dir_entry_2 {
        __le32  inode;
        __le16  rec_len;
        __u8    name_len;
        __u8    file_type;
        char    name[];
};
```

4.4.2 查看分區資訊

相信現在你已經對分區所包含的內容有所了解，現在讓我們用命令實踐，鞏固對分區的掌握。

```
$ dumpe2fs /dev/sda1
Filesystem volume name:   <none>
Last mounted on:          /boot
Filesystem UUID:          acbf5a3d-8059-4b70-9cbe-1a51a7db73b9
Filesystem magic number:  0xEF53
Filesystem revision #:    1 (dynamic)
Filesystem features:      has_journal ext_attr resize_inode dir_index filetype
needs_recovery extent 64bit flex_bg sparse_super large_file huge_file dir_nlink
extra_isize metadata_csum
Filesystem flags:         signed_directory_hash
Default mount options:    user_xattr acl
Filesystem state:         clean
Errors behavior:          Continue
Filesystem OS type:       Linux
Inode count:              319272
Block count:              1298432
Reserved block count:     64918
Free blocks:              1027376
Free inodes:              318949
First block:              1
Block size:               1024
Fragment size:            1024
Group descriptor size:    64
Reserved GDT blocks:      248
Blocks per group:         8192
Fragments per group:      8192
Inodes per group:         2008
```

```
Inode blocks per group:   251
Flex block group size:    16
..........
Group 0: (Blocks 1-8192) csum 0x5100 [ITABLE_ZEROED]   // 組 0：(1~8192 區塊)
  Primary superblock at 1, Group descriptors at 2-11 // 超級區塊區塊編號為 1，區塊群
組描述符號區塊編號為 2~11
  Reserved GDT blocks at 12-259
  Block bitmap at 260 (+259), csum 0xf56e8238        // 點陣圖區塊編號為 260
  Inode bitmap at 276 (+275), csum 0xf10d64b5        //inode 點陣圖區塊編號為 276
  Inode table at 292-542 (+291)                      //inode 表位於 292 至 542 區塊
  3851 free blocks, 1685 free inodes, 6 directories, 1404 unused inodes
  Free blocks: 4342-8192
  Free inodes: 14, 28-300, 308-309, 312-313, 319, 322-323, 605-2008
......
```

我們可以看到建立的檔案系統的整體資訊：

- Filesystem magic number：0xEF53

    表示為 ext2 檔案系統。

- Inode count：319272

    表示檔案系統 inode 個數為 319272。

- Block count：1298432

    表示檔案系統區塊個數為 1298432。

- Free blocks：1027376

    表示檔案系統空閒區塊個數為 1027376。

- Free inodes：318949

    表示檔案系統空閒 inode 個數為 318949。

- First block：1

    表示第一個資料區塊編號為 1（編號 0 保留為啟動區）。

- Block size：1024

    表示檔案系統區塊大小為 1KB。

- Blocks per group：8192

    表示每個區塊群組 8192 個區塊。

- Inodes per group：2008

表示每個區塊群組 2008 個 inode。

- Inode blocks per group：251

  表示每個區塊群組 251 個 inode 區塊。

- First inode：11

  表示分配的第一個 inode 號碼為 11（除根 inode 外，根 inode 號碼為 2）

- Inode size：128

  表示 inode 大小 128B。

下面讓我們再一起看下，如何透過未處理資料查看超級區塊和區塊群組描述符號的詳細內容，這樣的方式會讓我們深入理解其本質。

4.4.3 查看超級區塊

透過命令 hexdump 可以查看分區的未處理資料：

```
hexdump -s 1024 -n 1024 -C /dev/sda1
```

查看結果如圖 4-6 所示。

```
00000400  28 df 04 00 00 d0 13 00  96 fd 00 00 30 ad 0f 00  |(...........0...|
00000410  e5 dd 04 00 01 00 00 00  00 00 00 00 00 00 00 00  |................|
00000420  00 20 00 00 00 20 00 00  d8 07 00 00 3c 5b cd 63  |. ... ......<[.c|
00000430  e3 c2 e2 63 15 00 ff ff  53 ef 01 00 01 00 00 00  |...c....S.......|
00000440  73 33 98 5e 00 00 00 00  00 00 00 00 01 00 00 00  |s3.^............|
00000450  00 00 00 00 0b 00 00 00  80 00 00 00 3c 00 00 00  |............<...|
00000460  c6 02 00 00 6b 04 00 00  ac bf 5a 3d 80 59 4b 70  |....k.....Z=.YKp|
00000470  9c be 1a 51 a7 db 73 b9  00 00 00 00 00 00 00 00  |...Q..s.........|
00000480  00 00 00 00 00 00 00 00  2f 62 6f 6f 74 00 00 00  |......../boot...|
00000490  00 00 00 00 00 00 00 00  00 00 00 00 00 00 00 00  |................|
*
000004c0  00 00 00 00 00 00 00 00  00 00 00 00 00 00 f8 00  |................|
000004d0  00 00 00 00 00 00 00 00  00 00 00 00 00 00 00 00  |................|
000004e0  08 00 00 00 00 00 00 00  00 00 00 00 ca 5f e7 90  |............._..|
000004f0  51 11 49 52 95 4d 73 52  54 a7 dc 01 01 01 40 00  |Q.IR.MsRT.....@.|
00000500  0c 00 00 00 00 00 00 00  95 27 1b 5d 0a f3 01 00  |.........'.]....|
00000510  04 00 00 00 00 00 00 00  00 00 00 00 00 10 00 00  |................|
00000520  01 c0 01 00 00 00 00 00  00 00 00 00 00 00 00 00  |................|
00000530  00 00 00 00 00 00 00 00  00 00 00 00 00 00 00 00  |................|
00000540  00 00 00 00 00 00 00 00  00 00 00 00 00 00 40 00  |..............@.|
00000550  00 00 00 00 00 00 00 00  00 00 00 00 00 00 00 00  |................|
00000560  01 00 00 00 00 00 00 00  00 00 00 00 00 00 00 00  |................|
00000570  00 00 00 00 04 01 00 00  60 af 29 00 00 00 00 00  |........`.).....|
00000580  00 00 00 00 00 00 00 00  00 00 00 00 00 00 00 00  |................|
*
000007f0  00 00 00 00 00 00 00 00  00 00 00 00 e5 49 57 47  |.............IWG|
00000800
```

▲圖 4-6 分區的未處理資料

按圖 4-6 中紅色框標記，找到 0 號區塊群組起始區塊號碼、區塊大小、每區塊群組所含區塊數、每區塊群組 inode 節點數、第一個非保留 inode 節點、每個 inode 節點大小。

- 0x438~0x439 是 ext 系列檔案系統的簽名標識：「53 ef」。
- 0x414~0x417 是 0 號區塊群組起始區塊號碼：0x01，說明超級區塊前面有一個區塊為保留區塊，用來儲存引導程式。
- 0x418~0x41b 是區塊大小：0x00，這裡的值指的是將 1024 位元組左移的位數，移動 0 位元也就是 1024 位元組，左移一位相當於乘以 2，就是 2048 位元組。
- 0x420~0x423 是每區塊群組所含區塊數：0x2000（十進位 8192）。
- 0x428~0x42b 是每區塊群組所含 inode 節點數：0x07d8（十進位 2008）。
- 0x454~0x457 是第一個非保留 inode 節點號碼：0x0b（11），一般為 lost+found 目錄。
- 0x458~0x459 是每個 inode 節點結構的大小：0x80（十進位 128），也就是每個 inode 節點記錄佔用 128 位元組。

4.4.4 查看區塊群組描述符號

用同樣的命令查看區塊群組描述符號的未處理資料：

```
hexdump -s 2048 -n 1024 -C /dev/sda1
```

查看結果如圖 4-7 所示。

按圖 4-7 中紅色框所標，找到區塊點陣圖區塊、inode 節點點陣圖區塊、inode 節點表起始區塊號碼、區塊群組目錄數。

因為區塊群組描述符號表中每區塊群組使用 32 位元組來描述，因此第一個 32 位元組描述的就是 0 號區塊群組。

- 0x800~0x804 是區塊點陣圖起始區塊號碼：0x0104。

```
00000800  04 01 00 00 14 01 00 00  24 01 00 00 0b 0f 94 06  |........$.......|
00000810  06 00 04 00 00 00 00 00  38 82 4e f0 7c 05 ca c0  |........8.N.|...|
00000820  00 00 00 00 00 00 00 00  00 00 00 00 00 00 00 00  |................|
00000830  00 00 00 00 00 00 00 00  6e 66 f5 58 4e 00 00 00  |........n.XN....|
00000840  05 01 00 00 15 01 00 00  1f 02 00 00 fa 11 d8 07  |................|
00000850  00 00 05 00 00 00 00 00  37 91 00 00 d8 07 bc c4  |........7.......|
00000860  00 00 00 00 00 00 00 00  00 00 00 00 00 00 00 00  |................|
00000870  00 00 00 00 00 00 00 00  ce 74 00 00 00 00 00 00  |.........t......|
00000880  06 01 00 00 16 01 00 00  1a 03 00 00 e8 04 d8 07  |................|
00000890  00 00 05 00 00 00 00 00  43 8f 00 00 d8 07 59 1c  |........C.....Y.|
000008a0  00 00 00 00 00 00 00 00  00 00 00 00 00 00 00 00  |................|
000008b0  00 00 00 00 00 00 00 00  2c 2e 00 00 00 00 00 00  |........,.......|
000008c0  07 01 00 00 17 01 00 00  15 04 00 00 f6 16 d8 07  |................|
000008d0  00 00 05 00 00 00 00 00  e9 3e 00 00 d8 07 3c 69  |.........>....<i|
000008e0  00 00 00 00 00 00 00 00  00 00 00 00 00 00 00 00  |................|
000008f0  00 00 00 00 00 00 00 00  c6 76 00 00 00 00 00 00  |.........v......|
```

▲圖 4-7 區塊的未處理資料

- 0x805~0x807 是 inode 節點點陣圖區塊起始區塊號碼：0x0114。
- 0x808~0x80b 是 inode 節點表起始區塊號碼：0x0124。
- 0x810~0x811 是該區塊群組的目錄數：0x06。

這裡獲取的起始區塊號碼是邏輯區塊號碼（將檔案系統所有的區塊從 0 開始遞增編號），因此在計算偏移量時可以直接乘以每區塊位元組數（0x400，也就是十進位的 1024）。

可以看出用 hexdump 和用 dumpe2fs 分析的結果是一致的。接下來我們一起看看如何查詢檔案系統中的檔案。

4.5 ext4 檔案系統

Linux 的拓展檔案系統，從第一代 ext 為人們所熟知，經過 ext2、ext3、ext4 發展，逐步成為 Linux 上首選的檔案系統，目前比較常用的是 ext3 和 ext4，ext3 的使用者也將慢慢升級到 ext4。本節主要介紹 ext4 這個檔案系統。

4.5.1 磁碟版面配置

在了解檔案系統前，先簡單回顧磁碟是怎樣版面配置的。磁碟都會進行邏輯空間劃分，分為一個個分區，有 GPT 和 MBR 兩種劃分機制，本節介紹 MBR 機制，磁碟被分成最多 4 個分區；如圖 4-8 所示，一個磁碟被分為 3 個主要磁碟分割和 1 個拓展分區，每個分區包含 boot block 部分；拓展分區拓展了區域，稱為邏輯分區；MBR 部分是整個系統的開始部分，包括引導程式（boot code）和分區表資訊。

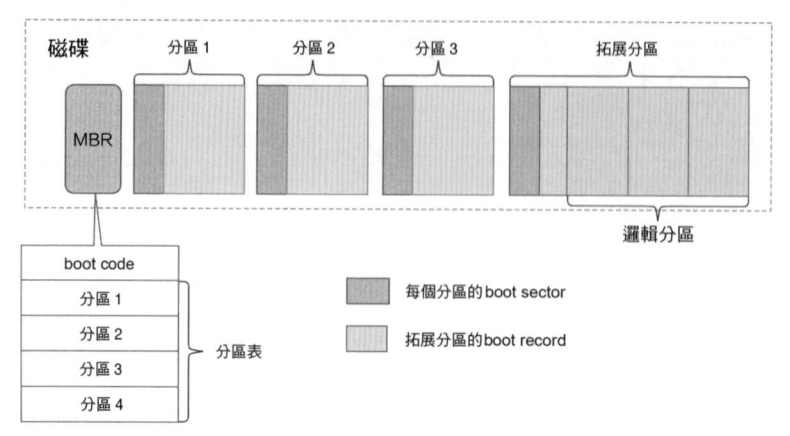

▲ 圖 4-8 磁碟的分區

MBR 引導程式透過分區表找到一個活動的分區表，將使用中的磁碟分割的啟動程式從裝置載入到 RAM 並且執行，該程式負責進一步的作業系統的載入和啟動。一個檔案系統使用一個獨立的分區，不同的分區可以使用不同的檔案系統，Linux 只有一個根目錄「/」，其他分區需要掛在根目錄的某個目錄下才能使用。

4.5.2 ext3 版面配置

磁碟分好區之後，就能在分區上建立檔案系統了。一個分區格式化成 ext3 檔案系統，磁碟的版面配置如圖 4-9 所示。

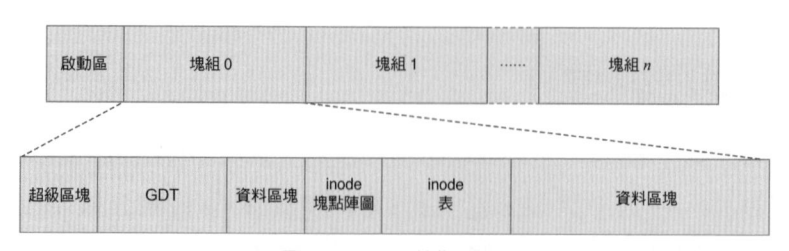

▲ 圖 4-9 ext3 的版面配置

檔案系統最前面有一個啟動區，這個啟動區可以安裝啟動管理程式，這是個非常重要的設計，因為如此一來我們就能夠將不同的啟動管理程式安裝到某個檔案系統的最前端，而不用覆蓋唯一的 MBR。

- 超級區塊：大小為 1KB，超級區塊是記錄整個檔案系統相關資訊的地方，超級區塊位於每個區塊群組的最前面，每個區塊群組包含超級區塊的內容是相同的（超級區塊在每個區塊群組的開頭都有一份副本）。圖 4-10 是超級區塊的內容。

偏移	0 1 2 3	4 5 6 7
0	inode 數	塊數
8	保留區塊數	空閒區塊數
16	空閒 inode 數	第一個資料區塊號
24	區塊長度	片長度
32	每組區塊數	每組片數
40	每組 inode 數	安裝時間
48	最後寫入時間	安裝計數 | 最大安裝數
56	署名 | 狀態	出錯動作 | 改版標識
64	最後檢測時間	最大檢測間隔
72	作業系統	版本標識
80	UID | GID	

▲圖 4-10 超級區塊的內容

- GDT：區塊群組描述符號表，由很多區塊群組描述符號組成，Linux 區塊群組描述符號為 32 位元組，整個分區分成多少個區塊群組就對應有多少個區塊群組描述符號；和超級區塊類似，區塊群組描述符號表在每個區塊群組的開頭也都有一份副本，具有相同內容的組描述符號表放在每個區塊群組中作為備份，這些資訊是非常重要的。

- 區塊點陣圖：用來描述本區塊群組中資料區塊的使用狀況，它本身佔一個資料區塊。

- inode 點陣圖：和區塊點陣圖類似，本身佔一個區塊，其中每一位元（bit）表示一個 inode 是否空閒可用。

- inode 表：儲存本區塊群組的 inode 序號和 inode 儲存的位置。
- 資料區塊：存放資料的地方。

ext4 的基本磁碟版面配置和 ext3 的差不多，都是以區塊群組管理，但增加了一些特性。

■ 1. Flexible 區塊群組

如果開啟 flex_bg 特性，在一個 flex_bg 中，幾個區塊群組在一起組成一個邏輯區塊群組 flex_bg。flex_bg 的第一個區塊群組中的點陣圖空間和 inode 表空間擴大為包含了 flex_bg 中其他區塊群組上的點陣圖和 inode 表。

Flexible 區塊群組的作用：

- 聚集中繼資料，加速中繼資料載入。
- 使得大檔案在磁碟上儘量連續。

最終目的都是減少磁碟尋軌時間。

■ 2. 元區塊群組（Meta Block Groups）

以 ext4 為例，一個區塊群組的大小預設為 127MB，ext4 的區塊群組描述符號大小按 64 位元組計算，檔案系統中最多只能有 221 個區塊群組，也就是說檔案系統最大為 256TB。如果開啟 META_BG 選項，ext4 檔案系統將被分為多個元區塊群組。每個元區塊群組是區塊群組的集合。對於區塊大小為 4KB 的 ext4 檔案系統，一個元區塊群組包含 64 個區塊群組 =8GB，GDT 將儲存在元區塊群組的第一個區塊群組中，並且在元區塊群組的第二和最後一個區塊群組中做備份。這種方式即可消除 256TB 的限制，大致可達到 512PB。

4.5.3 ext4 中的 inode

ext4 中很重要的概念 inode 的資料結構如下所示：

```
#define EXT4_NDIR_BLOCKS        12
#define EXT4_IND_BLOCK          EXT4_NDIR_BLOCKS
#define EXT4_DIND_BLOCK         (EXT4_IND_BLOCK + 1)
```

```c
#define EXT4_TIND_BLOCK         (EXT4_DIND_BLOCK + 1)
#define EXT4_N_BLOCKS           (EXT4_TIND_BLOCK + 1)

struct ext4_inode {
    __le16  i_mode;
    __le16 i_uid;
    __le32 i_size_lo;
    __le32 i_atime;
    __le32 i_ctime;
    __le32 i_mtime;
    __le32 i_dtime;
    __le16 i_gid;
    __le16 i_links_count;
    __le32 i_blocks_lo;
    __le32 i_flags;
    union {
        struct {
            __le32 l_i_version;
        } linux1;
        struct {
            __u32 h_i_translator;
        } hurd1;
        struct {
            u32 m_i_reserved1;
        } masix1;
    } osd1;
    __le32 i_block[EXT4_N_BLOCKS];
    __le32 i_generation;
    __le32 i_file_acl_lo;
    __le32 i_size_high;
    __le32 i_obso_faddr;
    union {
        struct {
            __le16 l_i_blocks_high;
            __le16 l_i_file_acl_high;
            __le16 l_i_uid_high;
            __le16 l_i_gid_high;
            __u32  l_i_reserved2;
        } linux2;
        struct {
            __le16 h_i_reserved1;
            __u16  h_i_mode_high;
            __u16  h_i_uid_high;
            __u16  h_i_gid_high;
            __u32  h_i_author;
        } hurd2;
        struct {
            __le16 h_i_reserved1;
```

```
            __le16  m_i_file_acl_high;
            __u32   m_i_reserved2[2];
        } masix2;
    } osd2;
    __le16 i_extra_isize;
    __le16 i_pad1;
    __le32 i_ctime_extra;
    __le32 i_mtime_extra;
    __le32 i_atime_extra;
    __le32 i_crtime;
    __le32 i_crtime_extra;
    __le32 i_version_hi;
};
```

ext4_inode 定義於 /fs/ext4/ext4.h，ext4_inode 的大小為 256 位元組，透過前文可以看出該檔案系統的區塊大小為 1024 位元組，故可以儲存 4 個 inode，如圖 4-11 所示。

- i_size_lo：該檔案大小。

- i_block[EXT4_N_BLOCKS]：因為一個 i_block 的大小是 4 位元組，EXT4_N_BLOCKS=15，所以 i_block[EXT4_N_BLOCKS] 的大小為 60 位元組。前 12 位元組為 extent 標頭，為 extent 的基本資訊，後 48 位元組可以儲存 4 個 extent 節點，每個 extent 節點為 12 位元組大小。

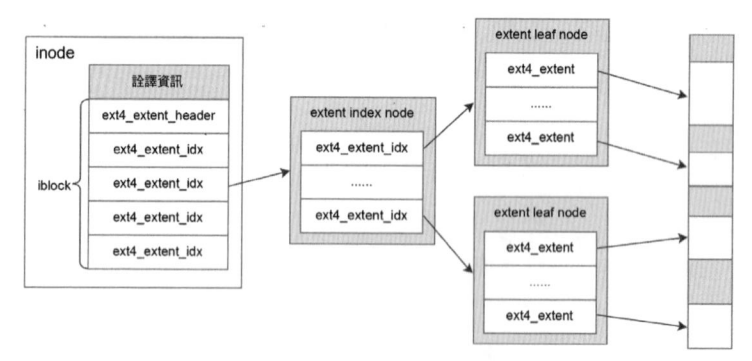

▲ 圖 4-11 ext4 中的 inode 資訊

4.5.4 ext4 檔案定址

ext3 採用間接索引映射，在操作大檔案時，效率極其低下。比如一個 100MB 大小的檔案，在 ext3 中要建立 25 600 個資料區塊（每個資料區塊大小為 4KB）的映射表。而 ext4 引入了現代檔案系統中流行的區段 extent 概念，每個 extent 為一組連續的資料區塊，上述檔案則表示為「該檔案資料儲存在接下來的 25 600 個資料區塊中」，效率提高了不少。

4.6 查詢檔案 test 的過程

表面上，使用者透過檔案名稱開啟檔案，實際上，系統內部將這個過程分為三步：

1. 系統找到這個檔案名稱對應的 inode 號碼。
2. 透過 inode 號碼，獲取 inode 資訊。
3. 根據 inode 資訊，找到檔案資料所在的區塊，讀出資料。

我們在分區 /dev/sda1 下建立一個新的檔案 test，內容如下：

```
$ cat test
I am Peter!
```

該檔案的 inode 號碼透過以下命令可以獲取，為 29：

```
$ ls -lai /boot/test
29 -rw-r--r-- 1 root root 12 Feb 8 07:54 /boot/test
```

接下來透過命令 dumpe2fs 來看分區 /dev/sda1 中更詳細的內容，如圖 4-12 所示。

```
$ dumpe2fs /dev/sda1
Filesystem volume name:   <none>
Last mounted on:          /boot
Filesystem UUID:          acbf5a3d-8059-4b70-9cbe-1a51a7db73b9
Filesystem magic number:  0xEF53
Filesystem revision #:    1 (dynamic)
Filesystem features:      has_journal ext_attr resize_inode dir_index f
Filesystem flags:         signed_directory_hash
Default mount options:    user_xattr acl
Filesystem state:         clean
Errors behavior:          Continue
Filesystem OS type:       Linux
Inode count:              319272
Block count:              1298432
Reserved block count:     64918
Free blocks:              1027376
Free inodes:              318949
First block:              1
Block size:               1024
Fragment size:            1024
Group descriptor size:    64
Reserved GDT blocks:      248
Blocks per group:         8192
Fragments per group:      8192
Inodes per group:         2008
Inode blocks per group:   251
Flex block group size:    16
Filesystem created:       Tue Jul  2 17:44:53 2019
Last mount time:          Sun Jan 22 23:50:20 2023
Last write time:          Tue Feb  7 05:30:12 2023
Mount count:              21
Maximum mount count:      -1
Last checked:             Thu Apr 16 18:29:07 2020
Check interval:           0 (<none>)
Lifetime writes:          2668 MB
Reserved blocks uid:      0 (user root)
Reserved blocks gid:      0 (group root)
First inode:              11
Inode size:               128
Journal inode:            8
```

▲ 圖 4-12 dumpe2fs 查看分區的資訊

可以看出，區塊大小 (block size) 為 1024 位元組，每 8192 個區塊群組成一個區塊群組，每個區塊群組包含 2008 個 inode，其中，一個 inode 代表一個檔案。每個 inode 結構的大小為 128 位元組，故一個區塊可以儲存 1024/128=8 個 inode。

test 的 inode 為 29，根據上面計算得到，此 inode 位於區塊群組 0 中，第 29 個 inode。第 29 個 inode 位於本區塊群組第 4 個區塊內，是其中的第 5 個 inode。

我們看看區塊群組 0 的資訊，如圖 4-13 所示。

```
Group 0: (Blocks 1-8192) csum 0x5100 [ITABLE_ZEROED] //組 0: (塊 1-8192)
 Primary superblock at 1, Group descriptors at 2-11    //超級區塊編號為1, 塊組描述符區塊編號為2-11
 Reserved GDT blocks at 12-259
 Block bitmap at 260 (+259), csum 0xf56e8238  //點陣圖區塊編號為 260
 Inode bitmap at 276 (+275), csum 0xf10d64b5  //inode 點陣圖區塊編號為 276
 Inode table at 292-542 (+291)                //inode 表位於 292 和 542 塊
 3851 free blocks, 1685 free inodes, 6 directories, 1404 unused inodes
 Free blocks: 4342-8192
 Free inodes: 14, 28-300, 308-309, 312-313, 319, 322-323, 605-2008
```

▲ 圖 4-13　區塊群組 0 的資訊

區塊群組 0 從 292 區塊開始儲存檔案資料，因此 test 位於 292+(4-1)=295 區塊內，test 的 inode 在磁碟上的偏移為：295×1024+(5-1)×128=302592。

查看磁碟上的資料，如圖 4-14 所示。

```
$ hexdump -s 302592 -n 256 -C /dev/sda1
00049e00  a4 81 00 00 0c 00 00 00  a9 70 e8 63 af e4 e2 63  |.........p.c...c|
00049e10  af e4 e2 63 00 00 00 00  00 00 01 00 02 00 00 00  |...c............|
00049e20  00 00 08 00 01 00 00 00  0a f3 01 00 04 00 00 00  |................|
00049e30  00 00 00 00 00 00 00 00  01 00 00 00 03 24 00 00  |.............$..|
00049e40  00 00 00 00 00 00 00 00  00 00 00 00 00 00 00 00  |................|
*
00049e60  00 00 00 00 98 48 15 3c  00 00 00 00 00 00 00 00  |.....H.<........|
00049e70  00 00 00 00 00 00 00 00  00 00 00 00 b6 e9 00 00  |................|
00049e80  00 00 00 00 00 00 00 00  00 00 00 00 00 00 00 00  |................|
*
00049f00
```

▲ 圖 4-14　尋找 extent entry

第一個紅框為檔案大小：0x0c 位元組，即 12 位元組；第二個紅框為檔案 extent entry 所在位置：0x2403=9219。extent entry 在磁碟內的偏移為：9219×1024=9440256，查看其內容：

```
$ hexdump -s 9440256 -n 256 -C /dev/sda1
00900c00 49 20 61 6d 20 50 65 74 65 72 21 0a 00 00 00 00 |I am Peter!...|
00900c10 00 00 00 00 00 00 00 00 00 00 00 00 00 00 00 00 |...............|
* 00900d00
```

沒錯,和我們剛開始看到的內容一樣。

4.7 虛擬檔案系統

在 UNIX 的世界裡,有一句很經典的話:一切物件皆是檔案。這句話的意思是,可以將 UNIX 作業系統中所有的物件都當成檔案,然後使用操作檔案的介面來操作它們。Linux 作為一個類 UNIX 作業系統,也努力實現這個目標。

為了實現「一切物件皆是檔案」這個目標,Linux 核心提供了一個中間層:虛擬檔案系統(Virtual File System,VFS)。VFS 既是向下的介面(所有檔案系統都必須實現該介面),同時也是向上的介面(使用者處理程序透過系統呼叫最終能夠存取檔案系統功能),如圖 4-15 所示。

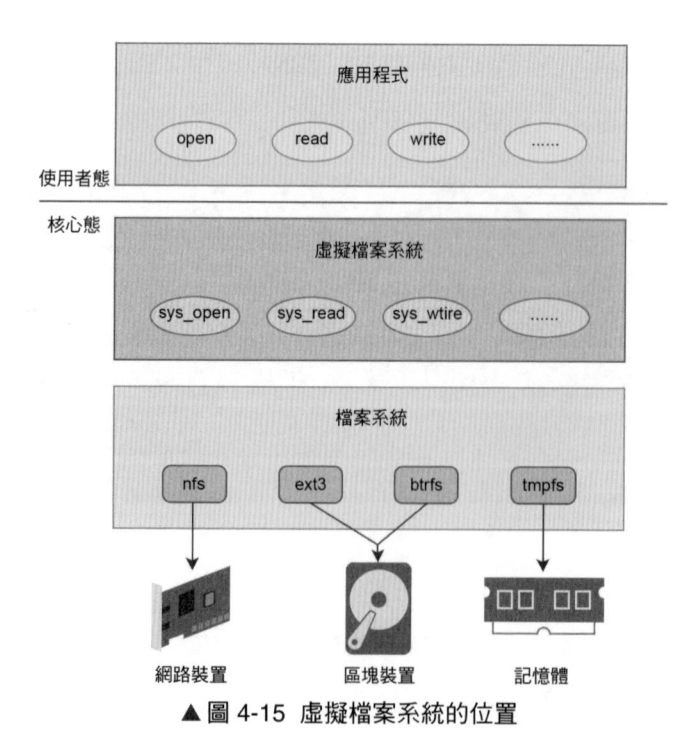

▲圖 4-15 虛擬檔案系統的位置

VFS 抽象了幾個資料結構來組織和管理不同的檔案系統，分別為：超級區塊（super_block）、索引節點（inode）、目錄結構（dentry）和檔案結構（file），要理解 VFS 就必須先了解這些資料結構的定義和作用。

4.7.1 檔案系統類型（file_system_type）

這個結構描述一種檔案系統類型，一般情況下具體的檔案系統會定義這個結構，然後註冊到系統中；定義了具體檔案系統的掛載和卸載方法，檔案系統掛載時呼叫其掛載方法建構超級區塊、根 dentry 等實例。

```
struct file_system_type {
    const char *name; int fs_flags;
    struct super_block *(*read_super) (struct super_block *, void *, int);
// 讀取裝置中檔案系統超級區塊的方法
    ......
};
```

檔案系統分為以下幾種：

- 磁碟檔案系統：檔案在非揮發性儲存媒體上（如硬碟、flash），停電檔案不遺失，如 ext2、ext4 和 xfs。

- 記憶體檔案系統：檔案在記憶體上，停電遺失，如 tmpfs。

- 偽檔案系統：是假的檔案系統，它利用虛擬檔案系統的介面，如 proc、sysfs、 sockfs 和 bdev。

- 網路檔案系統：這種檔案系統允許存取另一台電腦上的資料，該電腦透過網路連接到本地電腦，如 nfs 檔案系統。

4.7.2 超級區塊（super_block）

超級區塊，用於描述區塊裝置上的檔案系統的整體資訊（如檔案區塊大小、最大檔案大小、檔案系統魔數等），一個區塊裝置上的檔案系統可以被掛載多次，但是記憶體中只能由一個 super_block 來描述（至少對磁碟檔案系統來說是這樣的）。

```c
struct super_block {
    struct list_head        s_list;     /* Keep this first */
    kdev_t                  s_dev;                  // 裝置編號
    unsigned long           s_blocksize;            // 資料區塊大小
    unsigned char           s_blocksize_bits;
    unsigned char           s_lock;
    unsigned char           s_dirt;                 // 是否髒
    struct file_system_type *s_type;                // 檔案系統類型
    struct super_operations *s_op;                  // 超級區塊相關的操作列表
    struct dquot_operations *dq_op;
    unsigned long           s_flags;
    unsigned long           s_magic;                // 魔數
    struct dentry           *s_root;                // 掛載的根目錄
    wait_queue_head_t       s_wait;

    struct list_head        s_dirty;
    struct list_head        s_files;

    struct block_device     *s_bdev;
    struct list_head        s_mounts;
    truct quota_mount_options s_dquot;

    union {
        struct minix_sb_info    minix_sb;
        struct ext2_sb_info ext2_sb;
        ......
    } u;
    ......
};

struct super_operations {
    void (*read_inode) (struct inode *);               // 把磁碟中的 inode 資料讀取記憶體
    void (*write_inode) (struct inode *, int);         // 把 inode 的資料寫入磁碟
    void (*put_inode) (struct inode *);                // 釋放 inode 佔用的記憶體
    void (*delete_inode) (struct inode *);             // 刪除磁碟中的 inode
    void (*put_super) (struct super_block *);          //  釋放超級區塊佔用的記憶體
    void (*write_super) (struct super_block *);        // 把超級區塊寫入磁碟
    ......
};
```

- s_dev：用於儲存裝置的裝置編號。

- s_blocksize：用於儲存檔案系統的資料區塊大小（檔案系統是以資料區塊為單位的）。

- s_type：檔案系統的類型（提供了讀取裝置中檔案系統超級區塊的方法）。

- s_op：超級區塊相關的操作列表。
- s_root：掛載的根目錄。

4.7.3 目錄項（dentry）

目錄項物件，用於描述檔案的層次結構，從而建構檔案系統的目錄樹，檔案系統將目錄當作檔案，目錄的資料由目錄項組成，而每個目錄項儲存一個目錄或檔案的名稱和索引節點號碼等內容。每當處理程序存取一個目錄項就會在記憶體中建立目錄項物件。

```
struct dentry {
    ......
    struct inode * d_inode;                  // 目錄項對應的 inode
    struct dentry * d_parent;                // 目前的目錄項對應的父目錄
    ......
    struct qstr d_name;                      // 目錄的名稱
    unsigned long d_time;
    struct dentry_operations *d_op;          // 目錄項的輔助方法
    struct super_block * d_sb;               // 所在檔案系統的超級區塊物件
    ......
    unsigned char d_iname[DNAME_INLINE_LEN]; // 當目錄名稱不超過 16 個字元時使用
};

struct dentry_operations {
    int (*d_revalidate)(struct dentry *, int);
    int (*d_hash) (struct dentry *, struct qstr *);
    int (*d_compare) (struct dentry *, struct qstr *, struct qstr *);
    int (*d_delete)(struct dentry *);
    void (*d_release)(struct dentry *);
    void (*d_iput)(struct dentry *, struct inode *);
};
```

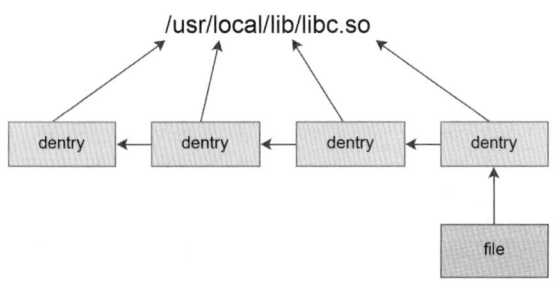

▲ 圖 4-16 目錄項的建立

4.7.4 索引節點（inode）

索引節點（inode）是 VFS 中最為重要的結構，用於描述一個檔案的元（meta）資訊，其包含諸如檔案的大小、擁有者、建立時間、磁碟位置等和檔案相關的資訊，所有檔案都有一個對應的 inode 結構，如圖 4-17 所示。

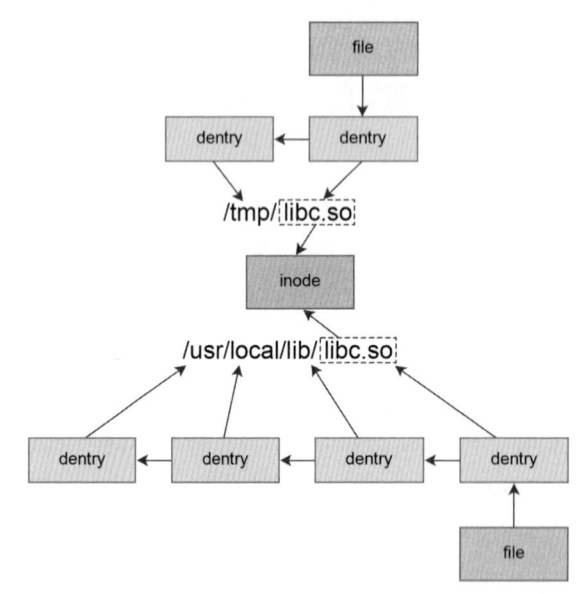

▲ 圖 4-17 索引節點的建立

接下來我們來看 inode 的資料結構：

```
struct inode {
    ......
    unsigned long    i_ino;
    atomic_t         i_count;
    kdev_t           i_dev;
    umode_t          i_mode;
    nlink_t          i_nlink;
    uid_t            i_uid;        // 檔案所屬的使用者
    gid_t            i_gid;        // 檔案所屬的組
    kdev_t           i_rdev;       // 檔案所在的裝置編號
    loff_t           i_size;       // 檔案的大小
    time_t           i_atime;      // 檔案的最後存取時間
    time_t           i_mtime;      // 檔案的最後修改時間
    time_t           i_ctime;      // 檔案的建立時間
    ......
```

```
    struct inode_operations   *i_op;      //inode 相關的操作列表
    struct file_operations    *i_fop;     // 檔案相關的操作列表
    struct super_block        *i_sb;      // 檔案所在檔案系統的超級區塊
    ......
    union {
        struct minix_inode_info    minix_i;
        struct ext2_inode_info     ext2_i;
        ......
    } u;
};

struct inode_operations {
    int (*create) (struct inode *,struct dentry *,int);
    struct dentry * (*lookup) (struct inode *,struct dentry *);
    int (*link) (struct dentry *,struct inode *,struct dentry *);
    int (*unlink) (struct inode *,struct dentry *);
    int (*symlink) (struct inode *,struct dentry *,const char *);
    ......
};

struct file_operations {
    struct module *owner;
    loff_t (*llseek) (struct file *, loff_t, int);
    ssize_t (*read) (struct file *, char *, size_t, loff_t *);
    ssize_t (*write) (struct file *, const char *, size_t, loff_t *);
    ......
};
```

特別注意 i_op 和 i_fop 這兩個成員。i_op 成員定義對目錄相關的操作方法清單，例如 mkdir() 系統呼叫會觸發 inode->i_op->mkdir() 方法，而 link() 系統呼叫會觸發 inode->i_op ->link() 方法。而 i_fop 成員則定義了開啟檔案後對檔案的操作方法清單，例如 read() 系統調用會觸發 inode->i_fop->read() 方法，而 write() 系統呼叫會觸發 inode->i_fop->write() 方法。

4.7.5 檔案物件（file）

檔案物件，描述處理程序開啟的檔案，當處理程序開啟檔案時會建立檔案物件並加入到處理程序的檔案開啟表，透過檔案描述符號來索引檔案物件，後面讀寫等操作都透過檔案描述符號進行（一個檔案可以被多個處理程序開啟，會由多個檔案物件加入到各個處理程序的檔案開啟表，但是 inode 只有一個）。

```c
struct file {
    struct list_head        f_list;
    struct dentry           *f_dentry;      // 檔案所屬的 dentry 結構
    struct file_operations  *f_op;          // 檔案的操作列表
    atomic_t                f_count;        // 計數器（表示有多少個使用者開啟此檔案）
    unsigned int            f_flags;        // 標識位元
    mode_t                  f_mode;         // 開啟模式
    loff_t                  f_pos;          // 讀寫偏移量
    unsigned long           f_reada, f_ramax, f_raend, f_ralen, f_rawin;
    struct fown_struct      f_owner;        // 所屬者資訊
    unsigned int            f_uid, f_gid;   // 開啟的使用者 id 和群組 id
    int                     f_error;
    unsigned long           f_version;

    /* needed for tty driver, and maybe others */
    void                    *private_data;
};

struct file_operations {
    ......
    loff_t (*llseek) (struct file *, loff_t, int);
    ssize_t (*read) (struct file *, char __user *, size_t, loff_t *);
    ssize_t (*write) (struct file *, const char __user *, size_t, loff_t *);
    ......
    int (*open) (struct inode *, struct file *);
    ......
};
```

在 file 結構中，最為重要的欄位就是 f_op，其類型為 file_operations 結構。從 file_operations 結構的定義可以隱約看到介面的影子，所以可以猜測出，如果實現了 file_operations 結構中的方法，應該就能連線虛擬檔案系統。

在 Linux 核心中，file 結構代表著一個被開啟的檔案。所以，只需將 file 結構的 f_op 欄位設置成不同檔案系統實現好的方法集，就能使用不同檔案系統的功能。以 read 為例，呼叫過程如圖 4-18 所示。

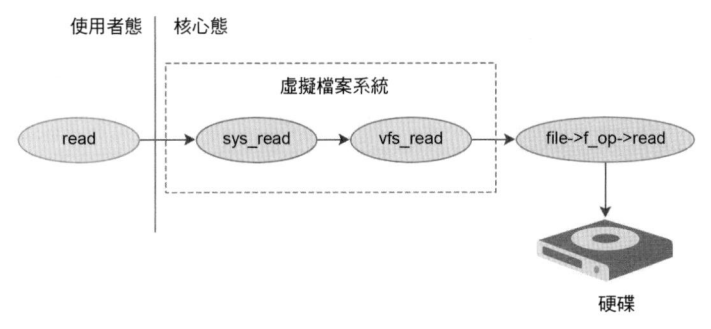

▲ 圖 4-18 讀取硬碟的過程

最後用一張圖描述各個資料結構之間的關係，如圖 4-19 所示。

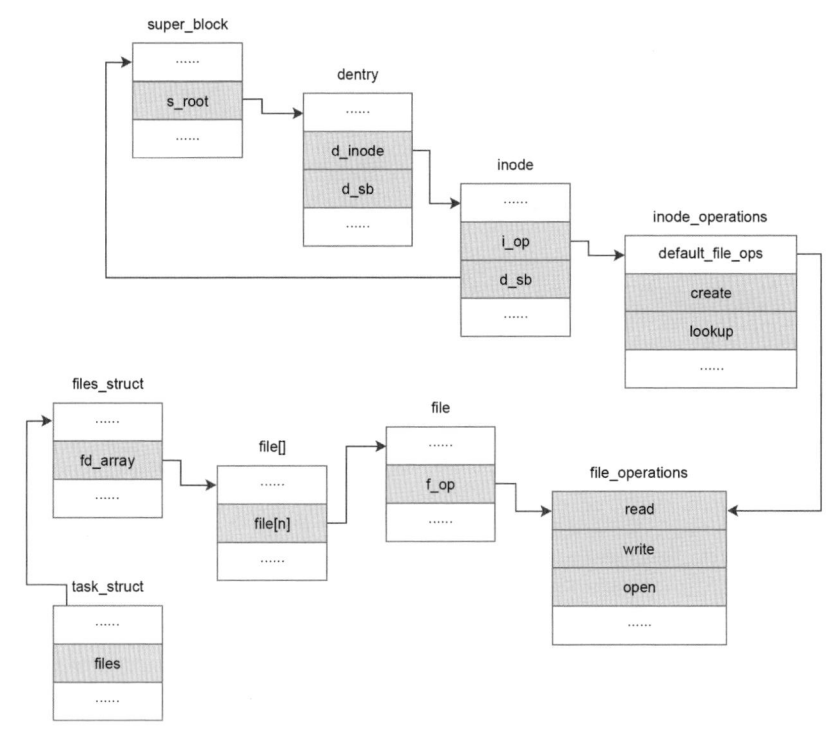

▲ 圖 4-19 檔案系統相關的資料結構

本章主要介紹了虛擬檔案系統的基本原理，從分析中可以發現，虛擬檔案系統使用了類似於物件導向程式語言中的介面的概念。正是有了虛擬檔案系統，Linux 才能支援各種各樣的檔案系統。

第 5 章
系統呼叫

系統呼叫在 Linux 作業系統中扮演著至關重要的角色,它就像一座堅固而精細的橋樑,巧妙地連接著使用者空間與核心空間這兩個截然不同的世界。使用者空間是應用程式的樂園,而核心空間則是作業系統管理硬體和軟體資源的核心區域。由於核心空間擁有對系統硬體的直接存取權限和對系統資源的完全控制權,使用者空間的應用程式需要透過系統呼叫來間接存取這些功能和資源。系統呼叫不僅是使用者空間與核心空間之間的通訊介面,更是確保系統安全和穩定的關鍵機制。透過系統呼叫,應用程式能夠安全地請求作業系統執行底層操作,如檔案讀寫、網路通訊、處理程序管理等,而無須直接操作硬體或干預系統核心。這樣,系統呼叫不僅促進了使用者空間與核心空間的和諧共處,也極大地提高了系統的靈活性和可擴充性。

5.1 系統呼叫的定義

Linux 系統呼叫是作業系統所實現的應用程式設計介面(Application Programming Interface,API),說簡單點就是 Linux 核心對外提供的介面函式,對外就是指對一個個處理程序而言,處理程序透過系統呼叫完成自身所需的全部功能。

系統呼叫在每個平臺的實現方式都不相同,ARM 透過指令 svc 實現。之後會詳細介紹系統呼叫流程,現在先以 open 為例講講系統呼叫的定義:

```
/* __ARCH_WANT_SYSCALL_NO_AT */
asmlinkage long sys_open(const char __user *filename,
            int flags, umode_t mode);
```

如果要在核心中增加一個系統呼叫，需先定義一個函式宣告。如上所示，宣告在 open 前面加上 sys_ 以組成系統呼叫 sys_open 的宣告。此函式宣告看似簡單，只是一個帶有三個參數的普通函式，可是如果不知道系統呼叫輔助巨集，用 grep 是永遠也找不到 sys_ open 的具體實現的。

所以先來看看與系統呼叫相關的輔助巨集定義：

```
#define SYSCALL_DEFINE1(name, ...) SYSCALL_DEFINEx(1, _##name, __VA_ARGS__)
#define SYSCALL_DEFINE2(name, ...) SYSCALL_DEFINEx(2, _##name, __VA_ARGS__)
#define SYSCALL_DEFINE3(name, ...) SYSCALL_DEFINEx(3, _##name, __VA_ARGS__)
#define SYSCALL_DEFINE4(name, ...) SYSCALL_DEFINEx(4, _##name, __VA_ARGS__)
```

這裡，SYSCALL_DEFINE3 巨集用於定義帶有 3 個參數的系統呼叫。在下面的程式裡，__SYSCALL_DEFINEx 把定義拆解成數字參數及參數清單，並定義與此系統呼叫相關的函式及編譯選項。

```
#ifndef __SYSCALL_DEFINEx
#define __SYSCALL_DEFINEx(x, name, ...)                \
    __diag_push();                                     \
    __diag_ignore(GCC, 8, "-Wattribute-alias",         \
        "Type aliasing is used to sanitize syscall arguments");\
    asmlinkage long sys##name(__MAP(x,__SC_DECL,__VA_ARGS__)) \
        __attribute__((alias(__stringify(__se_sys##name)))); \
    ALLOW_ERROR_INJECTION(sys##name, ERRNO);           \
    static inline long __do_sys##name(__MAP(x,__SC_DECL,__VA_ARGS__));\
    asmlinkage long __se_sys##name(__MAP(x,__SC_LONG,__VA_ARGS__)); \
    asmlinkage long __se_sys##name(__MAP(x,__SC_LONG,__VA_ARGS__)) \
    {                                                  \
        long ret = __do_sys##name(__MAP(x,__SC_CAST,__VA_ARGS__));\
        __MAP(x,__SC_TEST,__VA_ARGS__);                \
        __PROTECT(x, ret,__MAP(x,__SC_ARGS,__VA_ARGS__)); \
        return ret;                                    \
    }                                                  \
    __diag_pop();                                      \
    static inline long __do_sys##name(__MAP(x,__SC_DECL,__VA_ARGS__))
#endif /* __SYSCALL_DEFINEx */
```

知道了系統呼叫的輔助巨集，再來看看最終 open 的具體定義：

```
SYSCALL_DEFINE3(open, const char __user *, filename, int, flags, umode_t, mode)
{
```

```c
    if (force_o_largefile())
        flags |= O_LARGEFILE;
    return do_sys_open(AT_FDCWD, filename, flags, mode);
}
```

接著看 do_sys_open，這就是 open 系統呼叫的具體實現：

```c
long do_sys_open(int dfd, const char __user *filename, int flags, umode_t mode)
{
    struct open_how how = build_open_how(flags, mode);
    return do_sys_openat2(dfd, filename, &how);
}

static long do_sys_openat2(int dfd, const char __user *filename,
                struct open_how *how)
{
    struct open_flags op;
    // 檢查並包裝傳遞進來的標識位元
    int fd = build_open_flags(how, &op);
    struct filename *tmp;

    if (fd)
        return fd;

    // 將使用者空間的路徑名稱複製到核心空間
    tmp = getname(filename);
    if (IS_ERR(tmp))
        return PTR_ERR(tmp);

    // 獲取一個未使用的 fd 檔案描述符號
    fd = get_unused_fd_flags(how->flags);
    if (fd >= 0) {
    // 呼叫 do_filp_open 完成對路徑的搜尋和檔案的開啟
        struct file *f = do_filp_open(dfd, tmp, &op);
        if (IS_ERR(f)) {
            // 如果發生了錯誤，釋放已分配的 fd 檔案描述符號
            put_unused_fd(fd);
            // 釋放已分配的 struct file 資料
            fd = PTR_ERR(f);
        } else {
            fsnotify_open(f);
            // 綁定 fd 與 f
            fd_install(fd, f);
        }
    }
    // 釋放已分配的 filename 結構
    putname(tmp);
    return fd;
}
```

fd 是一個整數，它其實是一個陣列的下標，用來獲取指向 file 描述符號的指標，每個處理程序都有一個 task_struct 描述符號來描述處理程序相關的資訊，其中有個 files_struct 類型的 files 欄位，裡面有一個儲存了當前處理程序所有已開啟檔案描述符號的陣列，而透過 fd 就可以找到具體的檔案描述符號，其間的關係可以參考圖 5-1。

```
┌─────────────────┐    ┌─────────────────┐    ┌──────────────┐    ┌──────────────────┐
│  task_struct    │───▶│  files_struct   │───▶│   fdtable    │───▶│   file 指標陣列   │
│ + fs: fs_struct │    │ + fdt: fdtable  │    │  max_fds     │    │  struct file *   │
│ + files:        │    │                 │    │  fd          │    │  struct file *   │
│   files_struct  │    │                 │    │  open_fds    │    │  struct file *   │
└─────────────────┘    └─────────────────┘    └──────────────┘    │  struct file *   │
                                                                   └──────────────────┘
                                                                            │
                                                                            ▼
                                                                   開啟檔案描述符號點陣圖
```

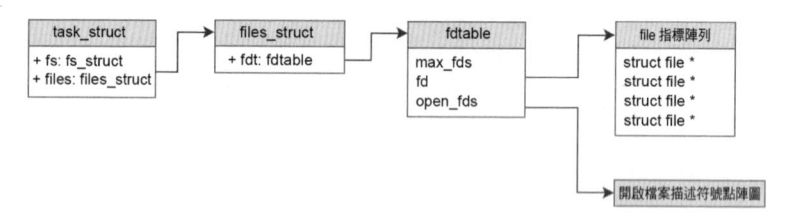

▲ 圖 5-1 檔案資料結構之間的關係

以上就是一個系統呼叫所要實現的全部程式，但這樣還不夠，還要把系統呼叫函式寫進全域的系統呼叫清單裡，此列表的定義如下：

```
const syscall_fn_t sys_call_table[__NR_syscalls] = {
    [0 ... __NR_syscalls - 1] = __arm64_sys_ni_syscall,
#include <asm/unistd.h>
};
```

可以看出，定義全域系統呼叫清單 sys_call_table，以 4KB 對齊，最後還包含了系統呼叫清單項的具體定義，如下所示：

```
#define __NR_openat2 437
__SYSCALL(__NR_openat2, sys_openat2)
```

這樣，sys_openat2 系統呼叫的入口就寫入 sys_call_table 列表裡了。至此，系統呼叫的定義部分的原始程式就分析完了，之後是系統呼叫的處理流程。

5.2 系統呼叫的處理流程

Linux 系統呼叫是核心提供服務的介面函式，處理程序透過它完成自身所需的全部功能，每個平臺都有自己的實現方式。我們以 ARMv8 為例講解此呼叫的過程，包括程式呼叫 C 函式庫的 open 函式，C 函式庫執行 svc 進入 CPU 異常模式，然後核心找到系統呼叫函式並執行它，最後傳回到使用者空間的過程。

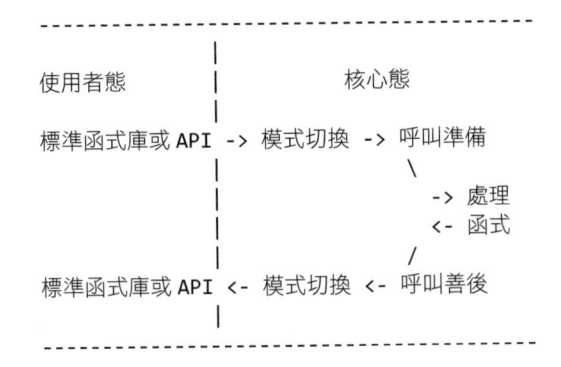

```
----------------------------------------
                   |
使用者態           |         核心態
                   |
標準函式庫或 API -> 模式切換 -> 呼叫準備
                   |            \
                   |             -> 處理
                   |             <- 函式
                   |            /
標準函式庫或 API <- 模式切換 <- 呼叫善後
                   |
----------------------------------------
```

Linux 系統呼叫是基於 ARMv8 的異常模式來實現的，說是異常模式，其實就是 4 種程式執行的等級，分別是：

- EL0-User，一般的應用程式執行在此等級。
- EL1-Supervisor，作業系統執行在此等級，Linux 核心、裝置驅動等都執行在此等級。
- EL2-Hypervisor，虛擬機器系統執行在此等級，在此等級 Guest 客戶端設備的虛擬記憶體需要做多一層 Stage2 的位址轉換。
- EL3-Secure monitor，安全等級。

除 EL0 沒有異常向量表外，其他等級都有一個 VBAR_ELx 暫存器儲存異常向量表的基底位址，也就是說 ARMv8 一共支援 3 個異常向量表，但 Linux 核心平常只用到了 VBAR_EL1，如果執行了虛擬機器則會額外用到 VBAR_EL2。

由圖 5-2 可知，每個異常向量表分為 4 組情形，每組情形又有 4 個向量入口位址，分別處理 4 種不同類型的異常。每個向量入口空間 128 位元組，也就是說，在這個空間裡可以放入 32 行指令（每行指令 4 位元組）。舉個例子，如果一個裝置發出了一個非同步 IRQ 中斷，這時 CPU 自動把 VBAR_EL1 的位址和第二組向量的 IRQ 類型的偏移量相加（VBAR_EL1+0x280），得出向量入口位址，然後跳躍到那裡，執行裡面的第一行指令。

第 5 章　系統呼叫

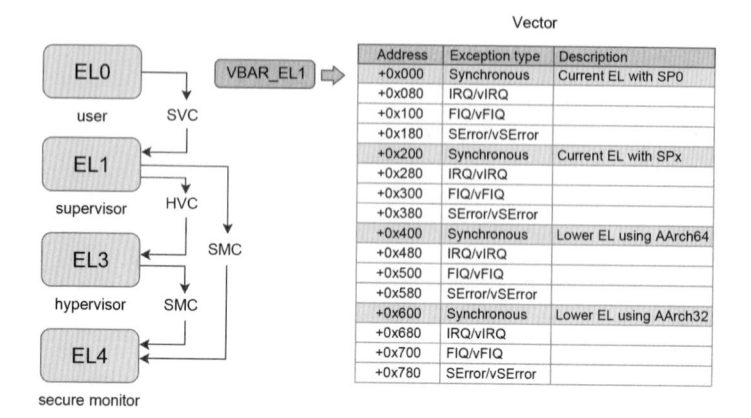

Address	Exception type	Description
+0x000	Synchronous	Current EL with SP0
+0x080	IRQ/vIRQ	
+0x100	FIQ/vFIQ	
+0x180	SError/vSError	
+0x200	Synchronous	Current EL with SPx
+0x280	IRQ/vIRQ	
+0x300	FIQ/vFIQ	
+0x380	SError/vSError	
+0x400	Synchronous	Lower EL using AArch64
+0x480	IRQ/vIRQ	
+0x500	FIQ/vFIQ	
+0x580	SError/vSError	
+0x600	Synchronous	Lower EL using AArch32
+0x680	IRQ/vIRQ	
+0x700	FIQ/vFIQ	
+0x780	SError/vSError	

▲ 圖 5-2　異常向量表

5.2.1 使用者態的處理

　　使用者態的處理最終會陷入核心態，由核心完成真正的系統呼叫。如何陷入核心態呢？主要是透過同步異常來實現。ARM64 專門定義了 svc 指令，用於進入同步異常，也就是說，一旦執行了 svc 指令，CPU 立即跳躍到同步異常入口位址處，從這個位址進入核心態。

　　下面以 glic 裡面的系統呼叫為例，簡單看看處理過程，ARM64 相關的程式主要在 sysdeps/unix/sysv/linux/aarch64。比如常用的 glibc 函式庫函式 ioctl()，在 ARM64 下，glibc 的實現如下：

```
ENTRY(__ioctl)
    mov x8, #__NR_ioctl
    sxtw    x0, w0
    svc #0x0
    cmn x0, #4095
    b.cs    .Lsyscall_error
    ret
PSEUDO_END (__ioctl)
```

　　其中 #__NR_ioctl 對應 ioctl 的系統呼叫號碼，其定義在 sysdeps/unix/sysv/linux/aarch64/arch-syscall.h 中，如下所示：

```
......

#define __NR_io_uring_setup 425
```

```
#define __NR_ioctl 29      //////
#define __NR_ioprio_get 31
```
......

這個系統呼叫號碼 (29) 就是上層標準函式庫（API）與核心聯繫的橋樑，和核心中的定義是對應的（arm64: include/uapi/asm-generic/unistd.h）：

......

```
/* fs/ioctl.c */
#define __NR_ioctl 29
__SC_COMP(__NR_ioctl, sys_ioctl, compat_sys_ioctl)
```

......

所以使用者態的基本流程大致為：

1. 將系統呼叫號碼存放在 x8 暫存器中。

2. 執行 svc 指令，陷入異常，並且從 el0 切換到 el1。

5.2.2 核心態的處理

當使用者態進入同步異常，便會跳躍到同步異常入口位址，從而觸發核心相應的處理動作。在核心中，ARM64 對應的異常向量表為（arch/arm64/kernel/entry.S）：

```
/*
 * Exception vectors.
 */
    .pushsection ".entry.text", "ax"

    .align  11
SYM_CODE_START(vectors)
    kernel_ventry   1, t, 64, sync
    kernel_ventry   1, t, 64, irq
    kernel_ventry   1, t, 64, fiq
    kernel_ventry   1, t, 64, error

    kernel_ventry   1, h, 64, sync
    kernel_ventry   1, h, 64, irq
    kernel_ventry   1, h, 64, fiq
    kernel_ventry   1, h, 64, error
```

```
        kernel_ventry    0, t, 64, sync
        kernel_ventry    0, t, 64, irq
        kernel_ventry    0, t, 64, fiq
        kernel_ventry    0, t, 64, error

        kernel_ventry    0, t, 32, sync
        kernel_ventry    0, t, 32, irq
        kernel_ventry    0, t, 32, fiq
        kernel_ventry    0, t, 32, error
SYM_CODE_END(vectors)
```

以 64 位元模式的系統呼叫為例，展開 kernel_ventry, kernel_ventry(arch/arm64/kernel/entry.S) 是一個巨集，透過 .macro 和 .endm 組合定義：

```
.macro kernel_ventry, el:req, ht:req, regsize:req, label:req

……

b    el\el\ht\()_\regsize\()_\label
.endm
```

函式 kernel_ventry 裡面會跳躍到 el\el\ht()\regsize()\label：

```
SYM_CODE_START_LOCAL(el\el\ht\()_\regsize\()_\label)
    kernel_entry \el, \regsize
    mov x0, sp
    bl   el\el\ht\()_\regsize\()_\label\()_handler
    .if \el == 0
    b    ret_to_user
    .else
    b    ret_to_kernel
    .endif
SYM_CODE_END(el\el\ht\()_\regsize\()_\label)
```

- kernel_entry：儲存現場是一個組合語言巨集程式，做進入系統呼叫前的準備工作，包括儲存程式執行的現場，載入與 CPU 核心相關的執行緒資料，儲存異常傳回位址等。

- el\el\ht()\regsize()\label()_handler 函式：中斷處理，透過解析，sync 的處理對應的就是 el0t_64_sync_handler() 函式。

- ret_to_user：恢復現場。

本節重點講解中斷處理的過程，el0t_64_sync_handler 的定義如下：

```
asmlinkage void noinstr el0t_64_sync_handler(struct pt_regs *regs)
{
    unsigned long esr = read_sysreg(esr_el1);

    switch (ESR_ELx_EC(esr)) {
    case ESR_ELx_EC_SVC64:
        el0_svc(regs);
        break;
    case ESR_ELx_EC_DABT_LOW:
        el0_da(regs, esr);
        break;
    ……
    }
}
```

- 讀取系統暫存器 esr_el1 的值。不單單系統呼叫會觸發異常，記憶體缺頁、指令錯誤等也會觸發，因此，esr_el1[26:31] 就儲存了異常發生的原因。

- ARM 定義系統呼叫的原因為 ESR_ELx_EC_SVC64，故系統呼叫會進入函式 el0_svc。

追蹤程式，該函式的處理流程如下：

```
el0t_64_sync_handler() [arch/arm64/kernel/entry-common.c]
    -> el0_svc()
        -> do_el0_svc() [arch/arm64/kernel/syscall.c]
            -> el0_svc_common()
                -> invoke_syscall()
                    -> __invoke_syscall()
```

其中最主要的流程在 el0_svc() 函式中，這個函式的程式如下：

```
static void noinstr el0_svc(struct pt_regs *regs)
{
    enter_from_user_mode(regs);
    cortex_a76_erratum_1463225_svc_handler();
    do_el0_svc(regs);
    exit_to_user_mode(regs);
}
```

最終會呼叫到 invoke_syscall()，該函式會根據傳入的系統呼叫號碼，在 sys_call_table 中找到對應的系統呼叫函式並執行：

```c
static void invoke_syscall(struct pt_regs *regs, unsigned int scno,
            unsigned int sc_nr,
            const syscall_fn_t syscall_table[])
{
    long ret;

    add_random_kstack_offset();

    if (scno < sc_nr) {
        syscall_fn_t syscall_fn;
        syscall_fn = syscall_table[array_index_nospec(scno, sc_nr)];
        ret = __invoke_syscall(regs, syscall_fn);
    } else {
        ret = do_ni_syscall(regs, scno);
    }

    syscall_set_return_value(current, regs, 0, ret);

    choose_random_kstack_offset(get_random_int() & 0x1FF);
}
```

sys_call_table 的定義如下所示:

```c
/// arch/arm64/kernel/sys.c

asmlinkage long __arm64_sys_ni_syscall(const struct pt_regs *__unused)
{
    return sys_ni_syscall();
}

#define __arm64_sys_personality     __arm64_sys_arm64_personality

#undef __SYSCALL
#define __SYSCALL(nr, sym)  asmlinkage long __arm64_##sym(const struct pt_regs *);
#include <asm/unistd.h>

#undef __SYSCALL
#define __SYSCALL(nr, sym)  [nr] = __arm64_##sym,

const syscall_fn_t sys_call_table[__NR_syscalls] = {
    [0 ... __NR_syscalls - 1] = __arm64_sys_ni_syscall,
#include <asm/unistd.h>
};
```

首先會將 sys_call_table 初始化為 sys_ni_syscall(),這裡使用了 GCC 的擴充語法:指定初始化 sys_ni_syscall() 為一個空函式,未做任何操作:

```
/// kernel/sys_ni.c

asmlinkage long sys_ni_syscall(void)
{
    return -ENOSYS;
}
```

然後包含 asm/unistd.h，進行逐項初始化，asm/unistd.h 最終會包含到 uapi/asm-generic/unistd.h 標頭檔：

……

```
#ifdef __SYSCALL_COMPAT
#define __SC_COMP(_nr, _sys, _comp) __SYSCALL(_nr, _comp)
#define __SC_COMP_3264(_nr, _32, _64, _comp) __SYSCALL(_nr, _comp)
#else
#define __SC_COMP(_nr, _sys, _comp) __SYSCALL(_nr, _sys)
#define __SC_COMP_3264(_nr, _32, _64, _comp) __SC_3264(_nr, _32, _64)
#endif

#define __NR_io_setup 0
__SC_COMP(__NR_io_setup, sys_io_setup, compat_sys_io_setup)
#define __NR_io_destroy 1
__SYSCALL(__NR_io_destroy, sys_io_destroy)
#define __NR_io_submit 2
__SC_COMP(__NR_io_submit, sys_io_submit, compat_sys_io_submit)
#define __NR_io_cancel 3
__SYSCALL(__NR_io_cancel, sys_io_cancel)
```

……

核心中具體的系統呼叫實現使用 SYSCALL_DEFINEx 來定義，其中 x 代表傳入參數的個數，5.1 節已經介紹了 SYSCALL_DEFINEx 的定義，這裡再次說明：

```
/// arch/arm64/include/asm/syscall_wrapper.h

#define __SYSCALL_DEFINEx(x, name, ...)                                      \
    asmlinkage long __arm64_sys##name(const struct pt_regs *regs);           \
    ALLOW_ERROR_INJECTION(__arm64_sys##name, ERRNO);                         \
    static long __se_sys##name(__MAP(x,__SC_LONG,__VA_ARGS__));              \
    static inline long __do_sys##name(__MAP(x,__SC_DECL,__VA_ARGS__));       \
    asmlinkage long __arm64_sys##name(const struct pt_regs *regs)            \
    {                                                                        \
        return __se_sys##name(SC_ARM64_REGS_TO_ARGS(x,__VA_ARGS__));         \
```

```
}                                                       \
static long __se_sys##name(__MAP(x,__SC_LONG,__VA_ARGS__))      \
{                                                       \
    long ret = __do_sys##name(__MAP(x,__SC_CAST,__VA_ARGS__));  \
    __MAP(x,__SC_TEST,__VA_ARGS__);                     \
    __PROTECT(x, ret,__MAP(x,__SC_ARGS,__VA_ARGS__));   \
    return ret;                                         \
}                                                       \
static inline long __do_sys##name(__MAP(x,__SC_DECL,__VA_ARGS__))
```

由以上程式可以看出，SYSCALL_DEFINEx 定義的函式和 sys_call_table 中由 SYSCALL 確定的函式對應了，即 arm64_sys##name。

最後，讓我們看一下整個系統呼叫的流程，如圖 5-3 所示。

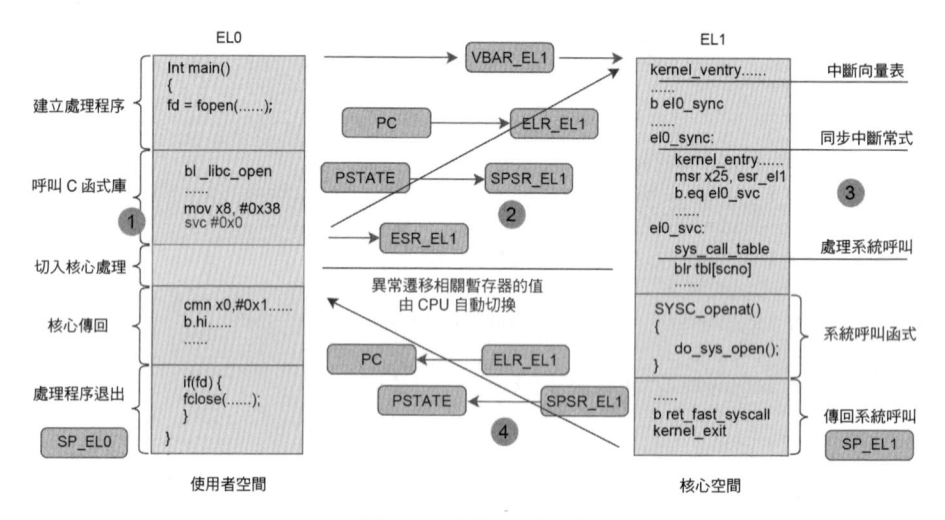

▲ 圖 5-3 系統呼叫的流程

1. 當程式呼叫 C 函式庫開啟一個檔案的時候，把系統呼叫的參數放入 x1~x6 暫存器（系統呼叫最多用到 6 個參數），把系統呼叫號碼放在 x8 暫存器裡，然後執行 SVC 指令，CPU 進入 EL1。

2. CPU 把當前程式指標暫存器 PC 放入 ELR_EL1 裡，把 PSTATE 放入 SPSR_EL1 裡，把系統呼叫的原因放在 ESR_EL1 裡，然後透過 VBAR_EL1 加上偏移量取得異常向量的入口位址，接著開始執行入口的第一行程式。這一過程是 CPU 自動完成的，不需要程式干預。

3. 核心儲存異常發生時程式的執行現場，然後透過異常的原因及系統呼叫號碼找到系統呼叫的具體函式，接著執行函式，把傳回值放入 x0 暫存器裡。這一過程是核心實現的，每種作業系統可以有不同的實現。
4. 系統呼叫完成後，程式需要主動設置 ELR_EL1 和 SPSR_EL1 的值，原因是異常會發生巢狀結構，一旦發生異常巢狀結構，ELR_EL1 和 SPSR_EL1 的值就會隨之改變，所以當系統呼叫傳回時，需要恢復之前儲存的 ELR_EL1 和 SPSR_EL1 的值。最後核心呼叫 ERET 命令，CPU 自動把 ELR_EL1 寫回 PC，把 SPSR_EL1 寫回 PSTATE，並傳回到 EL0 裡。這時程式就傳回到使用者態繼續執行了。

第 6 章
SoC 啟動

SoC，即 System on a Chip（系統級晶片），是一種高度整合的電路晶片，它將多個功能模組如中央處理器（CPU）、記憶體、GPU、NPU 等外接裝置介面整合在一個單一的晶片上。這種設計不僅實現了通訊、計算和控制等多種功能，而且具有緊湊、低功耗、高集成度等優點。SoC 的出現極大地簡化了電子系統的設計和生產，使得各種電子裝置和系統能夠更加小巧、高效和節能。

SoC 與作業系統之間存在著密切的關係。首先，作業系統（如 Linux）需要執行在硬體平臺上，而 SoC 正是這樣的硬體平臺之一。作業系統透過管理 SoC 上的各種資源，提供給使用者各種服務。其次，SoC 與作業系統之間也存在協作工作的關係。SoC 為作業系統提供了必要的硬體支援，而作業系統則透過軟體的方式對硬體資源進行管理和排程，使得 SoC 能夠充分發揮其性能。作業系統透過驅動程式與 SoC 上的各種外接裝置介面進行通訊，實現對外部設備的管理和控制。這種協作工作的關係使得 SoC 和作業系統能夠共同提供給使用者更加高效、穩定、豐富的計算體驗。

6.1 Uboot 啟動前的工作

在系統通電後，內建的 BootROM 程式會執行一個關鍵任務，即將啟動所需的二進位（bin）檔案載入到片上 RAM（OCRAM）中執行。然而，OCRAM

由於其設計特性，通常容量非常有限，只有 4KB 或更小，這使得直接在其中執行像 Uboot 這樣的複雜引導載入器變得不現實。

為了突破這一限制，引入了二級程式載入器（Secondary Program Loader，SPL）。 SPL 是一個精簡至極的二進位檔案，其大小足以調配 OCRAM，並能在其中成功執行。一旦 SPL 在 OCRAM 中成功啟動，它會進一步執行一個關鍵步驟：將 Uboot 引導載入器載入到外部動態隨機存取記憶體（DDR）中執行。DDR 作為主儲存區域，其容量遠超 OCRAM，使得 Uboot 可以不受空間限制地執行，從而執行更複雜的操作。

Uboot 在 DDR 中執行時期，可以支援多種功能，包括但不限於讀取不同檔案系統中的核心鏡像、執行指令稿、載入多種作業系統等。其中一項核心任務是讀取存放裝置中的核心（Kernel）映射，進行必要的解析和配置，並最終跳躍到核心執行，從而啟動整個作業系統，如圖 6-1 所示。

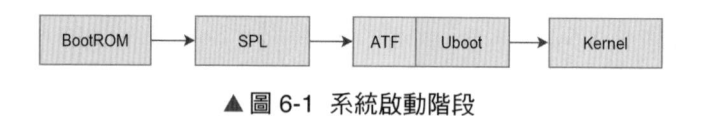

```
BootROM → SPL → ATF → Uboot → Kernel
```

▲ 圖 6-1　系統啟動階段

6.1.1　連結指令稿和程式入口

先從 spl-uboot 的連結指令稿入手，分析整個 spl-uboot 的鏡像結構。ARMv8 架構的 spl- uboot 的連結指令稿如下，接下來便針對該連結指令稿的每一部分進行解釋和說明。

```
MEMORY { .sram : ORIGIN = IMAGE_TEXT_BASE,
         LENGTH = IMAGE_MAX_SIZE }
MEMORY { .sdram : ORIGIN = CONFIG_SPL_BSS_START_ADDR,
         LENGTH = CONFIG_SPL_BSS_MAX_SIZE }
```

指令稿的開始定義了兩段記憶體空間，分別為 sram 和 sdram 的起始位址和長度。一般來說，這兩段空間對應的就是 CPU 內部的 sram 和單板外部的 sdram 如 ddr。以 i.MX93 為例，其定義如下：

```
#define CONFIG_SPL_TEXT_BASE 0x2049A000
#define CONFIG_SPL_MAX_SIZE 0x26000            //152KB
#define CONFIG_SPL_BSS_START_ADDR 0x2051a000
#define CONFIG_SPL_BSS_MAX_SIZE 0x2000         //8KB
```

可以看到對 i.MX93 來說其定義的 spl-uboot 兩段空間，一段是從 0x2049A000 開始的 152KB 空間。而從 0x2051a000 開始的 8KB 空間則是用來存放未初始化的全域變數和未初始化的靜態區域變數的 BSS 資料區段的。

緊接著便是指定輸出的格式，對 ARMv8 來說，預設輸出的格式就是小端 aarch64。 Entry 用於指定入口位址，注意這裡使用的是程式中定義的 _start 符號，該符號定義在 start.S arch\arm\cpu\armv8 最上方，也就是整個 spl-uboot 的入口，後面會詳細描述這部分的內容。

```
OUTPUT_FORMAT("elf64-littleaarch64", "elf64-littleaarch64", "elf64-littleaarch64")
OUTPUT_ARCH(aarch64)
ENTRY(_start)
```

我們繼續向下看：

```
.text : {
    . = ALIGN(8);
    __image_copy_start = .;
    CPUDIR/start.o (.text*)
    *(.text*)
} >.sram
```

上面這段定義了一段程式碼部分，並指示連接器將其放入到上面定義的 .sram 記憶體區域中。其中 .ALIGN(8) 說明啟始位址 8 位元組對齊。緊接著存放 .__image_copy_start 區段，該段存放了什麼內容呢？我們來看看。

```
//arch/arm/lib/sections.c
char __image_copy_start[0] __attribute__((section(".__image_copy_start")));
```

從上面這段程式可以看到，定義了一個 0 長度也就是不佔儲存空間的字元陣列，並將其放置到 .__image_copy_start 區段中，注意該區段位於 .text 區段之前。緊接著便是 start.o 的程式碼部分以及所有其他檔案的 .text 區段。這裡之所以要將 start.o 的程式碼部分單獨拎出來，主要的目的在於確保 start.s 檔案編譯後的程式碼部分位於最終生成 spl-uboot 檔案程式碼部分的最前面。

```
.rodata : {
    . = ALIGN(8);
    *(SORT_BY_ALIGNMENT(SORT_BY_NAME(.rodata*)))
} >.sram
```

.rodata 區段用於存放只讀取資料區段。一般來說連結器會把匹配的檔案和區段按照發現的順序放置，此外可以使用關鍵字按照一定規則進行順序修改。其中 SORT_BY_ALIGNMENT 對區段的對齊需求使用降冪方式排序放入輸出檔案中，大的對齊被放在小的對齊前面，這樣可以減少為了對齊需要的額外空間。而 SORT_BY_NAME 關鍵字則會讓連結器將檔案或區段的名稱按照上升順序排序後放入輸出檔案。這裡 SORT_BY_ALIGNMENT(SORT_BY_NAME(wildcard section pattern))。先按對齊方式排，再按名稱排。

```
.data : {
    . = ALIGN(8);
    *(.data*)
} >.sram
```

.data 資料區段主要用於存放全域已初始化的資料區段和已初始化的局部靜態變數。

```
__u_boot_list : {
    . = ALIGN(8);
    KEEP(*(SORT(__u_boot_list*)));
} >.sram
```

u_boot_list 區段用於存放所有的 uboot 命令，後面在 SPL 將 uboot 搬到外部 sdram 時，註冊的搬運函式方法也存放在這個區段裡面，我們暫時只看看增加 uboot 命令巨集具體是怎麼展開的。

```
#define U_BOOT_CMD(_name, _maxargs, _rep, _cmd, _usage, _help)      \
    U_BOOT_CMD_COMPLETE(_name, _maxargs, _rep, _cmd, _usage, _help, NULL)

#define U_BOOT_CMD_COMPLETE(_name, _maxargs, _rep, _cmd, _usage, _help, _comp) \
    ll_entry_declare(struct cmd_tbl, _name, cmd) =              \
        U_BOOT_CMD_MKENT_COMPLETE(_name, _maxargs, _rep, _cmd,  \
                    _usage, _help, _comp);

#define ll_entry_declare(_type, _name, _list)               \
    _type _u_boot_list_2_##_list##_2_##_name __aligned(4)   \
            __attribute__((unused))                         \
            __section("__u_boot_list_2_"#_list"_2_"#_name)

#define U_BOOT_CMD_MKENT_COMPLETE(_name, _maxargs, _rep, _cmd,  \
                _usage, _help, _comp)                           \
    { #_name, _maxargs,                                         \
      _rep ? cmd_always_repeatable : cmd_never_repeatable,      \
      _cmd, _usage, _CMD_HELP(_help) _CMD_COMPLETE(_comp) }
```

這裡以命令 bootm 為例：

```
U_BOOT_CMD(
    bootm, CONFIG_SYS_MAXARGS, 1, do_bootm,
    "boot application image from memory", bootm_help_text
);
```

根據上面的定義將命令 bootm 拓展開來就是：

```
cmd_tbl_t _u_boot_list_2_cmd_2_bootm __aligned(4) __attribute__((unused,    \
        section(".u_boot_list_2_cmd_2_bootm"))) = {"bootm", CONFIG_SYS_MAXARGS, 1,
do_bootm, "boot application image from memory", bootm_help_text, NULL}
```

從以上程式可以看到，實際上定義了一個 cmd_tbl_t 結構變數，並將該變數存放在 .u_boot_list_2_cmd_2_bootm 區段中，也就是上面連結指令稿指定的 u_boot_list 區段處。

接下來與 image_copy_start 對應，同樣定義一個不佔空間的空字元陣列 image_copy_end，用於表示副本的結尾位址。

```
.image_copy_end : {
    . = ALIGN(8);
    *(.__image_copy_end)
} >.sram

.end : {
    . = ALIGN(8);
    *(.__end)
} >.sram

_image_binary_end = .;
```

最後將 .bss 區段規劃到外部儲存 sdram 中，並同樣定義了兩個空字元陣列變數 bss_start 和 bss_end 指定其起始和結束位址。

```
.bss_start (NOLOAD) : {
    . = ALIGN(8);
    KEEP(*(.__bss_start));
} >.sdram

.bss (NOLOAD) : {
    *(.bss*)
    . = ALIGN(8);
} >.sdram

.bss_end (NOLOAD) : {
```

```
        KEEP(*(.__bss_end));
} >.sdram
```

最後有幾個特殊的輸出 section，名為 /DISCARD/，名為 /DISCARD/ 的任何 section 將不會出現在輸出檔案內。

```
/DISCARD/ : { *(.rela*) }
/DISCARD/ : { *(.dynsym) }
/DISCARD/ : { *(.dynstr*) }
/DISCARD/ : { *(.dynamic*) }
/DISCARD/ : { *(.plt*) }
/DISCARD/ : { *(.interp*) }
/DISCARD/ : { *(.gnu*) }
```

在前面分析 spl-uboot lds 連結指令稿的時候，提到了 start 符號是整個程式的入口，連結器在連結時會查詢目的檔案中的 start 符號代表的位址，把它設置為整個程式的入口位址。並且我們也知道，start.S 的程式碼部分也是位於整個 spl-uboot 程式碼部分開始的位置，而 _start 符號對 ARMv8 架構來說位於 arch/arm/cpu/armv8/start.S 檔案內。

6.1.2 鏡像容器

uboot 和 kernel 等都是以 image（鏡像）為單位儲存在 image container（鏡像容器）裡的，至於存在哪裡、大小是多少等資訊都可以在 image container 拿到。所以了解 image container 是了解系統啟動的基礎。以 i.MX93 為例，它的 image 是放在 image container 裡的，其結構如圖 6-2 所示。

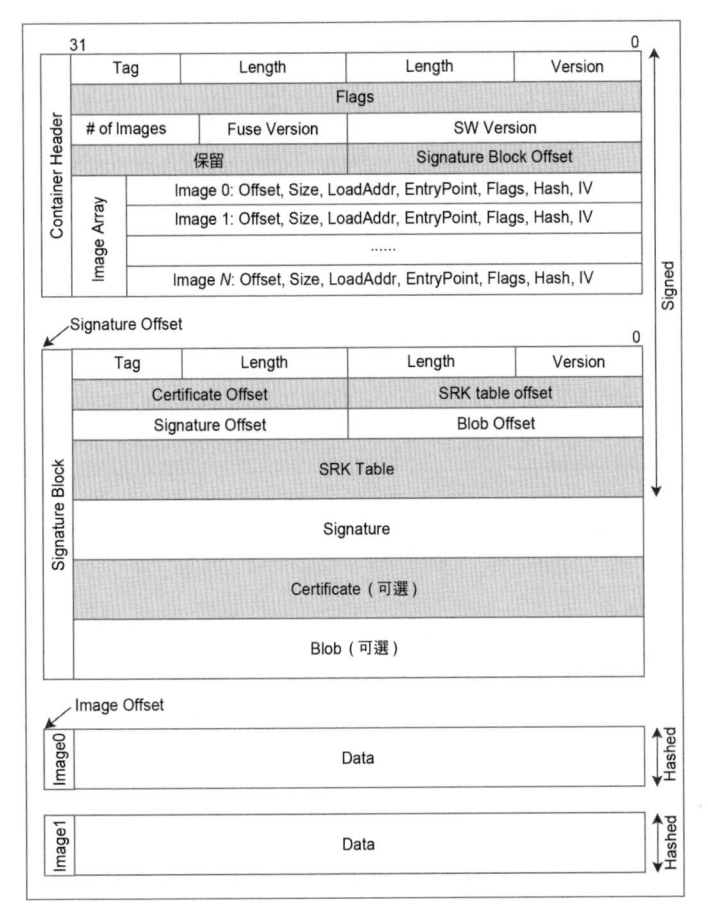

▲ 圖 6-2 image container 結構圖

對應的結構如下所示：

```
struct container_hdr {
    u8 version;
    u8 length_lsb;
    u8 length_msb;
    u8 tag;
    u32 flags;
    u16 sw_version;
    u8 fuse_version;
    u8 num_images;
    u16 sig_blk_offset;
    u16 reserved;
} __packed;

struct boot_img_t {
```

```c
    u32 offset;
    u32 size;
    u64 dst;
    u64 entry;
    u32 hab_flags;
    u32 meta;
    u8 hash[HASH_MAX_LEN];
    u8 iv[IV_MAX_LEN];
} __packed;

struct signature_block_hdr {
    u8 version;
    u8 length_lsb;
    u8 length_msb;
    u8 tag;
    u16 srk_table_offset;
    u16 cert_offset;
    u16 blob_offset;
    u16 signature_offset;
    u32 reserved;
} __packed;
```

```
mkimage -soc IMX9 -c -ap bl31.bin a35 0x204E0000 -ap u-boot-hash.bin a35
0x80200000 -out u-boot-atf-container.img
```

上面是一則命令，用於生成一個包含特定元件的鏡像檔案。具體解釋如下：

- mkimage：該命令是一個工具，用於建立和操作各種類型的鏡像檔案。
- -soc IMX9：指定生成的鏡像檔案適用於 IMX9 晶片。
- -c：表示建立容器鏡像。
- -ap bl31.bin a35 0x204E0000：向容器鏡像中增加一個 a35 處理器的元件（bl31.bin），並將其載入到 0x204E0000 的記憶體位址。
- -ap u-boot-hash.bin a35 0x80200000：向容器鏡像中增加另一個 a35 處理器的組件（u-boot-hash.bin），並將其載入到 0x80200000 記憶體位址。
- -out u-boot-atf-container.img：指定生成的鏡像檔案的檔案名稱為 u-boot-atf-container.img。

簡而言之，該命令的目的是將兩個元件（bl31.bin 和 u-boot-hash.bin）增加到一個容器鏡像中，並生成名為 u-boot-atf-container.img 的鏡像檔案。SPL 的工作就是把這個 image 從 eMMC 複製到記憶體，然後從記憶體指定位址開始啟動。

6.1.3 SPL 的啟動

可以說 SPL 是啟動系統的關鍵，一個系統的啟動可以沒有 Uboot，但一定要有 SPL，下面來看 SPL 具體都做了什麼。

```c
//board/freescale/imx93_evk/spl.c
void board_init_f(ulong dummy)
{
    int ret;

    memset(__bss_start, 0, __bss_end - __bss_start);

    timer_init();

    arch_cpu_init();

    board_early_init_f();

    spl_early_init();

    preloader_console_init();

    ret = arch_cpu_init_dm();
    if (ret) {
        printf("Fail to init Sentinel API\n");
    } else {
        printf("SOC: 0x%x\n", gd->arch.soc_rev);
        printf("LC: 0x%x\n", gd->arch.lifecycle);
    }

    power_init_board();

    if (!IS_ENABLED(CONFIG_IMX9_LOW_DRIVE_MODE))
        set_arm_core_max_clk();

    soc_power_init();

    trdc_init();

    spl_dram_init();

    ret = m33_prepare();
    if (!ret)
        printf("M33 prepare ok\n");

    board_init_r(NULL, 0);
}
```

這裡用一張圖總結 SPL 的所有過程，如圖 6-3 所示。

```
//arch/arm/lib/crto_64.S
//board/freescale/imx93_evk/spl.c
board_ini_f
    ├── memset(__bss_start, O,__bss_end-__bss_start)
    ├── timer_init
    ├── arch_cpu_init
    ├── board_early_init_f
    ├── spl_early_init ──── spl_common_init
    ├── // 序列埠初始化
    │   preloader_console_init
    ├── arch_cpu_init_dm
    ├── // 初始化 PMIC，寫 pca9450 暫存器
    │   power_init_board
    ├── //init power of mix
    │   soc_power_init
    ├── trdc_init
    ├── // DDR 初始化
    │   spl_dram_init
    ├── m33_prepare
    ├── //common/spl/spl.c
    │   board_init_r(gd_t*dummy1, ulong dummy2)
    └── //common/board_r.c
        board_init_r
```

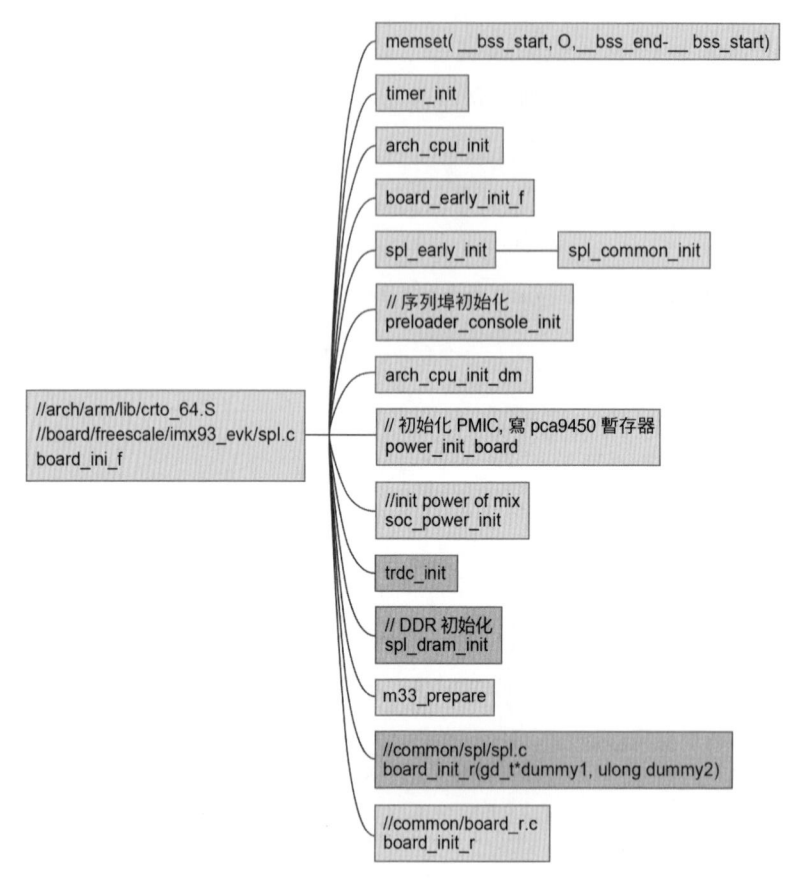

▲ 圖 6-3 SPL 的啟動流程

SPL 主要工作包括：初始化 timer、clock、uart、pmic、ddr，然後呼叫 SPL 的 board_init_r 函式，從 eMMC/SD 中載入 ATF 和 Uboot，接著在 ATF 中執行 Uboot，最後將控制權移交給 Uboot，即函式 board_init_r：

```
//common/spl/spl.c
void board_init_r(gd_t *dummy1, ulong dummy2)
{
    ......
    if (!(gd->flags & GD_FLG_SPL_INIT)) {
        if (spl_init())
            hang();
    }

#if CONFIG_IS_ENABLED(BOARD_INIT)
    spl_board_init();
```

```
#endif

#if defined(CONFIG_SPL_WATCHDOG) && CONFIG_IS_ENABLED(WDT)
    initr_watchdog();
#endif

    if (IS_ENABLED(CONFIG_SPL_OS_BOOT) || CONFIG_IS_ENABLED(HANDOFF) ||
        IS_ENABLED(CONFIG_SPL_ATF))
        dram_init_banksize();
    ......
    board_boot_order(spl_boot_list);

    ret = boot_from_devices(&spl_image, spl_boot_list,
                ARRAY_SIZE(spl_boot_list));
    ......
    spl_board_prepare_for_boot();
    jump_to_image_no_args(&spl_image);
}
```

為了便於理解，我們把函式 board_init_r 的內容用圖 6-4 表示。

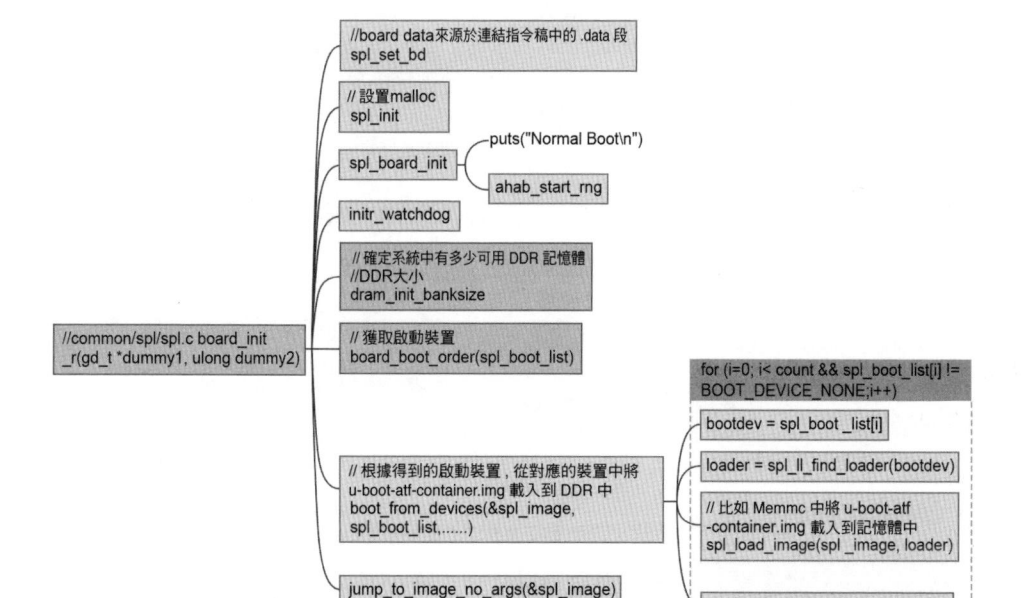

▲ 圖 6-4 board_init_r 函式流程圖

函式 board_init_r 的主要作用就是獲取啟動裝置，然後從啟動裝置中將 u-boot-atf- container.img（包含 ATF 和 Uboot）載入到記憶體。等載入完後，去呼叫 jump_to_image_no_ args 跳躍到 ATF。至此 SPL 的流程就走完了，接下來就是走 ATF 的流程。

6.1.4 ATF 的啟動

載入 ATF 後透過函式 jump_to_image_no_args 跳躍到 Uboot 的世界。為了便於理解，圖 6-5 列出了內部實現的流程。

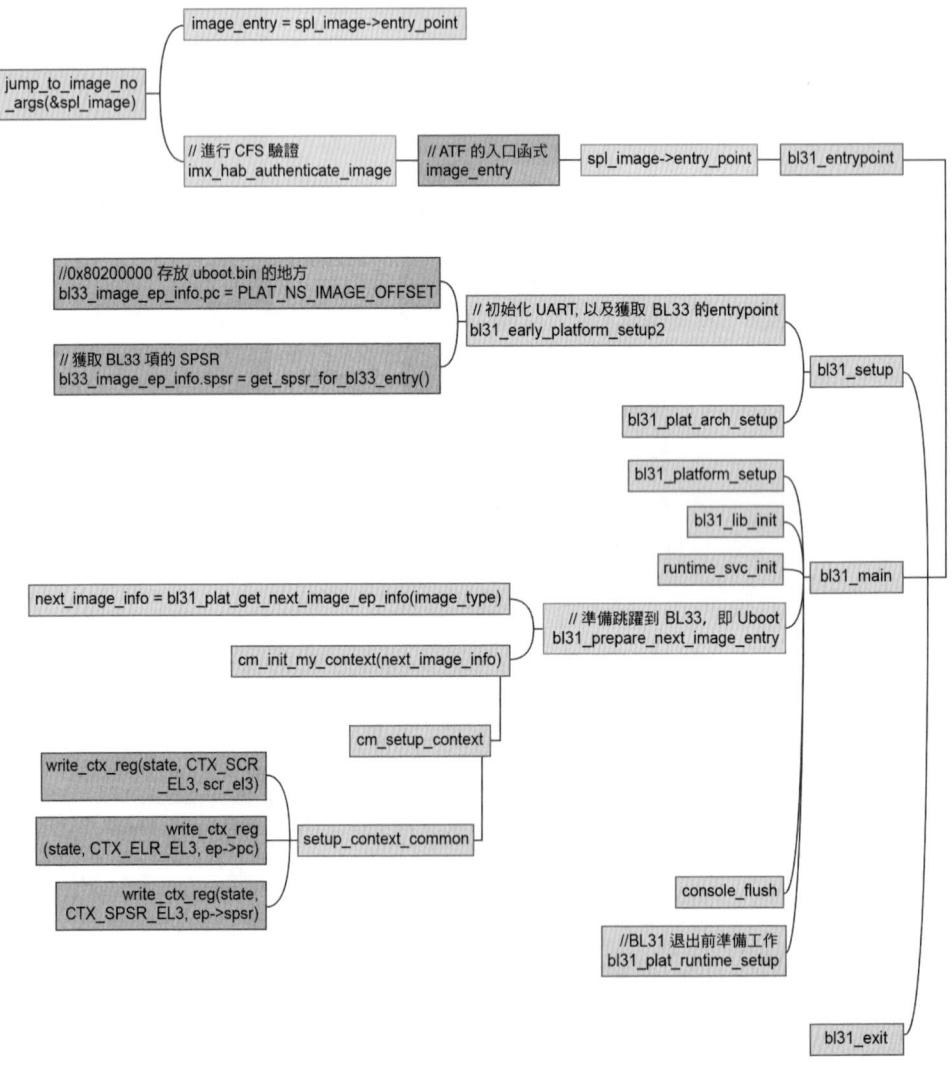

```
jump_to_image_no_args(&spl_image)
  ├── image_entry = spl_image->entry_point
  └── // 進行 CFS 驗證
      imx_hab_authenticate_image
          └── // ATF 的入口函式
              image_entry
                  └── spl_image->entry_point
                          └── bl31_entrypoint
                                  └── bl31_setup
                                       ├── //0x80200000 存放 uboot.bin 的地方
                                       │   bl33_image_ep_info.pc = PLAT_NS_IMAGE_OFFSET
                                       ├── // 獲取 BL33 項的 SPSR
                                       │   bl33_image_ep_info.spsr = get_spsr_for_bl33_entry()
                                       ├── // 初始化 UART，以及獲取 BL33 的 entrypoint
                                       │   bl31_early_platform_setup2
                                       └── bl31_plat_arch_setup
                                  └── bl31_main
                                       ├── bl31_platform_setup
                                       ├── bl31_lib_init
                                       ├── runtime_svc_init
                                       ├── // 準備跳躍到 BL33，即 Uboot
                                       │   bl31_prepare_next_image_entry
                                       │       ├── next_image_info = bl31_plat_get_next_image_ep_info(image_type)
                                       │       └── cm_init_my_context(next_image_info)
                                       │               └── cm_setup_context
                                       │                       └── setup_context_common
                                       │                           ├── write_ctx_reg(state, CTX_SCR_EL3, scr_el3)
                                       │                           ├── write_ctx_reg(state, CTX_ELR_EL3, ep->pc)
                                       │                           └── write_ctx_reg(state, CTX_SPSR_EL3, ep->spsr)
                                       ├── console_flush
                                       └── //BL31 退出前準備工作
                                           bl31_plat_runtime_setup
                                  └── bl31_exit
```

▲ 圖 6-5 ATF 的啟動流程

上面是 Uboot 啟動前的所有步驟，為了便於理解整個過程，我們看看它的開機記錄。

```
U-Boot SPL 2022.04-dirty (Oct 13 2023 - 19:44:35 +0800)
SOC: 0xa1009300
LC: 0x2040010

M33 prepare ok

Normal Boot

Trying to boot from BOOTROM

Boot Stage: Primary boot

image offset 0x0, pagesize 0x200, ivt offset 0x0

Load image from 0x43000 by ROM_API

NOTICE:  BL31: v2.8(release):android-13.0.0_2.2.0-rc1-0-g1a3beeab6
NOTICE:  BL31: Built : 11:39:38, Aug  7 2023
```

6.2 Uboot 的初始化過程

現在我們知道了 SPL 和 ATF 的初始化，接下來就是 Uboot 的初始化。

6.2.1 Uboot 的啟動

board_init_r 是執行 Uboot 的關鍵函式，該函式定義在 common/board_r.c 中，主要作用是進行一些必要的初始化，然後根據相關的配置情況，讀取 Uboot，並啟動它。

```
void board_init_r(gd_t *new_gd, ulong dest_addr)
{
......
#ifdef CONFIG_NEEDS_MANUAL_RELOC
        int i;
#endif
......
        gd->flags &= ~GD_FLG_LOG_READY;
```

```c
#ifdef CONFIG_NEEDS_MANUAL_RELOC
        for (i = 0; i < ARRAY_SIZE(init_sequence_r); i++)
                init_sequence_r[i] += gd->reloc_off;
#endif

        if (initcall_run_list(init_sequence_r))
                hang();

        hang();
}
```

init_sequence_r 中儲存著一系列的初始化函式，initcall_run_list 確保了各系統初始化的順序執行。根據 CONFIG_XX 來啟用相應的驅動，最後 run_main_loop 進入迴圈。過程如下：

```c
static init_fnc_t init_sequence_r[] = {
        ......
        initr_barrier,
        // 初始化 gd 中與 malloc 相關的成員
        initr_malloc,
        //log 初始化
        log_init,
        initr_bootstage,
        ......
#ifdef CONFIG_DM
        // 初始化驅動模型相關
        initr_dm,
#endif
#ifdef CONFIG_ADDR_MAP
        initr_addr_map,
#endif
#if defined(CONFIG_ARM) || defined(CONFIG_NDS32) || defined(CONFIG_RISCV) || \
        defined(CONFIG_SANDBOX)
        // 板子初始化
        board_init,
#endif
        ......
        initr_dm_devices,
        stdio_init_tables,
        // 序列埠初始化
        serial_initialize,
        initr_announce,
#if CONFIG_IS_ENABLED(WDT)
        // 看門狗初始化
        initr_watchdog,
#endif
```

```
        ......
        // 通電
        power_init_board,
        ......
#ifdef CONFIG_MMC
        //mmc 初始化
        initr_mmc,
#endif
        ......
        // 序列埠
        console_init_r,
#ifdef CONFIG_DISPLAY_BOARDINFO_LATE
        console_announce_r,
        // 打印板子信息
        show_board_info,
#endif
        ......
        interrupt_init,
#if defined(CONFIG_MICROBLAZE) || defined(CONFIG_M68K)
        // 計時器
        timer_init,
#endif
#if defined(CONFIG_LED_STATUS)
        //led
        initr_status_led,
#endif
#ifdef CONFIG_CMD_NET
        // 網路
        initr_ethaddr,
#endif
        ......
        run_main_loop,
};
```

6.2.2 Uboot 驅動的初始化

從上面的程式可以知道，init_sequence_r 會根據巨集定義初始化相應的功能，這裡列出主要的幾個函式，如圖 6-6 所示。

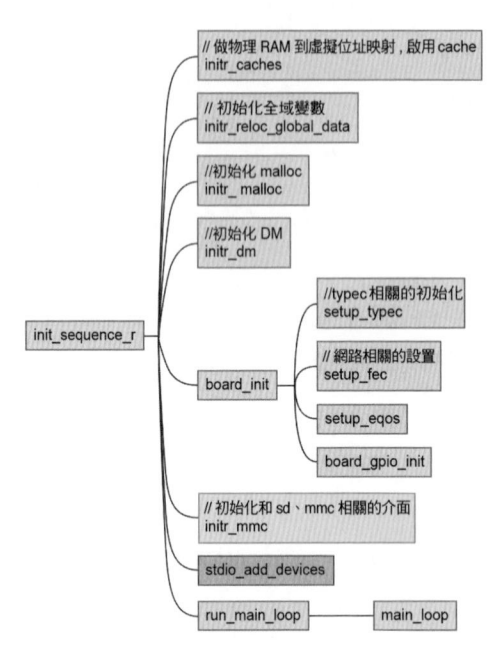

```
                              // 做物理 RAM 到虛擬位址映射，啟用 cache
                              initr_caches

                              // 初始化全域變數
                              initr_reloc_global_data

                              // 初始化 malloc
                              initr_ malloc

                              // 初始化 DM
                              initr_dm
                                                    //typec 相關的初始化
                                                    setup_typec
              init_sequence_r
                                                    // 網路相關的設置
                              board_init            setup_fec

                                                    setup_eqos

                                                    board_gpio_init

                              // 初始化和 sd、mmc 相關的介面
                              initr_mmc

                              stdio_add_devices

                              run_main_loop ────── main_loop
```

▲ 圖 6-6 init_sequence_r 初始化流程

這裡我們特別注意 mmc 和 net 驅動的初始化。

6.2.3 Uboot 的互動原理

Uboot 透過 run_main_loop 進入互動狀態。

```
static int run_main_loop(void)
{
#ifdef CONFIG_SANDBOX
        sandbox_main_loop_init();
#endif
        for (;;)
                main_loop();
        return 0;
}

void main_loop(void)
{
        const char *s;

        bootstage_mark_name(BOOTSTAGE_ID_MAIN_LOOP, "main_loop");

        if (IS_ENABLED(CONFIG_VERSION_VARIABLE))
```

6.2 Uboot 的初始化過程

```
       env_set("ver", version_string);
//hush shell 初始化
   cli_init();

   if (IS_ENABLED(CONFIG_USE_PREBOOT))
         run_preboot_environment_command();

   if (IS_ENABLED(CONFIG_UPDATE_TFTP))
         update_tftp(0UL, NULL, NULL);

   if (IS_ENABLED(CONFIG_EFI_CAPSULE_ON_DISK_EARLY))
         efi_launch_capsules();

// 處理延遲時間參數
   s = bootdelay_process();
// 若啟動延遲時間結束前，使用者輸入任意按鍵打斷啟動過程，則傳回
   if (cli_process_fdt(&s))
         cli_secure_boot_cmd(s);
// 否則啟動
   autoboot_command(s);

//cli_loop 傳回，說明使用者一段時間都沒有任何輸入
// 迴圈讀取主控台輸入的字元
   cli_loop();
   panic("No CLI available");
}
```

為了更容易理解，我們把上面的程式用圖 6-7 的流程圖來表示。

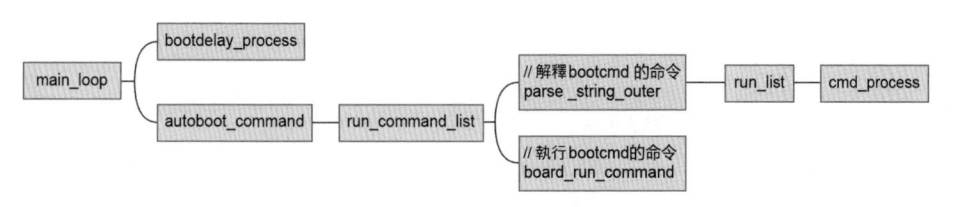

▲ 圖 6-7 main_loop 流程圖

Uboot 中有一個小巧的命令直譯器 hush shell，run_command_list 只是對 hush shell 中的函式 parse_string_outer 進行了一層封裝。parse_string_outer 函式呼叫了 bush_shell 的命令直譯器 parse_stream_outer 函式來解釋 bootcmd 的命令，而環境變數 bootcmd 的啟動命令用來設置 Kernel 必要的啟動環境，board_run_command 執行命令。

透過圖 6-7 可以知道，parse_string_outer 最終會呼叫 cmd_process 處理命令。Uboot 的每一個命令都是透過 U_BOOT_CMD 巨集定義的。

```
#define U_BOOT_CMD(name,maxargs,rep,cmd,usage,help) \

cmd_tbl_t __u_boot_cmd_##name Struct_Section = {#name, maxargs, rep, cmd, usage}
```

其中：

- name：命令的名稱，它不是一個字串，不能用雙引號括起來。
- maxargs：最大的參數個數。
- command：對應的函式指標。
- usage：一個字串，簡短的使用說明。
- help：一個字串，比較詳細的使用說明。

以啟動參數中的 booti 命令為例：

```
U_BOOT_CMD(
    booti,  CONFIG_SYS_MAXARGS, 1,  do_booti,
    "boot Linux kernel 'Image' format from memory", booti_help_text
);
```

bootm_headers 結構儲存了 os image 資訊、os 的入口、ramdisk 的起始位址、裝置樹位址和長度、cmdline 的起始位置（傳給核心）。

```
typedef struct bootm_headers {

    image_header_t  *legacy_hdr_os;      /* image header pointer */
    image_header_t  legacy_hdr_os_copy;  /* header copy */
    ulong           legacy_hdr_valid;

    image_info_t    os;     /* os image info */
    ulong           ep;     /* os 入口 */

    ulong           rd_start, rd_end;/* ramdisk 開始和結束位置 */

    char            *ft_addr;   /*裝置樹位址 */
    ulong           ft_len;     /*裝置樹長度 */

    ulong           initrd_start; /* initrd 開始位置 */
    ulong           initrd_end;   /* initrd 結束位置 */
    ulong           cmdline_start; /* cmdline 開始位置 */
    ulong           cmdline_end;   /* cmdline 結束位置 */
    struct bd_info      *kbd;

} bootm_headers_t;
```

image_info 標頭資訊儲存 kernel image 的起始位址和長度。

```c
typedef struct image_info {
 ulong start, end;/* blob 開始和結束位置 */
 ulong image_start, image_len;/* 鏡像起始位址（包括 blob）和長度 */
 ulong load;/* 系統鏡像載入位址 */
 uint8_t comp, type, os;/* 鏡像壓縮、類型、OS 類型 */
 uint8_t arch;/* CPU 架構 */
 } image_info_t;
```

i.MX9 的啟動參數和啟動指令稿如下：

```
"scriptaddr=0x43500000\0" \
    "kernel_addr_r=" __stringify(CONFIG_LOADADDR) "\0" \
    "bsp_script=boot.scr\0" \
    "image=Image\0" \
    "splashimage=0x50000000\0" \
    "console=ttymxc1,115200\0" \
    "fdt_addr_r=0x43000000\0"             \
    "fdt_addr=0x43000000\0"               \
    "boot_fdt=try\0" \
    "fdt_high=0xffffffffffffffff\0"       \
    "boot_fit=no\0" \
    "fdtfile=" CONFIG_DEFAULT_FDT_FILE "\0" \
    "bootm_size=0x10000000\0" \
    "mmcdev=" __stringify(CONFIG_SYS_MMC_ENV_DEV)"\0" \
    "mmcpart=" __stringify(CONFIG_SYS_MMC_IMG_LOAD_PART) "\0" \
    "mmcroot=" CONFIG_MMCROOT " rootwait rw\0" \
    "mmcautodetect=yes\0" \
    "mmcargs=setenv bootargs ${jh_clk} console=${console} root=${mmcroot}\0 " \
    "loadbootscript=fatload mmc ${mmcdev}:${mmcpart} ${loadaddr} ${bsp_script};\0" \
    "bootscript=echo Running bootscript from mmc ...; " \
        "source\0" \
    "loadimage=fatload mmc ${mmcdev}:${mmcpart} ${loadaddr} ${image}\0" \
    "loadfdt=fatload mmc ${mmcdev}:${mmcpart} ${fdt_addr_r} ${fdtfile}\0" \
    "mmcboot=echo Booting from mmc ...; " \
        "run mmcargs; " \
        "if test ${boot_fit} = yes || test ${boot_fit} = try; then " \
            "bootm ${loadaddr}; " \
        "else " \
            "if run loadfdt; then " \
                "booti ${loadaddr} - ${fdt_addr_r}; " \
            "else " \
                "echo WARN: Cannot load the DT; " \
            "fi; " \
        "fi;\0" \
    "netargs=setenv bootargs ${jh_clk} console=${console} " \
        "root=/dev/nfs " \
        "ip=dhcp nfsroot=${serverip}:${nfsroot},v3,tcp\0" \
```

```
        "netboot=echo Booting from net ...; " \
            "run netargs;   " \
            "if test ${ip_dyn} = yes; then " \
                "setenv get_cmd dhcp; " \
            "else " \
                "setenv get_cmd tftp; " \
            "fi; " \
            "${get_cmd} ${loadaddr} ${image}; " \
            "if test ${boot_fit} = yes || test ${boot_fit} = try; then " \
                "bootm ${loadaddr}; " \
            "else " \
                "if ${get_cmd} ${fdt_addr_r} ${fdtfile}; then " \
                    "booti ${loadaddr} - ${fdt_addr_r}; " \
                "else " \
                    "echo WARN: Cannot load the DT; " \
                "fi; " \
            "fi;\0" \
        "bsp_bootcmd=echo Running BSP bootcmd ...; " \
            "mmc dev ${mmcdev}; if mmc rescan; then " \
                "if run loadbootscript; then " \
                    "run bootscript; " \
                "else " \
                    "if run loadimage; then " \
                        "run mmcboot; " \
                    "else run netboot; " \
                    "fi; " \
                "fi; " \
            "fi;"
```

eMMC 啟動指令稿啟動的第一步，載入 kernel image，然後執行 mmcboot 函式。

```
"if run loadimage; then " \
        "run mmcboot; " \
```

loadimage 和 loadfdt 是從 eMMC 的指定位置讀取 image 和 dtb，image 位址存入變數 loadaddr，dtb 位址存入變數 fdt_addr_r。

```
loadimage=fatload mmc ${mmcdev}:${mmcpart} ${loadaddr} ${image}
loadfdt=fatload mmc ${mmcdev}:${mmcpart} ${fdt_addr_r} ${fdtfile}
```

mmcboot 函式的定義如下，由於定義了 boot_fit=no，所以 loadfdt 會先從 eMMC 載入 dtb，然後透過 booti 啟動 kernel image。

```
int do_booti(struct cmd_tbl *cmdtp, int flag, int argc, char *const argv[])
{
    int ret;
```

```
    argc--; argv++;

    if (booti_start(cmdtp, flag, argc, argv, &images))
        return 1;

    // 關閉中斷
    bootm_disable_interrupts();
    images.os.os = IH_OS_LINUX;
    images.os.arch = IH_ARCH_ARM64;

    ret = do_bootm_states(cmdtp, flag, argc, argv,
                BOOTM_STATE_OS_PREP | BOOTM_STATE_OS_FAKE_GO |
                BOOTM_STATE_OS_GO,
                &images, 1);

    return ret;
}
static int booti_start(struct cmd_tbl *cmdtp, int flag, int argc,
            char *const argv[], bootm_headers_t *images)
{
    int ret;
    ulong ld;
    ulong relocated_addr;
    ulong image_size;
    uint8_t *temp;
    ulong dest;
    ulong dest_end;
    unsigned long comp_len;
    unsigned long decomp_len;
    int ctype;
    // 呼叫函式 do_bootm_states，執行 BOOTM_STATE_START 階段
    ret = do_bootm_states(cmdtp, flag, argc, argv, BOOTM_STATE_START,
                images, 1);

    // 設置 images 的 ep 成員變數，也就是系統鏡像的進入點，使用 booti 命令啟動系統時就會設置
    // 系統在 DRAM 中的儲存位置，這個儲存位置就是系統鏡像的進入點，因此是 images->ep
    if (!argc) {
        ld = image_load_addr;
        debug("*  kernel: default image load address = 0x%08lx\n",
                image_load_addr);
    } else {
        ld = hextoul(argv[0], NULL);
        debug("*  kernel: cmdline image address = 0x%08lx\n", ld);
    }

    temp = map_sysmem(ld, 0);
```

```c
    ctype = image_decomp_type(temp, 2);
    if (ctype > 0) {
        dest = env_get_ulong("kernel_comp_addr_r", 16, 0);
        comp_len = env_get_ulong("kernel_comp_size", 16, 0);
        if (!dest || !comp_len) {
            puts("kernel_comp_addr_r or kernel_comp_size is not provided!\n");
            return -EINVAL;
        }
        if (dest < gd->ram_base || dest > gd->ram_top) {
            puts("kernel_comp_addr_r is outside of DRAM range!\n");
            return -EINVAL;
        }

        debug("kernel image compression type %d size = 0x%08lx address = 0x%08lx\n",
            ctype, comp_len, (ulong)dest);
        decomp_len = comp_len * 10;
// 解壓核心
        ret = image_decomp(ctype, 0, ld, IH_TYPE_KERNEL,
                (void *)dest, (void *)ld, comp_len,
                decomp_len, &dest_end);
        if (ret)
            return ret;
        /* dest_end 包含未解壓的 Image 大小 */
        memmove((void *) ld, (void *)dest, dest_end);
    }
    unmap_sysmem((void *)ld);
// 呼叫 bootz_setup 函式，此函式會判斷當前的系統鏡像檔案是否為 Linux 的鏡像檔案，
// 並且會列印出鏡像相關資訊
    ret = booti_setup(ld, &relocated_addr, &image_size, false);
    if (ret != 0)
        return 1;

    /* 處理 BOOTM_STATE_LOADOS */
    if (relocated_addr != ld) {
        printf("Moving Image from 0x%lx to 0x%lx, end=%lx\n", ld,
                relocated_addr, relocated_addr + image_size);
        memmove((void *)relocated_addr, (void *)ld, image_size);
    }
// 列印核心重定位資訊
    images->ep = relocated_addr;
    images->os.start = relocated_addr;
    images->os.end = relocated_addr + image_size;

    lmb_reserve(&images->lmb, images->ep, le32_to_cpu(image_size));

    // 呼叫函式 bootm_find_images 查詢 ramdisk 和裝置樹（dtb）檔案，但是我們沒有用到
    //ramdisk，因此此函式在這裡僅用於查詢裝置樹（dtb）檔案，此函式稍後也會講解
    if (bootm_find_images(flag, argc, argv, relocated_addr, image_size))
```

```
        return 1;

    return 0;
}
```

　　最終透過 armv8_switch_to_el2 函式，實現 Uboot 到 Kernel 的跳躍。暫存器 x0 存的是 images->ft_addr，x4 存的是 mages->ep，即 Kernel 的入口。如以下程式所示，透過指令 br x4 跳躍到 image->ep 這個位址執行。

```
ENTRY(armv8_switch_to_el2)
        switch_el x6, 1f, 0f, 0f
0:
        cmp x5, #ES_TO_AARCH64
        b.eq 2f

        bl armv8_el2_to_aarch32
2:

        br x4
1:      armv8_switch_to_el2_m x4, x5, x6
ENDPROC(armv8_switch_to_el2)
```

6.3　kernel 的初始化過程

　　image->ep 中存放著核心程式碼部分的起始位址，現在已經進入了核心的世界，下面從功能的角度分階段進入核心的啟動過程。

1. **硬體環境準備**——組合語言函式 _head，在 kernel/arch/arm64/kernel/head.S 中：

- 建立臨時分頁表。
- 開啟 MMU。

2. **軟體環境準備**——C 函式 start_kernel()，在 kernel/init/main.c 中：

- 多種初始化，比如：lock、irq/exception、clock/timer、memory、dts、vfs、 scheduler 等。
- 這裡函式都是用 __init 標記放在 init.section 區段中的，將來會被釋放掉。

3. **單執行緒變多執行緒**——C 函式 rest_init()，在 kernel/init/main.c 中：
- 啟動另外 2 個執行緒：kernel_init、kthreadd。
- 啟動排程器。
- 自身變為 idle 執行緒。

4. **單核心變多核心**——C 函式 kernel_init()/kernel_init_freeable()，在 kernel/init/main.c 中：
- 啟動 SMP 多核心。
- 啟動 SMP 排程。
- 初始化外接裝置驅動。
- 開啟 /dev/console。
- 建立使用者態 init 處理程序。

圖 6-8 簡單描述了各個階段和完成的核心功能。

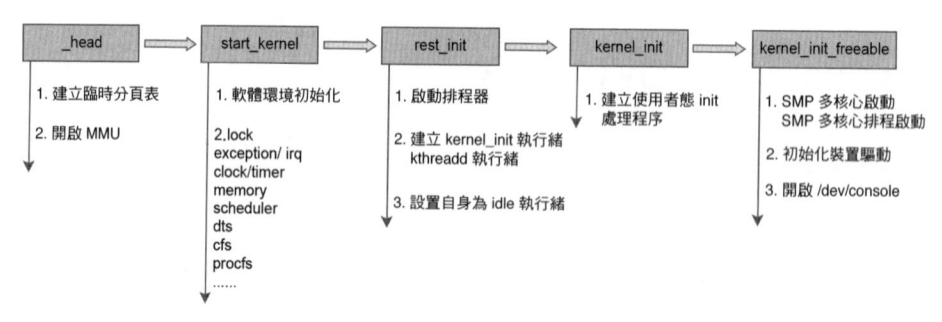

```
_head                start_kernel           rest_init              kernel_init            kernel_init_freeable
1. 建立臨時分頁表    1. 軟體環境初始化      1. 啟動排程器          1. 建立使用者態 init   1. SMP 多核心啟動
2. 開啟 MMU          2. lock                2. 建立 kernel_init       處理程序              SMP 多核心排程啟動
                        exception/ irq         執行緒                                       2. 初始化裝置驅動
                        clock/timer            kthreadd 執行緒                              3. 開啟 /dev/console
                        memory              3. 設置自身為 idle 執行緒
                        scheduler
                        dts
                        cfs
                        procfs
                        ......
```

▲圖 6-8 核心各個階段的初始化

　　核心中各個階段的初始化非常重要，包括內容很多，比如記憶體管理、處理程序管理、檔案系統、中斷管理和時鐘管理等。

6.3.1 核心執行的第一行程式

　　啟動 Linux 會啟動核心編譯後的檔案 vmlinux。vmlinux 是一個 ELF 檔案，按照 ./arch/ arm64/kernel/vmlinux.lds 設定的規則進行連結，vmlinux.lds 是

vmlinux.lds.S 編譯之後生成的。所以為了確定 vmlinux 核心的起始位址，先透過 vmlinux.lds.S 連結指令稿進行分析：

```
$ readelf -h vmlinux
ELF Header:
  Magic:   7f 45 4c 46 02 01 01 00 00 00 00 00 00 00 00 00
  Class:                             ELF64
  Data:                              2's complement, little endian
  Version:                           1 (current)
  OS/ABI:                            UNIX - System V
  ABI Version:                       0
  Type:                              DYN (Shared object file)
  Machine:                           AArch64
  Version:                           0x1
  Entry point address:               0xffff800010000000
  Start of program headers:          64 (bytes into file)
  Start of section headers:          494679672 (bytes into file)
  Flags:                             0x0
  Size of this header:               64 (bytes)
  Size of program headers:           56 (bytes)
  Number of program headers:         5
  Size of section headers:           64 (bytes)
  Number of section headers:         38
  Section header string table index: 37

$ readelf -l vmlinux

Elf file type is DYN (Shared object file)
Entry point 0xffff800010000000
There are 5 program headers, starting at offset 64

Program Headers:
  Type           Offset              VirtAddr            PhysAddr
                 FileSiz             MemSiz               Flags  Align
  LOAD           0x0000000000010000  0xffff800010000000  0xffff800010000000
                 0x0000000001beacdc  0x0000000001beacdc   RWE    10000
  LOAD           0x0000000001c00000  0xffff800011c00000  0xffff800011c00000
                 0x00000000000c899c  0x00000000000c899c   R E    10000
  LOAD           0x0000000001cd0000  0xffff800011cd0000  0xffff800011cd0000
                 0x0000000000876200  0x0000000000905794   RW     10000
  NOTE           0x0000000001bfaca0  0xffff800011beaca0  0xffff800011beaca0
                 0x000000000000003c  0x000000000000003c   R      4
  GNU_STACK      0x0000000000000000  0x0000000000000000  0x0000000000000000
                 0x0000000000000000  0x0000000000000000   RW     10
```

```
Section to Segment mapping:
 Segment Sections...
   00     .head.text .text .got.plt .rodata .pci_fixup __ksymtab __ksymtab_gpl __
ksymtab_strings __param __modver __ex_table .notes
   01     .init.text .exit.text .altinstructions
   02     .init.data .data..percpu .hyp.data..percpu .rela.dyn .data __bug_table
.mmuoff.data.write .mmuoff.data.read .pecoff_edata_padding .bss
   03     .notes
   04
```

透過上面的查詢可知，此 vmlinux 為一個 AArch64 架構平臺的 ELF 可執行檔，其程式的入口位址為 0xffff800010000000，此區段對應的 section 為 .head.text .text .got.plt……所以 vmlinux 的入口在 .head.text 文字區段。

■ .head.text 文字區段

透過 vmlinux.lds.S 找到 vmlinux 的入口函式：

```
#define RO_EXCEPTION_TABLE_ALIGN    8
#define RUNTIME_DISCARD_EXIT

#include <asm-generic/vmlinux.lds.h>
#include <asm/cache.h>
#include <asm/hyp_image.h>
#include <asm/kernel-pgtable.h>
#include <asm/memory.h>
#include <asm/page.h>

#include "image.h"

OUTPUT_ARCH(aarch64)
ENTRY(_text)
```

根據連結指令稿語法可以知道，OUTPUT_ARCH 關鍵字指定了連結之後的輸出檔案的系統結構是 aarch64。ENTRY 關鍵字指定了輸出檔案 vmlinux 的入口位址是 _text，因此只需找到 _text 的定義就可以知道 vmlinux 的入口函式。接下來的程式如圖 6-9 所示。

```
SECTIONS
{
    ......
        . = KIMAGE_VADDR;            當前段從 KIMAGE VADDR 開始，即0xffff800010000000
        .head .text : {
            _text = .;               這裡將 .head.text 段的位址設置為,，即前面的0xffff800010000000
            HEAD_TEXT
        }
        .text : ALIGN(SEGMENT_ALIGN) {
            _stext = .;
                    IRQENTRY_TEXT
                    SOFTIRQENTRY_TEXT
                    ENTRY_TEXT                把很多段，如 IRQENTRY_TEXT,SCHED_TEXT 等合成一個大的區段，
                    TEXT_TEXT                 都放在 0xffff800010000000 這個段中
                    SCHED_TEXT
                    LOCK_TEXT
                    KPROBES_TEXT
                    HYPERVISOR _TEXT
                    *(.gnu.warning)
        }
        ......
        idmap_pg_dir = . ;
        . += PAGE_SIZE;
#ifdef CONFIG_UNMAP_KERNEL_AT_EL0
        tramp_pg_dir = . ;
        . += PAGE_SIZE;
#endif
        reserved_pg_dir = . ;
        . += PAGE_SIZE;
        swapper_pg_dir = . ;
        . += PAGE_SIZE;
        ......
        . = ALIGN(PAGE_SIZE);
        init_pg_dir = . ;
        . += INIT_DIR _SIZE;
        init_pg_end = . ;
        ......
}
```

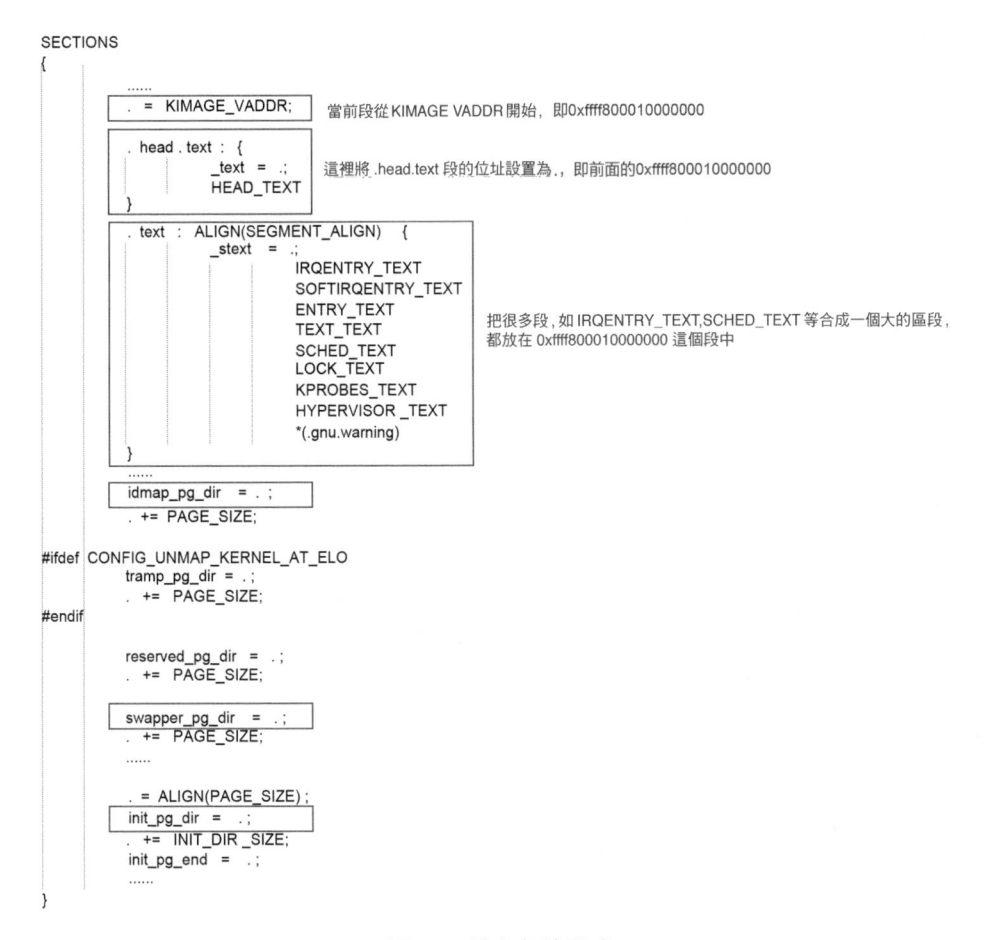

▲ 圖 6-9 核心起始程式

- 圖 6-9 中的巨集 HEAD_TEXT 定義在檔案 include/asm-generic/vmlinux. lds.S 中，其定義為 .head.text 文字區段。

- 圖 6-9 中的 idmap_pg_dir、init_pg_dir 是分頁表映射，idmap_pg_dir 是 identity mapping 用到的分頁表，init_pg_dir 是 kernel_image_mapping 用到的分頁表。

```
/* include/asm-generic/vmlinux.lds.h 文件 */
#define HEAD_TEXT KEEP(*(.head.text))

/* include/linux/init.h 文件 */
#define __HEAD .section ".head.text","ax"
```

```
/* include/asm-generic/vmlinux.lds.h 檔案 */
#define HEAD_TEXT KEEP(*(.head.text))

/* include/linux/init.h 檔案 */
#define  HEAD  .section  ".head.text" ," ax"
```

故轉向 arch/arm64/kernel/head.S 繼續執行。

```
        __HEAD
_head:
#ifdef CONFIG_EFI
        add     x13, x18, #0x16
        b       primary_entry
#else
        b       primary_entry
        .long   0
#endif
```

6.3.2 head.S 的執行過程

head.S 是進入核心的初始程式，下面進入正式的初始化流程：

```
SYM_CODE_START(primary_entry)
        bl      preserve_boot_args
        bl      el2_setup
        adrp    x23, __PHYS_OFFSET
        and     x23, x23, MIN_KIMG_ALIGN - 1
        bl      set_cpu_boot_mode_flag
        bl      __create_page_tables

        bl      __cpu_setup
        b       __primary_switch
SYM_CODE_END(primary_entry)
```

SYM_CODE_START 巨集定義如下：

```
#define SYM_CODE_START(name)                            \
SYM_START(name, SYM_L_GLOBAL, SYM_A_ALIGN)

#define SYM_L_GLOBAL(name)                      .globl name
#define SYM_A_ALIGN                             ALIGN

#define SYM_START(name, linkage, align...)              \
        SYM_ENTRY(name, linkage, align)
#define SYM_ENTRY(name, linkage, align...)              \
        linkage(name) ASM_NL                            \
```

```
        align ASM_NL                                          \
        name:
#define ASM_NL                  ;
```

因此 SYM_CODE_START(primary_entry) 可以轉為：

```
.globl primary_entry; ALIGN ;primary_entry:
```

下面我們來看看 primary_entry 的執行流程：

1. preserve_boot_args：將 bootloader 傳遞的 x0、x1、x2、x3 儲存到 boot_args 陣列中，其中 x0 儲存了 FDT 的位址，x1、x2、x3 為 0。

2. el2_setup：設定 core 啟動狀態，根據當前 CPU 處於 EL1 還是 EL2，對 CPU 進行設置，主要設置了端模式、VHE、GIC、計時器開啟等。

3. PHYS_OFFSET：將 PHYS_OFFSET 也就是 kernel 的入口連結位址 _text 儲存到 x23 中。

4. set_cpu_boot_mode_flag：將 CPU 啟動的模式儲存到全域變數 boot_cpu_mode 中。

5. create_page_tables：我們知道 idmap_pg_dir 是 identity mapping 用到的分頁表，init_pg_dir 是 kernel_image_mapping 用到的分頁表。這裡透過 create_page_tables 來填充這兩個分頁表。執行完 create_page_tables 後得到位址映射關係如下：

```
SYM_FUNC_START_LOCAL(__create_page_tables)
    mov x28, lr
    ......

    adrp    x0, idmap_pg_dir
    adrp    x3, __idmap_text_start      // __pa(__idmap_text_start)
    ......
    adrp    x5, __idmap_text_end
    ......

    adrp    x0, init_pg_dir
    mov_q   x5, KIMAGE_VADDR
    add x5, x5, x23
    mov x4, PTRS_PER_PGD
    adrp    x6, _end
```

```
        adrp    x3, _text
        sub x6, x6, x3
        add x6, x6, x5
    ......
SYM_FUNC_END(__create_page_tables)
```

6. __cpu_setup：為開啟 MMU，對 CPU 進行設置，包括設置 memory attribute 等。

7. __primary_switch：啟用 MMU，啟用之前會分別用 idmap_pg_dir 和 init_pag_dir 設置 TTBR0 和 TTBR1，它們分別是 kernel image 的一致性分頁表起始虛擬位址和 kernel image 分頁表的起始虛擬位址；將 kernel image 的 .rela.dyn 區段實現重定位。

為何用 idmap_pg_dir 初始化 TTBR0 呢？因為一致性映射表示物理位址與虛擬位址相同，由於 kernel image 的 idmap.text 區段位於物理位址 0x48000000 位址以下，對應虛擬位址空間處於使用者空間，因此需要用 idmap_pg_dir 初始化 TTBR0，這樣開啟 MMU 時就可以透過 TTBR0 來存取一致性分頁表了。

8. __primary_switched：主要完成了以下工作：

1）為 init 處理程序設置好堆疊位址和大小，將當前處理程序描述符號位址儲存到 sp_el0。

2）設置異常向量表基址暫存器。

3）將 FDT 位址儲存到 __fdt_pointer 變數。

4）將 kimage 的虛擬位址和物理位址的偏移儲存到 kimage_voffset。

5）執行 clear bss。

6）跳躍到 start_kernel。

初始化 init 處理程序的位址映射關係如圖 6-10 所示。

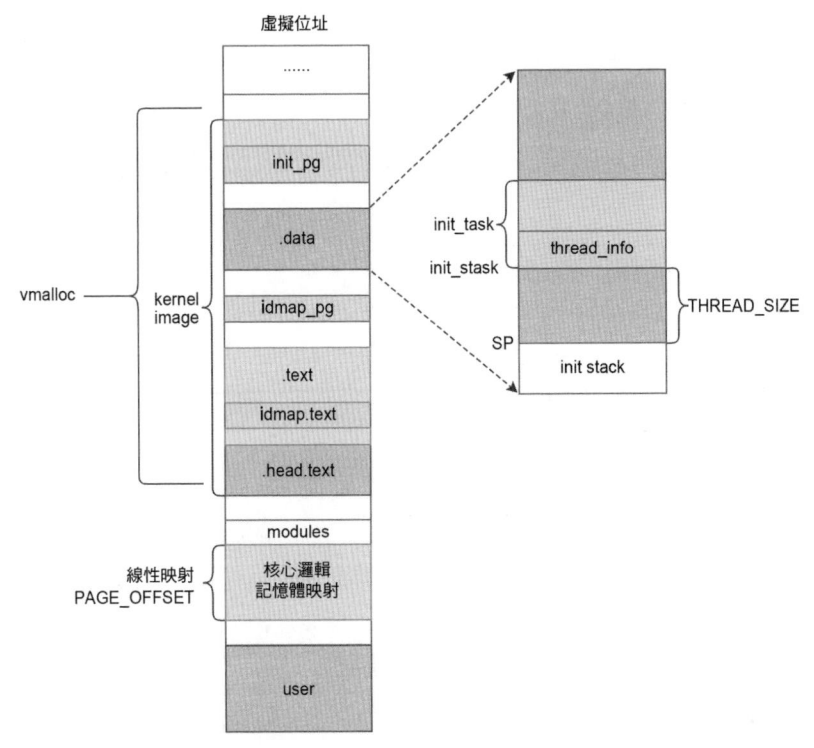

▲ 圖 6-10　init 處理程序的位址映射

最後，primary_entry 的執行過程用一張圖概括，如圖 6-11 所示。

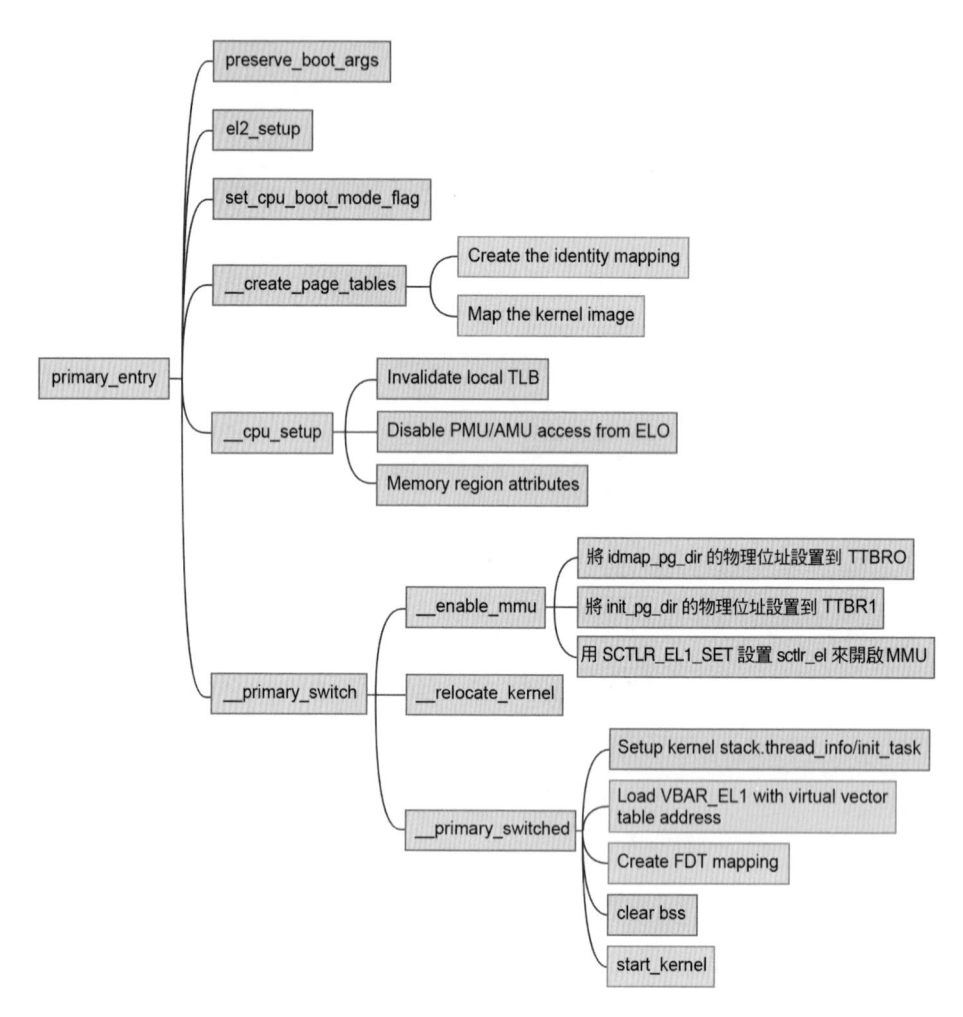

```
primary_entry
├── preserve_boot_args
├── el2_setup
├── set_cpu_boot_mode_flag
├── __create_page_tables
│   ├── Create the identity mapping
│   └── Map the kernel image
├── __cpu_setup
│   ├── Invalidate local TLB
│   ├── Disable PMU/AMU access from EL0
│   └── Memory region attributes
└── __primary_switch
    ├── __enable_mmu
    │   ├── 將 idmap_pg_dir 的物理位址設置到 TTBR0
    │   ├── 將 init_pg_dir 的物理位址設置到 TTBR1
    │   └── 用 SCTLR_EL1_SET 設置 sctlr_el 來開啟 MMU
    ├── __relocate_kernel
    └── __primary_switched
        ├── Setup kernel stack.thread_info/init_task
        ├── Load VBAR_EL1 with virtual vector table address
        ├── Create FDT mapping
        ├── clear bss
        └── start_kernel
```

▲ 圖 6-11　primary_entry 流程圖

6.3.3　內核子系統啟動的全過程

可以說核心的啟動從入口函式 start_kernel() 開始。在 init/main.c 檔案中，start_kernel 相當於核心的 main 函式。在這個函式裡，就是各種各樣初始化函式 XXXX_init。其中的主要流程有以下這些：

6.3 kernel 的初始化過程

```c
asmlinkage __visible void __init __no_sanitize_address start_kernel(void)
{
 char *command_line;
 char *after_dashes;

 set_task_stack_end_magic(&init_task);/* 設置任務堆疊結束魔術數，用於堆疊溢位檢測 */
 smp_setup_processor_id();/* 和 SMP 有關（多核心處理器），設置處理器 */
 debug_objects_early_init();/* 做一些和 debug 有關的初始化 */
 init_vmlinux_build_id();

 cgroup_init_early();/* cgroup 初始化，cgroup 用於控制 Linux 系統資源 */

 local_irq_disable();/* 關閉當前 CPU 中斷 */
 early_boot_irqs_disabled = true;

 /*
  * 中斷關閉期間做一些重要的操作，然後開啟中斷
  */
 boot_cpu_init();/* 和 CPU 有關的初始化 */
 page_address_init();/* 分頁地址相關的初始化 */
 pr_notice("%s", linux_banner);/* 列印 Linux 版本編號、編譯時間等資訊 */
 early_security_init();

 /* 系統架構相關的初始化，此函式會解析傳遞進來的
  * ATAGS 或裝置樹（DTB）檔案，會根據裝置樹裡
  * 的 model 和 compatible 這兩個屬性值來查詢
  * Linux 是否支援這個單板。此函式也會獲取裝置樹
  * 中 chosen 節點下的 bootargs 屬性值來得到命令列參數，
  * 也就是 Uboot 中的 bootargs 環境變數的值，
  * 獲取到的命令列參數會儲存到 command_line 中
  */
 setup_arch(&command_line);
 setup_boot_config();
 setup_command_line(command_line);/* 儲存命令列參數 */

 /* 如果只是 SMP（多核心 CPU），此函式用於獲取
  * 核心數量，CPU 核心數量儲存在變數 nr_cpu_ids 中
  */
 setup_nr_cpu_ids();
 setup_per_cpu_areas();/* 在 SMP 系統中有用，設置每個 CPU 的 per-CPU 資料 */
 smp_prepare_boot_cpu();
 boot_cpu_hotplug_init();

 build_all_zonelists(NULL);/* 建立系統記憶體分頁區（zone）鏈結串列 */
 page_alloc_init();/* 處理用於熱抽換 CPU 的分頁 */

 /* 列印命令列資訊 */
 pr_notice("Kernel command line: %s\n", saved_command_line);
 jump_label_init();
 parse_early_param();/* 解析命令列中的 console 參數 */
```

```c
......
  setup_log_buf(0);/* 設置 log 使用的緩衝區 */
  vfs_caches_init_early();  /* 預先初始化 vfs（虛擬檔案系統）的目錄項和索引節點快取 */
  sort_main_extable();/* 定義核心異常列表 */
  trap_init();/* 完成對系統保留中斷向量的初始化 */
  mm_init();/* 記憶體管理初始化 */
......
  sched_init();/* 初始化排程器，主要是初始化一些結構 */
......
  rcu_init();/* 初始化 RCU，RCU 全稱為 Read Copy Update（讀取 - 複製 - 修改） */

  trace_init();/* 追蹤偵錯相關初始化 */
......
  /* 初始中斷相關初始化，主要是註冊 irq_desc 結構變數，
   * 因為 Linux 核心使用 irq_desc 來描述一個中斷
   */
  early_irq_init();
  init_IRQ();/* 中斷初始化 */
  tick_init();/* tick 初始化 */
  rcu_init_nohz();
  init_timers();/* 初始化計時器 */
  srcu_init();
  hrtimers_init();/* 初始化高解析度計時器 */
  softirq_init();/* 軟中斷初始化 */
  timekeeping_init();
  time_init();/* 初始化系統時間 */
......
  local_irq_enable();/* 啟用中斷 */

  kmem_cache_init_late();/* slab 初始化，slab 是 Linux 記憶體分配器 */
......
  vfs_caches_init();/* 虛擬檔案系統快取初始化 */
  pagecache_init();
  signals_init();/* 初始化訊號 */
  seq_file_init();
  proc_root_init();/* 註冊並掛載 proc 檔案系統 */
  nsfs_init();
  /* 初始化 cpuset，cpuset 是將 CPU 和記憶體資源以邏輯性
   * 和層次性整合的一種機制，是 cgroup 使用的子系統之一
   */
  cpuset_init();
  cgroup_init();/* 初始化 cgroup */
  taskstats_init_early();/* 處理程序狀態初始化 */
......
  /* 呼叫 rest_init 函式 */
  /* 建立 init、kthread、idle 執行緒 */
  arch_call_rest_init();

  prevent_tail_call_optimization();
}
```

為了更清晰地看出主要有哪些函式，總結如圖 6-12 所示。

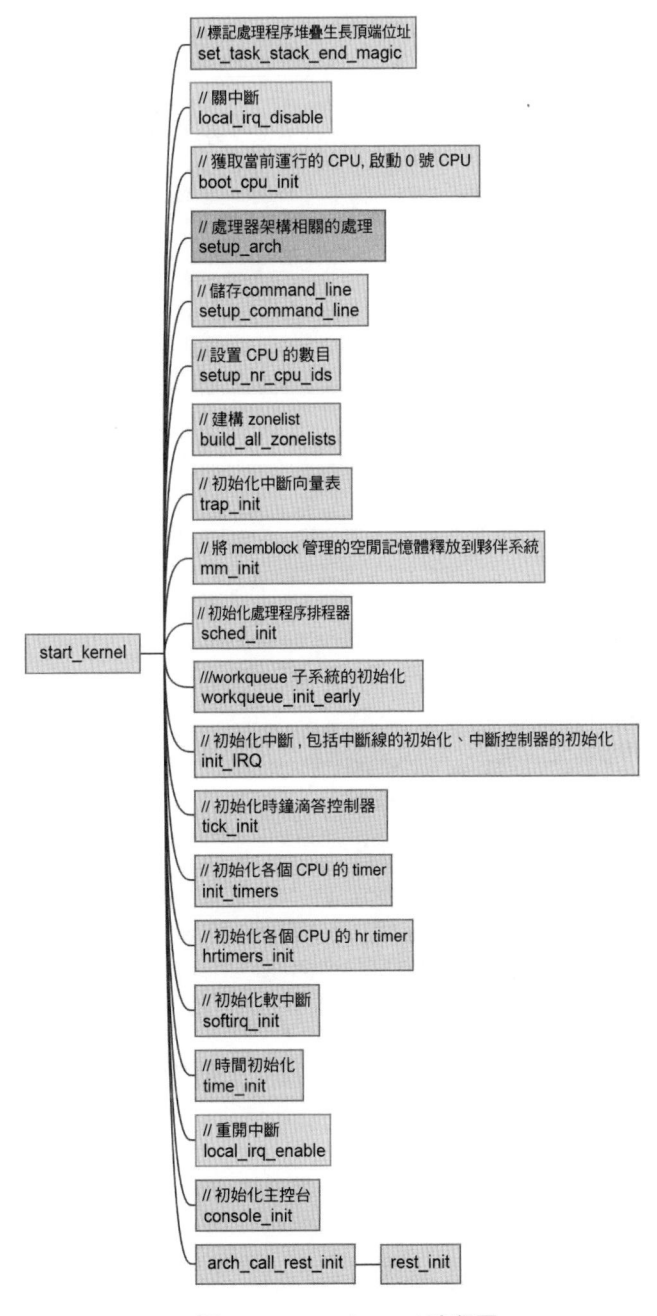

```
start_kernel ─┬─ // 標記處理程序堆疊生長頂端位址
              │   set_task_stack_end_magic
              │
              ├─ // 關中斷
              │   local_irq_disable
              │
              ├─ // 獲取當前運行的 CPU, 啟動 0 號 CPU
              │   boot_cpu_init
              │
              ├─ // 處理器架構相關的處理
              │   setup_arch
              │
              ├─ // 儲存 command_line
              │   setup_command_line
              │
              ├─ // 設置 CPU 的數目
              │   setup_nr_cpu_ids
              │
              ├─ // 建構 zonelist
              │   build_all_zonelists
              │
              ├─ // 初始化中斷向量表
              │   trap_init
              │
              ├─ // 將 memblock 管理的空閒記憶體放到夥伴系統
              │   mm_init
              │
              ├─ // 初始化處理程序排程器
              │   sched_init
              │
              ├─ ///workqueue 子系統的初始化
              │   workqueue_init_early
              │
              ├─ // 初始化中斷，包括中斷線的初始化、中斷控制器的初始化
              │   init_IRQ
              │
              ├─ // 初始化時鐘滴答控制器
              │   tick_init
              │
              ├─ // 初始化各個 CPU 的 timer
              │   init_timers
              │
              ├─ // 初始化各個 CPU 的 hr timer
              │   hrtimers_init
              │
              ├─ // 初始化軟中斷
              │   softirq_init
              │
              ├─ // 時間初始化
              │   time_init
              │
              ├─ // 重開中斷
              │   local_irq_enable
              │
              ├─ // 初始化主控台
              │   console_init
              │
              └─ arch_call_rest_init ── rest_init
```

▲ 圖 6-12 start_kernel 流程圖

■ setup_arch

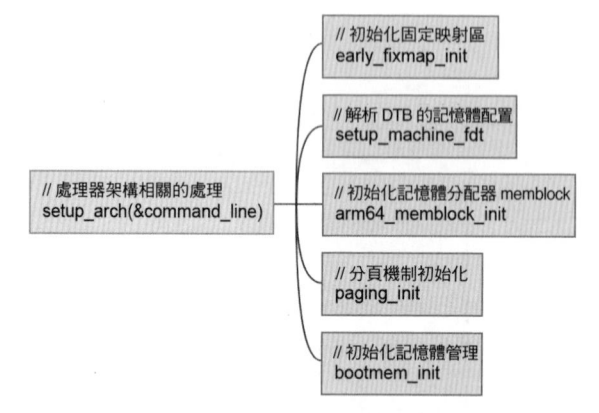

```
                                    // 初始化固定映射區
                                    early_fixmap_init

                                    // 解析 DTB 的記憶體配置
                                    setup_machine_fdt

  // 處理器架構相關的處理              // 初始化記憶體分配器 memblock
  setup_arch(&command_line)           arm64_memblock_init

                                    // 分頁機制初始化
                                    paging_init

                                    // 初始化記憶體管理
                                    bootmem_init
```

▲圖 6-13 setup_arch 流程圖

■ mm_init

記憶體初始化函式：

```
static void __init mm_init(void)
{
    ......
    page_ext_init_flatmem();
    init_mem_debugging_and_hardening();
    kfence_alloc_pool();
    report_meminit();
    kmsan_init_shadow();
    stack_depot_early_init();
    mem_init();
    mem_init_print_info();
    kmem_cache_init();
    ......
    page_ext_init_flatmem_late();
    kmemleak_init();
    pgtable_init();
    debug_objects_mem_init();
    vmalloc_init();
    if (early_page_ext_enabled())
        page_ext_init();
    init_espfix_bsp();
    pti_init();
    kmsan_init_runtime();
}
```

呼叫的函式功能基本如函式名稱所示，主要進行了以下初始化設置：

- page_ext_init_flatmem() 和 cgroup 的初始化相關，該部分是 Docker 技術的核心部分。
- mem_init() 初始化記憶體管理的夥伴系統。
- kmem_cache_init() 完成核心 slub 記憶體分配系統的初始化。
- pgtable_init() 完成分頁表初始化。
- vmalloc_init() 完成 vmalloc 的初始化。
- init_espfix_bsp() 和 pti_init() 完成 PTI（page table isolation）的初始化。

■ sched_init

　　sched_init() 用於初始化排程模組，處理程序排程器的初始化如圖 6-14 所示。Linux 核心實現了四種排程方式，一般情況下採用 CFS 排程方式。作為一個普適性的作業系統，必須考慮各種需求，不能只按照中斷優先順序或時間輪轉片來規定處理程序執行的時間。作為一個多使用者作業系統，必須考慮到每個使用者的公平性。不能因為一個使用者沒有高級許可權，就限制他的處理程序的執行時間，要考慮每個使用者擁有公平的時間。

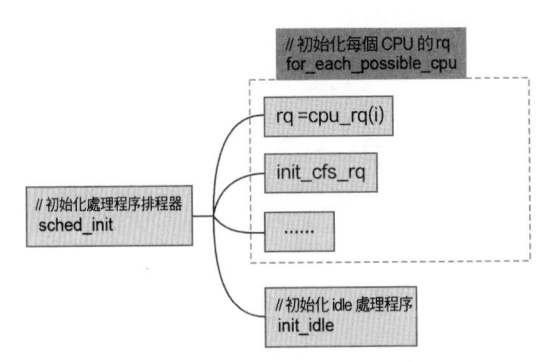

▲ 圖 6-14　處理程序排程器的初始化

■ init_IRQ

　　中斷初始化函式，初始化 IRQ 的函式呼叫關係如下：

```
init_IRQ() -> irqchip_init() -> of_irq_init()
```

在 of_irq_init() 中遍歷裝置樹，透過 __irq_of_table 進行匹配，匹配成功後進行 irq 初始化。查看裝置樹，找到 interrupt-controller 的 compatible 為 arm,gic-v3：

```
gic: interrupt-controller@48000000 {
  compatible = "arm,gic-v3";
  reg = <0 0x48000000 0 0x10000>,
        <0 0x48040000 0 0xc0000>;
  #interrupt-cells = <3>;
  interrupt-controller;
  interrupts = <GIC_PPI 9 IRQ_TYPE_LEVEL_HIGH>;
  interrupt-parent = <&gic>;
};
```

透過匹配，最終呼叫的驅動是 drivers/irqchip/irq-gic-v3.c。

■ tick_init

tick_init 函式主要用於初始化核心中的時鐘「tick」相關機制。在 Linux 核心中，tick 是一個週期性發生的事件，它通常與系統的時鐘中斷相關。每當 tick 發生時，核心會執行一系列的任務，如更新處理程序的執行時間、進行排程決策等。它會配置 tick 的速率（即 tick 的頻率），這通常取決於系統的硬體和配置。此外，它還會初始化與 tick 相關的資料結構和鎖，以確保 tick 事件在併發環境下能夠正確和安全地處理。

■ init_timers

init_timers 函式用於初始化核心中的計時器功能。計時器在 Linux 核心中是一種非常有用的工具，它允許核心在指定的時間間隔後或在某個特定事件發生時執行特定的任務。這個函式會初始化計時器所需的資料結構和佇列，並設置相關的處理函式。這些處理函式通常是由使用者提供的回呼函式，當計時器到期時，核心會呼叫這些函式來執行相應的任務。

與 init_timer 和 setup_timer 函式類似，init_timers 會遍歷並初始化多個計時器。這些計時器可能用於處理不同的任務，如網路逾時、磁碟 I/O 逾時等。

■ hrtimers_init

　　hrtimers_init 函式用於初始化核心中的高解析度計時器（High-Resolution Timers, hrtimers）。與普通的計時器相比，高解析度計時器提供了更高的時間解析度和準確性，這對於需要精確控制時間的應用程式或核心驅動非常重要。

■ softirq_init

　　softirq_init 函式用於初始化 Linux 核心中的軟中斷（softirq）處理機制。軟中斷是一種非同步的事件處理機制，用於處理一些延遲較長的任務，如網路中斷、計時器中斷等。它會使用 for_each_softirq 巨集來遍歷 softirq_vec 陣列，並將每個軟中斷類型對應的處理函式進行註冊。此外，它還可能使用 open_softirq 函式來動態分配記憶體並為 softirq_action 結構分配記憶體，並初始化其他成員變數。

■ time_init

　　time_init 函式是一個更廣義的時鐘和計時器初始化函式。它可能根據具體的硬體和配置，呼叫上述 tick_init、init_timers、hrtimers_init 等函式，並可能執行一些額外的初始化任務。這個函式的主要任務是初始化系統的時鐘源，並校準系統時間。在初始化過程中，它可能會暫停時鐘源，獲取當前時間，恢復時鐘源的執行，並對系統時間進行校準。這些操作有助確保系統時間的準確性和穩定性。

■ console_init

　　在這個函式初始化之前，你寫的所有核心列印函式 printk 都列印不出東西。在這個函式初始化之前，所有列印都會存在 buf 裡，此函式初始化以後，會將 buf 裡面的資料列印出來，你才能在終端看到 printk 列印的東西。

■ vfs_caches_init:

　　vfs_caches_init() -> mnt_init() -> init_rootfs() 用於初始化基於記憶體的檔案系統 rootfs。為了相容各種各樣的檔案系統，我們需要將檔案的相關資料結構和操作抽象出來，形成一個抽象層對上提供統一的介面，這個抽象層就是 VFS（Virtual File System，虛擬檔案系統）。

- rest_init:

    rest_init() 完成了兩件重要的事：

    1. 建立 1 號處理程序 kernel_init：核心態是 kernel_init，到使用者態是 init 處理程序，是使用者態所有處理程序的祖先。

    2. 建立 2 號處理程序 kthreadd：負責所有核心態的執行緒的排程和管理，是核心態所有執行緒執行的祖先。

第 7 章
裝置模型

Linux 核心中的裝置模型是一個核心元件，它透過對物理硬體資源進行抽象和統一管理，為核心提供了對系統硬體資源的有效組織和控制。裝置模型採用樹狀結構組織硬體裝置，將裝置、驅動程式和匯流排等概念統一表示，簡化了驅動程式的開發，提高了系統的靈活性和可維護性。此外，裝置模型還提供了諸如引用計數、熱抽換處理等輔助機制，並透過 sysfs 虛擬檔案系統為使用者空間程式提供了存取和管理核心裝置的介面。這些特性使得 Linux 系統能夠高效、安全地管理硬體資源，滿足各種應用場景的需求。

7.1 裝置模型的基石

裝置模型是一種抽象的、通用的裝置表示方法，它將硬體裝置的屬性、行為和介面封裝在一個統一的結構中，為驅動程式提供了一種標準化的方式來描述和操作硬體裝置。在 Linux 系統中，裝置模型透過核心中的 kobject 子系統、device 結構、device_class 結構等機制來實現，這些機制和結構共同定義了裝置類、裝置物件、裝置驅動以及裝置匯流排等概念，使得驅動程式能夠以統一的方式處理不同類型的硬體裝置。我們透過裝置模型是什麼、裝置模型如何實現，來了解是什麼組成了裝置模型的基石。

7.1.1 裝置模型是什麼

裝置模型指的是 Linux 作業系統中用於管理硬體裝置和驅動程式的結構和框架。它是 Linux 核心的一部分，用於抽象和管理電腦硬體資源，使其可以被使用者空間應用程式存取和使用。在 Linux 裝置模型中，每個硬體裝置都被表示為一個裝置物件，該物件包含裝置的特性、狀態和操作。裝置模型的核心資料結構是「裝置樹」，它是一個層次化的資料結構，用於描述系統中所有硬體裝置之間的關係和連接。

裝置模型提供了一種標準化的介面和機制，使裝置驅動程式可以註冊和與特定裝置進行互動。這樣，當應用程式需要存取裝置時，它們可以透過裝置模型來請求和使用裝置，而無須了解底層硬體的具體細節。裝置模型還有助簡化裝置驅動程式的撰寫和維護，提高了程式的可攜性。

總的來說，Linux 的裝置模型允許核心對硬體資源進行統一管理和抽象，提供了一種有效的方法來管理和操作各種硬體裝置，從而為使用者空間應用程式提供了一個統一的硬體存取介面。在 Linux 裝置模型中，裝置、驅動、匯流排組織成拓撲結構，透過 sysfs 檔案系統以目錄結構進行展示與管理。sysfs 檔案系統提供了一種使用者與核心資料結構進行互動的方式，可以透過 mount -t sysfs sysfs /sys 進行掛載。

Linux 裝置模型中，匯流排負責裝置和驅動的匹配，裝置與驅動都掛在某一個匯流排上，當它們進行註冊時由匯流排負責完成匹配，進而回呼驅動的 probe 函式。SoC 系統中有 spi、i2c、pci 等實體匯流排用於外接裝置的連接，而針對整合在 SoC 中的外接裝置控制器，Linux 核心提供一種虛擬匯流排 platform 用於這些外接裝置控制器的連接，此外，platform 匯流排也可用於沒有實體匯流排的外接裝置。以圖 7-1 為例，在 /sys 目錄下，bus 用於存放各類匯流排，其中會存放掛載在該匯流排上的驅動和裝置，比如 serial8250，devices 存放了系統中的裝置資訊，class 針對不同的裝置進行分類。

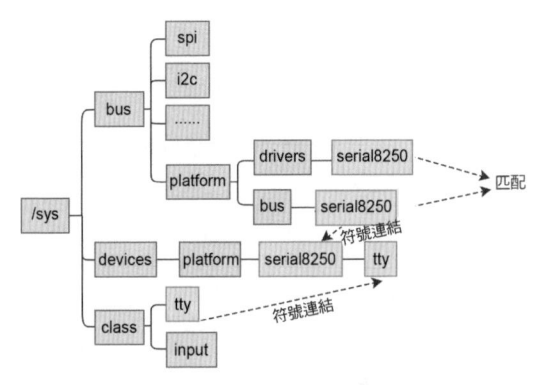

▲ 圖 7-1 裝置模型資訊

7.1.2 裝置模型的實現

在 Linux 裝置模型中，kset、kobject 和 ktype 是實現裝置模型的三個重要概念，它們組成了裝置模型的基石。

- kset（裝置集合）：kset 是一組相關裝置物件（kobject）的集合。它允許將相關的裝置物件組織在一起，形成層次結構，方便裝置的管理和查詢。kset 本身是一個資料結構，用於表示裝置物件的容器。一個 kset 中的裝置物件可以包含在另一個 kset 中，從而形成裝置物件的樹形結構。

```
struct kset {
    struct list_head list;          /* 包含在 kset 內的所有 kobject 組成一個雙向鏈結串列 */
    spinlock_t list_lock;
    struct kobject kobj;            /* 歸屬於該 kset 的所有 kobject 的共有 parent */
    const struct kset_uevent_ops *uevent_ops;    /* kset 的 uevent 操作函式集，當
kset 中的 kobject 有狀態變化時，會回呼這個函式集，以便 kset 增加新的環境變數或過濾某些
uevent，如果一個 kobject 不屬於任何 kset，是不允許發送 uevent 的 */
} __randomize_layout;
```

- kobject（裝置物件）：kobject 是 Linux 裝置模型中用於表示裝置的基本資料結構。每個裝置都有一個對應的 kobject 結構，它包含了裝置的屬性、狀態和指向裝置驅動程式的指標等資訊。kobject 提供了一種通用的方式來管理和存取裝置，允許裝置驅動程式透過標準化的介面與裝置進行互動，而不必了解底層硬體的具體細節。

```
struct kobject {
 const char       *name;                /* 名稱，對應 sysfs 下的目錄 */
 struct list_head entry;                /* kobject在sysfs中的狀態,在目錄中建立則為1,
否則為 0*/
 struct kobject   *parent;              /* 指向當前 kobject 父物件的指標,表現在 sys 中
就是包含當前 kobject 物件的目錄物件 */
 struct kset      *kset;                /* 當前 kobject 物件所屬的集合 */
 struct kobj_type *ktype;               /* 當前 kobject 物件的類型 */
 struct kernfs_node *sd;                /* VFS 檔案系統的目錄項,是裝置和檔案之間的橋樑,
sysfs 中的符號連結是透過 kernfs_node 內的聯合體實現的 */
 struct kref      kref;                 /* kobject 的引用計數,當計數為 0 時,回呼之前註
冊的 release 方法釋放該物件 */
#ifdef CONFIG_DEBUG_KOBJECT_RELEASE
 struct delayed_work release;
#endif
 unsigned int state_initialized:1;      /* 初始化標識位元,初始化時被置位 */
 unsigned int state_in_sysfs:1;         /* kobject在sysfs中的狀態,在目錄中建立則為1,
否則為 0 */
 unsigned int state_add_uevent_sent:1;       /* 增加裝置的 uevent 事件是否發送標識,
增加裝置時向使用者空間發送 uevent 事件,請求新增裝置 */
 unsigned int state_remove_uevent_sent:1;    /* 刪除裝置的 uevent 事件是否發送標識,
刪除裝置時向使用者空間發送 uevent 事件,請求卸載裝置 */
 unsigned int uevent_suppress:1;        /* 是否忽略上報（不上報 uevent） */
};
```

- ktype（裝置類型）：ktype 是一個資料結構，定義了一組操作函式，用於處理特定類型的裝置物件。每個裝置物件都與一個特定的 ktype 相連結，使得裝置物件能夠透過 ktype 提供的操作函式來處理裝置的讀取、寫入、初始化等操作。

```
struct kobj_type {
 void (*release)(struct kobject *kobj);                  /* 釋放 kobject 物件的介面,有點類似物
件導向中的析構 */
 const struct sysfs_ops *sysfs_ops;                      /* 操作 kobject 的方法集 */
 struct attribute **default_attrs;
 const struct kobj_ns_type_operations *(*child_ns_type)(struct kobject *kobj);
 const void *(*namespace)(struct kobject *kobj);
};

struct sysfs_ops {         /* kobject 操作函式集 */
 ssize_t (*show)(struct kobject *, struct attribute *, char *);
 ssize_t (*store)(struct kobject *, struct attribute *, const char *, size_t);
};
```

/* 所謂的 attribute 就是核心空間和使用者空間進行資訊互動的一種方法,例如某個 driver 定義了一個變數,卻希望使用者空間程式可以修改該變數,以控制 driver 的行為,那麼可以將該變數以

```
sysfs attribute 的形式開放出來 */
struct attribute {
 const char    *name;
 umode_t    mode;
#ifdef CONFIG_DEBUG_LOCK_ALLOC
 bool    ignore_lockdep:1;
 struct lock_class_key *key;
 struct lock_class_key skey;
#endif
};
```

這些概念一起組成了 Linux 裝置模型的核心，允許核心對硬體裝置進行統一的管理和抽象。裝置驅動程式透過註冊 ktype，建立 kobject，並將 kobject 增加到適當的 kset 中，從而將裝置物件納入裝置模型。然後，使用者空間應用程式可以透過 /sys 目錄下的虛擬檔案系統或 ioctl() 系統呼叫等方式來存取和配置裝置物件，實現對硬體裝置的控制和操作。這種模組化的裝置模型使得 Linux 核心具有良好的可擴充性和靈活性，能夠支援各種類型的硬體裝置。我們來看一下 kobject 建立的時候，與 ktype 的關係，具體如圖 7-2 所示，這樣理解起來更順。

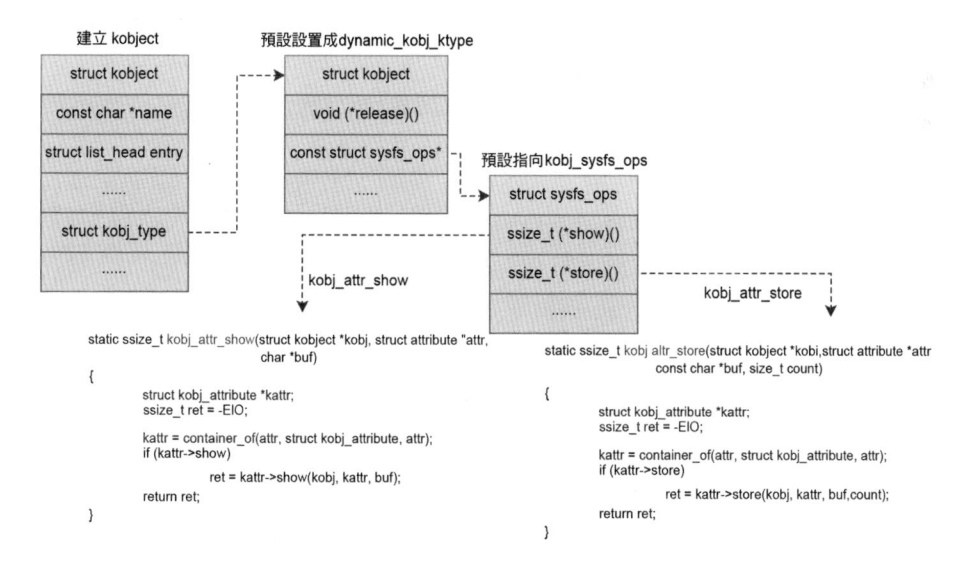

▲圖 7-2 資料結構之間的關係

kobject 在建立的時候，預設設置 kobj_type 的值為 dynamic_kobj_ktype，通常 kobject 會嵌入在其他結構中來使用，因此它的初始化跟特定的結構相關，典型的比如 struct device 和 struct device_driver。熟悉驅動的讀者應該知道，在 /sys 檔案系統中，透過 echo/cat 的操作，最終會呼叫 show/store 函式，而這兩個函式的具體實現可以放到驅動程式中，本質上就是呼叫了 kobject 和 ktype 的關係。

kset 既是 kobject 的集合，本身又是一個 kobject，進而可以增加到其他集合中，從而就可以建構複雜的拓撲結構，滿足 /sys 資料夾下的檔案組織需求。因為 struct device 和 struct device_driver 結構中都包含了 struct kobject，而 struct bus_type 結構中包含了 struct kset 結構，所以這個也就對應到下文即將提到的裝置和驅動都增加到匯流排上，由匯流排來負責匹配。

kobject/kset 的相關程式比較簡單，畢竟它只是作為一個結構嵌入其他結構中，充當樞紐的作用。關於如何透過 kobject/kset 實現裝置模型，參見圖 7-3。

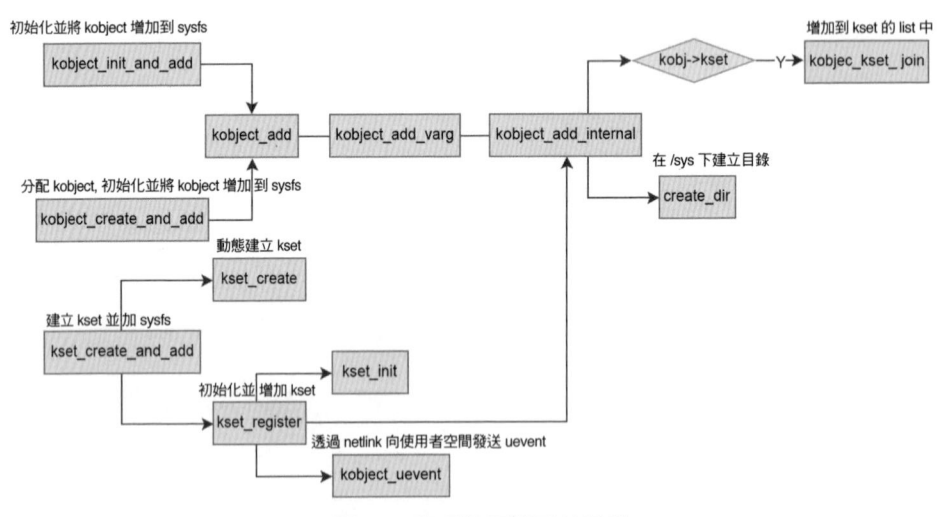

▲圖 7-3 實現裝置模型的過程

（主要是增加到 kset 的 list 中、parent 的指向等）等，看懂了結構的組織，這部分的程式理解起來就很輕鬆了。

7.2 裝置模型的探究

現在我們知道了裝置模型的實現原理，至於核心為什麼要實現裝置模型的設計，它有什麼好處，這裡將一一展開講解。

7.2.1 匯流排、裝置和驅動模型

如果把匯流排、裝置和驅動模型之間的關係比喻成生活中的例子是容易理解的。舉個例子，插座安靜地嵌在牆面上，無論裝置是電腦還是手機，插座都能完成它的使命——充電，沒有說為了滿足各種裝置充電而去更換插座的。其實這就是軟體工程強調的高內聚、低耦合概念。所謂高內聚就是模組內各元素聯繫越緊密就代表內聚性越高，模組間聯繫越不緊密就代表耦合性低。所以高內聚、低耦合強調的就是內部要緊緊抱團。裝置和驅動就是基於這種規則去實現彼此隔離的。高內聚、低耦合的軟體模型好理解，但是裝置和驅動為什麼要採用這種模型呢？這是個好問題。下面進入今天的話題——匯流排、裝置和驅動模型的探究。

設想一個叫 GITCHAT 的網路卡，它需要接在 CPU 的內部匯流排上，需要位址匯流排、資料匯流排和控制匯流排以及中斷 pin 腳等，如圖 7-4 所示。

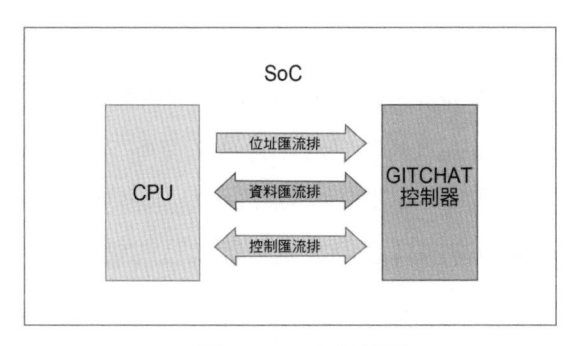

▲圖 7-4 SoC 內部圖

那麼在 GITCHAT 的驅動裡需要定義 GITCHAT 的基底位址、中斷編號等資訊。假設 GITCHAT 的基底位址為 0x0001，中斷編號是 2，那麼對應的程式可以是：

```c
#define GITCHAT_BASE 0x0001
#define GITCHAT_INTERRUPT 2

int gitchat_send()
{
    writel(GITCHAT_BASE + REG, 1);
    ......
}

int gitchat_init()
{
    request_init(GITCHAT_INTERRUPT, ...);
    ......
}
```

但是世界上的硬體板子千千萬，有三星、華為、飛思卡爾……每個硬體板子的資訊也都不一樣，站在驅動的角度看，當每次重新換板子的時候，GITCHAT_BASE 和 GITCHAT_INTERRUPT 就不再一樣，那驅動程式也要隨之改變。這樣的話一萬個開發板要寫一萬個驅動了，這就用到前面提到的高內聚、低耦合的應用場景。

驅動想以不變應萬變的姿態，也就是通用的方法調配各種裝置連接，就要實現裝置驅動模型。我們可以認為驅動不會因為 CPU 的改變而改變，它應該是跨平臺的。自然像「#define GITCHAT_BASE 0x0001，#define GITCHAT_INTERRUPT 2」這樣描述和 CPU 相關資訊的程式不應該出現在驅動裡。

現在 CPU 電路板等級資訊和驅動分開的需求已經刻不容緩。但是基底位址、中斷號等電路板等級資訊始終和驅動是有一定聯繫的，因為驅動畢竟要取出基底位址、中斷編號等資訊。怎麼取得這些資訊呢？有一種方法是 GITCHAT 驅動滿世界去詢問各個板子：請問你的基底位址是多少？中斷編號是多少？如圖 7-5 所示，細心的讀者會發現這仍然是一種耦合的情況。

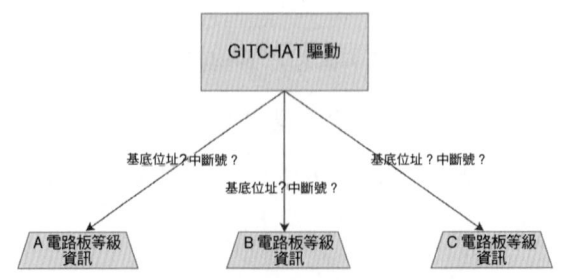

▲ 圖 7-5 驅動尋找電路板等級資訊

熟悉軟體工程的讀者肯定立刻想到能不能設計一個類似介面轉接器的類別（adapter）去調配不同的電路板等級資訊，這樣板子上的基底位址、中斷編號等資訊都在一個 adapter 裡去維護，然後驅動透過這個 adapter 不同的 API 去獲取對應的硬體資訊。沒錯，Linux 核心裡就是運用了這種設計思想去對裝置和驅動進行調配隔離的，只不過在核心裡不叫作調配層，而取名為匯流排，意為透過這個匯流排去把驅動和對應的裝置綁定在一起，如圖 7-6 所示。

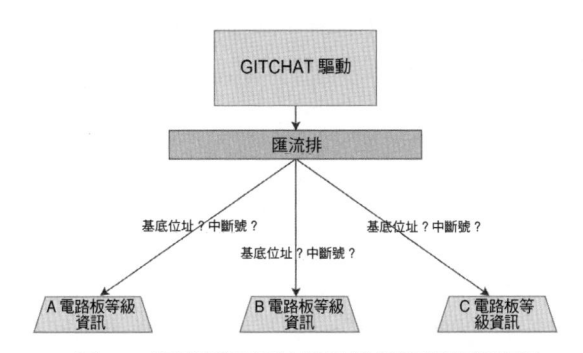

▲圖 7-6 驅動透過匯流排尋找電路板等級資訊

基於這種設計思想，Linux 把裝置驅動分為了匯流排、裝置和驅動三個實體，這三個實體在核心裡的職責分別如表 7-1 所示。

▼表 7-1 匯流排、裝置和驅動在核心裡的職責

實體	功能	程式
裝置	描述及位址、中斷編號、時鐘、DMA、重置等資訊	archvarm arch/xxx 等
驅動	完成外接裝置的功能，如網路卡收發送封包、音效卡錄放、SD卡讀寫	drivers/net sound等
匯流排	完成裝置和驅動的連結	drivers/base/platform.c drivers/pcipci-driver.c 等

模型設計好後，下面來看具體驅動的實踐。首先把板子的硬體資訊填入裝置端，然後讓裝置向匯流排註冊，這樣匯流排就間接地知道了裝置的硬體資訊。比如一個板子上有一個 GITCHAT，先向匯流排註冊：

```
static struct resource gitchat_resource[] = {
```

```
    {
            .start = ...,
            .end = ...,
            .flags = IORESOURCE_MEM
    }
......
};

static struct platform_device gitchat_device = {
    .name = "gitchat";
    .id = 0;
    .num_resources = ARRAY_SIZE(gitchat_resource);
    .resource = gitchat_resource,
};

static struct platform_device *ip0x_device __initdata = {
    &gitchat_device,    ...
};

static ini __init ip0x_init(void)
{
    platform_add_devices(ip0x_device, ARRAY_SIZE(ip0x_device));
}
```

現在 platform 匯流排自然知道了板子上關於 GITCHAT 裝置的硬體資訊，一旦註冊了 GITCHAT 的驅動，匯流排就會把驅動和裝置綁定起來，從而驅動就獲得了基底位址、中斷編號等電路板等級資訊。匯流排存在的目的就是把裝置和對應的驅動綁定，讓核心成為該是誰的就是誰的的和諧世界，有點像我們生活中的紅娘，把有緣人透過紅線牽在一起。裝置註冊匯流排的程式範例看完了，下面來看驅動註冊匯流排的程式範例：

```
static int gitchat_probe(struct platform_device *pdev)
{
    ......
    db->addr_res = platform_get_resource(pdev, IORESOURCE_MEM, 0);
    db->data_res = platform_get_resource(pdev, IORESOURCE_MEM, 1);
    db->irq_res  = platform_get_resource(pdev, IORESOURCE_IRQ, 2);
    ......
}
```

從程式中看到驅動是透過匯流排 API 介面 platform_get_resource 取得電路板等級資訊的，這樣驅動和裝置之間就實現了高內聚、低耦合的設計，無論裝置怎麼換，驅動都可以「歸然不動」。

看到這裡，可能有些喜歡探究本質的讀者又要問了，裝置向匯流排註冊了電路板等級資訊，驅動也向匯流排註冊了驅動模組，但匯流排是怎麼做到驅動和裝置匹配的呢？接下來就講講裝置和驅動是怎麼透過 platform 匯流排進行「聯姻」的。

```c
static int platform_match(struct device *dev, struct device_driver *drv)
{
        struct platform_device *pdev = to_platform_device(dev);
        struct platform_driver *pdrv = to_platform_driver(drv);

        if (pdev->driver_override)
                return !strcmp(pdev->driver_override, drv->name);

        if (of_driver_match_device(dev, drv))
                return 1;

        if (acpi_driver_match_device(dev, drv))
                return 1;

        if (pdrv->id_table)
                return platform_match_id(pdrv->id_table, pdev) != NULL;

        return (strcmp(pdev->name, drv->name) == 0);
}
```

由上可知，platform 匯流排下的裝置和驅動是透過名稱進行匹配的，先去查看 platform_ driver 的 id_table 表中各個名稱與 platform_device->name 名稱是否相同，如果相同則匹配成功，不同則匹配失敗。

相信透過上面的學習，大家對於裝置、驅動透過匯流排來匹配的模型已經有所了解。如果寫程式，應該是圖 7-7 所示結構。

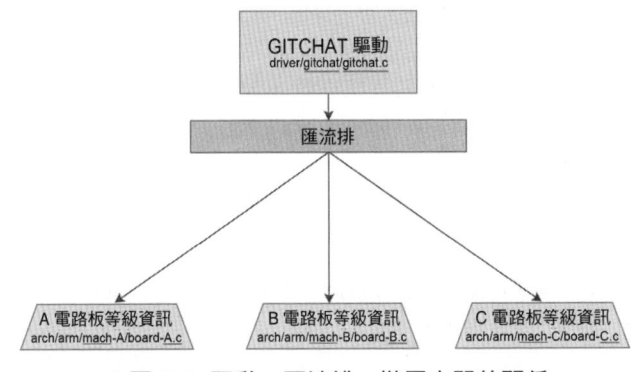

▲ 圖 7-7 驅動、匯流排、裝置之間的關係

從圖 7-7 可以看出，最底層是不同板子的電路板等級檔案程式，中間層是核心的匯流排，最上層是對應的驅動。現在描述電路板等級的程式已經和驅動解耦了，這也是 Linux 裝置驅動模型最早的實現機制，但隨著時代的發展，就像人類的貪婪促進了社會的進步一樣，開發人員對這種模型有了更高的要求。雖然驅動和裝置解耦了，但是天下裝置千千萬，如果每次裝置的需求改動都要去修改 board-xxx.c 裝置檔案，這樣下去，有太多的電路板等級檔案需要維護。完美的 Linux 怎麼會允許這樣的事情存在，於是，裝置樹就登上了歷史舞臺，接下來探討裝置樹的實現原理和用法。

7.2.2 裝置樹的出現

上面說過裝置樹（DTS）的出現是為了解決核心中大量的電路板等級檔案程式，透過裝置樹可以像應用程式裡的 XML 語言一樣很方便地對硬體資訊進行配置。其實裝置樹在 2005 年就已經在 PowerPC Linux 裡出現了，由於裝置樹的方便性，慢慢地被廣泛應用到 ARM、MIPS、x86 等架構上。為了理解裝置樹出現的好處，先來看在裝置樹之前採用的是什麼方式。

關於硬體的描述資訊之前一般放在一個個類似 arch/xxx/mach-xxx/board-xxx.c 的檔案中，比如對應的電路板等級程式如下所示：

```
static struct resource gitchat_resource[] = {
    {
        .start = 0x20100000 ,
        .end = 0x20100000 +1,
        .flags = IORESOURCE_MEM
        ......
        .start = IRQ_PF IRQ_PF 15 ,
        .end = IRQ_PF IRQ_PF 15 ,
        .flags = IORESOURCE_IRQ | IORESOURCE_IRQ_HIGHEDGE
    }
};

static struct platform_device gitchat_device = {
    .name name ="gitchat",
    .id = 0,
    .num_resources num_resources = ARRAY_SIZE(gitchat_resource),
    .resource = gitchat_resource,
};
```

```
static struct platform_device *ip0x_devices[] __initdata ={
    &gitchat_device,
};

static int __init ip0x_init(void)
{
    platform_add_devices(ip0x_devices, ARRAY_SIZE(ip0x_devices));
}
```

一個很小的位址獲取，我們就要寫大量的類似程式，當年 Linus 看到核心裡有大量的類似程式，很是生氣，於是在 Linux 郵寄清單裡發了一封郵件，才有了現在的裝置樹概念，至於裝置樹的出現到底帶來了哪些好處，先來看裝置樹的檔案：

```
eth:eth@ 4,c00000 {
    compatible ="csdn, gitchat";
    reg =<
        4 0x00c00000 0x2
        4 0x00c00002 0x2
    >;
    interrupt-parent =<&gpio 2>;
    interrupts=<14 IRQ_TYPE_LEVEL_LOW>;
    ……
};
```

從程式中可看到對於 GITCHAT 這個網路卡的驅動、暫存器、中斷編號和上一層 gpio 節點都被清晰描述。比圖 7-7 最佳化了很多，也容易維護了很多。這樣就形成了裝置在 dts 檔案裡，驅動在自己的檔案裡的關係圖，如圖 7-8 所示。

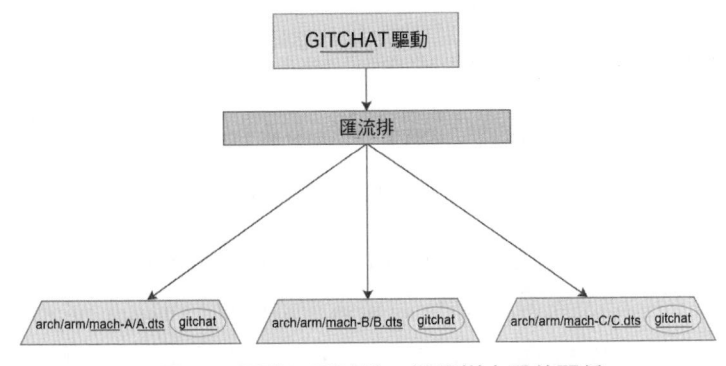

▲圖 7-8 驅動、匯流排、裝置樹之間的關係

從圖 7-8 中可以看出 A、B、C 三個板子都含有 GITCHAT 裝置樹檔案，這樣對於 GITCHAT 驅動寫一份就可以在 A、B、C 三個板子裡共用。從圖 7-8 裡不難看出，其實裝置樹的出現在軟體模型上相對於之前並沒有太大的改變，裝置樹的出現主要在裝置維護上有了更上一層樓的提高，此外，在核心編譯上使核心更精簡，鏡像更小。

裝置樹 A.dts、B.dts、C.dts 裡都包含裝置樹 gitchat，那麼裝置樹和裝置樹之間到底是什麼關係，有著哪些依賴和聯繫？先看裝置樹之間的關係圖，如圖 7-9 所示。

除了裝置樹（dts）外，還有 dtsi 檔案，就像程式裡的標頭檔一樣，是不同裝置樹共有的裝置檔案，這不難理解，但值得注意的是，如果 dts 和 dtsi 裡都對某個屬性進行定義，底層覆蓋上層的屬性定義。這樣的好處是什麼呢？假如你要做一區塊電路板，電路板裡有很多模組是已經存在的，這樣就可以像包含標頭檔一樣直接把共通性的 dtsi 檔案包含進來，這樣可以大大減少工作量，後期也可以對類似模組再次利用。

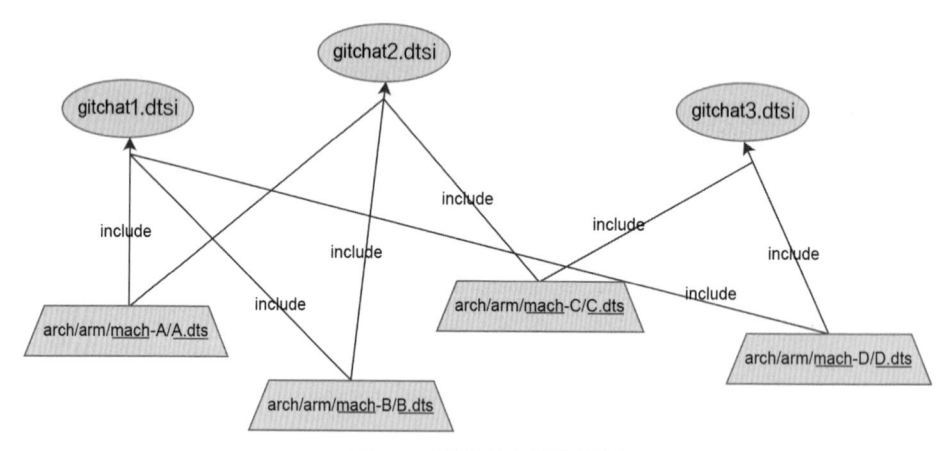

▲ 圖 7-9 裝置樹之間的關係

有了理論，在具體的工程裡如何做裝置樹呢？這裡介紹三大法寶：文件、指令稿和程式。文件是對各種 node 的描述，位於核心 documentation/devicetree/bingdings/arm/ 下，指令稿就是裝置樹 dts，程式就是你要寫的裝置程式，一般位於 arch/arm/ 下。以後在寫裝置程式的時候可以用這種方法，絕對事半功倍。很多上層應用程式開發者沒有核心開發的經驗，一直覺得核心很神秘，其實可以換一種想法來看核心。相信上層應用程式開發者最熟悉的就是各種 API，工作中可以說就是和 API 打交道。核心也可以想像成各種 API，只不過是核心態的 API。這裡裝置檔案就是根據各種核心態的 API 來呼叫裝置樹裡的電路板等級資訊：

- struct device_node *of_find_node_by_phandle(phandle handle);
- struct device_node *of_get_parent(const struct device_node_ *node);
- of_get_child_count()
- of_property_read_u32_array()
- of_property_read_u64()
- of_property_read_string()
- of_property_read_string_array()
- of_property_read_bool()

具體的用法這裡不做進一步的解釋，大家可以查詢資料或存取官網。

下面對裝置樹做個總結，裝置樹可以總結為三大作用。一是平臺標識，所謂平臺標識就是電路板等級辨識，讓核心知道當前使用的是哪個開發板，這裡辨識的方式是根據 root 節點下的 compatible 欄位來匹配。二是執行時期配置，就是在核心啟動的時候 ramdisk 的配置，比如 bootargs 的配置、ramdisk 的起始和結束位址。三是裝置資訊集合，這也是最重要的資訊，集合了各種裝置控制器，接下來的實踐部分會重點應用這一作用。

7.2.3 各級裝置的展開

核心啟動的時候是一層一層展開地去尋找裝置的，裝置樹之所以叫裝置樹也是因為裝置在核心中的結構就像樹一樣，從根部一層一層地向外展開，為了更形象地理解，下面來看圖 7-10。

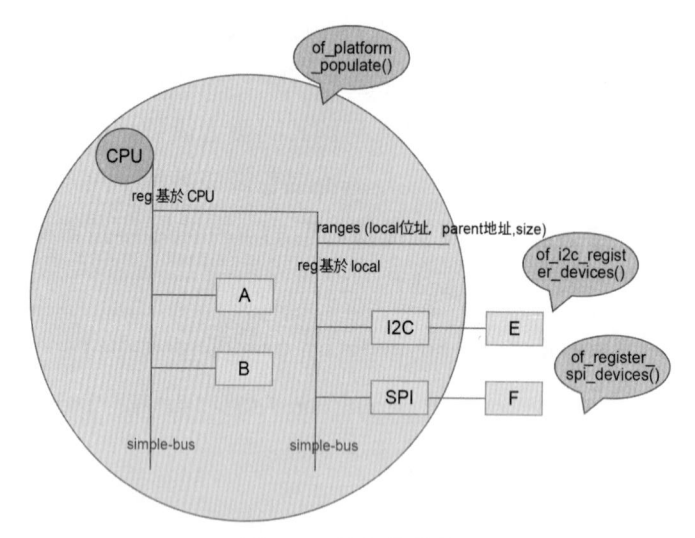

▲ 圖 7-10 核心啟動過程

圖 7-10 中大的圓圈內就是我們常說的 SoC，包括 CPU 和各種控制器 A、B、I2C、SPI。SoC 外面接了外接裝置 E 和 F。IP 外接裝置有具體的匯流排，如I2C匯流排、SPI匯流排，對應的I2C裝置和 SPI裝置就掛在各自的匯流排上，但是在 SoC 內部只有系統匯流排，是沒有具體匯流排的。

7.2.1 節中講了匯流排、裝置和驅動模型的原理，即任何驅動都是透過對應的匯流排和裝置發生聯繫的，故雖然 SoC 內部沒有具體的匯流排，但是核心透過 platform 這條虛擬匯流排，把控制器一個一個找到，一樣遵循了核心高內聚、低耦合的設計理念。下面我們按照 platform 裝置、i2c 裝置、spi 裝置的順序探究裝置是如何一層一層展開的。

■ 1. 展開 platform 裝置

在圖 7-10 中可以看到紅色字型標注的 simple-bus（簡單匯流排），這些就是連接各類控制器的匯流排，在核心裡即為 platform 匯流排，掛載的裝置為 platform 裝置。下面看 platform 裝置是如何展開的。

前面講核心初始化的時候講過一個叫作 init_machine() 的回呼函式，如果你在電路板等級檔案裡註冊了這個函式，那麼在系統啟動的時候這個函式會被呼叫，如果沒有定義，則會透過呼叫 of_platform_populate() 來展開掛在 simple-bus 下的裝置，如圖 7-11 所示（分別位於 kernel/arch/arm/kernel/setup.c，kernel/drivers/of/platform.c）：

```
int of_platform_default_populate(struct device_node *root,
                const struct of_dev_auxdata *lookup,
                struct device *parent)
{
    return of_platform_populate(root, of_default_bus_match_table, lookup,
                    parent);
}

const struct of_device_id of_default_bus_match_table[] = {
    { .compatible = "simple-bus", },
    { .compatible = "simple-mfd", },
    { .compatible = "isa", },
#ifdef CONFIG_ARM_AMBA
    { .compatible = "arm,amba-bus", },
#endif /* CONFIG_ARM_AMBA */
    {} /* Empty terminated list */
};
```

▲圖 7-11 of_platform_populate 函式

這樣就把 simple-bus 下面的節點一個一個地展開為 platform 裝置。

■ 2. 展開 i2c 裝置

有經驗的讀者知道在寫 i2c 控制器的時候肯定會呼叫 i2c_register_adapter() 函式，該函式的實現以下（kernel/drivers/i2c/i2c-core.c），如圖 7-12 所示。

```
static int i2c_register_adapter(struct i2c_adapter *adap)
{
    int res = -EINVAL;

    /* Can't register until after driver model init */
    if (WARN_ON(!is_registered)) {
        res = -EAGAIN;
        goto out_list;
    }
    ......
    of_i2c_register_devices(adap);
    i2c_acpi_install_space_handler(adap);
    i2c_acpi_register_devices(adap);
    ......
}
```

▲圖 7-12 i2c_register_adapter 函式

註冊函式的最後有一個函式 of_i2c_register_devices(adap)，實現如圖 7-13 所示。

第 7 章 裝置模型

```
void of_i2c_register_devices(struct i2c_adapter *adap)
{
    ......
    for_each_available_child_of_node(bus, node) {
        if (of_node_test_and_set_flag(node, OF_POPULATED))
            continue;
        client = of_i2c_register_device(adap, node);
        ......
    }
    of_node_put(bus);
}
```

▲圖 7-13　of_i2c_register_devices(adap) 函式

device() 函式把 i2c 控制器下的裝置註冊進去。

■ 3. 展開 spi 裝置

spi 裝置的註冊和 i2c 裝置一樣，在 spi 控制器下遍歷 spi 節點下的裝置，然後透過相應的註冊函式進行註冊，只是和 i2c 註冊的 API 介面不一樣，圖 7-14 列出了具體的程式（kernel/drivers/spi/spi.c）：

```
int spi_register_controller(struct spi_controller *ctlr)
{
    ......
    of_register_spi_devices(ctlr);
    ......
}

static void of_register_spi_devices(struct spi_controller *ctlr)
{
    struct spi_device *spi;
    struct device_node *nc;

    if (!ctlr->dev.of_node)
        return;

    for_each_available_child_of_node(ctlr->dev.of_node, nc) {
        if (of_node_test_and_set_flag(nc, OF_POPULATED))
            continue;
        spi = of_register_spi_device(ctlr, nc);
        if (IS_ERR(spi)) {
            dev_warn(&ctlr->dev,
                "Failed to create SPI device for %pOF\n", nc);
            of_node_clear_flag(nc, OF_POPULATED);
        }
    }
}
```

▲圖 7-14　spi_register_controller 函式

當透過 spi_register_controller 註冊 spi 控制器的時候會透過 of_register_spi_devices 來遍歷 spi 匯流排下的裝置，從而註冊。這樣就完成了 spi 裝置的註冊。

第 8 章

裝置樹原理

裝置樹在 Linux 核心中的重要性，就如同建築師的藍圖在建造高樓大廈過程中的作用一樣。它詳細描述了硬體裝置的結構、配置和連接關係，為核心提供了一份精確的「說明書」，使得核心能夠正確地辨識、初始化和使用各種硬體裝置，從而建構起一個穩定、高效的執行環境。

8.1 裝置樹的基本用法

裝置樹（Device Tree）是一種層次化、物件導向的硬體描述資料結構，它起源於 OpenFirmware（OF）標準，用於描述系統中的硬體規格。在 Linux 作業系統中，特別是在 Linux 2.6 及後續版本中，ARM 架構的電路板等級硬體詳情原先被大量強制寫入在核心原始程式碼的 arch/arm/plat-xxx 和 arch/arm/mach-xxx 目錄下。這種強制寫入的方式導致了核心程式容錯、不易維護和移植性差等問題。

為了解決這些問題，Linux 核心引入了裝置樹的概念，並提供了相關的解析機制。透過裝置樹，硬體的詳細資訊，如裝置位址、中斷編號、暫存器配置等，可以以文字或二進位的形式儲存在裝置樹原始檔案（.dts 或 .dtb）中。在 Linux 核心啟動時，它會解析裝置樹原始檔案，並根據其中的資訊來配置和初始化硬體裝置。

透過採用裝置樹，許多硬體的細節可以直接透過裝置樹原始檔案傳遞給 Linux 核心，而不再需要在核心原始程式碼中進行大量的強制寫入。這種方式極大地簡化了核心程式，提高了核心的可維護性和可攜性。同時，裝置樹也為硬體抽象層（HAL）提供了基礎，使得 Linux 核心能夠更進一步地支援各種硬體平臺和裝置。

8.1.1 裝置樹的結構

先拋開語法本身，我們先用方片圖的形式理解裝置樹表達的是什麼。圖 8-1 所示的是一個範例，描述了一片板子，上面有一個中斷控制器 gic、計時器 timer，還有一顆 soc， soc 下面透過三個 aips 系統匯流排連著不同的裝置，比如 edma、system_counter、wdog、 iomuxc、clk、src，以及高速裝置網路卡控制器 fec、cameradev、顯示控制器 lcdif 等。

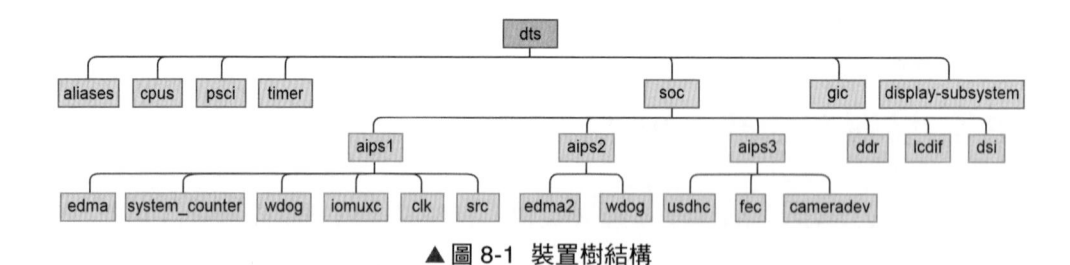

▲ 圖 8-1 裝置樹結構

首先，裝置樹是一個樹狀結構，那麼，樹狀結構的層次結構是由什麼決定的？答案是：首先看匯流排的主從關係，其次看硬體的包含關係。具體來說就是：

1. SoC 的所有外接裝置都在 ARM 位址空間內可被定址（AHB 匯流排和 APB 匯流排，這裡用 aips 表示），因此 edma、wdog、iomux 和 clk 等外接裝置節點都是 soc 的子節點。

2. lcdif 等顯示裝置沒有基於匯流排，直接掛在 soc 下面，它只是便於人類物件導向程式設計的。因此，這裡的 lcdif 就根據硬體的包含關係，直接掛在 soc 下面即可。

dts 可以引用其他 .dts 或 .dtsi。這樣電路板級 dts 就可以引用廠商寫好的晶片級 dtsi，從而減少撰寫 dts 的工作量。

```
#include <dt-bindings/usb/pd.h>
#include "imx93.dtsi"
```

dts 也可以引用 C 語言標頭檔，從而使用裡面的巨集定義和列舉值：

```
#include <dt-bindings/clock/imx93-clock.h>
#include <dt-bindings/gpio/gpio.h>
#include <dt-bindings/input/input.h>
#include <dt-bindings/interrupt-controller/arm-gic.h>
#include <dt-bindings/power/fsl,imx93-power.h>
#include <dt-bindings/thermal/thermal.h>

#include "imx93-pinfunc.h"
```

裝置樹中 dts、dtc 和 dtb 的關係如下所示：

- dts：.dts 檔案是裝置樹的原始檔案。由於一個 SoC 可能對應多個裝置，這些 .dts 檔案可能包含很多共同的部分，共同的部分一般被提煉為一個 .dtsi 檔案，這個檔案相當於 C 語言的標頭檔。
- dtc：DTC 是將 .dts 編譯為 .dtb 的工具，相當於 gcc。
- dtb：.dtb 檔案是 .dts 被 DTC 編譯後的二進位格式的裝置樹檔案，它可以被 Linux 核心解析。

8.1.2 裝置樹的語法

裝置樹原始檔案也是需要根據一定規則來撰寫的，和 C 語言一樣，也要遵循一些語法規則，如果大家有興趣可以去官網下載，位置在「規格 - 裝置樹」下。下面簡單看一下裝置樹的原始程式結構及語法，如圖 8-2 所示。

`/dts-v1/;` 版本

```
#include <dt-bindings/usb/pd.h>   包含 C 標頭檔
#include "imx93.dtsi"             包含裝置樹標頭檔

/ {   根節點
    model = "NXP i.MX93 11X11 EVK board";
    compatible = "fsl,imx93-11x11-evk", "fsl,imx93";
```
根節點的屬性

```
chosen {
        stdout-path = &lpuart1;
};
```
子節點 1

```
reserved-memory {
        ......
};
```
子節點 2

```
};
```

```
&cm33 {
        mbox-names = "tx", "rx", "rxdb";
        mboxes = <&mu1 0 1>,
                 <&mu1 1 1>,
                 <&mu1 3 1>;
        memory-region = <&vdevbuffer>, <&vdev0vring0>, <&vdev0vring1>,
                        <&vdev1vring0>, <&vdev1vring1>, <&rsc_table>;
        fsl,startup-delay-ms = <500>;
        status = "okay";
};
```
子節點 3

▲ 圖 8-2 裝置樹語法

接下來我們看看裝置樹的節點格式。節點格式：

`label: node-name@unit-address`

其中：

label：標號

node-name：節點名稱 unit-address：單元位址

label 是標號，可以省略。label 的作用是為了方便地引用 node。比如：

```
sai3: sai@42660000 {
    compatible = "fsl,imx93-sai";
    reg = <0x42660000 0x10000>;
    interrupts = <GIC_SPI 171 IRQ_TYPE_LEVEL_HIGH>;
    clocks = <&clk IMX93_CLK_SAI3_IPG>, <&clk IMX93_CLK_DUMMY>,
        <&clk IMX93_CLK_SAI3_GATE>,
        <&clk IMX93_CLK_DUMMY>, <&clk IMX93_CLK_DUMMY>;
    clock-names = "bus", "mclk0", "mclk1", "mclk2", "mclk3";
    dmas = <&edma2 61 0 1>, <&edma2 60 0 0>;
    dma-names = "rx", "tx";
    status = "disabled";
};
```

可以使用以下方法對 sai@42660000 這個節點，新加一些屬性：

```
&sai3 {
    pinctrl-names = "default";
    pinctrl-0 = <&pinctrl_sai3>;
    assigned-clocks = <&clk IMX93_CLK_SAI3>;
    assigned-clock-parents = <&clk IMX93_CLK_AUDIO_PLL>;
    assigned-clock-rates = <12288000>;
    fsl,sai-mclk-direction-output;
    status = "okay";
};
```

理解了節點格式，再來看節點下面的屬性格式。

■ **屬性格式**

簡單來講，屬性就是「name=value」，value 有多種設定值方式。範例如下：

- 一個 32 位元的資料，用大於小於符號包圍起來，如：

```
interrupts = <17 0xc>;
```

- 一個 64 位元資料（使用 2 個 32 位元資料表示），用大於小於符號包圍起來，如：

```
clock-frequency = <0x00000001 0x00000000>;
```

- 有結束符號的字串，用雙引號包圍起來，如：

```
compatible = "simple-bus";
```

- 位元組序列，用中括號包圍起來，如：

```
local-mac-address = [00 00 12 34 56 78]; // 每個位元組使用 2 個十六進位數來表示
local-mac-address = [000012345678];      // 每個位元組使用 2 個十六進位數來表示
```

- 可以是各種值的組合，用逗點隔開，如：

```
compatible = "ns16550", "ns8250";
example = <0xf00f0000 19>, "a strange property format";
```

- compatible 屬性

compatible 表示相容，對於某個 LED，核心中可能有 A、B、C 三個驅動都支援它，那麼可以這樣寫：

```
led {
 compatible = "A", "B", "C";
};
```

核心啟動時，就會為這個 LED 按這樣的優先順序找到驅動程式 A、B、C。

- model 屬性

model 屬性與 compatible 屬性有些類似，但是有差別。compatible 屬性是一個字串清單，表示可以你的硬體相容 A、B、C 等驅動；model 用來準確地定義這個硬體是什麼。

比如根節點中可以這樣寫：

```
model = "NXP i.MX93 11X11 EVK board";
compatible = "fsl,imx93-11x11-evk", "fsl,imx93";
```

它表示這個單板可以相容核心中的「fsl,imx93-11x11-evk」，也相容「fsl,imx93」。從 compatible 屬性中可以知道它相容哪些板，但是它到底是什麼板，用 model 屬性來明確。

- status 屬性

status 屬性看名稱就知道是和裝置狀態有關的，status 屬性值也是字串，字串是裝置的狀態資訊，可選的狀態如表 8-1 所示。

▼ 表 8-1　status 屬性值

值	描述
"okay"	表明裝置是可操作的
"disabled"	表明裝置當前是不可操作的，但是在未來可以變為可操作的，比如熱抽換設備插入以後。至於 disabled 的具體含義還要看裝置的綁定文件
"fail"	表明裝置不可操作，裝置檢測到了一系列的錯誤，而且裝置也不大可能變得可操作
"fail-sss"	含義和 "fail" 相同，後面的 sss 部分是檢測到的錯誤內容

- #address-cells 和 #size-cells 屬性格式：

address-cells：address 要用多少個 32 位數來表示。

size-cells：size 要用多少個 32 位數來表示。

比如一段記憶體，怎樣描述它的起始位址和大小？下例中，address-cells 為 1，所以 reg 中用 1 個數來表示位址，即用 0x80000000 來表示位址；size-cells 為 1，所以 reg 中用 1 個數來表示大小，即用 0x20000000 表示大小。

```
/ {
    #address-cells = <1>;
    #size-cells = <1>;
    memory {
     reg = <0x80000000 0x20000000>;
    };
};
```

- reg 屬性

reg 屬性的值，是一系列的「address size」，用多少個 32 位元的數來表示 address 和 size，由其父節點的 #address-cells、#size-cells 決定。範例：

```
/dts-v1/;
/ {
    #address-cells = <1>;
    #size-cells = <1>;
    memory {
     reg = <0x80000000 0x20000000>;
    };
};
```

- 根節點

用 / 標識根節點，如：

```
/ {
    model = "NXP i.MX93 11X11 EVK board";
    compatible = "fsl,imx93-11x11-evk", "fsl,imx93";
};
```

- CPU 節點一般不需要我們設置，在 dtsi 檔案中已定義如：

```
cpus {
    #address-cells = <1>;
    #size-cells = <0>;

    idle-states {
        entry-method = "psci";

        cpu_pd_wait: cpu-pd-wait {
            compatible = "arm,idle-state";
            arm,psci-suspend-param = <0x0010033>;
            local-timer-stop;
            entry-latency-us = <10000>;
            exit-latency-us = <7000>;
            min-residency-us = <27000>;
            wakeup-latency-us = <15000>;
```

```
            };
        };

        A55_0: cpu@0 {
            device_type = "cpu";
            compatible = "arm,cortex-a55";
            reg = <0x0>;
            enable-method = "psci";
            #cooling-cells = <2>;
            cpu-idle-states = <&cpu_pd_wait>;
        };
    ......
};
```

- memory 節點

晶片廠商不可能事先確定你的板子使用多大的記憶體，所以 memory 節點需要板廠設置，比如：

```
memory {
        reg = <0x00 0x80000000 0x00 0x80000000>;
        device_type = "memory";
};
```

- chosen 節點

我們可以透過裝置樹檔案給核心傳入一些參數，這要在 chosen 節點中設置 bootargs 屬性：

```
chosen {
        bootargs = "console=ttyLP0,115200 earlycon root=/dev/mmcblk1p2
        rootwait rw";
};
```

8.2 裝置樹的解析過程

我們來看看核心是如何把裝置樹解析成所需的 device_node 的。Linux 底層的初始化部分在組合語言檔案 head.S 中，這是組合語言程式碼，暫且不過多討論。在 head.S 完成部分初始化之後，就開始呼叫 C 語言函式，而被呼叫的第一個 C 語言函式就是 start_kernel：

8.2 裝置樹的解析過程

```
asmlinkage __visible void __init start_kernel(void)
{
    //……
    setup_arch(&command_line);
    //……
}
```

而對於裝置樹的處理，基本上就在 setup_arch() 這個函式中：

```
void __init __no_sanitize_address setup_arch(char **cmdline_p)
{
  setup_machine_fdt(__fdt_pointer);
  ……
  unflatten_device_tree();
}
```

下面兩個被呼叫的函式就是主要的裝置樹處理函式：

- setup_machine_fdt：根據傳入的裝置樹 dtb 的根節點完成一些初始化操作。
- unflatten_device_tree：對裝置樹具體的解析，這個函式中所做的工作就是將裝置樹各節點轉換成相應的 struct device_node 結構。

這裡用圖 8-3 來表示裝置樹的解析過程。

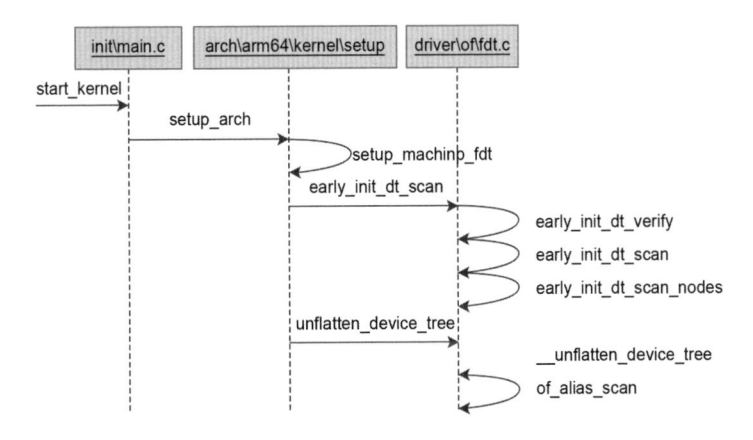

▲ 圖 8-3 裝置樹的解析過程

下面再來透過程式追蹤仔細分析。

```
static void __init setup_machine_fdt(phys_addr_t dt_phys)
{
```

```c
    void *dt_virt = fixmap_remap_fdt(dt_phys, &size, PAGE_KERNEL);
    ......
    early_init_dt_scan(dt_virt)
    ......
    name = of_flat_dt_get_machine_name();
    ......
}
```

以上函式的作用如下：

1. 首先透過 fixmap_remap_fdt 獲取 dts 的頭部位址。

2. 然後透過 early_init_dt_scan 進行下一步掃描。

```c
bool __init early_init_dt_scan(void *params)
{
    bool status;

    status = early_init_dt_verify(params);
    if (!status)
        return false;
    // 進行早期掃描
    early_init_dt_scan_nodes();
    return true;
}

void __init early_init_dt_scan_nodes(void)
{
    ......
    // 讀取 "#address-cells","#size-cells" 屬性
    early_init_dt_scan_root();
    ......
    // 查詢 chosen 節點
    early_init_dt_scan_chosen(boot_command_line);
    ......
    // 查詢 memory 節點
    early_init_dt_scan_memory();
    ......
}
```

其工作主要包括：

- 獲取 root 節點的 size-cells 和 address-cells 值。

- 解析 chosen 節點中的 initrd 和 bootargs 屬性，其中 initrd 包含其位址和 size 資訊。

- 遍歷 memory 節點的記憶體 region，並將合法的 region 加入 memblock。

這裡用圖 8-4 來總結如何獲取核心前期初始化所需的 bootargs、cmd_line 等系統引導參數。

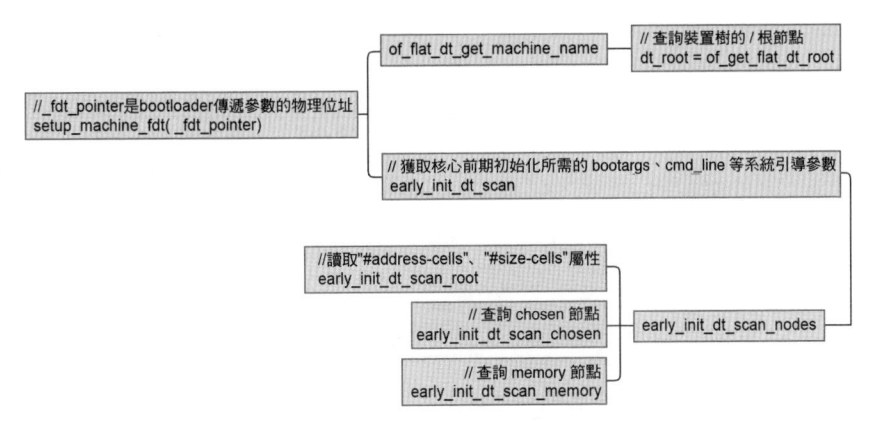

▲ 圖 8-4 系統引導參數的初始化

■ unflatten_device_tree

這個函式所做的工作是將裝置樹各節點轉換成相應的 struct device_node 結構。

```
struct device_node {
    const char *name;// 裝置節點名稱
    const char *type;// 對應 device_type 的屬性
    phandle phandle;// 對應該節點的 phandle 屬性
    const char *full_name;// 從 "/" 開始，表示該 node 的完整路徑
    struct fwnode_handle fwnode;

    struct    property *properties;// 該節點的屬性清單
    struct    property *deadprops; // 如果需要，刪除某些屬性，並掛入 deadprops 列表
    struct    device_node *parent; /*parent、child 和 sibling 將所有裝置節點連接起 */
    struct    device_node *child;
    struct    device_node *sibling;
    struct    kobject kobj;
    unsigned long _flags;
    void     *data;
#if defined(CONFIG_SPARC)
    const char *path_component_name;
    unsigned int unique_id;
    struct of_irq_controller *irq_trans;
#endif
};
```

device node 透過父節點、子節點和兄弟節點三個指標來維護各節點之間的關係。圖 8-5 是一個含有 6 個節點的節點關係示意圖。

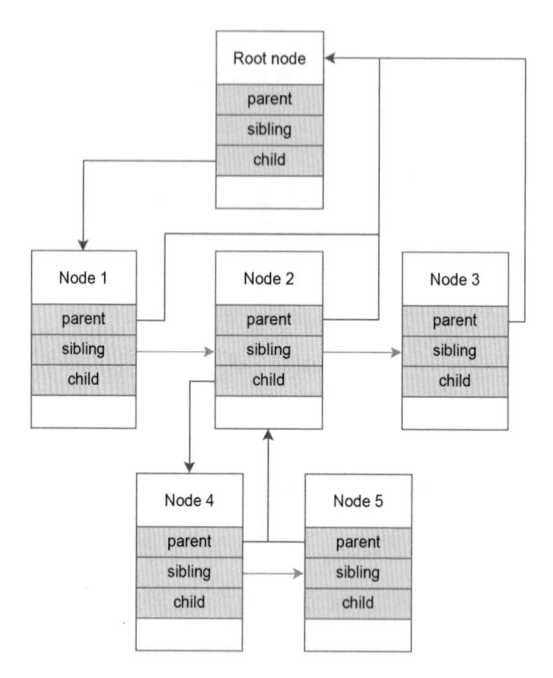

▲ 圖 8-5 裝置節點之間的關係

struct device_node 最終一般會被掛接到具體的 struct device 結構。struct device_node 結構描述如下：

```
struct device {
    ......
    struct device_node     *of_node;
    ......
}
```

下面來看 unflatten_device_tree 是如何將裝置樹各節點轉換成相應的 struct device_node 結構的。

```
void __init unflatten_device_tree(void)
{
    // 解析裝置樹，將所有的裝置節點鏈入全域鏈結串列 of_allnodes 中
    __unflatten_device_tree(initial_boot_params, NULL, &of_root,
            early_init_dt_alloc_memory_arch, false);
```

```
    // 遍歷 "/aliases" 節點下的所有屬性，掛入相應鏈結串列
    of_alias_scan(early_init_dt_alloc_memory_arch);
    ......
}

void *__unflatten_device_tree(const void *blob,
                 struct device_node *dad,
                 struct device_node **mynodes,
                 void *(*dt_alloc)(u64 size, u64 align),
                 bool detached)
{
    ......
    /* 為了得到裝置樹轉換成 struct device_node 和 struct property 結構需要分配的記憶體
大小 */
    size = unflatten_dt_nodes(blob, NULL, dad, NULL);
    if (size <= 0)
        return NULL;
    ......
    // 具體填充每一個 struct device_node 和 struct property 結構
    ret = unflatten_dt_nodes(blob, mem, dad, mynodes);
    ......
    return mem;
}
```

ARM 架構下核心可以透過裝置樹獲取裝置資訊。在裝置樹方式中，bootloader 啟動之前將裝置樹複製到記憶體中，並將位址透過 x2 暫存器傳遞給 kernel，kernel 啟動時從裝置樹中讀取啟動參數和裝置配置節點。

由於記憶體配置資訊是由 device tree 傳入的，而將 device tree 解析為 device node 的流程中需要為 node 和 property 分配記憶體。因此在 device node 建立之前需要先從 device tree 中解

析出 memory 資訊，故核心透過 setup_machine_fdt 介面實現了 early dts（早期的裝置樹）資訊掃描介面，以解析 memory 以及 bootargs 等一些啟動早期需要使用的資訊。

在 memory 節點解析完畢並被加入 memblock 之後，即可透過 memblock 為 device node 分配記憶體，從而透過 unflatten_device_tree 可將完整的 device tree 資訊解析到 device node 結構中。由於 device node 包含了裝置樹的所有節點以及它們之間的連接關係，因此此後核心就可以透過 device node 快速地索引裝置節點，如圖 8-6 所示。

```
                                                                    //讀取"#address-cells","#size-cells"
                                                                    屬性early_init_dt_scan_root
                         // 獲取核心前期初始化所需的        early_init_dt
                         bootargs, cmd_line 等系統引導    scan_nodes      //查詢chosen節點
                         參數 early_init_dt_scan                          early_init_dt_scan_chosen
         // fdt_pointer是bootloader
         傳遞參數的物理位址                                                //查詢memory節點
         setup_machine_fdt(_fdt_pointer)                                  early_init_dt_scan_memory

                         of_flat_dt_get_machine_name    //查詢裝置樹的/根節點
                                                         dt_root = of_get_flat_dt_root
setup_arch
                                                        // 得到裝置樹轉換成 struct device_node 和 struct property 結構
                                                        需要分配的記憶體大小
                         // 解析裝置樹,將所有的裝置節     unflatten_dt_nodes(blob,NULL,dad, NULL)
                         點鏈入全域鏈結串列 of_allnodes 中
         unflatten_device_tree _unflatten_device_tree
                                                        // 具體填充每一個 struct device_node 和 struct property 結構
                                                        unflatten_dt_nodes(blob,mem, dad, mynodes)

                         // 遍歷 "/aliases" 節點下的所有屬
                         性,掛入相應鏈結串列
                         of_alias_scan
```

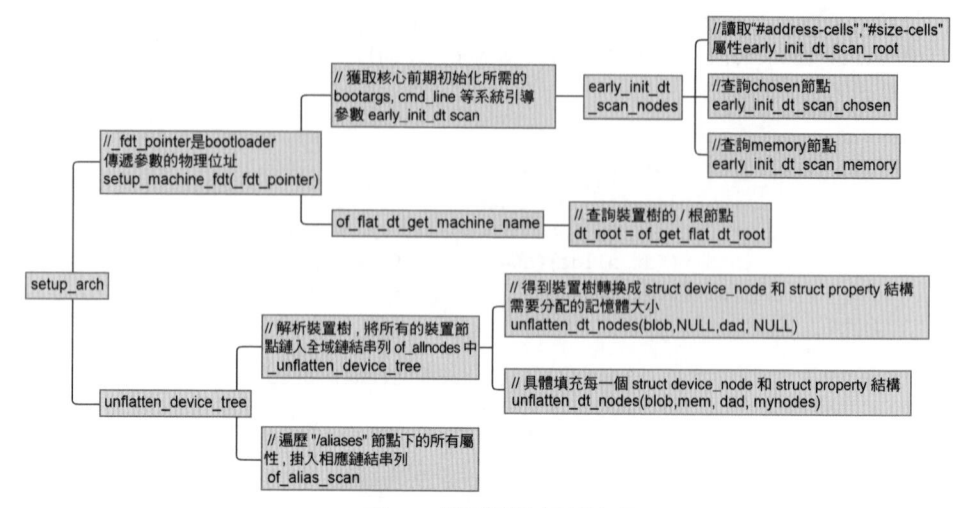

▲ 圖 8-6 裝置樹的解析流程

8.3 裝置樹常用 of 操作函式

裝置樹描述了裝置的詳細資訊,這些資訊包括數位類型、字串類型、陣列類型,我們在撰寫驅動的時候需要獲取這些資訊。比如裝置樹使用 reg 屬性描述了某個外接裝置的暫存器地址為 0x02005482,長度為 0x400,我們在撰寫驅動的時候需要獲取 reg 屬性的 0x02005482 和 0x400 這兩個值,然後初始化外接裝置。Linux 核心給我們提供了一系列的函式來獲取裝置樹中的節點或屬性資訊,這一系列的函式都有一個統一的首碼 of_,所以在很多資料裡這一系列函式也被叫作 of 函式。這些 of 函式原型都定義在 include/linux/of.h 檔案中。

8.3.1 查詢節點的 of 函式

裝置都是以節點的形式「掛」到裝置樹上的,因此要想獲取這個裝置的其他屬性資訊,必須先獲取這個裝置的節點。Linux 核心使用 device_node 結構來描述一個節點,此結構定義在檔案 include/linux/of.h 中,定義如下:

```
struct device_node {
    const char *name; /* 節點名稱 */
    const char *type; /* 裝置類型 */
```

```
        phandle phandle;
        const char *full_name; /* 節點全名 */
        struct fwnode_handle fwnode;

        struct property *properties; /* 屬性 */
        struct property *deadprops; /* removed 屬性 */
        struct device_node *parent; /* 父節點 */
        struct device_node *child; /* 子節點 */
        struct device_node *sibling; /* 兄弟節點 */
        struct kobject kobj;
        unsigned long _flags;
        void *data;
#if defined(CONFIG_SPARC)
        const char *path_component_name;
        unsigned int unique_id;
        struct of_irq_controller *irq_trans;
#endif
};
```

與查詢節點有關的 of 函式有 5 個，我們依次來看一下。

■ 1. of_find_node_by_name

透過節點名稱查詢指定的節點，函式原型如下：

```
struct device_node *of_find_node_by_name(struct device_node *from, const char *name);
```

函式參數和傳回值的含義如下：

from：開始查詢的節點，如果為 NULL，表示從根節點開始查詢整個裝置樹。

name：要查詢的節點名稱。

傳回值：找到的節點，如果為 NULL，表示查詢失敗。

■ 2. of_find_node_by_type

透過 device_type 屬性查詢指定的節點，函式原型如下：

```
struct device_node *of_find_node_by_type(struct device_node *from, const char *type)
```

函式參數和傳回值的含義如下：

from：開始查詢的節點，如果為 NULL，表示從根節點開始查詢整個裝置樹。

type：要查詢的節點對應的 type 字串，也就是 device_type 屬性值。

傳回值：找到的節點，如果為 NULL，表示查詢失敗。

■ 3. of_find_compatible_node

根據 device_type 和 compatible 這兩個屬性查詢指定的節點，函式原型如下：

```
struct device_node *of_find_compatible_node(struct device_node *from,const char *type, const char *compatible)
```

函式參數和傳回值的含義如下：

from：開始查詢的節點，如果為 NULL，表示從根節點開始查詢整個裝置樹。

type：要查詢的節點對應的 type 字串，也就是 device_type 屬性值，可以為 NULL，表示忽略 device_type 屬性。

compatible：要查詢的節點所對應的 compatible 屬性清單。

傳回值：找到的節點，如果為 NULL，表示查詢失敗。

■ 4. of_find_matching_node_and_match

透過 of_device_id 匹配表來查詢指定的節點，函式原型如下：

```
struct device_node *of_find_matching_node_and_match(struct device_node *from, const struct of_device_id *matches, const struct of_device_id **match)
```

函式參數和傳回值的含義如下：

from：開始查詢的節點，如果為 NULL，表示從根節點開始查詢整個裝置樹。

matches：of_device_id 匹配表，也就是在此匹配表裡查詢節點。

match：找到的匹配的 of_device_id。

傳回值：找到的節點，如果為 NULL，表示查詢失敗。

■ 5. of_find_node_by_path

透過路徑來查詢指定的節點，函式原型如下：

```
inline struct device_node *of_find_node_by_path(const char *path)
```

函式參數和傳回值的含義如下：

path：帶有全路徑的節點名稱，可以使用節點的別名，比如「/backlight」就是 backlight 這個節點的全路徑。

傳回值：找到的節點，如果為 NULL 表示查詢失敗。

8.3.2 查詢父 / 子節點的 of 函式

Linux 核心提供了幾個查詢節點對應的父節點或子節點的 of 函式，我們依次來看一下。

■ 1. of_get_parent

用於獲取指定節點的父節點（如果有父節點的話），函式原型如下：

```
struct device_node *of_get_parent(const struct device_node *node)
```

函式參數和傳回值的含義如下：

node：要查詢父節點的節點。

傳回值：找到的父節點。

■ 2. of_get_next_child

用迭代的方式查詢子節點，函式原型如下：

```
struct device_node *of_get_next_child(const struct device_node *node, struct device_node *prev)
```

函式參數和傳回值的含義如下：

node：父節點。

prev：前一個子節點，也就是從哪一個子節點開始迭代查詢下一個子節點。可以設置為 NULL，表示從第一個子節點開始。

傳回值：找到的下一個子節點。

8.3.3 提取屬性值的 of 函

節點的屬性資訊裡儲存了驅動所需要的內容，因此對於屬性值的提取非常重要，Linux 核心中使用結構 property 表示屬性，此結構同樣定義在檔案 include/linux/of.h 中，內容如下：

```
struct property {
        char *name; /* 屬性名稱 */
        int length; /* 屬性長度 */
        void *value; /* 屬性值 */
        struct property *next; /* 下一個屬性 */
        unsigned long _flags;
        unsigned int unique_id;
        struct bin_attribute attr;
};
```

Linux 核心也提供了提取屬性值的 of 函式，我們依次來看一下。

■ 1. of_find_property

用於查詢指定的屬性，函式原型如下：

```
struct property *of_find_property(const struct device_node *np, const char *name, int *lenp)
```

函式參數和傳回值的含義如下：

np：裝置節點。

name：屬性名稱。

lenp：屬性值的位元組數。

傳回值：找到的屬性。

■ 2. of_property_count_elems_of_size

用於獲取屬性中元素的數量，比如 reg 屬性值是一個陣列，那麼使用此函式可以獲取這個陣列的大小，此函式原型如下：

```
int of_property_count_elems_of_size(const struct device_node *np, const char
*propname, int elem_size)
```

函式參數和傳回值的含義如下:

np:裝置節點。

propname:需要統計元素數量的屬性名稱。 elem_size:元素長度。

傳回值:得到的屬性元素數量。

3. of_property_read_u32_index

用於從屬性中獲取指定標號的 u32 類型態資料值(無號 32 位元),比如某個屬性有多個 u32 類型的值,那麼就可以使用此函式來獲取指定標號的資料值,此函式原型如下:

```
int of_property_read_u32_index(const struct device_node *np, const char
*propname, u32 index, u32 *out_value)
```

函式參數和傳回值的含義如下:

np:裝置節點。

propname:要讀取的屬性名稱。

index:要讀取的值標號。

out_value:讀取到的值。

傳回值:0 表示讀取成功,負值表示讀取失敗,-EINVAL 表示屬性不存在,-ENODATA 表示沒有要讀取的資料,-EOVERFLOW 表示屬性值清單太小。

4. 讀數組函式

```
of_property_read_u8_array, of_property_read_u16_array,
of_property_read_u32_array, of_property_read_u64_array
```

這 4 個函式分別讀取屬性中 u8、u16、u32 和 u64 類型的陣列資料,比如大多數的 reg 屬性都是陣列資料,可以使用這 4 個函式一次讀出 reg 屬性中的所有資料。這 4 個函式的原型如下:

```
int of_property_read_u8_array(const struct device_node *np, const char *propname,
u8 *out_values, size_t sz)
int of_property_read_u16_array(const struct device_node *np, const char
*propname, u16 *out_values, size_t sz)
int of_property_read_u32_array(const struct device_node *np, const char
*propname, u32 *out_values, size_t sz)
int of_property_read_u64_array(const struct device_node *np, const char
*propname, u64 *out_values, size_t sz)
```

函式參數和傳回值的含義如下:

np:裝置節點。

propname:要讀取的屬性名稱。

out_value:讀取到的陣列值,分別為 u8、u16、u32 和 u64。

sz:要讀取的陣列元素數量。

傳回值:0 表示讀取成功,負值表示讀取失敗,-EINVAL 表示屬性不存在,-ENODATA 表示沒有要讀取的資料,-EOVERFLOW 表示屬性值清單太小。

■ 5. 讀取整數值函式

of_property_read_u8, of_property_read_u16, of_property_read_u32, of_property_read_u64

有些屬性只有一個整數值,這 4 個函式就是用於讀取這種只有一個整數值的屬性,分別用於讀取 u8、u16、u32 和 u64 類型屬性值,函式原型如下:

```
int of_property_read_u8(const struct device_node *np, const char *propname, u8
*out_value)
int of_property_read_u16(const struct device_node *np, const char *propname, u16
*out_value)
int of_property_read_u32(const struct device_node *np, const char *propname, u32
*out_value)
int of_property_read_u64(const struct device_node *np, const char *propname, u64
*out_value)
```

函式參數和傳回值的含義如下:

np:裝置節點。

propname:要讀取的屬性名稱。

out_value:讀取到的陣列值。

傳回值：0 表示讀取成功，負值表示讀取失敗，-EINVAL 表示屬性不存在，-ENODATA 表示沒有要讀取的資料，-EOVERFLOW 表示屬性值清單太小。

6. of_property_read_string

用於讀取屬性中的字串值，函式原型如下：

```
int of_property_read_string(struct device_node *np, const char *propname, const char **out_string)
```

函式參數和傳回值的含義如下：

np：裝置節點。

propname：要讀取的屬性名稱。

out_string：讀取到的字串值。

傳回值：0 表示讀取成功，負值表示讀取失敗。

7. of_n_addr_cells

用於獲取 #address-cells 屬性值，函式原型如下：

```
int of_n_addr_cells(struct device_node *np)
```

函式參數和傳回值的含義如下：

np：裝置節點。

傳回值：獲取的 #address-cells 屬性值。

8. of_n_size_cells

函式用於獲取 #size-cells 屬性值，函式原型如下：

```
int of_n_size_cells(struct device_node *np)
```

函式參數和傳回值的含義如下：

np：裝置節點。

傳回值：獲取的 #size-cells 屬性值。

8.3.4 其他常用的 of 函式

■ 1. of_device_is_compatible

函式用於查看節點的 compatible 屬性是否包含 compat 指定的字串，也就是檢查裝置節點的相容性，函式原型如下：

```
int of_device_is_compatible(const struct device_node *device, const char *compat)
```

函式參數和傳回值的含義如下：

device：裝置節點。

compat：要查看的字串。

傳回值：0 表示節點的 compatible 屬性中不包含 compat 指定的字串；正數表示節點的 compatible 屬性中包含 compat 指定的字串。

■ 2. of_get_address

函式用於獲取位址相關屬性，主要是 reg 或 assigned-addresses 屬性值，函式原型如下：

```
const __be32 *of_get_address(struct device_node *dev, int index, u64 *size,
unsigned int *flags)
```

函式參數和傳回值的含義如下：

dev：裝置節點。

index：要讀取的位址標號。

size：位址長度。

flags：參數，比如 IORESOURCE_IO、IORESOURCE_MEM 等。 傳回值：讀取到的位址資料啟始位址，如果為 NULL 表示讀取失敗。

■ 3. of_translate_address

負責將從裝置樹讀取到的位址轉為物理位址，函式原型如下：

```
u64 of_translate_address(struct device_node *dev,const __be32 *in_addr)
```

函式參數和傳回值的含義如下：

dev：裝置節點。

in_addr：要轉換的位址。

傳回值：得到的物理位址，如果為 OF_BAD_ADDR 表示轉換失敗。

■ 4. of_iomap

函式用於直接記憶體映射，以前會透過 ioremap 函式來完成物理位址到虛擬位址的映射，採用裝置樹以後就可以直接透過 of_iomap 函式來獲取記憶體位址所對應的虛擬位址，不需要使用 ioremap 函式了。當然，你也可以使用 ioremap 函式來完成物理位址到虛擬位址的記憶體映射，只是在採用裝置樹以後，大部分的驅動都使用 of_iomap 函式了。of_ iomap 函式本質上也是將 reg 屬性中的位址資訊轉為虛擬位址，如果 reg 屬性有多區段，可以透過 index 參數指定要完成記憶體映射的是哪一段。of_iomap 函式原型如下：

```
void __iomem *of_iomap(struct device_node *np, int index)
```

函式參數和傳回值的含義如下：

np：裝置節點。

index：reg 屬性中要完成記憶體映射的區段，如果 reg 屬性只有一段，index 就設置為 0。傳回值：經過記憶體映射後的虛擬記憶體啟始位址，如果為 NULL，表示記憶體映射失敗。

關於裝置樹常用的 of 函式就先講到這裡，Linux 核心中關於裝置樹的 of 函式不只有前面講的這幾個，還有很多 of 函式本節並沒有講解，這些沒有講解的 of 函式要結合具體的驅動，比如獲取中斷編號的 of 函式、獲取 of 的 of 函式，等等，這些 of 函式將在後面的章節中再詳細講解。

第 9 章

電源模組

在 Linux 作業系統領域，對功耗管理的深入理解和實踐至關重要。正如我們所知，萬物執行遵循能量守恆定律，所有動態系統，包括人、汽車以及電子產品，其執行均依賴於能量的供應。考慮到能量的有限性，高效管理能量變得尤為關鍵。對於電子產品，特別是智慧型手機等可 式裝置，功耗管理成為一項複雜的系統工程。其核心目標是在保證使用者體驗和功能完整性的同時，最大限度地降低功耗，延長電池續航時間，並控制裝置溫度，避免過熱。

（卷積神經網路）等算力單元的應用，對能量的需求也隨之增加。高功耗不僅影響續航時間，還可能導致裝置過熱，影響使用者體驗。

Linux 作業系統為電子產品提供了多種先進的電源管理方式，以應對不同使用場景下的功耗挑戰。在系統不工作時，Linux 支援休眠（將系統狀態儲存到記憶體或磁碟後關閉大部分硬體）、關機（完全關閉系統）和重置（重新開機系統）。在系統執行時期，Linux 則提供了諸如 runtime pm（執行時期電源管理）、CPU/Device DVFS（動態電壓頻率調整）、 CPU hotplug（熱抽換）、CPU idle（空閒狀態管理）、clock gate（時鐘門控）、power gate（電源門控）和 reset（重置）等機制，以精細控制各個硬體元件的功耗。

此外，Linux 還提供了 pm qos（電源管理服務品質）功能，用於在性能與功耗之間尋找平衡點。透過這一功能，系統可以根據應用程式的需求和系統的狀態動態調整電源管理策略，確保在滿足性能要求的同時，實現最佳的功耗效率。

總之，Linux 作業系統透過其先進的電源管理機制，為電子產品提供了強大的功耗管理能力，有助實現高效能量利用、延長續航時間並控制裝置溫度。

9.1 電源子系統的 power domain

power domain 透過邏輯劃分供電區域，使得相關功能的硬體模組能夠統一供電和管理，從而簡化了電源管理工作。這種劃分不僅有助最佳化系統功耗，還能提高系統的性能和穩定性。在核心電源子系統中，power domain 的有效管理是實現低功耗設計和最佳化系統電源使用率的基石。

9.1.1 power domain 的硬體實現

在 Linux 作業系統技術領域，SoC（System on a Chip）是由多個高度整合的功能模組組成的整體系統。針對那些在相同電壓下工作且功能相互連結的功能模組，我們常將它們組合成一個邏輯組，這樣的邏輯組在電源管理領域被稱為「電源域」（power domain）。實質上，power domain 是對硬體邏輯的一種劃分，其中不僅包含了相關的物理實體，還涵蓋了這些實體與電源線之間的連接關係。

隨著半導體製程製程的持續進步，晶片集成度越來越高，功能日益豐富，裝置電源管理的複雜性也隨之增加。為了有效應對這一挑戰，power domain 的概念應運而生，它在很大程度上簡化了晶片設計的複雜度。在 i.MX93 這樣的平臺，power domain 的實現依賴於 SRC 控制器，該控制器負責精細管理各個電源域的狀態，以最佳化系統的功耗和性能。透過 SRC 控制器的智慧排程，i.MX93 平臺能夠在滿足系統性能需求的同時，最大限度地降低功耗，提升整體能效比。圖 9-1 是 SRC 的框架圖。

9.1 電源子系統的 power domain

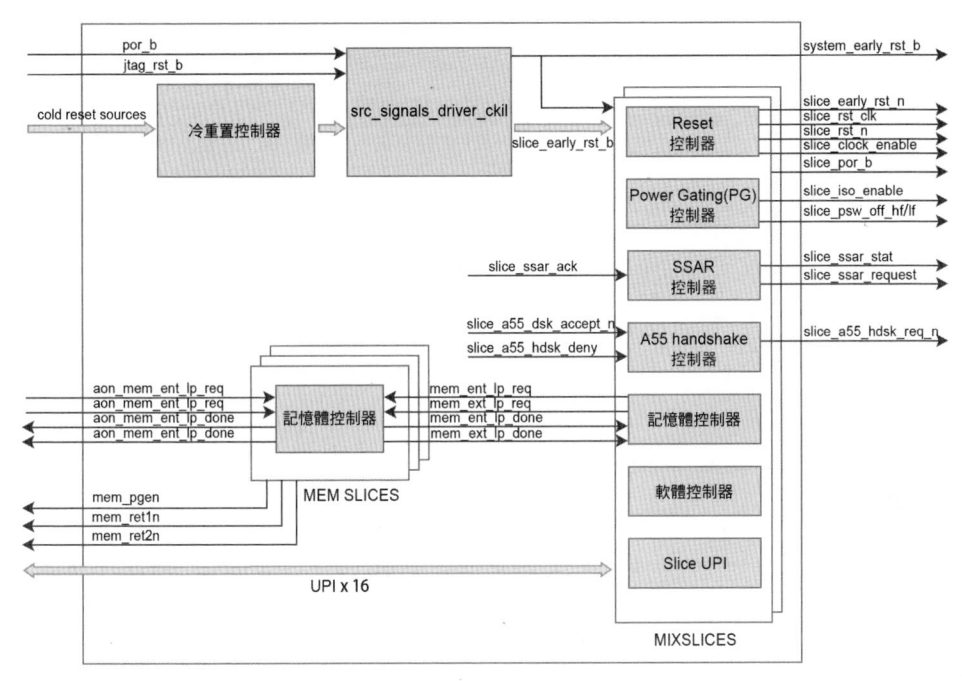

▲ 圖 9-1 SRC 框架圖

　　SRC 內部有 13 個 MIXSLICE，每個 MIXSLICE 上都有控制器，比如 Power Gating 控制器、Reset 控制器、軟體控制器等。其中軟體控制器可以透過配置 SLICE_SW_CTRL[10:0] 位元來控制每個 MIXSLICE。SLICE_SW_CTRL[PDN_SOFT] 用於按鍵的斷電和通電。暫存器 SLICE_ SW_CTRL 的 0 到 10 位元，如表 9-1 所示。

▼ 表 9-1 暫存器 SLICE_SW_CTRL 的 0 到 10 位

欄位	說明
10 A55_HDSK_CTRL_SOFT	軟體A55握手控制。由LPM MODE欄位鎖定。 0：無效果或軟體未通知A55電源資訊。 1：軟體通知A55斷電資訊
9 —	保留
8 SSAR_CTRL_SOFT	軟體SSAR控制。由LPM_MODE欄位鎖定。 0：無影響或軟體SSAR恢復。 1：軟體SSAR儲存

欄位	說明
7 —	保留
6 MTR_LOAD_SOFT	軟體控制MTR修復負載，由LPM_MODE欄位鎖定。 0：無影響。 1：軟體載入MTR修復
5 —	保留
4 PSW_CTRL_SOFT	軟體電源開關控制。由LPM_MODE欄位鎖定。 0：無效果或軟體電源開啟。 1：軟體電源關閉
3 —	保留
2 ISO_CTRL_SOFT	軟體隔離控制。被LPM_MODE欄位鎖定。 0：無效果或軟體已關閉。 1：軟體iso
1 —	保留
0 RST_CTRL_SOFT	軟體重置控制。由LPM_MODE欄位鎖定。 0：無效或軟體重置取消。 1：軟體重置斷言

9.1.2 power domain 的軟體實現

在理解了 power domain 後，再來看 power domain 的軟體實現。軟體的實現主要是用來管理 SoC 上各 power domain 的依賴關係以及根據需要來決定是開還是關。

```
src: system-controller@44460000 {
    compatible = "fsl,imx93-src", "syscon";
    reg = <0x44460000 0x10000>;
    #address-cells = <1>;
    #size-cells = <1>;
    ranges;

    mediamix: power-domain@44462400 {
        compatible = "fsl,imx93-src-slice";
        reg = <0x44462400 0x400>, <0x44465800 0x400>;
        #power-domain-cells = <0>;
        clocks = <&clk IMX93_CLK_NIC_MEDIA_GATE>,
            <&clk IMX93_CLK_MEDIA_APB>;
    }
```

```
;
    mlmix: power-domain@44461800 {
        compatible = "fsl,imx93-src-slice";
        reg = <0x44461800 0x400>, <0x44464800 0x400>;
        #power-domain-cells = <0>;
        clocks = <&clk IMX93_CLK_ML_APB>,
                <&clk IMX93_CLK_ML>;
    };
};
```

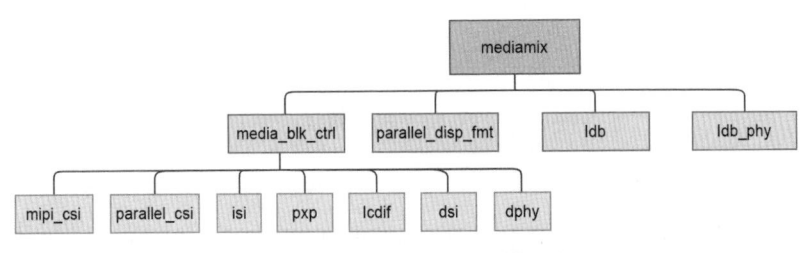

▲圖 9-2 mediamix 的拓撲關係

裝置樹在 SRC 控制器（src 節點）定義了兩個 power domain，分別是 mediamix 和 mlmix。其中 mediamix 的拓撲關係如圖 9-2 所示。

mediamix 是父級的 power domain，用到它的裝置有 media_blk_ctrl、parallel_disp_fmt、ldb、ldb_phy，其中用到 media_blk_ctrl 電源域的有 mipi_csi、parallel_csi、isi、pxp、lcdif、dsi、dphy 裝置。

可以看出 power domain 之間既存在父子關係，也存在著兄弟關係。因此，SoC 上許多 power domain 組成了一個 power domain 樹，它們之間存在著相互的約束關係：子 power domain 開啟前，需要父 power domain 開啟；父 power domain 下所有子 power domain 關閉後，父 power domain 才能關閉。

對 power domain 有了概念後，我們來看它的框架，如圖 9-3 所示。

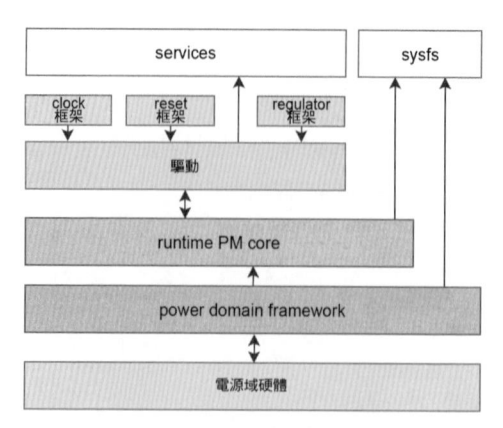

▲ 圖 9-3 核心電源管理框架

　　power domain framework 主要管理 power domain 的狀態，我們以它為角度看一下整個架構的實現邏輯。power domain framework 為上層使用的驅動、框架或使用者空間所使用的檔案操作節點提供功能介面；為下層的電源域硬體的開關操作進行封裝，然後實現內部邏輯具體的初始化、開關等操作。

■ 1. 對底層 power domain 硬體的操作

　　對 power domain hw 的開啟操作，包括開鐘、通電、解重置、解除電源隔離等操作的功能封裝；對 power domain hw 的關閉操作，包括關鐘、斷電、重置、做電源隔離等操作的功能封裝。

■ 2. 內部邏輯實現

　　首先透過解析裝置樹，獲取 power domain 的配置資訊，透過驅動對每個 power domain 進行初始化，把所有的 power domain 統一放在一個全域鏈結串列中，將 power domain 下左右的裝置放到其下的裝置鏈結串列中。

　　然後為 runtime pm、系統休眠喚醒等框架註冊相應的回呼函式，並實現具體的回呼函式對應的 power domain 的開和關函式。

■ 3. 對上層 runtime pm 的框架和 debug fs 提供呼叫

- runtime pm/ 系統休眠喚醒

runtime pm 框架透過給其他的驅動提供 runtime_pm_get_xxx/runtime_pm_put_xxx 類別介面，對裝置的開、關做引用計數。當引用計數從 1 到 0 時，會進一步呼叫 power domain 註冊的 runtime_suspend 回呼函式，回呼函式裡會先呼叫裝置的 runtime_suspend 回呼，然後判斷 power domain 下的裝置鏈結串列中所有的裝置是否已經 suspend，若已經 suspend 才真正關閉 power domain。當引用計數從 0 到 1 時，會先呼叫 power domain 使用的 runtime_resume 回呼函式，回呼函式裡會先呼叫 power domain 的開啟操作，然後呼叫裝置註冊的 runtime_resume 回呼函式。

系統休眠喚醒在 suspend_noirq/resume_noirq 時會進行 power domain 的關閉與開啟的操作。

- debug fs 檔案節點

主要就是 /sys/kernel/debug/pm_genpd/ 目錄及 power domain 名稱目錄下的一些檔案節點：

- pm_genpd_summary：列印所有的 power domain、狀態及下面所掛的裝置狀態。
- power_domain 名稱目錄 /current_state：power domain 當前的狀態。
- power_domain 名稱目錄 /sub_domains：power domain 當前的子 power domain 有哪些。
- power_domain 名稱目錄 /idle_states：power domain 對應的所有 idle 狀態及其 off 狀態的時間。
- power_domain 名稱目錄 /active_states：power domain 處於 on 狀態的時間。
- power_domain 名稱目錄 /total_idle_time：power domain 所有 idle 狀態的 off 時間和。
- power_domain 名稱目錄 /devices：power domain 下所掛的所有 devices。
- power_domain 名稱目錄 /perf_state：power domain 所處的性能狀態。

最後我們用圖 9-4 來總結 power domain 的驅動流程。

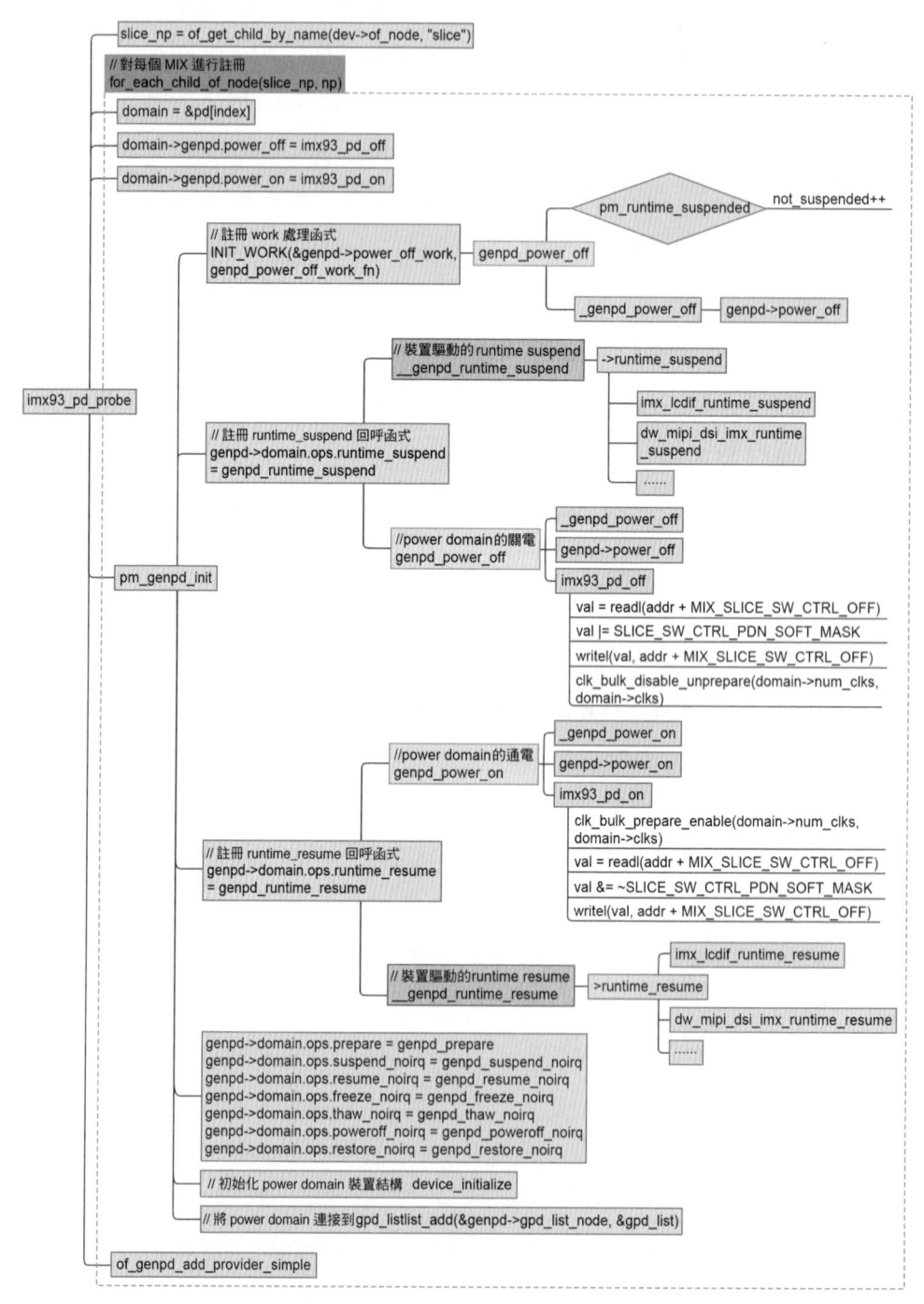

▲ 圖 9-4 power domain 的驅動流程

9.2 電源子系統的 runtime pm

在 Linux 作業系統中，runtime pm（執行時期電源管理）框架是一種先進的功耗最佳化策略，它旨在裝置不活躍時透過關閉其時鐘和電源來顯著降低系統功耗。這一框架遵循分而治之的管理原則，將功耗控制策略和決策權賦予各個裝置驅動程式。因此，當裝置處於空閒狀態時，驅動程式可以自主實施低功耗控制策略，從而在維持系統穩定執行的同時，最大限度地減少系統功耗。與傳統的系統休眠喚醒式電源管理相比，runtime pm 框架因其高度的靈活性和效率而備受青睞。

在 SoC 設計中，為了實現功耗的最小化，會根據業務邏輯將功能劃分為不同的 power domain（電源域）。每個 power domain 通常包含多個功能 IP（智慧財產權核心），允許在特定場景下根據實際需求關閉未使用的 power domain，從而達到降低功耗的目的。

從更深層次來看，power domain 模組實際上充當了外接裝置的開關控制器，而 runtime pm 則提供了統一管理和使用這些 power domain 的方法。透過結合 Linux 核心中的 suspend（休眠）、runtime pm、clock framework（時鐘框架）、regulator framework（電壓調節器框架）等機制，系統能夠以高度智慧化和靈活的方式管理功耗，進而實現高效節能的目標。

9.2.1 runtime pm 在核心中的作用

從圖 9-3 中可以看出 runtime pm 與各個層級的關係。這裡我們看下 runtime pm 和驅動的關係、runtime pm 和 power domain 的關係、runtime pm 和 sysfs 的關係。

■ **runtime pm 和驅動的關係**

在驅動初始化裝置時，透過呼叫 pm_runtime_enable() 來啟用裝置的 runtime pm 功能。當卸載裝置時，在 remove 函式中呼叫 pm_runtime_disable() 來關閉裝置的 runtime pm 功能。在這兩個介面的實現中，使用一個變數（dev-

>power.disable_depth）來記錄 disable 的深度。只要 disable_depth 大於零，就表示 runtime pm 功能已關閉，此時 runtime pm 相關的 API 呼叫（如 suspend/resume/put/get 等）會傳回失敗 EACCES。在 runtime pm 初始化時，會將所有裝置的 disable_depth 設置為 1，即為 disable 狀態。在驅動初始化時，在 probe 函式的結尾根據需要呼叫 pm_runtime_enable 來啟用 runtime pm，在驅動的 remove 函式中呼叫 pm_runtime_disable 來關閉 runtime pm。

此外，還提供了 get 和 put 類別介面給裝置驅動，用於確定何時進入或恢復裝置的低功耗狀態。當裝置驅動呼叫這些介面後，runtime pm 會呼叫各個裝置驅動實現的 runtime_ suspend/runtime_resume 介面。

- 進入低功耗

runtime_put_sync()，向 runtime pm 核心請求將裝置置於低功耗狀態。如果條件符合，runtime pm 核心會呼叫驅動的 runtime_suspend 回呼函式，將裝置配置為低功耗狀態，如圖 9-5 所示。

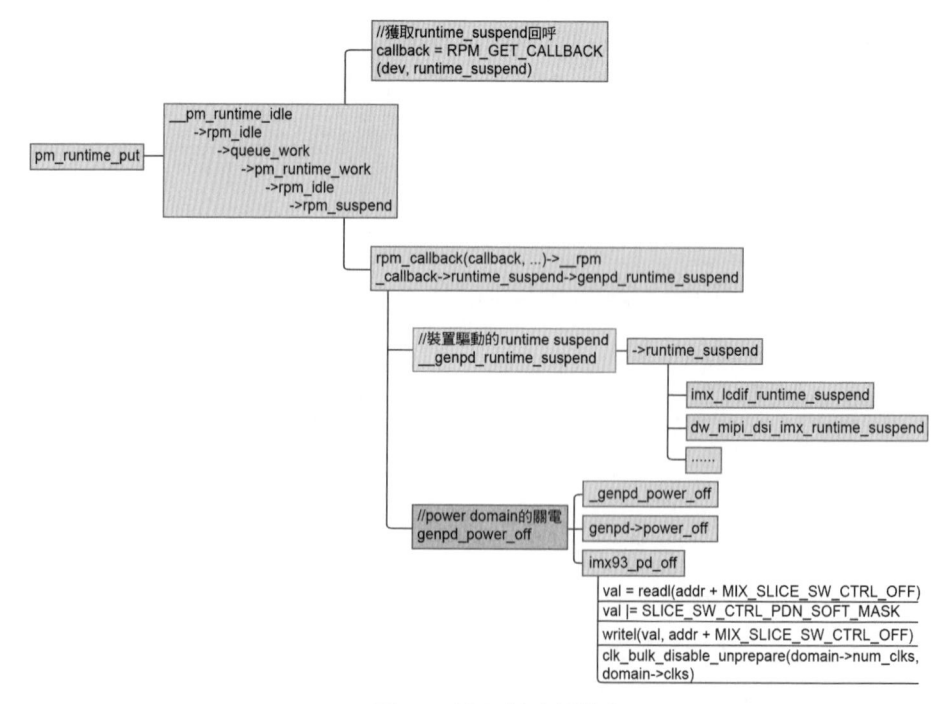

▲圖 9-5 進入低功耗模式

- 退出低功耗

當驅動認為其裝置需要進行工作（退出低功耗）時，呼叫 pm_rumtime_get()/ pm_ rumtime_get_sync()，向 runtime pm 請求裝置恢復正常，若條件滿足，runtime pm 會執行到驅動的 runtime_resume 回呼函式，配置裝置為工作的狀態。

對於 get 操作介面的實現：每個裝置都維護一個 usage_count 變數，用於記錄該裝置的使用情況。當大於 0 的時候說明該裝置在使用，當該值從 0 變成非 0 時，會呼叫到裝置驅動實現的 runtime_resume 回呼函式，讓裝置退出低功耗狀態。當等於 0 的時候，說明該裝置不再使用。當該值從非 0 變成 0 的時候，會呼叫裝置驅動實現的 runtime_suspend 回呼函式，讓裝置進入低功耗狀態。

■ runtime pm 和 power domain 的關係

經過前面的介紹我們知道，一個 power domain 可以包含多個 IP，每個 IP 可能對應一個或多個裝置。這些裝置與 power domain 的綁定關係會在裝置樹（dts）中描述。在系統初始化過程中，會將這些 power domain 組織成一個鏈結串列，然後根據裝置在 dts 中描述的與 power domain 的關係，將裝置掛載到對應 power domain 節點下的鏈結串列中。runtime pm 的目的是呼叫 SoC 內部各個 IP 的 runtime_idle/runtime_suspend/runtime_resume 回呼函式，即最終會呼叫到 power domain 裡的函式，進行真正的開和關。

當某個裝置驅動透過 put 介面呼叫，將 usage_count 從 1 減少到 0 時，會觸發以下流程：首先呼叫 power domain 註冊的 runtime_suspend 介面，在該介面中，會先呼叫該裝置驅動的 runtime_suspend 函式，然後檢查該 power domain 下的所有裝置是否都可以進入低功耗狀態（各裝置驅動的 usage_count 是否為 0），如果可以，則直接關閉 power domain，否則直接傳回。

當某個裝置驅動透過 get 介面呼叫，將 usage_count 從 0 增加到 1 時，會觸發以下流程：首先呼叫 power domain 註冊的 runtime_resume 介面，在該介面中，會先通電 power domain，然後再呼叫裝置驅動對應的 runtime_resume 回呼函式，使裝置退出低功耗狀態。

■ runtime pm 和 sysfs 的關係

在每個裝置節點下，會有多個與 runtime pm 相關的屬性檔案節點，包括 control、runtime_suspend_time、runtime_active_time、autosuspend_delay_ms 和 runtime_status。

- /sys/devices/.../power/control

on：呼叫 pm_runtime_forbid 介面，增加裝置的引用計數，然後讓裝置處於 resume 狀態。

auto：呼叫 pm_runtime_allow 介面，減少裝置的引用計數，如果裝置的引用計數為 0，則讓裝置處於 idle 狀態。

- /sys/devices/.../power/runtime_status active（裝置的狀態是正常執行狀態）

suspend：裝置的狀態是低功耗模式。

suspending：裝置的狀態正在從 active 向 suspend 轉化。

resuming：裝置的狀態正在從 suspend 向 active 轉化。

error：裝置 runtime 出現錯誤，此時 runtime_error 的標識置位。

unsupported：裝置的 runtime 沒有啟用，此時 disable_depth 標識置位。

- /sys/devices/.../power/runtime_suspend_time

裝置在 suspend 狀態的時間。

- /sys/devices/.../power/runtime_active_time

裝置在 active 狀態的時間。

- /sys/devices/.../power/autosuspend_delay_ms

裝置在 idle 狀態多久之後 suspend，設置延遲 suspend 的時間。

9.2.2 runtime pm 的軟體流程

以 platform 匯流排上的裝置為例，該裝置驅動的初始化過程如圖 9-6 所示，我們可以看出裝置驅動在初始化的時候會初始化對應的 power 部分內容。

9.2 電源子系統的 runtime pm

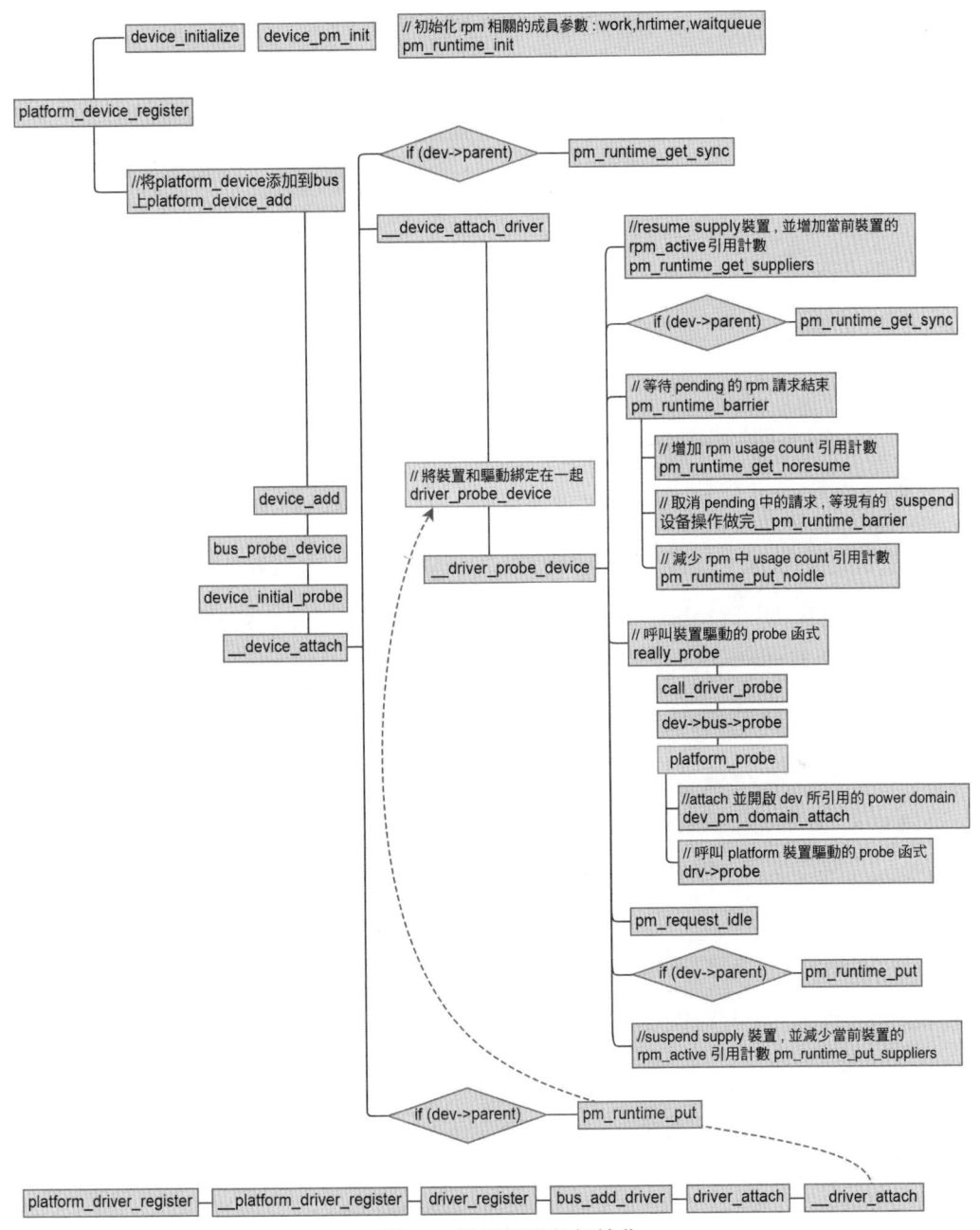

▲ 圖 9-6 裝置驅動的初始化

圖 9-7 放大並進一步展開和 power 相關的部分。

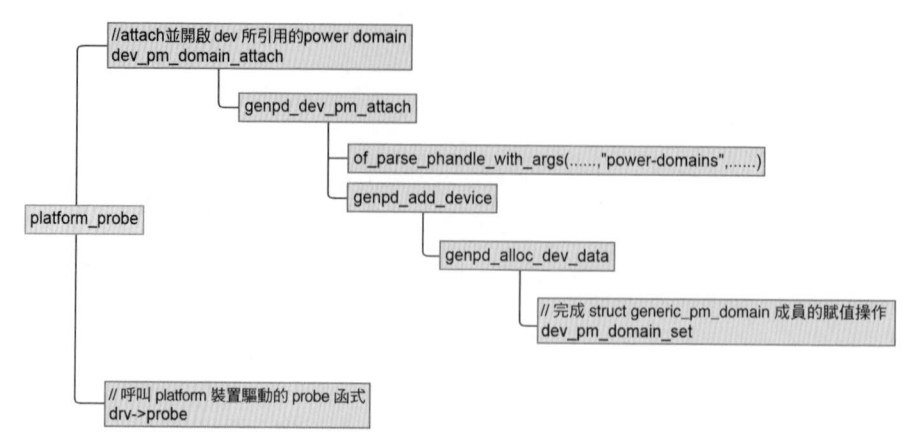

```
platform_probe ─┬─ //attach並開啟 dev 所引用的power domain
                │   dev_pm_domain_attach
                │     └─ genpd_dev_pm_attach
                │           └─ of_parse_phandle_with_args(......,"power-domains",......)
                │              genpd_add_device
                │                 └─ genpd_alloc_dev_data
                │                       └─ // 完成 struct generic_pm_domain 成員的賦值操作
                │                          dev_pm_domain_set
                └─ // 呼叫 platform 裝置驅動的 probe 函式
                   drv->probe
```

▲ 圖 9-7 裝置驅動的 power 初始化

裝置驅動的 power 部分在初始化時，主要做了以下三點：

1. 驅動在呼叫 probe 函式時，會呼叫 dev_pm_domain_attach 函式，檢查裝置是否屬於 power domain 裝置，如果是，則獲取裝置的 power domain 資訊。從哪裡獲取資訊呢？就是從前面 power domain 驅動呼叫 of_genpd_add_provider_simple 函式註冊進來的資訊。

2. 呼叫 genpd_add_device 函式，將裝置增加到該 power domain 中，主要完成一些 struct generic_pm_domain 成員的賦值操作。

3. 最重要的就是呼叫 dev_pm_domain_set 函式，設置了 struct device 中的 struct dev_pm_domain 成員，該成員被賦值為 struct generic_pm_domain 中 struct dev_pm_ domain 成員。

為什麼說上面第三點呼叫的函式很重要呢？裝置的低功耗操作幾乎都是引用驅動註冊到該結構的函式。

```
struct generic_pm_domain {
  struct dev_pm_domain domain; /* PM domain operations */
  ......
  int (*power_off)(struct generic_pm_domain *domain);
  int (*power_on)(struct generic_pm_domain *domain);
```

```c
    struct gpd_dev_ops dev_ops;
    s64 max_off_time_ns; /* Maximum allowed "suspended" time. */
    bool max_off_time_changed;
    bool cached_power_down_ok;
    int (*attach_dev)(struct generic_pm_domain *domain,
        struct device *dev);
    void (*detach_dev)(struct generic_pm_domain *domain,
        struct device *dev);
    ......
};
```

下面再介紹一個對 power domain 很重要的結構，那就是 struct dev_pm_domain：

```c
struct dev_pm_domain {
    struct dev_pm_ops ops;      // 有沒有發現，這個結構嵌入了裝置 power manage 的結構
    void (*detach)(struct device *dev, bool power_off);
    int (*activate)(struct device *dev);
    void (*sync)(struct device *dev);
    void (*dismiss)(struct device *dev);
};

struct dev_pm_ops {
    int (*prepare)(struct device *dev);
    void (*complete)(struct device *dev);
    int (*suspend)(struct device *dev);
    int (*resume)(struct device *dev);
    int (*freeze)(struct device *dev);
    int (*thaw)(struct device *dev);
    int (*poweroff)(struct device *dev);
    ......
    int (*runtime_suspend)(struct device *dev);
    int (*runtime_resume)(struct device *dev);
    int (*runtime_idle)(struct device *dev);
};
```

該結構最重要的就是嵌入了 struct dev_pm_ops 結構，該結構是裝置低功耗的具體操作函式，有些操作函式是在 pm_genpd_init 函式裡實現註冊的（power domain 驅動在 probe 的時候會呼叫 pm_genpd_init）。

```c
//power domain 驅動
int pm_genpd_init(struct generic_pm_domain *genpd,
    struct dev_power_governor *gov, bool is_off)
{
```

```
……
genpd->domain.ops.runtime_suspend = genpd_runtime_suspend;
genpd->domain.ops.runtime_resume = genpd_runtime_resume;
genpd->domain.ops.prepare = pm_genpd_prepare;
genpd->domain.ops.suspend_noirq = pm_genpd_suspend_noirq;
genpd->domain.ops.resume_noirq = pm_genpd_resume_noirq;
genpd->domain.ops.freeze_noirq = pm_genpd_freeze_noirq;
genpd->domain.ops.thaw_noirq = pm_genpd_thaw_noirq;
genpd->domain.ops.poweroff_noirq = pm_genpd_suspend_noirq;
genpd->domain.ops.restore_noirq = pm_genpd_restore_noirq;
genpd->domain.ops.complete = pm_genpd_complete;
……
}
```

power domain framework 在初始化一個 struct generic_pm_domain 實例的時候，dev_pm_domain 下的 dev_pm_ops 被初始化為 power domain 特有的函式，即當裝置屬於某個 power domain 時，裝置在發起 suspend 和 resume 流程時，都是呼叫 power domain 的 genpd_runtime_suspend 和 genpd_runtime_resume 函式。**這也是很好理解的，因為裝置一旦屬於一個 power domain，裝置發起 suspend 和 resume 必須要讓 power domain framework 感知到，這樣它才能知道每個 power domain 下的裝置的當前狀態，才能在合適的時機去呼叫 provider 的 power on 和 power off 函式。**

但是裝置具體的 suspend 和 resume 肯定還是驅動自己撰寫的，只有驅動對自己的裝置最熟悉，genpd_runtime_suspend 函式只是完成 power domain framework 的一些邏輯，最終還是要呼叫到裝置自己的 suspend 函式。

```
// 比如 DSI 裝置驅動
static const struct dev_pm_ops dw_mipi_dsi_imx_pm_ops = {
    SET_RUNTIME_PM_OPS(dw_mipi_dsi_imx_runtime_suspend,
            dw_mipi_dsi_imx_runtime_resume, NULL)
};
// 比如 DPU 裝置驅動
static const struct dev_pm_ops dpu_pm_ops = {
    SET_LATE_SYSTEM_SLEEP_PM_OPS(dpu_suspend, dpu_resume)
};
// 比如 LCDIF 裝置驅動
```

```
static const struct dev_pm_ops imx_lcdif_pm_ops = {
    SET_LATE_SYSTEM_SLEEP_PM_OPS(imx_lcdif_suspend, imx_lcdif_resume)
    SET_RUNTIME_PM_OPS(imx_lcdif_runtime_suspend,
               imx_lcdif_runtime_resume, NULL)
};
```

透過圖 9-8 可以看出，genpd_runtime_suspend 函式先呼叫裝置驅動的 suspend 回呼函式，然後再呼叫 power domain 的 power off 去關電。

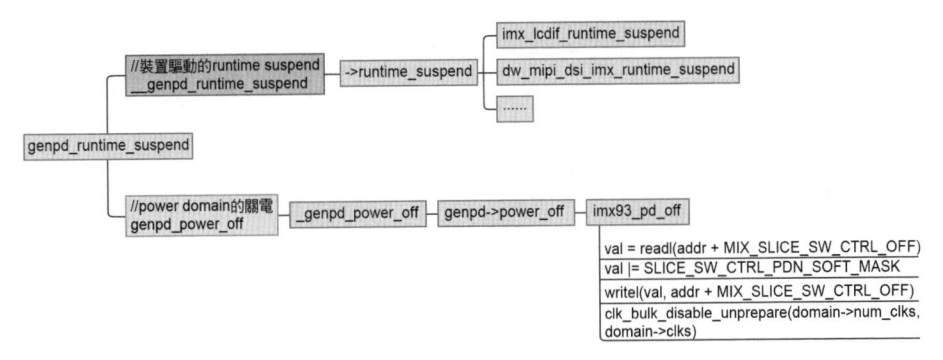

▲圖 9-8　genpd_runtime_suspend 函式

至此，runtime power manager 就把裝置驅動和 power domain 聯繫起來了。power off 和 reboot 的實現過程如圖 9-9 所示。

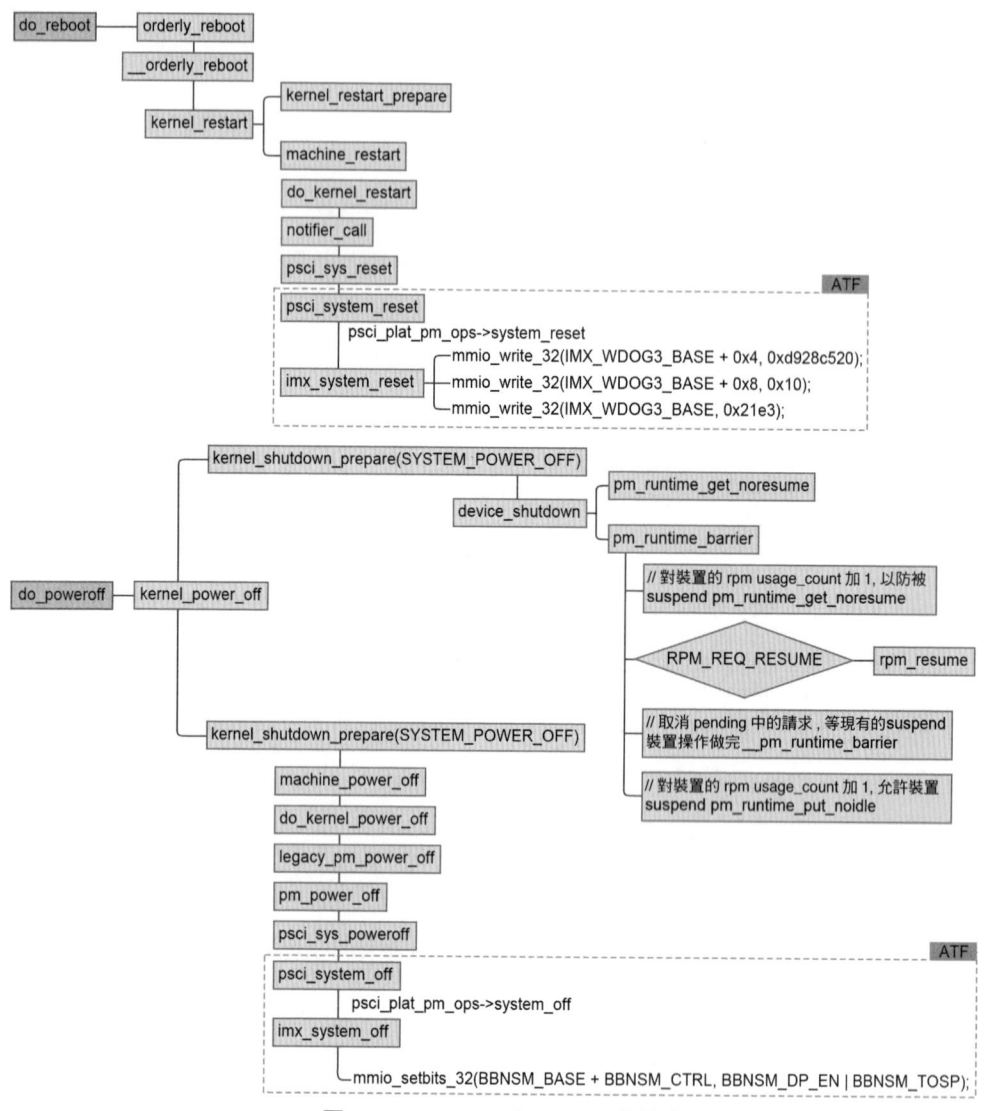

▲ 圖 9-9 power off 和 reboot 的流程

9.2.3 suspend/resume 的過程

runtime pm 主要是指 Linux 在空閒（idle）時候進入的狀態，即 untime suspend。除了 runtime suspend，還有一個 suspend 的場景，即「echo mem > /sys/power/state」的時候。對應的 resume 場景是「echo on > /sys/power/state」。這裡我們透過圖 9-10 來簡單總結 suspend/resume 的過程。

9.2 電源子系統的 runtime pm

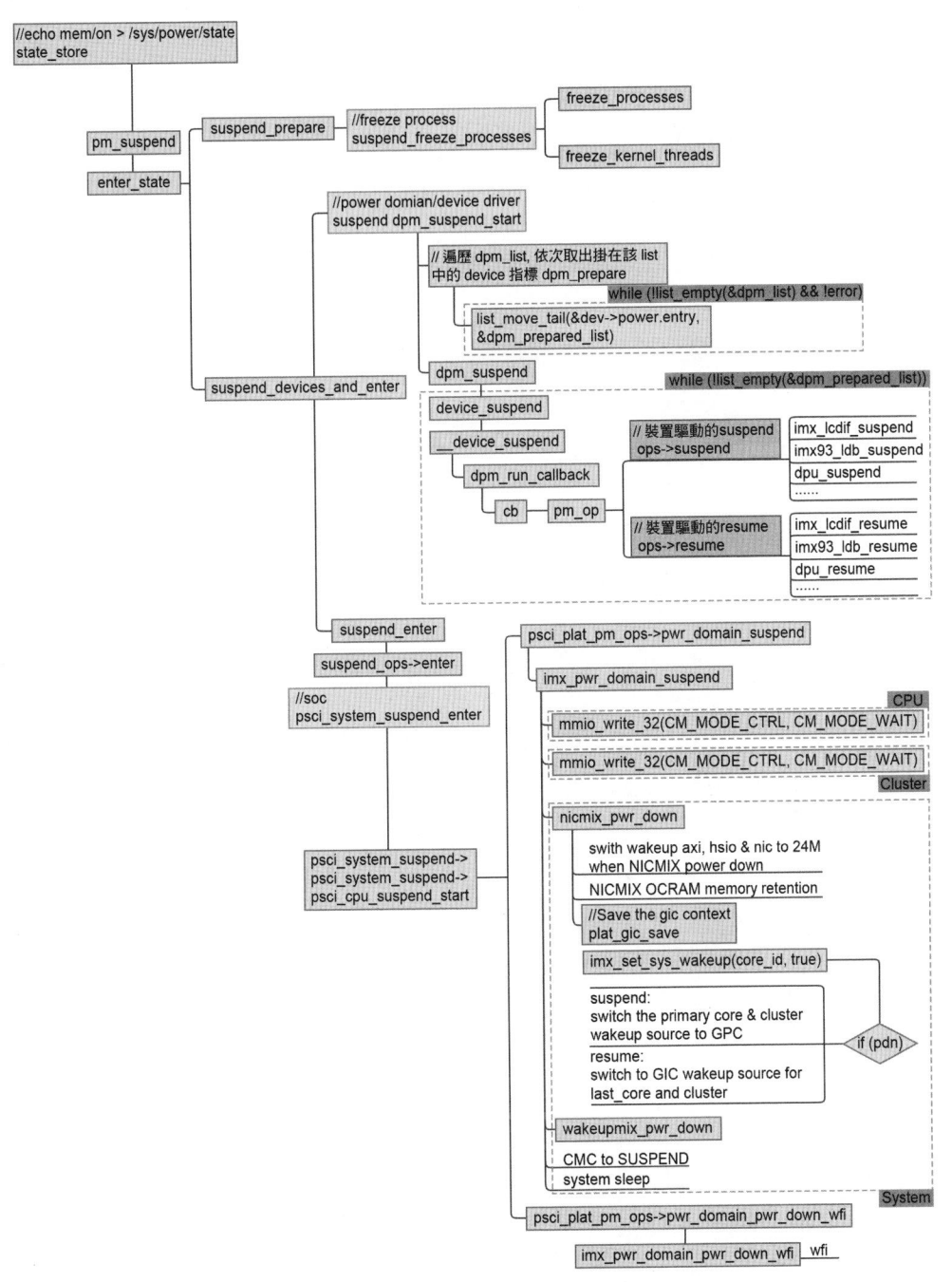

▲ 圖 9-10 suspend/resume 的過程

可見，在 suspend 的時候主要有三個階段：

1. 使用者態和核心態處理程序的 suspend。
2. power domain 和外接裝置驅動的 suspend。
3. SoC 的 suspend，以 i.MX93 平臺為例，這裡包括 CPU、Cluster 和各種 Mix。

第 10 章

時鐘模組

　　Linux 核心中的時鐘模組，就像是一座精準運轉的時鐘塔，默默地掌控著整個系統的「時間脈搏」。它如同一位嚴謹的時間守護者，不斷地為系統提供準確而穩定的時間基準。就像時鐘的秒針，每一次跳動都精確無誤，驅動著系統的各項任務按照既定的節奏進行。同時，它又像是一位細心的指揮家，用時鐘中斷作為指揮棒，精準地引導著各個任務在合適的時間點上場，確保系統的和諧運轉。在複雜的系統環境中，時鐘模組就像是那不可或缺的「節拍器」，讓整個 Linux 系統在時間的律動中，奏出高效穩定的執行旋律。

10.1 時鐘控制器的硬體實現

　　下面以 i.MX93 晶片為例，時鐘控制器的硬體實現原理如圖 10-1 所示。

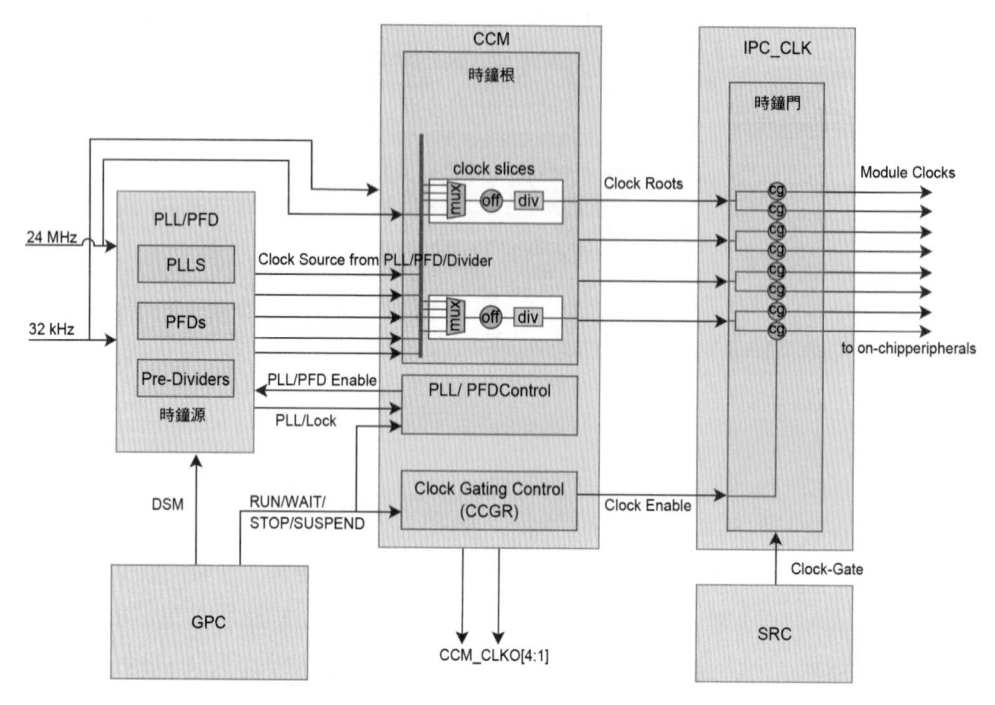

▲ 圖 10-1 鐘控制器的硬體實現原理

　　i.MX93 晶片的外部時鐘輸入來源有 24MHz 和 32kHz，這兩個輸入來源都可以直接連接到 CCM（Clock Controller Module，時鐘控制器模組），但是 PLL 只能以 24MHz 和 32kHz 作為輸入。從 PLL 和分頻器出來的時鐘也可以作為 CCM 的輸入。每一個 Slice 在經過 MUX 模組後，由分頻器產生我們需要的時鐘頻率，然後再輸出給 Gate 模組，以便控制時鐘的開關。

10.1.1 Clock Source

　　clock root 是時鐘來源（clock source），clock root 由各種時鐘來源生成，可以是 osc（oscillator 的簡稱）振盪器或 pll（Phase-locked loops，鎖相環）。故 clock source 的實現方式為控制 osc 振盪器或 pll，在系統低功耗操作時自動關閉或開啟。表 10-1 顯示了 CCM 的時鐘來源。

▼ 表 10-1 CCM 的時鐘來源

時鐘來源	說明
OSC 24M_CLK	OSC 24MHz CLK
ARM PLL	ARM PLL VCO（沒有連接到時鐘樹）
ARM PLL CLK	ARM PLL 輸出時鐘
SYSTEM PLL	SYSTEM PLL VCO（沒有連接到時鐘樹）
……	……
AUDIO PLL	AUDIO PLL VCO（沒有連接到時鐘樹）
AUDIO PLL CLK	AUDIO PLL 輸出時鐘
DRAM PLL	DRAM PLL VCO（沒有連接到時鐘樹）
DRAM PLL CLK	DRAM PLL 輸出時鐘
VIDEO PLL	VIDEO PLL VCO（沒有連接到時鐘樹）
VIDEO PLL CLK	VIDEO PLL 輸出時鐘

可以看出，除了 24MHz 振盪器，還有其他時鐘來源，比如 ARM PLL、SYSTEM PLL、 AUDIO PLL、DRAM PLL、Video PLL 等，這些都是透過分頻計算得來的，PLL 的計算公式如下：

$$Fvco\_clk = \left(\left(\frac{Fref}{DIV[RDIV]}\right) * DIV[MFI]\right) \quad Fclko\_odiv = Fvco\_clk/DIV[ODIV]$$

其中 Fref 是參考電壓，DIV 是 PLL 分頻器暫存器，MFI、RDIV、ODIV 是對應的位元操作。

PLL 分頻器的定義見表 10-2。

▼ 表 10-2 PLL 分頻器暫存器定義

欄位	說明
31~25 —	保留
24~16 MFI	迴圈除法器的整數部分。設置PLL反饋回路中分頻器的值。指定的值確定了應用於參考頻率的乘法因數。除法器值=MFI，其中所選MFI不違反VCO頻率規範
24~16 MFI	迴圈除法器的整數部分。設置PLL反饋回路中分頻器的值。指定的值確定了應用於參考頻率的乘法因數。除法器值=MFI，其中所選MFI不違反VCO頻率規範

欄位	說明
15~13 RDIV	輸入時鐘前置器。 設置輸入時鐘分頻器，預分頻器電路的輸出產生PLL模擬環路參考時鐘。 000：除以1。 001：除以1。 010：除以2。 011：除以3。 100：除以4。 101：除以5。 110：除以6。 111：除以7。
12~8 —	保留
7-0 ODIV	時鐘輸出分頻器 0~255範圍內的8位元欄位，用於確定驅動PHI輸出時鐘的VCO時鐘後分頻器。 0000 0000：除以2。 0000 0001：除以3。 0000 0010：除以2。 0000 0011：除以3。 0000 0100：除以4。 0000 0101：除以5。 0000 0110：除以6。 0000_1010：除以10。 1000 0010：除以130。 1111 1111：除以255。

10.1.2 Clock Root

CCM clock root 含多個時鐘根通道，每個 clock root 時鐘通道包含一個 4-to-1 的 MUX 和一個 8-bit divider（分頻器）。MUX 從 4 個時鐘輸入中選擇 1 個。8 位元分頻器可以將所選時鐘分頻至 1/256 個。部分時鐘根通道的說明參見表 10-3。

▼ 表 10-3 時鐘根通道

Slice Num	Clock Root	Max Freq UD (MHz)	Max Freq NM (MHz)	Max Freq OD (MHz)	Offset	Source Select
0	arm_a55_periph_clk_root	200	333.33	400	0x0000	00-OSC_24M_CLK 01-SYS_PLL_PFD0 10-SYS_PLL_PFD1 11-SYS_PLL_PFD2

Slice Num	Clock Root	Max Freq UD (MHz)	Max Freq NM (MHz)	Max Freq OD (MHz)	Offset	Source Select
1	arm_a55_mtr_bus_ck_root	133.33	133.33	133.33	0x0080	00-OSC_24M_CLK 01-SYS_PLL_PFD0_DIV2 10-SYS_PLL_PFD1_DIV2 11-VIDEO_PLL_CLK
2	arm_a55_clk_root	500	800	1000	0x0100	00-OSC_24M_CLK 01-SYS_PLL_PFD0 10-SYS_PLL_PFD1 11-SYS_PLL_PFD2
……						
92	i3c2 slow clk root	24	24	24	0x2e00	00-OSC_24M_CLK 01-SYS_PLL_PFD0_DIV2 10-SYS_PLL_PFD1_DIV2 11-VIDEO_PLL_CLK
93	usb_phy_burunin_clk_root	50	50	50	0x2e80	00-OSC_24M_CLK 01-SYS_PLL_PFD0_DIV2 10-SYS_PLL_PFD1_DIV2 11-VIDEO_PLL_CLK
94	pal_came_scan_clk_root	80	80	80	0x2f00	00-OSC_24M_CLK 01-AUDIO_PLL_CLK 10-VIDEO_PLL_CLK 11-SYS_PLL_PFD2

每一個 slice 都有自己的 index、偏移位址，這裡的偏移位址是相對於 CCM 的基底位址而言的。

CLOCK_ROOT0_CONTROL~CLOCK_ROOT94_CONTROL 暫存器對應上面 95 個 slice，控制時鐘根生成，包括啟用、MUX 選擇和分頻因數，該暫存器操作如表 10-4 所示。

▼表 10-4 CLOCK_ROOTn_CONTROL 暫存器操作

欄位	說明
31~25 —	保留
24 OFF	關閉時鐘根。 是否關閉生成的時鐘根。 0：時鐘正在執行。 1：關閉時鐘
23~20 —	保留
9~8 MUX	時鐘多工器。 從4個時鐘源中選擇時鐘以生成時鐘根。 00：選擇時鐘源0。 01：選擇時鐘源1。 10：選擇時鐘源2。 11：選擇時鐘源3
7~0 DIV	時鐘分頻分數。 生成的時鐘根週期比選擇的時鐘源長DIV + 1倍

10.1.3 Clock Gate

clock gate（時鐘門）主要負責 slice 的開或關，其具有兩種工作模式：直接控制模式和 CPULPM 模式。直接控制模式是隱含模式。重置後，所有時鐘門均在直接控制模式下工作。

- 在直接控制模式下，LPCG（low power clock gating，低功耗時鐘開關）的開啟／關閉由 LPCGn_DIRECT[ON] 直接決定。LPCG 的預設狀態為 ON。LPCGn_DIRECT 暫存器如表 10-5 所示。

▼表 10-5 直接模式下的 LPCGn_DIRECT 暫存器

欄位	說明
31~3 —	保留
2 CLOCKOFF_ACK_TIMEOUT_EN	此位元啟用時鐘關閉握手的逾時機制，啟用時，時鐘關閉確認將被忽略並等待16個週期的IPG時鐘逾時，禁用時，等待時鐘關閉確認。 0：禁用。 1：啟用

欄位	說明
1 —	保留
0 ON	開啟LPCG。 這一位元控制LPCG的ON/OFF。 0：LPCG OFF。 1：LPCG ON

- 在 CPULPM 模式下，LPCG 的開啟 / 關閉取決於 LPCGn_LPMs 中的設置和每個域所處的當前模式。LPCGn_LPMs 暫存器如表 10-6 所示。

▼表 10-6　CPULPM 模式下的 LPCGn_LPMs 寄存器

欄位	說明
31 —	保留
30~28 LPM_SETRING_D7	DOMAIN7中的LPCG低功耗模式設置。 000：在任何CPU模式，LPCG將是OFF。 001：在RUN模式，LPCG將是ON，在WAIT/STOP/SUSPEND模式，LPCG將是OFF。 010：在RUN/WAIT模式，LPCG將是ON，在STOP/SUSPEND模式，LPCG將是OFF。 011：在RUN/WAIT/STOP模式，LPCG將是ON，在SUSPEND模式，LPCG將是OFF。 100：在RUN/WAIT/STOP/SUSPEND模式，LPCG將是ON
27 —	保留
26~24 LPM_SETTING-D6	DOMAIN6中的LPCG低功耗模式設置。 000：在任何CPU模式，LPCG將是OFF。 001：在RUN模式，LPCG將是ON，在WAIT/STOP/SUSPEND模式，LPCG將是OFF。 010：在RUN/WAIT模式，LPCG將是ON，在STOP/SUSPEND模式，LPCG將是OFF。 011：在RUN/WAIT/STOP模式，LPCG將是ON，在SUSPEND模式，LPCG將是OFF 100：在RUN/WAIT/STOP/SUSPEND模式，LPCG將是ON
23 —	保留
22~20 LPM_SETTING-D5	DOMAIN5中的LPCG低功耗模式設置。 000：在任何CPU模式，LPCG將是OFF。 001：在RUN模式，LPCG將是ON，在WAIT/STOP/SUSPEND模式，LPCG將是OFF。 010：在RUN/WAIT模式，LPCG將是ON，在STOP/SUSPEND模式，LPCG將是OFF。 011：在RUN/WAIT/STOP模式，LPCG將是ON，在SUSPEND模式，LPCG將是OFF 100：在RUN/WAIT/STOP/SUSPEND模式，LPCG將是ON
19 —	保留
18~16 LPM_SETTING-D4	DOMAIN4中的LPCG低功耗模式設置。 000：在任何CPU模式，LPCG將是OFF。 001：在RUN模式，LPCG將是ON，在WAIT/STOP/SUSPEND模式，LPCG將是OFF。 010：在RUN/WAIT模式，LPCG將是ON，在STOP/SUSPEND模式，LPCG將是OFF。 011：在RUN/WAIT/STOP模式，LPCG將是ON，在SUSPEND模式，LPCG將是OFF。 100：在RUN/WAIT/STOP/SUSPEND模式，LPCG將是ON

欄位	說明
15 —	保留
14~12 LPM_SETTING-D3	DOMAIN3中的LPCG低功耗模式設置。 000：在任何CPU模式，LPCG將是OFF。 001：在RUN模式，LPCG將是ON，在WAIT/STOP/SUSPEND模式，LPCG將是OFF。 010：在RUN/WAIT模式，LPCG將是ON，在STOP/SUSPEND模式，LPCG將是OFF。 011：在RUN/WAIT/STOP模式，LPCG將是ON，在SUSPEND模式，LPCG將是OFF。 100：在RUN/WAIT/STOP/SUSPEND模式，LPCG將是ON
11 —	保留
欄位	說明
10~8 LPM_SETTING-D2	DOMAIN2中的LPCG低功耗模式設置。 000：在任何CPU模式，LPCG將是OFF。 001：在RUN模式，LPCG將是ON，在WAIT/STOP/SUSPEND模式，LPCG將是OFF。 010：在RUN/WAIT模式，LPCG將是ON，在STOP/SUSPEND模式，LPCG將是OFF。 011：在RUN/WAIT/STOP模式，LPCG將是ON，在SUSPEND模式，LPCG將是OFF。 100-在RUN/WAIT/STOP/SUSPEND模式，LPCG將是ON
7 —	保留
6~4 LPM_SETTING-D1	DOMAIN1中的LPCG低功耗模式設置。 000：在任何CPU模式，LPCG將是OFF。 001：在RUN模式，LPCG將是ON，在WAIT/STOP/SUSPEND模式，LPCG將是OFF。 010：在RUN/WAIT模式，LPCG將是ON，在STOP/SUSPEND模式，LPCG將是OFF。 011：在RUN/WAIT/STOP模式，LPCG將是ON，在SUSPEND模式，LPCG將是OFF。 100：在RUN/WAIT/STOP/SUSPEND模式，LPCG將是ON
3 —	保留
2~0 LPM_SETTING-D0	DOMAIN0中的LPCG低功耗模式設置。 000：在任何CPU模式，LPCG將是OFF。 001：在RUN模式，LPCG將是ON，在WAIT/STOP/SUSPEND模式，LPCG將是OFF。 010：在RUN/WAIT模式，LPCG將是ON，在STOP/SUSPEND模式，LPCG將是OFF。 011：在RUN/WAIT/STOP模式，LPCG將是ON，在SUSPEND模式，LPCG將是OFF。 100：在RUN/WAIT/STOP/SUSPEND模式，LPCG將是ON

10.2 時鐘控制器的驅動實現

現在我們知道了時鐘控制器的硬體原理，那麼在驅動中是如何描述一個 clk 資訊的？驅動中用 clk_hw_onecell_data 結構儲存 clk 的數量以及 clk_hw 結構，每一個 clk 都有自己的 clk_hw 結構。也就是說驅動中會使用 hws[clk_index] 的形式儲存每一個 clk 資訊。讓我們詳細看看這些結構具體是如何描述的。

```c
struct clk_hw_onecell_data {
 unsigned int num;
 struct clk_hw *hws[];
};
struct clk_hw {
 struct clk_core *core;
 struct clk *clk;
 const struct clk_init_data *init;
};
```

- clk_core 代表 clock framework 的核心驅動物件。
- clk 結構儲存具體的 clk 資訊，例如父節點、可選擇的父節點列表和數量、暫存器中的位移和位元寬、它們的子節點、enable 和 status 暫存器地址、時鐘速度、clk 標識位元等資訊。clk 結構如下所示：

```c
struct clk {
    struct list_head    node;
    struct clk          *parent;
    struct clk          **parent_table;
    unsigned short      parent_num;
    unsigned char       src_shift;
    unsigned char       src_width;
    struct sh_clk_ops   *ops;

    struct list_head    children;
    struct list_head    sibling;

    int                 usecount;

    unsigned long       rate;
    unsigned long       flags;

    void __iomem        *enable_reg;
    void __iomem        *status_reg;
    unsigned int        enable_bit;
    void __iomem        *mapped_reg;

    unsigned int        div_mask;
    unsigned long       arch_flags;
    void                *priv;
    struct clk_mapping  *mapping;
    struct cpufreq_frequency_table *freq_table;
    unsigned int        nr_freqs;
};
```

- clk_init_data 中是 clock 框架中共用的初始化資料。

驅動中對時鐘有些固定搭配的實現，比如 fixed rate clock、fixed factor clock、 composite clock、gate clock。接下來我們詳細看看這些不同的類型。

■ fixed rate clock

這一類 clock（時鐘）具有固定的頻率，不能開關，不能調整頻率，不能選擇 parent，不需要提供任何 clk_ops 回呼函式，是最簡單的一類 clock。我們可以直接透過 DTS 的方式設置，clock framework core 能直接從 DTS 中解出 clock 資訊，並自動註冊到 kernel，不需要任何驅動支援。例如 24MHz 晶振和 32.768kHz 的晶振。

```
osc_32k: clock-osc-32k {
    compatible = "fixed-clock";
    #clock-cells = <0>;
    clock-frequency = <32768>;
    clock-output-names = "osc_32k";
};

osc_24m: clock-osc-24m {
    compatible = "fixed-clock";
    #clock-cells = <0>;
    clock-frequency = <24000000>;
    clock-output-names = "osc_24m";
};

clk_ext1: clock-ext1 {
    compatible = "fixed-clock";
    #clock-cells = <0>;
    clock-frequency = <133000000>;
    clock-output-names = "clk_ext1";
};

clk: clock-controller@44450000 {
    compatible = "fsl,imx93-ccm";
    reg = <0x44450000 0x10000>;
    #clock-cells = <1>;
    clocks = <&osc_32k>, <&osc_24m>, <&clk_ext1>;
    clock-names = "osc_32k", "osc_24m", "clk_ext1";
    assigned-clocks = <&clk IMX93_CLK_AUDIO_PLL>, <&clk IMX93_CLK_A55>;
    assigned-clock-parents = <0>, <&clk IMX93_CLK_SYS_PLL_PFD0>;
    assigned-clock-rates = <393216000>, <500000000>;
    status = "okay";
```

```
};

clks[IMX93_CLK_24M] = imx_obtain_fixed_clk_hw(np, "osc_24m");
clks[IMX93_CLK_32K] = imx_obtain_fixed_clk_hw(np, "osc_32k");
clks[IMX93_CLK_EXT1] = imx_obtain_fixed_clk_hw(np, "clk_ext1");
```

以 24MHz 的晶振為例，clks 是一個陣列，imx_obtain_fixed_clk_hw 解析 24MHz 晶振的裝置樹節點，然後使用 __clk_get_hw 增加到 clk framework（core->hw）。IMX93_CLK_24M 這裡的索引值和 dts 保持一致。

■ fixed factor clock

這一類 clock 具有固定的 factor（即 multiplier 和 divider），clock 的頻率是由 parent clock 的頻率，乘以 multiplier（乘數），除以 divider（除數）得出的，多用於一些具有固定分頻係數的 clock。由於 parent clock 的頻率可以改變，因而 fix factor clock 也可改變頻率，因此也會提供 .recalc_rate/.set_rate/.round_rate 等回呼。以第二行的 clk 為例，這裡的「sys_pll_pfd0_div2」就是我們想要的 fixed factor clock。「sys_pll_pfd0」的 clk 的父時鐘節點為「sys_pll2_out」(1000MHz)，倍頻係數為 1，分頻係數為 2。

```
clks[IMX93_CLK_SYS_PLL_PFD0] = imx_clk_hw_fixed("sys_pll_pfd0", 1000000000);
clks[IMX93_CLK_SYS_PLL_PFD0_DIV2] = imx_clk_hw_fixed_factor("sys_pll_pfd0_div2",
    "sys_pll_pfd0", 1, 2);
clks[IMX93_CLK_SYS_PLL_PFD1] = imx_clk_hw_fixed("sys_pll_pfd1", 800000000);
clks[IMX93_CLK_SYS_PLL_PFD1_DIV2] = imx_clk_hw_fixed_factor("sys_pll_pfd1_div2",
    "sys_pll_pfd1", 1, 2);
clks[IMX93_CLK_SYS_PLL_PFD2] = imx_clk_hw_fixed("sys_pll_pfd2", 625000000);
clks[IMX93_CLK_SYS_PLL_PFD2_DIV2] = imx_clk_hw_fixed_factor("sys_pll_pfd2_div2",
    "sys_pll_pfd2", 1, 2);
```

imx_clk_hw_fixed_factor 主要用於產生固定的 PLL 分頻，最終會呼叫到函式 __clk_hw_register_fixed_factor，程式如下所示：

```
static struct clk_hw *
__clk_hw_register_fixed_factor(struct device *dev, struct device_node *np,
        const char *name, const char *parent_name,
        const struct clk_hw *parent_hw, int index,
        unsigned long flags, unsigned int mult, unsigned int div,
        bool devm)
{
    ......
```

```
        fix = kmalloc(sizeof(*fix), GFP_KERNEL);
    if (!fix)
        return ERR_PTR(-ENOMEM);

    fix->mult = mult;                         ------(1)
    fix->div = div;                           ------(2)
    fix->hw.init = &init;                     ------(3)

    init.name = name;                         ------(4)
    init.ops = &clk_fixed_factor_ops;         ------(5)
    init.flags = flags;                       ------(6)
    if (parent_name)
        init.parent_names = &parent_name;
    else if (parent_hw)
        init.parent_hws = &parent_hw;
    else
        init.parent_data = &pdata;
    init.num_parents = 1;

    hw = &fix->hw;
    if (dev)
        ret = clk_hw_register(dev, hw);       -----(7)
    ......
    return hw;
}
```

- 標註的（1）~（3）行程式將倍頻係數和分頻係數存入 fix 結構。

- 標註的（4）~（6）行程式設置 init 資料區段中的 clk_fixed_factor_ops（產生固定頻率的函式集）和 name（「sys_pll_pfd0_div2」），這裡的 clk_init_data 在 clk provider 和 clk framework 之間是共用的。

- 標註的（7）行程式將這個 clk_hw 硬體時鐘物件註冊進 clk core。IMX93_CLK_SYS_ PLL_PFD0_DIV2= 4，所以最後上面那行 clk 程式的含義為：第 4 個 hws 結構中的 clk 名為「sys_pll_pfd0_div2」，父節點為「sys_pll_pfd0」，倍頻係數為 1，分頻係數為 2。它所支援的 ops 為 clk_fixed_factor_ops，下面具體看看它包含的回呼函式。

```
const struct clk_ops clk_fixed_factor_ops = {
    .round_rate = clk_factor_round_rate,
    .set_rate = clk_factor_set_rate,
    .recalc_rate = clk_factor_recalc_rate,
};
```

```
static long clk_factor_round_rate(struct clk_hw *hw, unsigned long rate,
            unsigned long *prate)
{
    struct clk_fixed_factor *fix = to_clk_fixed_factor(hw);

    if (clk_hw_get_flags(hw) & CLK_SET_RATE_PARENT) {
        unsigned long best_parent;

        best_parent = (rate / fix->mult) * fix->div;
        *prate = clk_hw_round_rate(clk_hw_get_parent(hw), best_parent);
    }

    return (*prate / fix->div) * fix->mult;
}

// 由于是固定 率的    ，因此 set_rate 函 直接返回成功即可
static int clk_factor_set_rate(struct clk_hw *hw, unsigned long rate,
            unsigned long parent_rate)
{
    return 0;
}

static unsigned long clk_factor_recalc_rate(struct clk_hw *hw,
        unsigned long parent_rate)
{
    struct clk_fixed_factor *fix = to_clk_fixed_factor(hw);
    unsigned long long int rate;

    rate = (unsigned long long int)parent_rate * fix->mult;
    do_div(rate, fix->div);
    return (unsigned long)rate;
}
```

- **composite clock**

這種是透過 mux、divider、gate 等組合得到 clock 的方式，可透過下面介面註冊。

```
static const struct imx93_clk_root {
    u32 clk;
    char *name;
    u32 off;
    enum clk_sel sel;
    unsigned long flags;
} root_array[] = {
    /* a55/m33/bus critical clk for system run */
```

```
        { IMX93_CLK_A55_PERIPH,       "a55_periph_root",    0x0000, FAST_SEL, CLK_IS_
CRITICAL },
        { IMX93_CLK_A55_MTR_BUS,      "a55_mtr_bus_root",   0x0080, LOW_SPEED_IO_SEL,
CLK_IS_CRITICAL },
        { IMX93_CLK_A55,              "a55_alt_root",       0x0100, FAST_SEL, CLK_IS_CRITICAL
},
        { IMX93_CLK_M33,              "m33_root",           0x0180, LOW_SPEED_IO_SEL, CLK_IS_
CRITICAL },
        { IMX93_CLK_BUS_WAKEUP,       "bus_wakeup_root",    0x0280, LOW_SPEED_IO_SEL,
CLK_IS_CRITICAL },
        ......
        { IMX93_CLK_ENET_REF,         "enet_ref_root",      0x2c80, NON_IO_SEL, },
        { IMX93_CLK_ENET_REF_PHY,     "enet_ref_phy_root",  0x2d00, LOW_SPEED_IO_
SEL, },
        { IMX93_CLK_I3C1_SLOW,        "i3c1_slow_root",     0x2d80, LOW_SPEED_IO_SEL, },
        { IMX93_CLK_I3C2_SLOW,        "i3c2_slow_root",     0x2e00, LOW_SPEED_IO_SEL, },
        { IMX93_CLK_USB_PHY_BURUNIN,  "usb_phy_root",       0x2e80, LOW_SPEED_IO_
SEL, },
        { IMX93_CLK_PAL_CAME_SCAN,    "pal_came_scan_root", 0x2f00, MISC_SEL, }
};

for (i = 0; i < ARRAY_SIZE(root_array); i++) {
    root = &root_array[i];
    clks[root->clk] = imx93_clk_composite_flags(root->name,
                    parent_names[root->sel],
                    4, base + root->off, 3,
                    root->flags);
}
```

從以上程式看到，迴圈透過函式 imx93_clk_composite_flags 來完成 composite clock 類型時鐘的註冊，該函式實現如下：

```
struct clk_hw *imx93_clk_composite_flags(const char *name, const char * const
*parent_names,
                    int num_parents, void __iomem *reg, u32 domain_id,
                    unsigned long flags)
{
    ......
    hw = clk_hw_register_composite(NULL, name, parent_names, num_parents,
                    mux_hw, &imx93_clk_composite_mux_ops, div_hw,
                    &imx93_clk_composite_divider_ops, gate_hw,
                    &imx93_clk_composite_gate_ops,
                    flags | CLK_SET_RATE_NO_REPARENT);
    ......
    return hw;
    ......
}
```

```
static const struct clk_ops imx93_clk_composite_mux_ops = {
    .get_parent = imx93_clk_composite_mux_get_parent,
    .set_parent = imx93_clk_composite_mux_set_parent,
    .determine_rate = imx93_clk_composite_mux_determine_rate,
};

static const struct clk_ops imx93_clk_composite_divider_ops = {
    .recalc_rate = imx93_clk_composite_divider_recalc_rate,
    .round_rate = imx93_clk_composite_divider_round_rate,
    .determine_rate = imx93_clk_composite_divider_determine_rate,
    .set_rate = imx93_clk_composite_divider_set_rate,
};

static const struct clk_ops imx93_clk_composite_gate_ops = {
    .enable = imx93_clk_composite_gate_enable,
    .disable = imx93_clk_composite_gate_disable,
    .is_enabled = clk_gate_is_enabled,
};
```

■ gate clock

這一類 clock 提供對當前時鐘的開啟或關閉功能（會提供 .enable/.disable 回呼），可使用函式 imx93_clk_gate 進行註冊：

```
static const struct imx93_clk_ccgr {
    u32 clk;
    char *name;
    char *parent_name;
    u32 off;
    unsigned long flags;
    u32 *shared_count;
} ccgr_array[] = {
    { IMX93_CLK_A55_GATE,      "a55_alt",  "a55_alt_root",    0x8000, },
    ......
    { IMX93_CLK_TSTMR1_GATE,   "tstmr1",   "bus_aon_root",    0x9ec0, },
    { IMX93_CLK_TSTMR2_GATE,   "tstmr2",   "bus_wakeup_root", 0x9f00, },
    { IMX93_CLK_TMC_GATE,      "tmc",      "osc_24m",         0x9f40, },
    { IMX93_CLK_PMRO_GATE,     "pmro",     "osc_24m",         0x9f80, }
};

for (i = 0; i < ARRAY_SIZE(ccgr_array); i++) {
    ccgr = &ccgr_array[i];
    clks[ccgr->clk] = imx93_clk_gate(NULL, ccgr->name, ccgr->parent_name,
                    ccgr->flags, base + ccgr->off, 0, 1, 1, 3,
                    ccgr->shared_count);
}
```

從以上程式可以看出，會迴圈透過函式 imx93_clk_gate 來實現 gate clock 類型時鐘的註冊，該函式實現如下：

```
struct clk_hw *imx93_clk_gate(struct device *dev, const char *name, const char
*parent_name,
                unsigned long flags, void __iomem *reg, u32 bit_idx, u32 val,
                u32 mask, u32 domain_id, unsigned int *share_count)
{    ……
    gate = kzalloc(sizeof(struct imx93_clk_gate), GFP_KERNEL);
    if (!gate)
        return ERR_PTR(-ENOMEM);

    gate->reg = reg;
    gate->lock = &imx_ccm_lock;
    gate->bit_idx = bit_idx;
    gate->val = val;
    gate->mask = mask;
    gate->share_count = share_count;

    init.name = name;
    init.ops = &imx93_clk_gate_ops;
    init.flags = flags | CLK_SET_RATE_PARENT | CLK_OPS_PARENT_ENABLE;
    init.parent_names = parent_name ? &parent_name : NULL;
    init.num_parents = parent_name ? 1 : 0;

    gate->hw.init = &init;
    hw = &gate->hw;
    ……
    ret = clk_hw_register(dev, hw);
    if (ret) {
        kfree(gate);
        return ERR_PTR(ret);
    }

    return hw;
}
```

現在來看時鐘控制器驅動的初始化。前面已經講過，gate、mux、divider 等 API 的使用將 CLK SPEC 操作相關的資訊（名稱、暫存器位移等）寫入了 clk core 框架。imx93 vendor 層的 clk core 驅動中主要分為兩步：

- of_clk_add_hw_provider，將此 soc dts 節點、clk 解析回呼函式 of_clk_hw_onecell_get 和回呼資料註冊到 clk core。其中 clk_hw_data 包含了所有 hw clk 資訊，如 source、root、gate 的實現，這一步最重要。

- imx_clk_init_on 優先初始化 dts 中定義的「init-on-array」時鐘節點，例如 UART、SD 時鐘。

這兩步是在時鐘控制器初始化的時候透過函式 imx93_clocks_probe 呼叫的。

```
static int imx93_clocks_probe(struct platform_device *pdev)
{
    clk_hw_data->num = IMX93_CLK_END;
    clks = clk_hw_data->hws;
    ......
    ret = of_clk_add_hw_provider(np, of_clk_hw_onecell_get, clk_hw_data);
    ......
    imx_clk_init_on(np, clks);
    ......
}
```

為了更進一步地理解外接裝置呼叫時鐘控制器的過程，這裡以 LVDS（用來連接顯示器的一種介面）外接裝置為例，看看 LVDS 驅動呼叫 clk API 到硬體實現的過程。

LVDS 的裝置樹（對硬體的描述資訊都在這裡）如下所示：

```
ldb: ldb@4ac10020 {
    ......
    clocks = <&clk IMX93_CLK_LVDS_GATE>;
    clock-names = "ldb";
    assigned-clocks = <&clk IMX93_CLK_MEDIA_LDB>;
    assigned-clock-parents = <&clk IMX93_CLK_VIDEO_PLL>;
    ......
}
```

LVDS 驅動在初始化的時候透過函式 devm_clk_get 去拿裝置樹裡的資訊：

```
static int imx93_ldb_bind(struct device *dev, struct device *master, void *data)
{
  ......
  imx93_ldb->clk_root = devm_clk_get(dev, "ldb");
  ......
}
```

1. devm_clk_get

devm_clk_get 的呼叫順序是 devm_clk_get->__devm_clk_get->get->clk_get_ optional-> clk_get->of_clk_get_hw。

對 devm_clk_get 函式來說，最終透過 of_clk_get_hw 拿到 ldb 對應的 clk 陣列：

```
struct clk_hw *of_clk_get_hw(struct device_node *np, int index,
                 const char *con_id)
{
    int ret;
    struct clk_hw *hw;
    struct of_phandle_args clkspec;

    ret = of_parse_clkspec(np, index, con_id, &clkspec);
    if (ret)
        return ERR_PTR(ret);

    hw = of_clk_get_hw_from_clkspec(&clkspec);
    of_node_put(clkspec.np);

    return hw;
}
```

- of_parse_clkspec 函式會根據傳入的 clock names 鏈結串列進行匹配，找到 clock-names clkspec。
- of_clk_get_hw_from_clkspec 再根據 clkspec 查詢到 clk 對應的 clk_hw 結構。clk_hw 已經在 clock 驅動的 probe 函式中透過 of_clk_add_hw_provider 註冊進了 clk 子系統。

對於這個 ldb 裝置樹中定義的 clock index 值（168），of_clk_get_hw_from_clkspec 去 hw clk provider 中尋找 clkspec 所對應的索引資料。也就是我們在 clk 驅動中寫入的 ldb root 相關的 clk_gate 資訊，如下所示：

```
{ IMX93_CLK_LVDS_GATE, "lvds", "media_ldb_root", 0x9600, },
```

■ 2. clk_prepare_enable

LVDS 驅動在初始化的時候會透過函式 clk_prepare_enable 來啟用 clk framework 中的時鐘資源。

```
static void imx93_ldb_encoder_enable(struct drm_encoder *encoder)
{
```

```
    ......
    clk_prepare_enable(imx93_ldb->clk_root);
    ......
}
```

clk_prepare_enable 是 .prepare 和 .enable 函式的組合函式。先讓 clk framework 做完，然後啟用 clk framework 中的時鐘資源。

```
static inline int clk_prepare_enable(struct clk *clk)
{
    int ret;

    ret = clk_prepare(clk);
    if (ret)
        return ret;
    ret = clk_enable(clk);
    if (ret)
        clk_unprepare(clk);

    return ret;
}
```

clk_prepare 的定義如下：

```
int clk_prepare(struct clk *clk)
{
    if (!clk)
        return 0;

    return clk_core_prepare_lock(clk->core);
}
```

clk_core_prepare_lock 對時鐘的操作進行了加鎖，然後呼叫 core->ops->prepare(core->hw)。clk_prepare 會從 parent 開始逐級呼叫 .prepare 函式。

clk_enable 的呼叫過程如下，最終會開啟暫存器的 gate enable 位元：

```
clk_enable(clk);
    clk->ops->enable(clk->hw);
        imx93_clk_gate_do_hardware(hw, true);

static void imx93_clk_gate_do_hardware(struct clk_hw *hw, bool enable)
{
    struct imx93_clk_gate *gate = to_imx93_clk_gate(hw);
    u32 val;

    val = readl(gate->reg + AUTHEN_OFFSET);
    if (val & CPULPM_EN) {
```

```
            val = enable ? LPM_SETTING_ON : LPM_SETTING_OFF;
            writel(val, gate->reg + LPM_CUR_OFFSET);
    } else {
            val = readl(gate->reg + DIRECT_OFFSET);
            val &= ~(gate->mask << gate->bit_idx);
            if (enable)
                val |= (gate->val & gate->mask) << gate->bit_idx;
            writel(val, gate->reg + DIRECT_OFFSET);
    }
}
```

■ 3. clk_set_rate

　　LVDS 驅動用函式 imx93_ldb_encoder_atomic_mode_set 對其時鐘進行頻率的設置：

```
static void
imx93_ldb_encoder_atomic_mode_set(struct drm_encoder *encoder, struct drm_crtc_
state *crtc_state, struct drm_connector_state *connector_state)
{
 ......
  clk_set_rate(imx93_ldb->clk_root, serial_clk);
 ......
}
```

　　可以看出是透過函式 clk_set_rate 進行最終的設置，該函式如下所示：

```
clk_set_rate(clk, rate)
    clk_core_set_rate_nolock
        core->ops->set_parent-> imx93_clk_composite_mux_set_parent
        clk->ops->set_rate()->imx93_clk_composite_divider_set_rate
```

　　以 IMX93_CLK_MEDIA_LDB 為例，我們在驅動中設置它的頻率。在 clk 驅動中將其註冊成了一個 composite 類型的 clk，這表示可以選擇 parent source，設置分頻。

```
{ IMX93_CLK_MEDIA_LDB, "media_ldb_root", 0x2380, VIDEO_SEL, },
```

　　這裡 VIDEO_SEL 對應的 parent clk 如下所示：

```
{"osc_24m", "audio_pll", "video_pll", "sys_pll_pfd0"},
```

10.2 時鐘控制器的驅動實現

因為 core->ops->set_parent 指向 imx93_clk_composite_mux_set_parent，所以 clk- >ops->set_rate 指向 imx93_clk_composite_divider_set_rate。

```c
static int imx93_clk_composite_mux_set_parent(struct clk_hw *hw, u8 index)
{
    ......
    reg = readl(mux->reg);
    reg &= ~(mux->mask << mux->shift);
    val = val << mux->shift;
    reg |= val;
    writel(reg, mux->reg);

    ret = imx93_clk_composite_wait_ready(hw, mux->reg);
    ......
    return ret;
}

static int imx93_clk_composite_divider_set_rate(struct clk_hw *hw,
                            unsigned long rate, unsigned long parent_rate)
{
    ......
     value = divider_get_val(rate, parent_rate, divider->table, divider->width,
divider->flags);
    ......
    val = readl(divider->reg);
    val &= ~(clk_div_mask(divider->width) << divider->shift);
    val |= (u32)value << divider->shift;
    writel(val, divider->reg);

    ret = imx93_clk_composite_wait_ready(hw, divider->reg);
    ......
    return ret;
}
```

divider_get_val 會根據所需的頻率和 parent source 的頻率計算分頻參數，然後將這個參數設置到暫存器。

10.3 時鐘子系統的實現

我們知道時鐘就是 SoC 中的脈搏，時鐘機制在 SoC 中充當著核心同步的角色，它確保系統中的各個元件按照預定的頻率和時序操作。舉例來說，CPU 的工作頻率、序列埠的通訊速率（串列傳輸速率）、I2S 音訊介面的採樣頻率以及 I2C 匯流排的傳送速率等，都是透過 clock 機制進行配置的。這些 clock 設置源於一個或多個時鐘源，經過分發和轉換，形成一個複雜的 clock 樹狀結構。透過讀取 /sys/kernel/debug/clk/clk_summary，可以獲取整數個 clock 樹的詳細資訊。

在 Linux 核心中，clock 的管理依賴於 CCF（Clock Control Framework）。CCF 將 clock 提供者（即 Clock Provider）、CCF 本身以及裝置驅動的 Clock 使用者（即 Clock Consumer）三者緊密聯繫在一起。clock 提供者提供時鐘源，CCF 負責時鐘的分發和配置，而裝置驅動則作為 clock 的消費者，根據需求獲取並使用時鐘。這種結構確保了 clock 的精確管理和高效利用，如圖 10-2 所示。

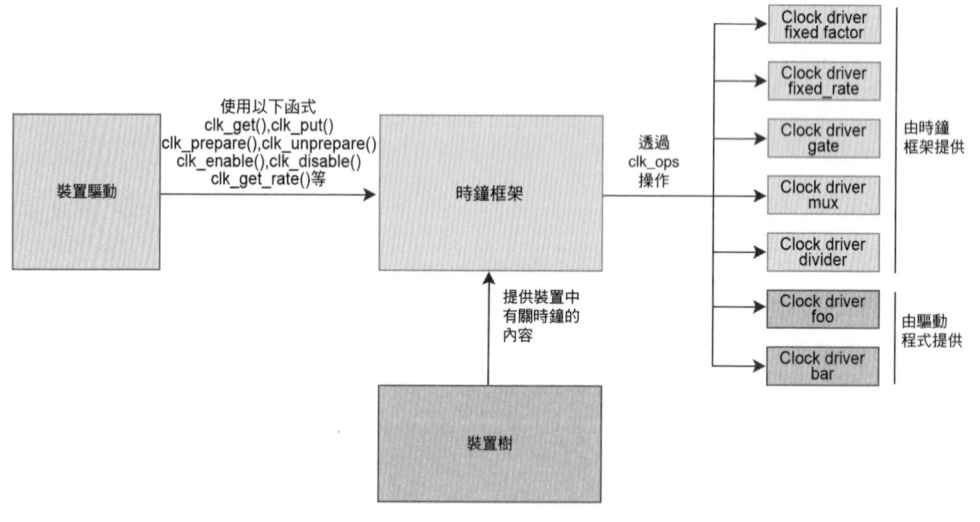

▲ 圖 10-2 時鐘子系統

10.3.1 時鐘子系統之 Clock Provider

Clock Provider 取決於時鐘源，時鐘源有以下特點：

- 節點一般是 Oscillator（有來源振盪器）或 Crystal（無源振盪器）。
- 節點有很多種，包括 PLL（鎖相環，用於提升頻率），Divider（分頻器，用於降低頻率），Mux（從多個 clock path 中選擇一個），Gate（用來控制 ON/OFF）。
- 節點是使用 clock 作為輸入的、有具體功能的 HW block。這些特點之間的關係，可以用圖 10-3 來表示。

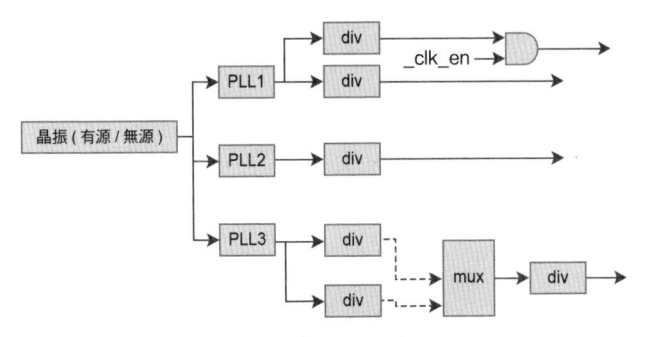

▲圖 10-3 時鐘源的關係

根據 clock 的特點，clock framework 分為 fixed rate、gate、divider、mux、fixed factor、composite 6 類。

■ 資料結構

上面 6 類本質上都屬於 clock device，核心把這些 clock HW block 的特性取出出來，用 struct clk_hw 來表示，具體如下：

```
struct clk_hw {
  // 指向 CCF 模組中對應的 clock device 實例
  struct clk_core *core;
  //clk 是存取 clk_core 的實例。每當 consumer 透過 clk_get 對 CCF 中的 clock device（也就是 clk_core）發起存取時都需要獲取一個控制碼，也就是 clk
  struct clk *clk;
  //clock provider driver 初始化時的資料，資料被用來初始化 clk_hw 對應的 clk_core 資料結構
```

```c
 const struct clk_init_data *init;
};

struct clk_init_data {
  // 該 clock 裝置的名稱
 const char   *name;
  //clock provider driver 進行具體的硬體操作
 const struct clk_ops *ops;
  // 描述該 clk_hw 的拓撲結構
 const char   * const *parent_names;
 const struct clk_parent_data *parent_data;
 const struct clk_hw  **parent_hws;
 u8    num_parents;
 unsigned long  flags;
};
```

以固定頻率的震動器 fixed rate 為例，它的資料結構是：

```c
struct clk_fixed_rate {
  // 下面是 fixed rate 這種 clock device 特有的成員
  struct         clk_hw hw;
  // 基礎類別
  unsigned long     fixed_rate;
  unsigned long     fixed_accuracy;
  u8        flags;
};
```

其他特定的 clock device 大概都是如此，這裡不再贅述。下面用一張圖描述這些資料結構之間的關係，如圖 10-4 所示。

註冊方式：

理解了資料結構，我們再來看每類 clock device 的註冊方式。

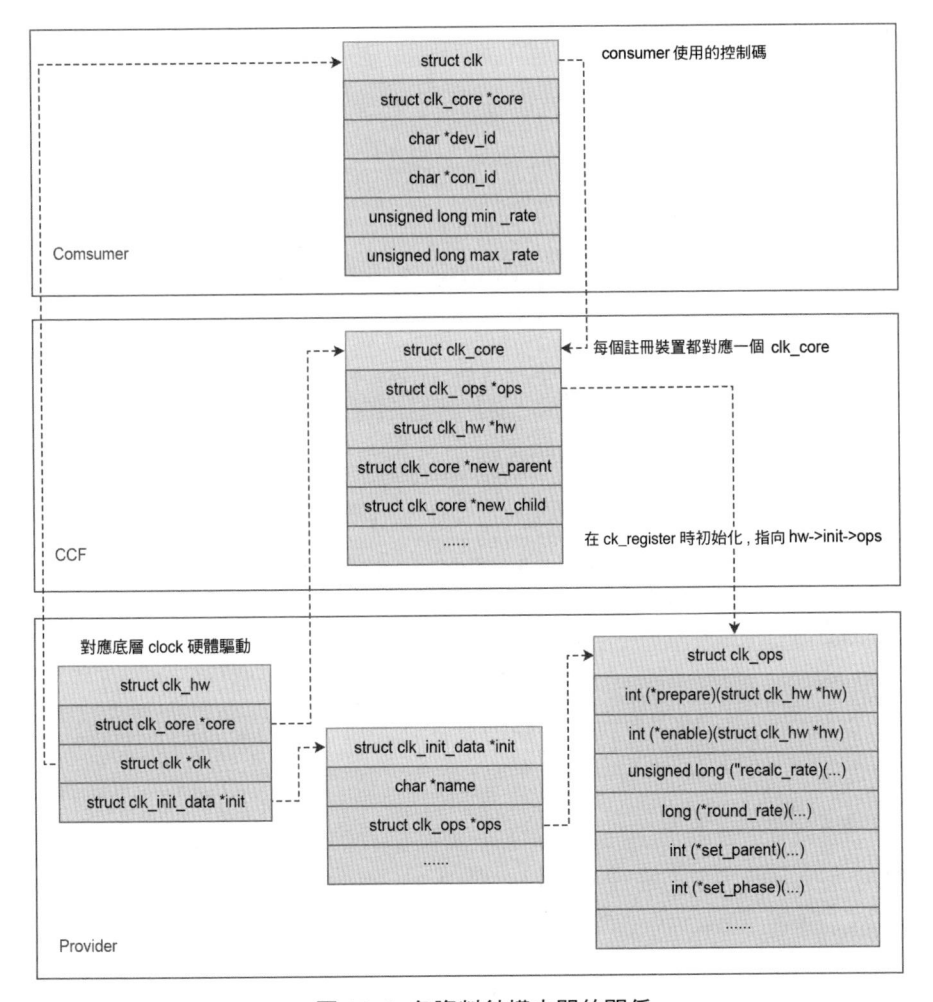

▲圖 10-4 各資料結構之間的關係

■ 1. fixed rate clock

這一類 clock 具有固定的頻率，不能開關、不能調整頻率、不能選擇 parent，是最簡單的一類 clock。可以直接透過 DTS 配置的方式支援。也可以透過介面，直接註冊 fixed rate clock，具體程式如下：

```
CLK_OF_DECLARE(fixed_clk, "fixed-clock", of_fixed_clk_setup);

struct clk *clk_register_fixed_rate(struct device *dev, const char *name,
            const char *parent_name, unsigned long flags,
            unsigned long fixed_rate);
```

2. gate clock

這一類 clock 只可開關（會提供 .enable/.disable 回呼），可使用以下介面註冊：

```
struct clk *clk_register_gate(struct device *dev, const char *name,
            const char *parent_name, unsigned long flags,
            void __iomem *reg, u8 bit_idx,
            u8 clk_gate_flags, spinlock_t *lock);
```

3. divider clock

這一類 clock 可以設置分頻值（因而會提供 .recalc_rate/.set_rate/.round_rate 回呼），可透過以下兩個介面註冊：

```
struct clk *clk_register_divider(struct device *dev, const char *name,
            const char *parent_name, unsigned long flags,
            void __iomem *reg, u8 shift, u8 width,
            u8 clk_divider_flags, spinlock_t *lock);

struct clk *clk_register_divider_table(struct device *dev, const char *name,
            const char *parent_name, unsigned long flags,
            void __iomem *reg, u8 shift, u8 width,
            u8 clk_divider_flags, const struct clk_div_table *table,
            spinlock_t *lock);
```

4. mux clock

這一類 clock 可以選擇多個 parent，因為會實現 .get_parent/.set_parent/.recalc_rate 回呼，可透過以下兩個介面註冊：

```
struct clk *clk_register_mux(struct device *dev, const char *name,
            const char **parent_names, u8 num_parents, unsigned long flags,
            void __iomem *reg, u8 shift, u8 width,
            u8 clk_mux_flags, spinlock_t *lock);

struct clk *clk_register_mux_table(struct device *dev, const char *name,
            const char **parent_names, u8 num_parents, unsigned long flags,
            void __iomem *reg, u8 shift, u32 mask,
            u8 clk_mux_flags, u32 *table, spinlock_t *lock);
```

■ 5. fixed factor clock

這一類 clock 具有固定的 factor（即 multiplier 和 divider），clock 的頻率是由 parent clock 的頻率乘以 mul，除以 div，多用於一些具有固定分頻係數的 clock。由於 parent clock 的頻率可以改變，因而 fix factor clock 也可改變頻率，因此也會提供 .recalc_rate/.set_rate/. round_rate 等回呼。這類 clock 可透過以下介面註冊：

```
struct clk *clk_register_fixed_factor(struct device *dev, const char *name,
            const char *parent_name, unsigned long flags,
            unsigned int mult, unsigned int div);
```

■ 6. composite clock

顧名思義，就是 mux、divider、gate 等 clock 的組合，可透過以下介面註冊：

```
struct clk *clk_register_composite(struct device *dev, const char *name,
            const char **parent_names, int num_parents,
            struct clk_hw *mux_hw, const struct clk_ops *mux_ops,
            struct clk_hw *rate_hw, const struct clk_ops *rate_ops,
            struct clk_hw *gate_hw, const struct clk_ops *gate_ops,
            unsigned long flags);
```

這些註冊函式最終都會透過函式 clk_register 註冊到 Common Clock Framework 中，傳回為 struct clk 指標，然後將傳回的 struct clk 指標，儲存在一個陣列中，並呼叫 of_clk_add_ provider 介面，告知 Common Clock Framework，如圖 10-5 所示。

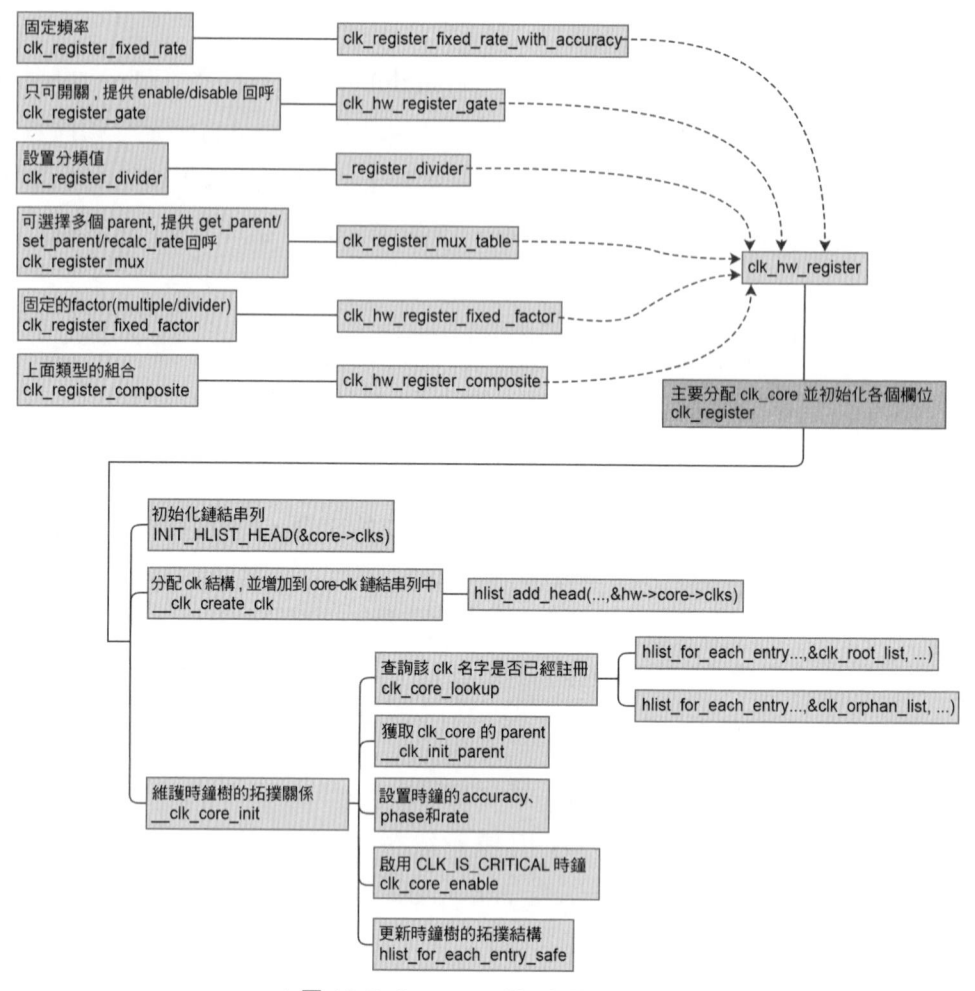

▲ 圖 10-5 Common Clock Framework

10.3.2 時鐘子系統之 Clock Consumer

　　Clock Consumer 是提供給裝置使用時鐘的方法。裝置透過 clock 名稱獲取 struct clk 指標的過程，由 clk_get、devm_clk_get、clk_get_sys、of_clk_get、of_clk_get_by_name、 of_clk_get_from_provider 等介面負責實現。這裡以 clk_get 為例，分析其實現過程：

```
struct clk *clk_get(struct device *dev, const char *con_id)
{
```

```c
  const char *dev_id = dev ? dev_name(dev) : NULL;
  struct clk *clk;

  if (dev) {
    // 透過掃描所有 clock-names 中的值,和傳入的 name 比較,如果相同,獲得它的 index(即
clock-names 中的第幾個),呼叫 of_clk_get,取得 clock 指標
    clk = __of_clk_get_by_name(dev->of_node, dev_id, con_id);
    if (!IS_ERR(clk) || PTR_ERR(clk) == -EPROBE_DEFER)
      return clk;
  }

  return clk_get_sys(dev_id, con_id);
}

struct clk *of_clk_get(struct device_node *np, int index)
{
        struct of_phandle_args clkspec;
        struct clk *clk;
        int rc;

        if (index < 0)
                return ERR_PTR(-EINVAL);

        rc = of_parse_phandle_with_args(np, "clocks", "#clock-cells", index,
                                        &clkspec);
        if (rc)
                return ERR_PTR(rc);
        // 獲取 clock 指標
        clk = of_clk_get_from_provider(&clkspec);
        of_node_put(clkspec.np);
        return clk;
}
```

回呼函式,獲取 clock 指標,程式如下:

```c
struct clk *of_clk_get_from_provider(struct of_phandle_args *clkspec)
{
        struct of_clk_provider *provider;
        struct clk *clk = ERR_PTR(-ENOENT);

        /* Check if we have such a provider in our array */
        mutex_lock(&of_clk_lock);
        list_for_each_entry(provider, &of_clk_providers, link) {
                if (provider->node == clkspec->np)
                        clk = provider->get(clkspec, provider->data);
```

```
                    if (!IS_ERR(clk))
                            break;
        }
        mutex_unlock(&of_clk_lock);

        return clk;
}
```

至此，Consumer 與 Provider 裡的 of_clk_add_provider 對應起來了。

獲取時鐘後，可以透過以下函式操作：

```
// 啟動 clock 前的準備工作 / 停止 clock 後的善後工作。可能會睡眠 int clk_prepare(struct clk *clk)
void clk_unprepare(struct clk *clk)

// 啟動 / 停止 clock。不會睡眠
static inline int clk_enable(struct clk *clk)
static inline void clk_disable(struct clk *clk)

//clock 頻率的獲取和設置
static inline unsigned long clk_get_rate(struct clk *clk)
static inline int clk_set_rate(struct clk *clk, unsigned long rate)
static inline long clk_round_rate(struct clk *clk, unsigned long rate)

// 獲取 / 選擇 clock 的 parent clock
static inline int clk_set_parent(struct clk *clk, struct clk *parent)
static inline struct clk *clk_get_parent(struct clk *clk)

// 將 clk_prepare 和 clk_enable 組合起來，一起呼叫。將 clk_disable 和 clk_unprepare 組合起來，一起呼叫
static inline int clk_prepare_enable(struct clk *clk)
static inline void clk_disable_unprepare(struct clk *clk)
```

現在我們知道，Provider 負責從裝置樹裡獲取時鐘相關的資訊，Consumer 負責把時鐘資訊給到各個裝置。最後，用圖 10-6 來總結時鐘子系統中 Provider 和 Consumer 之間的關係。

10.3 時鐘子系統的實現

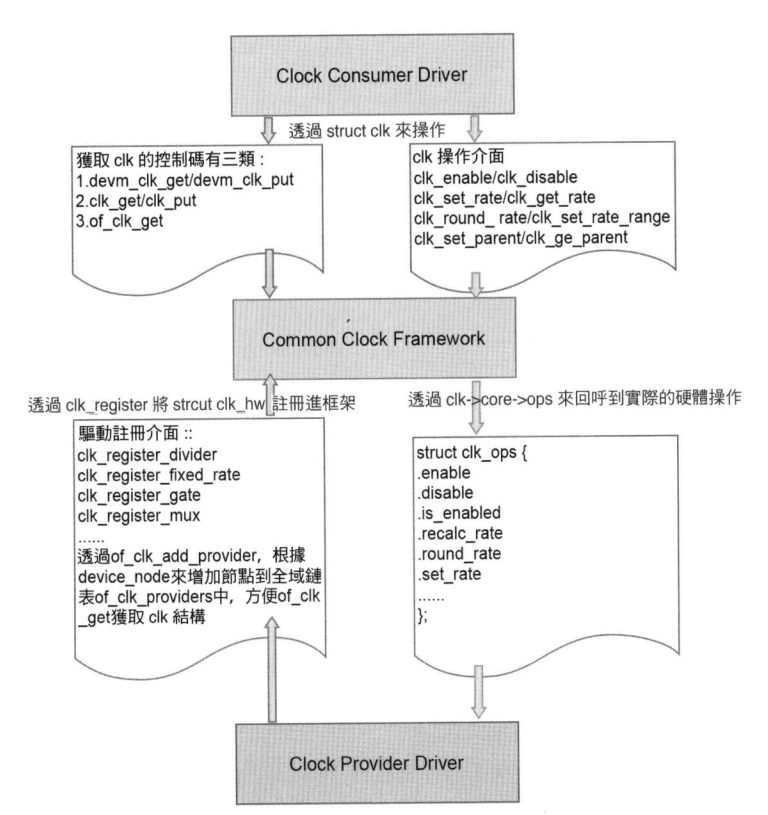

```
                    ┌─────────────────────────┐
                    │  Clock Consumer Driver  │
                    └─────────────────────────┘
                          透過 struct clk 來操作
           ↓                                        ↓
  獲取 clk 的控制碼有三類：              clk 操作介面
  1.devm_clk_get/devm_clk_put          clk_enable/clk_disable
  2.clk_get/clk_put                    clk_set_rate/clk_get_rate
  3.of_clk_get                         clk_round_rate/clk_set_rate_range
                                       clk_set_parent/clk_ge_parent

                    ┌─────────────────────────┐
                    │  Common Clock Framework │
                    └─────────────────────────┘
  透過 clk_register 將 strcut clk_hw 註冊進框架    透過 clk->core->ops 來回呼到實際的硬體操作

  驅動註冊介面 ::                          struct clk_ops {
  clk_register_divider                     .enable
  clk_register_fixed_rate                  .disable
  clk_register_gate                        .is_enabled
  clk_register_mux                         .recalc_rate
  ......                                   .round_rate
  透過of_clk_add_provider，根據             .set_rate
  device_node來增加節點到全域鏈             ......
  表of_clk_providers中，方便of_clk         };
  _get獲取 clk 結構

                    ┌─────────────────────────┐
                    │  Clock Provider Driver  │
                    └─────────────────────────┘
```

▲ 圖 10-6 時鐘子系統中 Provider 和 Consumer 之間的關係

第 11 章
接腳模組

Linux 核心中的接腳模組（通常指的是 GPIO，即通用輸入輸出介面模組）是系統硬體控制的重要橋樑。這個模組允許作業系統與物理硬體進行互動，就像是電腦連接外部世界的「翻譯官」，將作業系統的指令轉換成硬體能理解的電位訊號，從而控制各種外接裝置。

在 Linux 驅動中，接腳（pin）的作用主要表現在對硬體接腳的控制和管理上。這些接腳可以用於各種目的，包括資料傳輸、訊號控制、電源管理等。在 Linux 核心中，接腳的管理和控制通常透過 pinctrl（Pin Control）子系統來實現，它提供了統一的介面來配置和管理系統中的接腳。具體來說，接腳在 Linux 驅動中的作用包括：

- 接腳重複使用（Multiplexing）：
  許多硬體平臺上的接腳都支援重複使用功能，即同一個物理接腳可以被配置為執行不同的功能（如 GPIO、UART、SPI、I2C 等）。Linux 的 pinctrl 子系統允許驅動程式根據需求動態地配置接腳的功能重複使用。

- 接腳配置（Configuration）：
  接腳可以具有各種配置選項，如輸入 / 輸出模式、上拉 / 下拉電阻、驅動強度、開漏 / 推拉模式等。Linux 驅動透過 pinctrl 子系統可以設置這些配置選項，以確保接腳按預期工作。

- GPIO 控制：

    當接腳被配置為 GPIO（通用輸入輸出）模式時，Linux 驅動可以使用 GPIO 子系統來讀取或寫入接腳的狀態。這樣驅動程式可以透過軟體控制硬體的某些行為，如讀取開關狀態、控制 LED 等。

- 中斷處理：

    如果接腳被配置為中斷來源，Linux 驅動可以註冊一個中斷處理常式來回應接腳狀態的變化。這樣驅動程式可以在硬體事件發生時執行特定的操作，如讀取感測器資料、處理使用者輸入等。

- 電源管理：

    在某些情況下，接腳的狀態可能與系統的電源管理策略相關。舉例來說，某些接腳可能被配置為控制硬體模組的電源狀態。Linux 驅動可以使用 pinctrl 子系統來管理這些接腳的狀態，以實現更有效的電源管理。

總之，接腳在 Linux 驅動中扮演著重要的角色，它們允許驅動程式透過軟體控制硬體的行為和狀態。透過 pinctrl 子系統和其他相關機制，Linux 驅動可以方便地管理和配置系統中的接腳，以實現各種複雜的功能和特性。

11.1 IOMUX 控制器的工作原理

我們知道，晶片包含數量有限的接腳，其中大部分有多種訊號選擇。這些訊號到接腳和接腳到訊號的選擇是由輸入輸出多工器（稱為 IOMUX）決定的。IOMUX 也被用來配置其他接腳的特性，比如電壓水準和驅動強度等。這裡以 i.MX93 晶片為例，它的 IOMUX 接腳定義如圖 11-1 所示。

IOPAD	Alt0	Alt1	Alt6	Alt7
RTC_XTALI				
RTC_XTALO				
PMIC_STBY_REQ	bbsmmix.RTC			
PMIC_ON_REQ	bbsmmix.PMIC_STBY_REQ			
ONOFF	bbsmmix.PMIC_ON_REQ			
POR_B	bbsmmix.ONOFF	......		
TAMPER0	bbsmmix.POR_B			
TAMPER1	bbsmmix.TAMPER0			
GPIO_IO00	bbsmmix.TAMPER1			
GPIO_IO01	gpio2.IO[0]	i2c3.SDA	i2c5.SDA	flexio1.FLEXIO[0]
GPIO_IO02	gpio2.IO[1]	i2c3.SCL	i2c5.SCL	flexio1.FLEXIO[1]
GPIO_IO03	gpio2.IO[2]	i2c4.SDA	i2c6.SDA	flexio1.FLEXIO[2]
GPIO_IO04	gpio2.IO[3]	i2c4.SCL	i2c6.SCL	flexio1.FLEXIO[3]
GPIO_IO05	gpio2.IO[4]	tpm3.CH0	i2c6.SDA	flexio1.FLEXIO[4]
	gpio2.IO[5]	tpm4.CH0	i2c6.SCL	flexio1.FLEXIO[5]

▲圖 11-1 IOMUX 接腳定義（局部）

IOMUX 控制器有以下 3 種功能：

1. SW_MUX_CTL_PAD_<PAD_NAME> 用於配置每個 PAD（圖 11-1 中的 IOPAD，可以視為最終的接腳）的 8 個替代（圖 11-1 中的 Alt0 到 Alt7）多工器模式欄位中的 1 個，並啟用焊接端點輸入路徑的強制（SION 位元）。以 SW_MUX_CTL_PAD_ GPIO_IO00 暫存器為例，它的暫存器描述如表 11-1 所示。

▼ 表 11-1 SW_MUX_CTL_PAD_GPIO_IO00 暫存器

欄位	說明
31~5 —	保留
4 SION	現場軟體輸入。無論mux_mode功能如何，強制選擇多工模式輸入路徑。 0：輸入路徑由功能決定。 1：焊接端點DAP_TDI的輸入路徑
3 —	保留
2~0 MUX_MODE	MUX模式選擇欄位。從6種iomux模式中選擇1種用於焊接端點：DAP_TDI。 000：選擇重複使用模式ALT0，重複使用通訊埠GPI02_1000，實例gpio2。 001：選擇多工模式ALT1，多工通訊埠LPI2C3_SDA，實例lpi2c3。 010：選擇多工模式ALT2，多工通訊埠MEDIAMIX_CAM_CLK，實例mediamix。 011：選擇多工模式ALT3，多工通訊埠MEDIAMIX_DISP_CLK，實例mediamix。 100：選擇多工模式ALT4，多工通訊埠LPSPI6_PCS0，實例lpspi6。 101：選擇多工模式ALT5，重複使用通訊埠LPUART5_TX，實例lpuart5。 110：選擇多工模式ALT6，多工通訊埠LPI2C5_SDA，實例lpi2c5。 111：選擇多工模式ALT7，多工通訊埠FLEXI01 FLEXI000，實例flexio1

2. SW_PAD_CTL_PAD_<PAD_NAME> 用來配置每個接腳 PAD 的設置，比如上拉、下拉等。以 SW_PAD_CTL_PAD_GPIO_IO00 暫存器為例，它的暫存器描述如表 11-2 所示。

▼ 表 11-2 SW_PAD_CTL_PAD_GPIO_IO00 暫存器

欄位	說明
31~24 APC	域存取欄位。 對於APC，高4位元是鎖定位，低4位元是域控制位
23~13 —	保留

欄位	說明
12 HYS	施密特觸發器欄位。 從以下焊接端點值中選擇一個：GPIO_IO00 0：無施密特輸入。 1：施密特輸入
11 OD	漏極開路欄位。 從以下焊接端點值中選擇一個：GPIO_IO00 0：漏極開路禁用。 1：開啟漏極開路
10 PD	下拉欄位。 從以下焊接端點值中選擇一個：GPIO_IO00 0：不下拉。 1：下拉
9 PU	上拉欄位。 從以下焊接端點值中選擇一個：GPIO_IO00 0：禁止上拉。 1：上拉
8~7 FLSE1	回轉率欄位。 從以下焊接端點值中選擇一個：GPIO_IO00 00：慢速滑行。 01：慢速滑行。 10：稍快的回轉速度。 11：快速回轉率
6~1 DSE	驅動強度欄位。 從以下焊接端點值中選擇一個：GPIO_IO00 00_0000：無驅動器。 00_0001：X1 00_0011：X2 00_0111：X3 00_1111：X4 01_1111：X5 11_1111：X6
0 —	保留

除了我們常見的方向控制、輸出控制等，接腳屬性具體還包括其他的各種電氣屬性配置。

a. DSE 驅動能力

DSE 可以調整晶片內部與接腳串聯電阻 R0 的大小，從而改變接腳的驅動能力。舉例來說，R0 的初始值為 260Ω，在 3.3V 電壓下其電流驅動能力為 12.69mA，透過 DSE 可以把 R0 的值配置為原值的 1/2、1/3……1/7 等。

b. FSEL1 壓擺率配置

壓擺率是指電壓轉換速率，可理解為電壓由波谷升到波峰的時間。增大壓擺率可減少輸出電壓的上升時間。接腳透過 FSEL1 支援低速和高速壓擺率這兩種配置。

c. OD 開漏輸出配置

透過 ODE 可以設置接腳是否工作在開漏輸出模式。在該模式時接腳可以輸出高阻態和低電位，輸出高阻態時可由外部上拉電阻拉至高電位。開漏輸出模式常用在一些通訊匯流排中，如 I2C。

3. 當有多個 PAD 驅動模組輸入時，可以控制模組的輸入路徑。以 SAI1_IPP_IND_SAI_ MCLK_SELECT_INPUT 暫存器為例，它的暫存器描述如表 11-3 所示。

▼表 11-3 SAI1_IPP_IND_SAI_MCLK_SELECT_INPUT 暫存器

欄位	說明
31~1	保留
0 DAISY	選擇 Daisy Chain 中包括的墊子。實例：sai1，位於接腳 ipp_ind_sai_mclk 中 0：選擇焊接端點 UART2-RXD，用於模式 ALT4 1：選擇焊接端點 SAI1_RXD0，用於模式 ALT1

11.1.1 IOMUX 控制器的硬體實現

以 i.MX93 晶片為例，IOMUX 控制器如圖 11-2 所示。

第 11 章 接腳模組

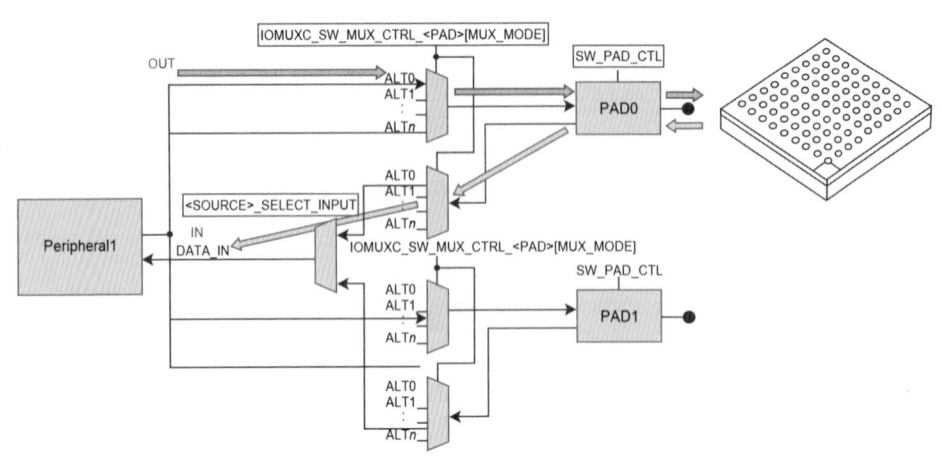

▲ 圖 11-2 IOMUX 控制器邏輯

■ 接腳輸出

對模組的接腳輸出功能，參考紅色的路徑。對一個 MUX 單元來說，有 8 個 ALT 模組的接腳連接到這個 MUX 單元，它們可能是模組 1、2……8 這 8 個模組中的某一根接腳。這個 MUX 單元連接到唯一的 PAD，這個 PAD 就是我們在晶片外部能看到的接腳。

下面按照訊號流動方嚮往前推，從紅色路徑可以看到，首先會遇到 MUX 單元，這裡有 8 個訊號混合，需要設置這個 MUX 暫存器讓其選中輸出我們想要的訊號。現在這個 PAD 已經連結到了模組 1 的接腳，然後也許還需要配置這個輸出接腳的上下拉和電壓值，這個時候就需要配置 PAD 控制暫存器。最後我們想要的訊號就從晶片內部走出來了。

■ 接腳輸入

對模組的接腳輸入功能，參考圖 11-2 藍色的路徑。首先會經過 PAD，然後又會經過 MUX 單元（這裡的 MUX 單元和上面是反向的），這裡還需要設置 MUX 暫存器，經過 MUX 單元後，會來到 INPUT SELECT 輸入選擇單元。對這個輸入選擇單元來說，連結有多個模組接腳。我們則需要配置這個輸入選擇暫存器，選擇資料登錄的 MUX 單元。

圖 11-3 所示的接腳輸入功能稱為菊輪鍊。對於模組 X 的接腳輸入，由 INPUT SELECT 輸入選擇暫存器控制輸入來源，這個輸入來源來自多個 IOMUX 單元，比如 cell1、cell2 和 cell3 都能將外部訊號輸入到模組 X 的輸入接腳。

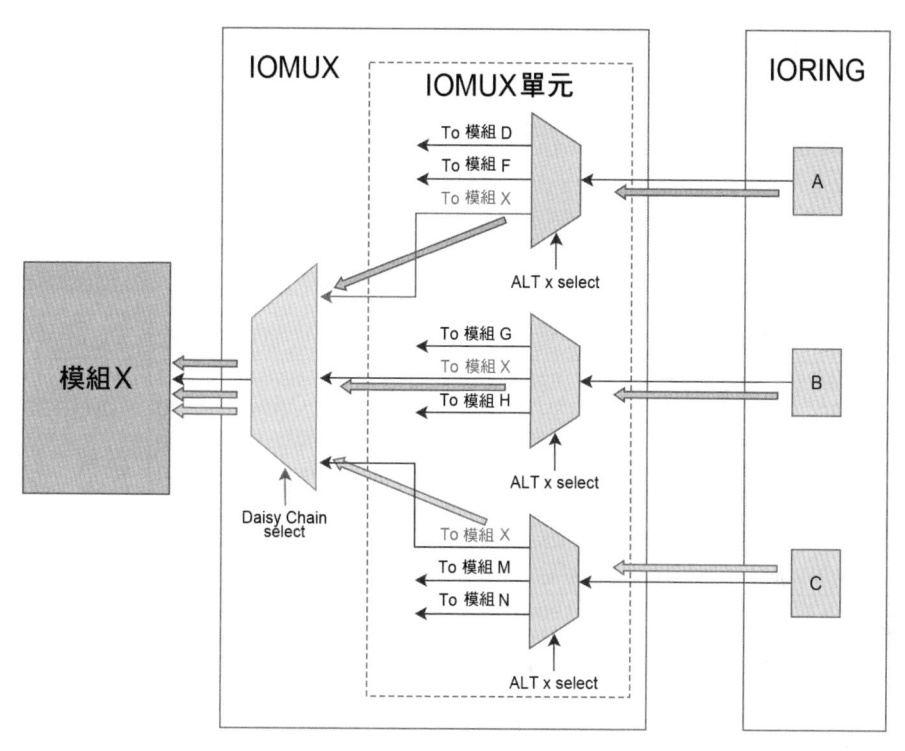

▲ 圖 11-3　接腳輸入功能

11.1.2 接腳的使用

前面介紹了 IOMUX 控制器如何控制接腳，這也是接腳工作的本質，有了這個理解我們再來看接腳在驅動中是如何被使用的。

arch/arm64/boot/dts/freescale/imx93-pinfunc.h 中定義了所有接腳，命名方式是 MX93_ PAD_ ，例如 GPIO_IO00__GPIO2_IO00 定義了 MUX 暫存器偏移、PAD 配置暫存器偏移、輸入選擇暫存器偏移、MUX 模式、輸入暫存器的值。如果是輸出接腳，那麼輸入選擇暫存器偏移就為 0。接腳的定義格式如下：

```
<mux_reg conf_reg input_reg mux_mode input_val>
#define MX93_PAD_GPIO_IO00__GPIO2_IO00 0x0010 0x01C0 0x0000 0x0 0x0
```

PAD 的電氣屬性在裝置樹裡設置為 0x31e，如下所示：

```
&iomuxc {
    pinctrl_swpdm_mute_irq: swpdm_mute_grp {
        fsl,pins = <
            MX93_PAD_GPIO_IO00__GPIO2_IO00     0x31e
        >;
    };
    ......
}
```

所以最終暫存器和值的對應關係是：

```
mux_reg：0x0010
conf_reg：0x01C0
input_reg：0x0000
mux_mode：0x0
input_val: 0x0
pad_conf_val: 0x31e
```

IOMUX 控制器的裝置樹如下所示：

```
iomuxc: pinctrl@443c0000 {
    compatible = "fsl,imx93-iomuxc";
    reg = <0x443c0000 0x10000>;
    status = "okay";
};
```

其驅動路徑是 drivers/pinctrl/freescale/pinctrl-imx93.c，主要程式如下所示：

```
static const struct imx_pinctrl_soc_info imx93_pinctrl_info = {
    .pins = imx93_pinctrl_pads,
    .npins = ARRAY_SIZE(imx93_pinctrl_pads),
    .flags = ZERO_OFFSET_VALID,
    .gpr_compatible = "fsl,imx93-iomuxc-gpr",
};

static int imx93_pinctrl_probe(struct platform_device *pdev)
{
    return imx_pinctrl_probe(pdev, &imx93_pinctrl_info);
}
```

可見這個驅動用 imx_pinctrl_probe 註冊了 i.MX93 平臺的物理 PAD 資訊，這些 PAD 定義在 imx93_pinctrl_pads 中，如下所示：

```
    enum imx93_pads {
    ......
    IMX93_IOMUXC_GPIO_IO00 = 4,
    IMX93_IOMUXC_GPIO_IO01 = 5,
    ......
    IMX93_IOMUXC_SAI1_TXC = 104,
    IMX93_IOMUXC_SAI1_TXD0 = 105,
    IMX93_IOMUXC_SAI1_RXD0 = 106,
    IMX93_IOMUXC_WDOG_ANY  = 107,
};

static const struct pinctrl_pin_desc imx93_pinctrl_pads[] = {
    ......
    IMX_PINCTRL_PIN(IMX93_IOMUXC_GPIO_IO00),
    IMX_PINCTRL_PIN(IMX93_IOMUXC_GPIO_IO01),
    ......
    IMX_PINCTRL_PIN(IMX93_IOMUXC_SAI1_TXC),
    IMX_PINCTRL_PIN(IMX93_IOMUXC_SAI1_TXD0),
    IMX_PINCTRL_PIN(IMX93_IOMUXC_SAI1_RXD0),
    IMX_PINCTRL_PIN(IMX93_IOMUXC_WDOG_ANY),
};
```

晶片的物理 PAD 透過 IMX_PINCTRL_PIN 巨集來註冊到框架，將這個巨集擴充開其實就是填充 pinctrl_pin_desc 中的 number 和 name。

```
    unsigned number;
    const char *name;
    void *drv_data;
};

#define PINCTRL_PIN(a, b) { .number = a, .name = b }

#define IMX_PINCTRL_PIN(pin) PINCTRL_PIN(pin, #pin)
```

11.2 pinctrl 驅動和 client device 使用過程

透過前面硬體原理的介紹我們知道，配置一個接腳需要經過 mux 控制暫存器和 pad 控制暫存器，對於輸入接腳，還需要另外配置輸入選擇暫存器。那麼把這些概念用軟體來實現就是 pin 驅動控制器的本質。在了解驅動前先來看幾個關鍵結構。

11.2.1 pinctrl_desc 結構

使用 struct pinctrl_desc 抽象一個 pin 驅動控制器，包含控制器的名稱、接腳的數量、pinmux 功能、pinconf 功能和 pinctl 功能。其中結構 pinmux_ops 和 pinconf_ops 分別用於配置 mux 模式和 pad 電氣屬性，而 pinctrl_ops 則是控制一組 pin，如 uart、i2c、spi 等外接裝置的 pin 組。該結構的定義如下：

```
struct pinctrl_desc {
const char *name;//pin 驅動控制器名稱
const struct pinctrl_pin_desc *pins;// 描述晶片的物理接腳 pad 資源
unsigned int npins;
const struct pinctrl_ops *pctlops;// 全域 pin 配置
const struct pinmux_ops *pmxops; //mux 配置
const struct pinconf_ops *confops;// 電氣屬性配置
struct module *owner;
bool link_consumers;
};
```

其中：

- pins

變數 pins 和 npins 把系統中所有的 pin 描述出來，並建立索引。驅動為了和具體的 pin 對應上，再將描述的這些 pin 組織成一個 struct pinctrl_pin_desc 類型的陣列，該類型的定義為：

```
struct pinctrl_pin_desc {
unsigned number;
const char *name;
void *drv_data;
};
```

SoC 中，有時需要將很多 pin 組合在一起，以實現特定的功能，例如 eqos 介面、i2c 介面等。因此 pin 驅動控制器需要以組（group）為單位，存取、控制多個 pin，這就是 pin groups。

```
struct group_desc {
const char *name;
int *pins;
int num_pins;
void *data;
};
```

11.2 pinctrl 驅動和 client device 使用過程

pin groups 在裝置樹裡表示為：

```
pinctrl_eqos: eqosgrp {
fsl,pins = <
    MX93_PAD_ENET1_MDC__ENET_QOS_MDC                        0x57e
    MX93_PAD_ENET1_MDIO__ENET_QOS_MDIO                      0x57e
    MX93_PAD_ENET1_RD0__ENET_QOS_RGMII_RD0                  0x57e
    MX93_PAD_ENET1_RD1__ENET_QOS_RGMII_RD1                  0x57e
    MX93_PAD_ENET1_RD2__ENET_QOS_RGMII_RD2                  0x57e
    MX93_PAD_ENET1_RD3__ENET_QOS_RGMII_RD3                  0x57e
    MX93_PAD_ENET1_RXC__CCM_ENET_QOS_CLOCK_GENERATE_RX_CLK  0x5fe
    MX93_PAD_ENET1_RX_CTL__ENET_QOS_RGMII_RX_CTL            0x57e
    MX93_PAD_ENET1_TD0__ENET_QOS_RGMII_TD0                  0x57e
    MX93_PAD_ENET1_TD1__ENET_QOS_RGMII_TD1                  0x57e
    MX93_PAD_ENET1_TD2__ENET_QOS_RGMII_TD2                  0x57e
    MX93_PAD_ENET1_TD3__ENET_QOS_RGMII_TD3                  0x57e
    MX93_PAD_ENET1_TXC__CCM_ENET_QOS_CLOCK_GENERATE_TX_CLK  0x5fe
    MX93_PAD_ENET1_TX_CTL__ENET_QOS_RGMII_TX_CTL            0x57e
>;
};
```

pinctrl core 會在 struct pinctrl_ops 中抽象出三種回呼函式，用來獲取 pin groups 相關信息。

■ 1. pinctrl_ops

pinctrl_ops 結構主要用於提供與接腳組（pin groups）相關的資訊和操作。它定義了一組回呼函式，這些函式允許核心查詢和操作接腳組。

```
struct pinctrl_ops {
    // 獲取系統中 pin groups 的個數，後續的操作將以相應的索引為單位（類似陣列的下標，個數為陣列的大小）
    int (*get_groups_count) (struct pinctrl_dev *pctldev);
    // 獲取指定 group（由索引 selector 指定）的名稱
    const char *(*get_group_name) (struct pinctrl_dev *pctldev, unsigned selector);
    // 獲取指定 group 的所有 pins（由索引 selector 指定），結果儲存在 pins（指標陣列）和 num_pins（指標）中
    int (*get_group_pins) (struct pinctrl_dev *pctldev, unsigned selector, const unsigned **pins, unsigned *num_pins);
    void (*pin_dbg_show) (struct pinctrl_dev *pctldev, struct seq_file *s, unsigned offset);
    // 用於將 device tree 中的 pin state 資訊轉為 pin map
    int (*dt_node_to_map) (struct pinctrl_dev *pctldev, struct device_node *np_config, struct pinctrl_map **map, unsigned *num_maps);
```

```
    void (*dt_free_map) (struct pinctrl_dev *pctldev, struct pinctrl_map *map,
unsigned num_maps);
};
```

■ 2. pinmux_ops

　　pinmux_ops 結構用於接腳的重複使用功能。在嵌入式系統中，一個接腳往往可以配置為多種功能，如 GPIO、I2C、UART 等。pinmux_ops 透過定義一組回呼函式，允許核心查詢和設置接腳的功能。

```
struct pinmux_ops {
// 檢查某個 pin 是否已作它用，用於管腳重複使用時的互斥
    int (*request) (struct pinctrl_dev *pctldev, unsigned offset);
//request 的反操作
    int (*free) (struct pinctrl_dev *pctldev, unsigned offset);
// 獲取系統中 function 的個數
    int (*get_functions_count) (struct pinctrl_dev *pctldev);
// 獲取指定 function 的名稱
     const char *(*get_function_name) (struct pinctrl_dev *pctldev, unsigned
selector);
// 獲取指定 function 所佔用的 pin group
    int (*get_function_groups) (struct pinctrl_dev *pctldev, unsigned selector,
const char * const **groups, unsigned *num_groups);
   // 指定的 pin group（group_selector）設置為指定的 function（func_selector）
    int (*set_mux) (struct pinctrl_dev *pctldev, unsigned func_selector, unsigned
group_selector);
   // 以下是 gpio 相關的操作
     int (*gpio_request_enable) (struct pinctrl_dev *pctldev, struct pinctrl_
gpio_range *range, unsigned offset);
    void (*gpio_disable_free) (struct pinctrl_dev *pctldev, struct pinctrl_gpio_
range *range, unsigned offset);
    int (*gpio_set_direction) (struct pinctrl_dev *pctldev, struct pinctrl_gpio_
range *range, unsigned offset, bool input);
   // 為 true 時，說明該 pin 控制器不允許某個 pin 作為 gpio 和其他功能同時使用
    bool strict;
};
```

■ 3. pinconf_ops

　　pinconf_ops 結構則負責接腳的配置功能。它定義了一組回呼函式，用於設置接腳的電氣屬性，如上拉、下拉、開漏、強度等。這些屬性對於接腳的穩定性和可靠性至關重要。

```
    struct pinconf_ops {
#ifdef CONFIG_GENERIC_PINCONF
    bool is_generic;
#endif
  // 獲取指定 pin 的當前配置，儲存在 config 指標中
    int (*pin_config_get) (struct pinctrl_dev *pctldev, unsigned pin, unsigned
long *config);
  // 設置指定 pin 的配置
    int (*pin_config_set) (struct pinctrl_dev *pctldev, unsigned pin, unsigned
long *configs, unsigned num_configs);
  // 獲取指定 pin group 的配置項
    int (*pin_config_group_get) (struct pinctrl_dev *pctldev, unsigned selector,
unsigned long *config);
  // 設置指定 pin group 的配置項
    int (*pin_config_group_set) (struct pinctrl_dev *pctldev, unsigned selector,
unsigned long *configs, unsigned num_configs);
    ......
```

- pin state

根據前面的描述，pinctrl driver 抽象出來了一些離散的物件，並實現了這些物件的控制和配置方式。然後我們回到某一個具體的裝置上（如 lpuart，usdhc）。一個裝置在某一狀態下（如工作狀態、休眠狀態等），所使用的 pin （pin group）、pin（pin group）的 function 和 configuration，是唯一確定的。所以固定的組合可以確定固定的狀態，在裝置樹裡用 pinctrl-names 指明狀態名稱，pinctrl-x 指明狀態接腳。

- pin map

pin state 有關的資訊是透過 pin map 收集的，相關的資料結構如下：

```
    struct pinctrl_map {
//device 的名稱
    const char *dev_name;
//pin state 的名稱
    const char *name;
// 該 map 的類型
    enum pinctrl_map_type type;
//pin controller device 的名稱
    const char *ctrl_dev_name;
    union {
        struct pinctrl_map_mux mux;
        struct pinctrl_map_configs configs;
    } data;
};
```

```
enum pinctrl_map_type {
    PIN_MAP_TYPE_INVALID,
    // 不需要任何配置，僅為了表示 state 的存在
    PIN_MAP_TYPE_DUMMY_STATE,
    // 配置管腳重複使用
    PIN_MAP_TYPE_MUX_GROUP,
    // 配置 pin
    PIN_MAP_TYPE_CONFIGS_PIN,
    // 配置 pin group
    PIN_MAP_TYPE_CONFIGS_GROUP,
};

struct pinctrl_map_mux {
    //group 的名稱
    const char *group;
    //function 的名稱
    const char *function;
};

struct pinctrl_map_configs {
    // 該 pin 或 pin group 的名稱
    const char *group_or_pin;
    //configuration 陣列
    unsigned long *configs;
    // 配置項的個數
    unsigned num_configs;
};
```

pinctrl driver 確定了 pin map 各個欄位的格式之後，就可以在 dts 檔案中維護 pinstate 以及相應的 mapping table。pinctrl core 在初始化的時候，會讀取並解析 dts，並生成 pin map。

而各個 client device 可以在自己的 dts 節點，直接引用 pinctrl driver 定義的 pin state，並在裝置驅動的相應位置，呼叫 pinctrl subsystem 提供的 API（pinctrl_lookup_state，pinctrl_select_state），啟動或不啟動這些 state。

11.2.2 IOMUX 控制器驅動初始化

IOMUX 控制器的裝置樹如下所示：

```
iomuxc: pinctrl@443c0000 {
    compatible = "fsl,imx93-iomuxc";
    reg = <0x443c0000 0x10000>;
    status = "okay";
};
```

```
&iomuxc {
    pinctrl_eqos: eqosgrp {
        fsl,pins = <
            ......
        >;
    };

    pinctrl_eqos_sleep: eqosgrpsleep {
        fsl,pins = <
            ......
        >;
    };

    pinctrl_fec: fecgrp {
        fsl,pins = <
            ......
        >;
    };

    pinctrl_fec_sleep: fecsleepgrp {
        fsl,pins = <
            ......
        >;
    };
    ......
    pinctrl_sai1: sai1grp {
        fsl,pins = <
            ......
        >;
    };

    pinctrl_sai1_sleep: sai1grpsleep {
        fsl,pins = <
            ......
        >;
    };
    ......
};
```

IOMUX 控制器驅動的初始化流程如圖 11-4 所示。

為了更簡單地理解圖 11-4 中的初始化流程，下面總結初始化流程主要做了哪些工作：

1. 設置 pin 的數量。
2. 設置 pinmux 功能，設置 mux 模式（pinctrl_desc）。
3. 設置 pinconf 功能，配置 pad 的電氣屬性（pinconf_ops）。
4. devm_pinctrl_register_and_init 初始化一個 pinctl 裝置（ipctl），本質上是將前三步的資訊設置進 struct pinctrl_dev 中的成員，初始化 &pctldev->node 鏈結串列等。
5. imx_pinctrl_probe_dt 解析裝置樹中的所有 iomux 定義，這是重點。
6. pinctrl_enable 將這個 pinctl 裝置（ipctl）&pctldev->node 增加進 pinctrldev_list 鏈結串列。

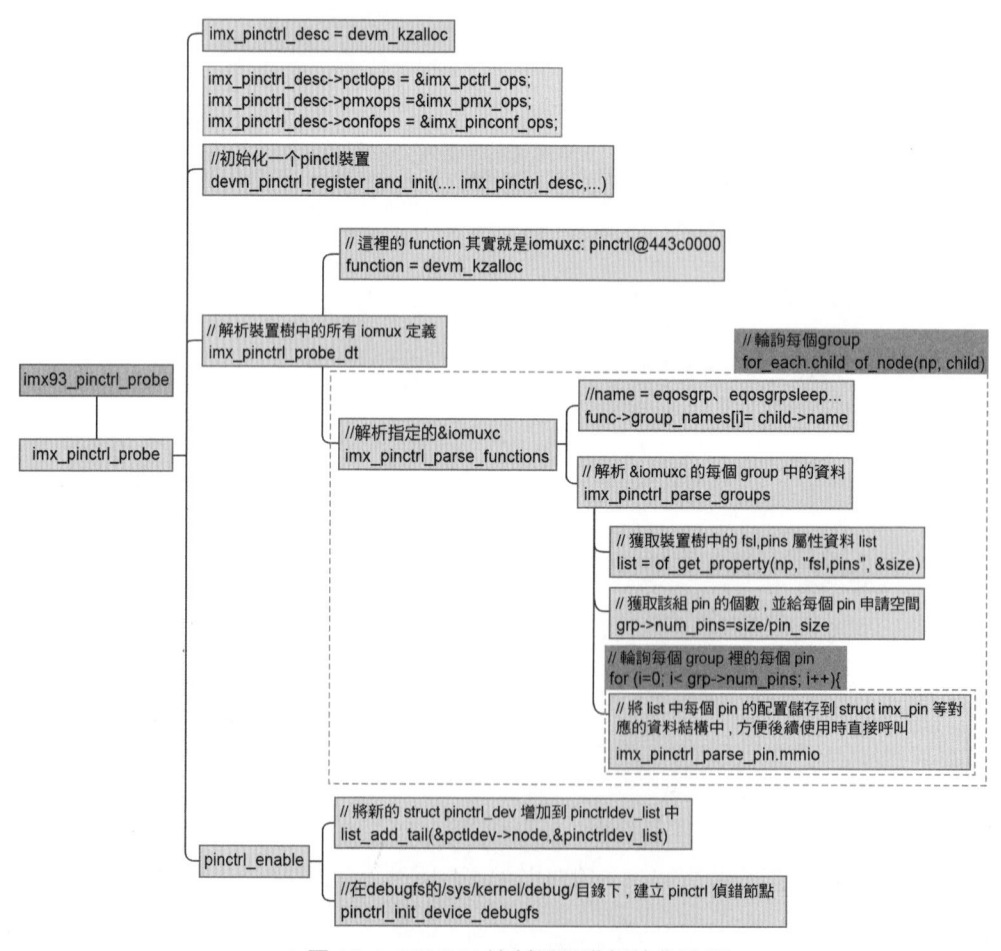

▲ 圖 11-4 IOMUX 控制器驅動初始化流程

11.2 pinctrl 驅動和 client device 使用過程

■ pinctrl_ops：

pinctrl_ops 的作用已在上面做出解釋，這裡來看它的定義，如下所示：

```
static const struct pinctrl_ops imx_pctrl_ops = {
    .get_groups_count = pinctrl_generic_get_group_count,
    .get_group_name = pinctrl_generic_get_group_name,
    .get_group_pins = pinctrl_generic_get_group_pins,
    .pin_dbg_show = imx_pin_dbg_show,
    .dt_node_to_map = imx_dt_node_to_map,
    .dt_free_map = imx_dt_free_map,
};
```

每個回呼函式的作用如表 11-4 所示。

▼ 表 11-4 pinctrl_ops 的回呼函式的作用

回呼函式	描述
get_groups_count	該 pin controller 支援多少個 pin group
get_group_name	給定一個 selector（index），獲取指定 pin group 的名稱
get_group_pins	給定一個 selector（index），獲取該 pin group 中 pin 的資訊（該 pin group 包含多少個 pin，每個 pin 的 ID 是什麼）
pin_dbg_show	debug fs 的回呼介面
dt_node_to_map	分析一個 pin configuration 節點並把分析的結果儲存成 mapping table entry，每一個 entry 表示一個 setting（一個功能重複使用設定，或電氣特性設定）
dt_free_map	上一個函式的逆函式

■ pinmux_ops：

pinmux_ops 的作用已在上面做出解釋，這裡來看它的定義，如下所示：

```
struct pinmux_ops imx_pmx_ops = {
    .get_functions_count = pinmux_generic_get_function_count,
    .get_function_name = pinmux_generic_get_function_name,
    .get_function_groups = pinmux_generic_get_function_groups,
    .set_mux = imx_pmx_set,
};
```

每個回呼函式的作用如表 11-5 所示。

▼表 11-5 pinmux_ops 的回呼函式的作用

回呼函式	描述
get_functions_count	傳回pin controller支援的function的數目
get_function_name	給定一個selector（index），獲取指定function的名稱
get_function_groups	給定一個selector（index），獲取指定function的pin groups資訊
set_mux	將指定的pin group（group_selector）設置為指定的function（func_selector）

- pinconf_ops：

    pinconf_ops 的作用已在上面做出解釋，這裡來看它的定義，如下所示：

    ```
    static const struct pinconf_ops imx_pinconf_ops = {
    .pin_config_get = imx_pinconf_get,
    .pin_config_set = imx_pinconf_set,
    .pin_config_dbg_show = imx_pinconf_dbg_show,
    .pin_config_group_dbg_show = imx_pinconf_group_dbg_show,
    };
    ```

    每個回呼函式的作用如表 11-6 所示。

▼表 11-6 pinconf_ops 的回呼函式的作用

回呼函式	描述
pin_config_get	給定一個pin ID及config type ID，獲取該接腳上指定type的配置
pin_config_set	設定一個指定pin的配置
pin_config_dbg_show	debug介面
pin_config_group_dbg_show	debug介面

11.2.3 client device 使用過程

下面主要介紹 client device（使用者端裝置）如何設置 pin 的狀態。在裝置樹中，pinctrl 主要分為兩部分：pin controller（IOMUX 部分）和 client device（使用者端部分），如圖 11-5 所示。device 可能會有多個狀態，不同狀態下，pin 的狀態的作用可能不同。比如 eqos 裝置有兩個狀態，一個是 default 狀態，一個是 sleep 狀態。default 狀態對應配置 pinctrl-0。它的配置 pinctrl-0 指向了 pin controller 的 pinctrl_eqos（在裝置樹中的接腳名稱），透過這些配置為 pin 設置 eqos 功能。

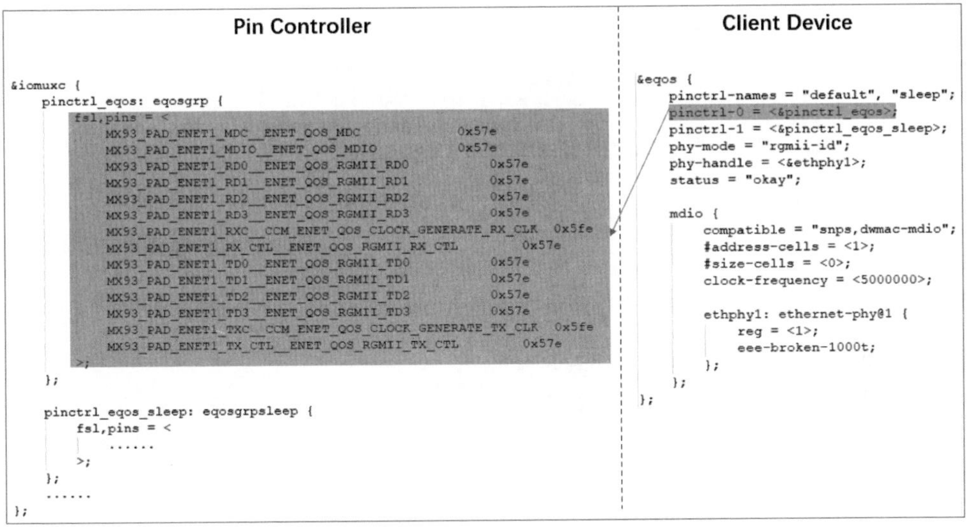
Pin Controller
&iomuxc {
pinctrl_eqos: eqosgrp {
fsl,pins = <
MX93_PAD_ENET1_MDC__ENET_QOS_MDC 0x57e
MX93_PAD_ENET1_MDIO__ENET_QOS_MDIO 0x57e
MX93_PAD_ENET1_RD0__ENET_QOS_RGMII_RD0 0x57e
MX93_PAD_ENET1_RD1__ENET_QOS_RGMII_RD1 0x57e
MX93_PAD_ENET1_RD2__ENET_QOS_RGMII_RD2 0x57e
MX93_PAD_ENET1_RD3__ENET_QOS_RGMII_RD3 0x57e
MX93_PAD_ENET1_RXC__CCM_ENET_QOS_CLOCK_GENERATE_RX_CLK 0x5fe
MX93_PAD_ENET1_RX_CTL__ENET_QOS_RGMII_RX_CTL 0x57e
MX93_PAD_ENET1_TD0__ENET_QOS_RGMII_TD0 0x57e
MX93_PAD_ENET1_TD1__ENET_QOS_RGMII_TD1 0x57e
MX93_PAD_ENET1_TD2__ENET_QOS_RGMII_TD2 0x57e
MX93_PAD_ENET1_TD3__ENET_QOS_RGMII_TD3 0x57e
MX93_PAD_ENET1_TXC__CCM_ENET_QOS_CLOCK_GENERATE_TX_CLK 0x5fe
MX93_PAD_ENET1_TX_CTL__ENET_QOS_RGMII_TX_CTL 0x57e
>;
};
pinctrl_eqos_sleep: eqosgrpsleep {
fsl,pins = <
......
>;
};
......
};
Client Device
&eqos {
pinctrl-names = "default", "sleep";
pinctrl-0 = <&pinctrl_eqos>;
pinctrl-1 = <&pinctrl_eqos_sleep>;
phy-mode = "rgmii-id";
phy-handle = <&ethphy1>;
status = "okay";
mdio {
compatible = "snps,dwmac-mdio";
#address-cells = <1>;
#size-cells = <0>;
clock-frequency = <5000000>;
ethphy1: ethernet-phy@1 {
reg = <1>;
eee-broken-1000t;
};
};
};

▲圖 11-5 client device 使用過程

client device 配置 pin 的整個軟體過程如圖 11-6 所示，可以看出，首先會透過 pinctrl_ bind_pins 函式將 eqos 的 pin 設置為預設的 eqos 功能，然後呼叫 eqos 驅動的 probe 函式 dev-> bus->probe。

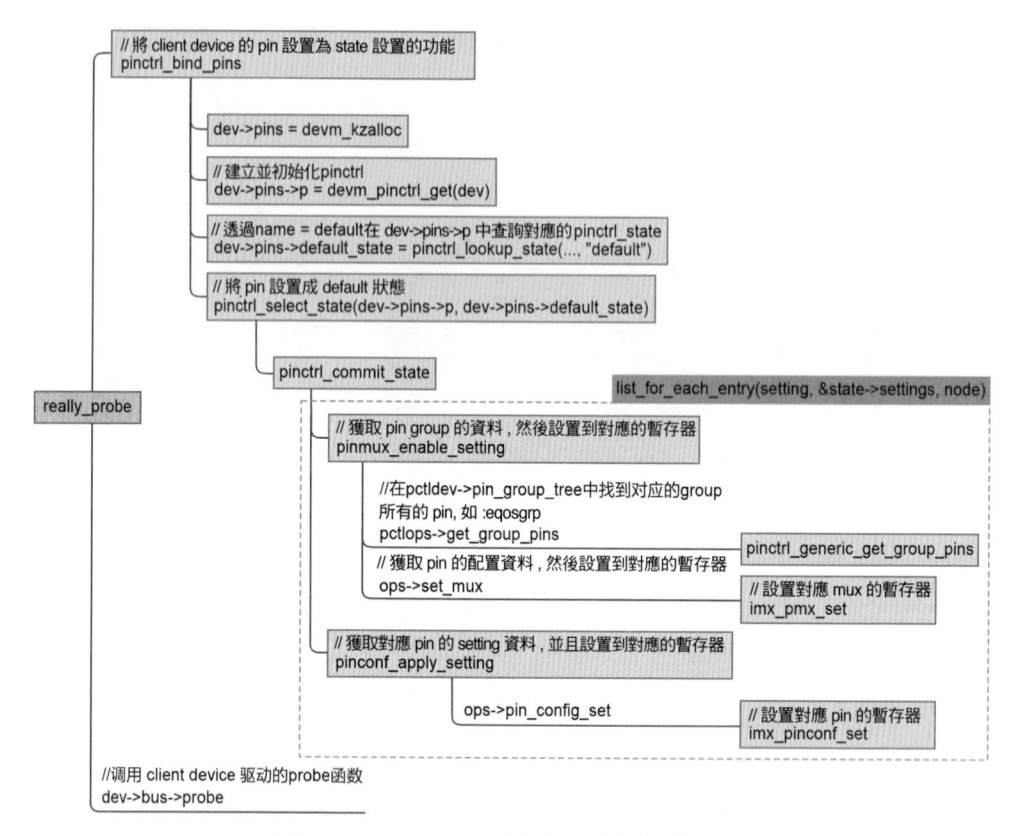

```
really_probe
├── pinctrl_bind_pins  // 將 client device 的 pin 設置為 state 設置的功能
│   ├── dev->pins = devm_kzalloc
│   ├── dev->pins->p = devm_pinctrl_get(dev)  // 建立並初始化pinctrl
│   ├── // 透過name = default在 dev->pins->p 中查詢對應的pinctrl_state
│   │   dev->pins->default_state = pinctrl_lookup_state(..., "default")
│   └── // 將 pin 設置成 default 狀態
│       pinctrl_select_state(dev->pins->p, dev->pins->default_state)
│       └── pinctrl_commit_state
│           └── list_for_each_entry(setting, &state->settings, node)
│               ├── // 獲取 pin group 的資料，然後設置到對應的暫存器
│               │   pinmux_enable_setting
│               │   ├── //在pctldev->pin_group_tree中找到對应的group
│               │   │   所有的 pin, 如 :eqosgrp
│               │   │   pctlops->get_group_pins  →  pinctrl_generic_get_group_pins
│               │   └── // 獲取 pin 的配置資料，然後設置到對應的暫存器
│               │       ops->set_mux  →  // 設置對應 mux 的暫存器
│               │                        imx_pmx_set
│               └── // 獲取對應 pin 的 setting 資料，並且設置到對應的暫存器
│                   pinconf_apply_setting
│                   └── ops->pin_config_set  →  // 設置對應 pin 的暫存器
│                                               imx_pinconf_set
└── //调用 client device 驱动的probe函数
    dev->bus->probe
```

▲ 圖 11-6 client device 配置 pin 的整個軟體過程

第 12 章

時間模組

　　如果將 Linux 核心比喻為一個複雜的生命體,那麼時間機制無疑是核心的「心臟」,它調控著核心的「脈搏」,即系統執行的節奏和時序。然而,這個「心臟」的跳動方式並非固定不變,而是會依據底層硬體規格的不同展現出多樣化的模式。

　　在 Linux 核心中,時間扮演著至關重要的角色,因為它支援著許多核心功能的需求。這些需求包括但不限於高解析度計時器、處理程序排程策略、時間戳記獲取等。為了滿足這些需求,Linux 核心提供了完整的時間子系統,它負責維護系統時間的準確性,並提供了各種時間相關的服務和介面。

　　時間子系統不僅確保了系統時間的準確性,還提供了用於計時器管理、處理程序排程等功能的時間服務。透過精確的時間控制和同步機制,時間子系統為核心的穩定執行提供了強有力的保障。因此,從專業的角度來看,時間子系統是 Linux 核心中不可或缺的一部分,它的重要性不亞於「心臟」在生命體中的地位。

　　Linux 時間子系統把上面的需求從功能上分為定時和計時,定時用於定時觸發中斷事件,計時則用於記錄現實世界的時間線。其軟體架構示意如圖 12-1 所示。

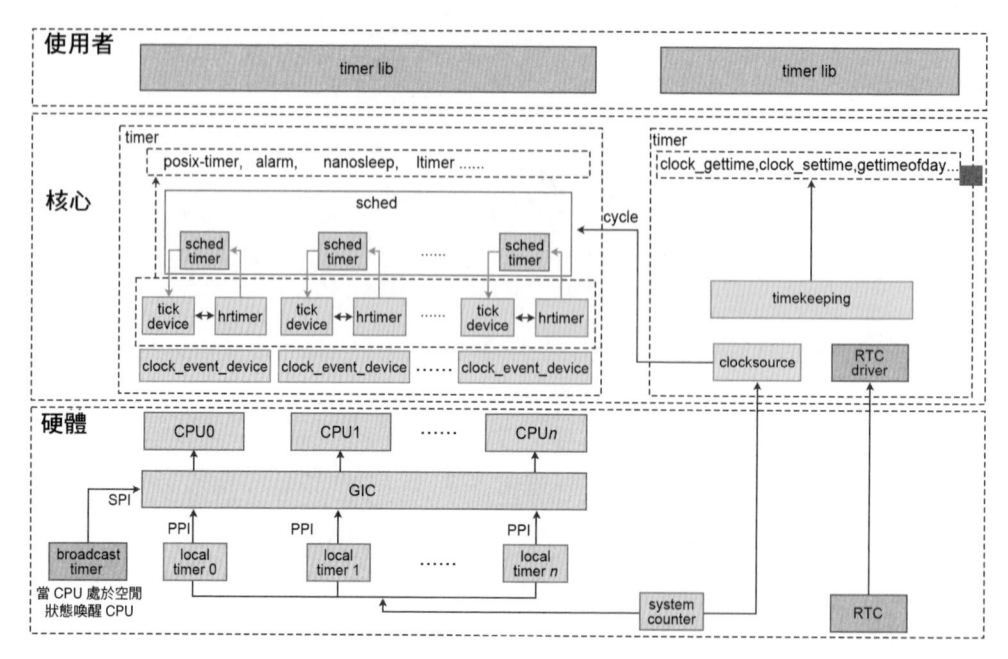

▲ 圖 12-1 Linux 子系統架構圖

左邊實現定時功能，有一個硬體全域計數器 system counter，每個 CPU 有一個硬體計時器 local timer。local timer 內部有比較器，當設定值達到 system counter 值時就觸發中斷。每個 local timer 在軟體上被抽象成時鐘事件裝置 clock_event_device。tick_device 是基於 clock_event_device 的進一步封裝，用於代替原有的時鐘滴答中斷，給核心提供 tick 事件，以完成任務排程、負載計算等操作。hrtimer 也是基於 clock_event_device 的進一步封裝，

hrtimer 基於事件觸發，透過紅黑樹來管理該 CPU 上的各種類型軟體定時任務，每次執行完超期任務，都會選取超期時間最近的定時任務來設定下次超期值。除了硬體計時器，基於 hrtimer 還封裝了各種類型和精度的軟體計時器，比如核心空間使用的節拍計時器 sched_timer，系統用它來驅動任務排程、負載計算等，sched_timer 就是要用於模擬 tick 事件的 hrtimer；比如為方便使用者空間使用的 posix-timer、alarm、timer_fd、nanosleep、 itimer 等計時器介面。

右邊實現計時功能，system counter 在軟體上被抽象成時鐘源裝置 clocksource，其特點是計數頻率高、精度高，而且不休眠，透過暫存器可以高效率地讀出其計數值。提供持續不斷的高解析度計時的 system counter 和提供真實世界時間基準的 RTC，保證了 timekeeping 可以精確地維護 Linux 的系統時間。同樣 timekeeping 除了給核心模組提供豐富的獲取時間介面，也封裝了很多系統呼叫給使用者空間使用。

12.1 計時器和計時器的初始化

在 ARMv8 的官方文件中描述了計時器和時鐘源的範例結構，如圖 12-2 所示，其中 system counter 是全域計數器，位於 Always-powered 域，保證系統休眠期也能正確計數。Timer_0 和 Timer_1 是 CPU local timer，每個執行單元（PE）至少有一個專屬計時器。所有 local timer 都以 system counter 作為時鐘源，共用全域計數器的計數值，以保證時間同步。 local timer 透過中斷控制器，向 CPU 發起 PPI 私有中斷。

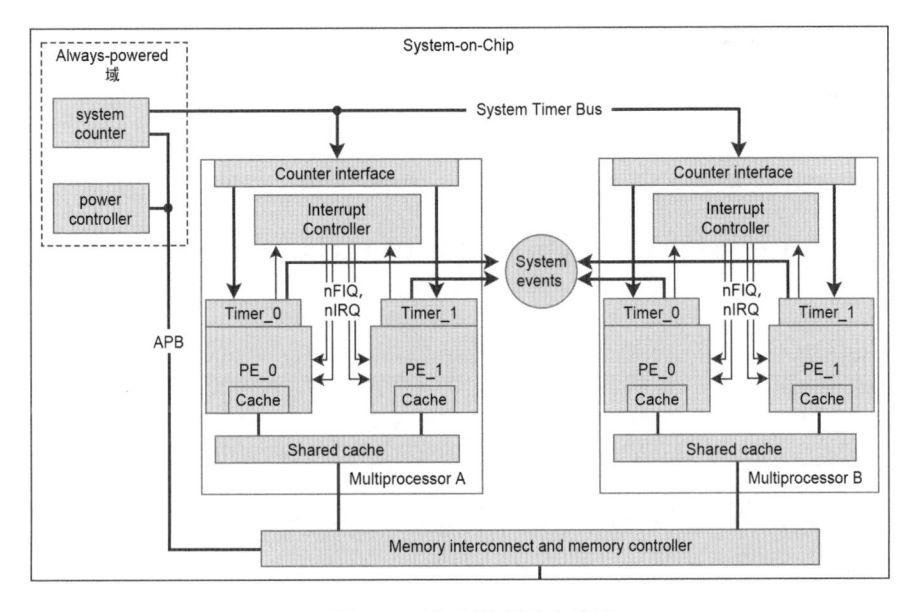

▲ 圖 12-2 計時器硬體方塊圖

以恩智浦半導體的 i.MX93 處理器為例，local timer 的裝置樹配置以下（因為 system counter 在 Always-powered 域，沒有軟體控制，不需要專門的裝置節點）：

```
timer {
    compatible = "arm,armv8-timer";
    interrupts = <GIC_PPI 13 (GIC_CPU_MASK_SIMPLE(6) | IRQ_TYPE_LEVEL_LOW)>,
                 <GIC_PPI 14 (GIC_CPU_MASK_SIMPLE(6) | IRQ_TYPE_LEVEL_LOW)>,
                 <GIC_PPI 11 (GIC_CPU_MASK_SIMPLE(6) | IRQ_TYPE_LEVEL_LOW)>,
                 <GIC_PPI 10 (GIC_CPU_MASK_SIMPLE(6) | IRQ_TYPE_LEVEL_LOW)>;
    clock-frequency = <24000000>;
    arm,no-tick-in-suspend;
    interrupt-parent = <&gic>;
};
```

這段程式的含義如下：

1. 匹配字串：「arm,armv8-timer」。

2. interrupts：4 組 PPI 私有外接裝置中斷，對應 4 個軟體中斷編號，實際只會選擇其一。8 個 CPU 共用同一個中斷編號，但會各自產生中斷。

   軟體中斷編號 13：ARCH_TIMER_PHYS_SECURE_PPI，安全世界物理計時器私有中斷。

   軟體中斷編號 14：ARCH_TIMER_PHYS_NONSECURE_PPI，非安全世界物理計時器私有中斷。

   軟體中斷編號 11：ARCH_TIMER_VIRT_PPI，虛擬計時器私有中斷。

   軟體中斷編號 12：ARCH_TIMER_HYP_PPI，hypervisor 計時器私有中斷。

3. clock-frequency：時鐘源計數頻率 24000000Hz = 24MHz。

4. arm,no-tick-in-suspend：當 CPU 進入 suspend（睡眠）狀態時，當前 timer（計時器）也會停止，該特性通常服務於核心排程策略中 NO_HZ 的配置（用於減少或消除系統計時器的週期性中斷），空閒時停掉 timer 將節省功耗。

12.1.1 local timer 的初始

以 ARMv8 為例,其初始化程式在 drivers/clocksource/arm_arch_timer.c 中,初始化程式中增加下面的宣告,透過一個簡潔的 TIMER_OF_DECLARE() 巨集,將 dts 匹配字串和初始化函式靜態繫結到一個表中:

```
TIMER_OF_DECLARE(armv8_arch_timer, "arm,armv8-timer", arch_timer_of_init);
```

local timer 驅動在核心中的初始化流程如圖 12-3 所示。

初始化過程主要根據裝置樹的配置 Linux 執行模式,來選擇中斷和初始化 arch_timer 的一些功能函式指標,並最終向系統註冊 clock_event_device。

[0.000000] arch_timer: cp15 timer(s) running at 24.00MHz (phys).

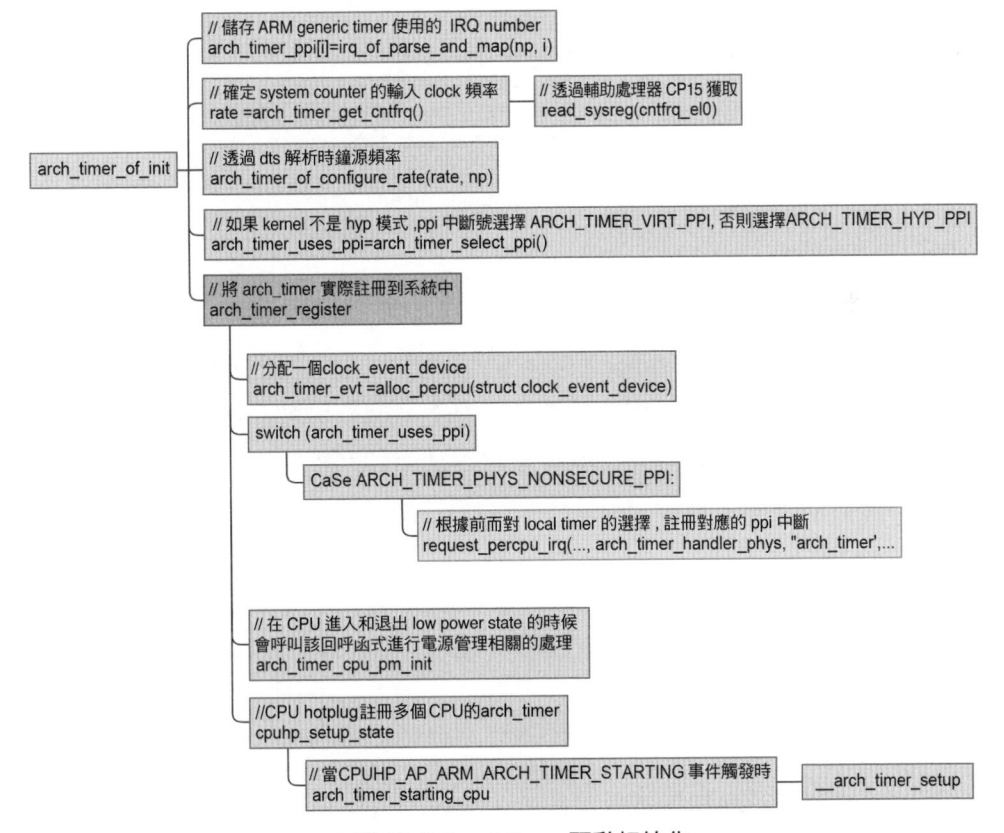

```
arch_timer_of_init
├── // 儲存 ARM generic timer 使用的 IRQ number
│   arch_timer_ppi[i]=irq_of_parse_and_map(np, i)
├── // 確定 system counter 的輸入 clock 頻率
│   rate =arch_timer_get_cntfrq()
│       └── // 透過輔助處理器 CP15 獲取
│           read_sysreg(cntfrq_el0)
├── // 透過 dts 解析時鐘源頻率
│   arch_timer_of_configure_rate(rate, np)
├── // 如果 kernel 不是 hyp 模式,ppi 中斷號選擇 ARCH_TIMER_VIRT_PPI, 否則選擇 ARCH_TIMER_HYP_PPI
│   arch_timer_uses_ppi=arch_timer_select_ppi()
└── // 將 arch_timer 實際註冊到系統中
    arch_timer_register
    ├── // 分配一個clock_event_device
    │   arch_timer_evt =alloc_percpu(struct clock_event_device)
    ├── switch (arch_timer_uses_ppi)
    │       └── CaSe ARCH_TIMER_PHYS_NONSECURE_PPI:
    │               └── // 根據前面對 local timer 的選擇, 註冊對應的 ppi 中斷
    │                   request_percpu_irq(..., arch_timer_handler_phys, "arch_timer",...
    ├── // 在 CPU 進入和退出 low power state 的時候
    │   會呼叫該回呼函式進行電源管理相關的處理
    │   arch_timer_cpu_pm_init
    ├── //CPU hotplug 註冊多個CPU的arch_timer
    │   cpuhp_setup_state
    └── // 當CPUHP_AP_ARM_ARCH_TIMER_STARTING 事件觸發時
        arch_timer_starting_cpu ────── __arch_timer_setup
```

▲圖 12-3 local timer 驅動初始化

透過 cpuhp_setup_state() 設置了熱抽換 CPU 時的註冊和登出計時器函式（啟動早期只初始化 CPU0 的 arch_timer），隨著後續多核心的啟動及下線，其他 CPU 的 arch_timer 也會陸續初始化註冊或登出。最終 arch_timer 在系統中的註冊情況如下：

```
# cat /sys/devices/system/clockevents/clockevent0/current_device
arch_sys_timer
# cat /sys/devices/system/clockevents/clockevent1/current_device
arch_sys_timer
```

該計時器對應的中斷情況如下：

```
# cat /proc/interrupts
            CPU0        CPU1
 13:        9308        7582     GICv3  26 Level      arch_timer
......
IPI0:        187         279              Rescheduling interrupts
IPI1:       1750        3184              Function call interrupts
IPI2:          0           0              CPU stop interrupts
IPI3:          0           0              CPU stop (for crash dump) interrupts
IPI4:        179         110              Timer broadcast interrupts
IPI5:          0           0              IRQ work interrupts
IPI6:          0           0              CPU wake-up interrupts
```

12.1.2　system counter 的初始化

初始化完計時器 arch_timer，接下來就會初始化計時器。system counter 是 ARM 架構提供的系統級計數器，它用於提供一個全域統一的系統時間，使得軟體可以基於這個統一的時間基準來執行各種定時任務。它透過 clocksource 結構描述，成員初值如下：

```
static struct clocksource clocksource_counter = {
    .name   = "arch_sys_counter",
    .id = CSID_ARM_ARCH_COUNTER,
    .rating = 400,
    .read   = arch_counter_read,
    .flags  = CLOCK_SOURCE_IS_CONTINUOUS,
};
```

為了更好理解，我們來看它在初始化時候的日誌：

```
[    0.000000] clocksource: arch_sys_counter: mask: 0xffffffffffffff max_cycles:
0x588fe9dc0, max_idle_ns: 440795202592 ns
[    0.000000] sched_clock: 56 bits at 24MHz, resolution 41ns, wraps every
4398046511097ns
[    0.012400] clocksource: jiffies: mask: 0xffffffff max_cycles: 0xffffffff,
max_idle_ns: 7645041785100000 ns
[    0.057979] clocksource: Switched to clocksource arch_sys_counter
```

對這段日誌進行翻譯：首先建立了一個 clocksource，名為 arch_sys_counter，mask: 0xffffffffffffff 表示 56 位元有效位數。然後註冊了 sched_clock，56 位元有效位元，24MHz 頻率，解析度為 41ns。雖然系統還有一個 jiffies 時鐘源，但是精度太低了，所以最後系統選擇 arch_sys_counter 作為 clocksource 裝置。其初始化流程如圖 12-4 所示。

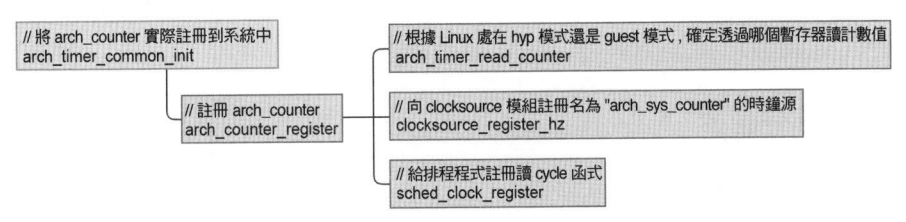

▲ 圖 12-4 arch_counter 初始化流程

初始化後，最終 arch_counter 在系統中的註冊情況如下：

```
# cat /sys/devices/system/clocksource/clocksource0/current_clocksource arch_sys_
counter
```

12.2 計時器的應用

　　Linux 中有很多計時器，不同的計時器有不同的使用場景，比如 hrtimer 主要用於需要高解析度定時功能的場景，如多媒體應用、音訊裝置驅動程式等。它可以提供毫微秒級的定時精度。低解析度計時器適用於對時間精度要求不高的場景，如網路通訊、裝置 IO 等，其計時單位基於 jiffies 值的計數，精度相對較低。sched_timer 作為系統心跳來驅動任務排程、負載計算等，適用於作業系統的核心排程模組，確保系統的穩定性和效率。

12.2.1 高解析度計時器

在 SMP 架構中，每個 CPU 都有一個 local timer，軟體上也會建立對應的 clock event 裝置，hrtimer 也會對應綁定一個 hrtimer_cpu_base 結構，利用對應 clock event 模組來操控計時器硬體，實現定時功能。

出於性能考慮，每個 CPU 上都會建立一些自己專屬的軟體定時任務，最典型的是 schedule tick timer，但是每個 CPU 計時器硬體只有一個，無法同時設置多個定時值。為了解決這個問題，hrtimer 透過紅黑樹來管理該 CPU 上所有的定時任務，對任務的超期的時間進行排名，每次選擇最左邊（最早超期）的任務去設置計時器值，計時器觸發後，再選擇最左邊的任務繼續設定下次逾時值。也就是說 hrtimer 是一次（ONESHOT）觸發的，對於一些週期性（PERIODIC）的任務，在觸發一次後更新逾時值，以改變在紅黑樹中的位置重新去競爭。

■ hrtimer 的初始化

```
void __init hrtimers_init(void)
{
    hrtimers_prepare_cpu(smp_processor_id());
    open_softirq(HRTIMER_SOFTIRQ, hrtimer_run_softirq);
}

enum  hrtimer_base_type {
    HRTIMER_BASE_MONOTONIC,
    HRTIMER_BASE_REALTIME,
    HRTIMER_BASE_BOOTTIME,
    HRTIMER_BASE_TAI,
    HRTIMER_BASE_MONOTONIC_SOFT,
    HRTIMER_BASE_REALTIME_SOFT,
    HRTIMER_BASE_BOOTTIME_SOFT,
    HRTIMER_BASE_TAI_SOFT,
    HRTIMER_MAX_CLOCK_BASES,
};

int hrtimers_prepare_cpu(unsigned int cpu)
{
    struct hrtimer_cpu_base *cpu_base = &per_cpu(hrtimer_bases, cpu);
    int i;

    for (i = 0; i < HRTIMER_MAX_CLOCK_BASES; i++) {
        struct hrtimer_clock_base *clock_b = &cpu_base->clock_base[i];

        clock_b->cpu_base = cpu_base;
```

```
        seqcount_raw_spinlock_init(&clock_b->seq, &cpu_base->lock);
        timerqueue_init_head(&clock_b->active);
    }

    cpu_base->cpu = cpu;
    cpu_base->active_bases = 0;
    cpu_base->hres_active = 0;
    cpu_base->hang_detected = 0;
    cpu_base->next_timer = NULL;
    cpu_base->softirq_next_timer = NULL;
    cpu_base->expires_next = KTIME_MAX;
    cpu_base->softirq_expires_next = KTIME_MAX;
    hrtimer_cpu_base_init_expiry_lock(cpu_base);
    return 0;
}
```

CPU 結構 hrtimer_cpu_base，用來管理 CPU0 上所有的軟體計時器。每個 CPU 對應一個 hrtimer_cpu_base，每個 hrtimer_cpu_base 中有 8 類 clock_base，分別代表 8 種時間類型的 hrtimer，每個 clock_base 是以紅黑樹來組織同一類型的 hrtimer 的，如圖 12-5 所示。

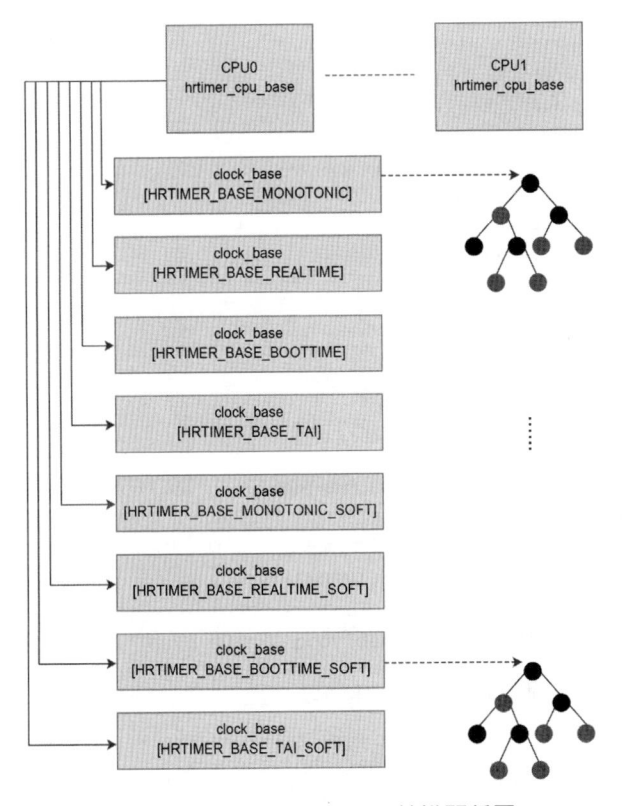

▲圖 12-5 hrtimer 結構關係圖

圖 12-5 可以用下面的程式描述：

```c
DEFINE_PER_CPU(struct hrtimer_cpu_base, hrtimer_bases) =
{
    .lock = __RAW_SPIN_LOCK_UNLOCKED(hrtimer_bases.lock),
    .clock_base =
    {
        {
            .index = HRTIMER_BASE_MONOTONIC,
            .clockid = CLOCK_MONOTONIC,
            .get_time = &ktime_get,
        },
        {
            .index = HRTIMER_BASE_REALTIME,
            .clockid = CLOCK_REALTIME,
            .get_time = &ktime_get_real,
        },
        {
            .index = HRTIMER_BASE_BOOTTIME,
            .clockid = CLOCK_BOOTTIME,
            .get_time = &ktime_get_boottime,
        },
        {
            .index = HRTIMER_BASE_TAI,
            .clockid = CLOCK_TAI,
            .get_time = &ktime_get_clocktai,
        },
        {
            .index = HRTIMER_BASE_MONOTONIC_SOFT,
            .clockid = CLOCK_MONOTONIC,
            .get_time = &ktime_get,
        },
        {
            .index = HRTIMER_BASE_REALTIME_SOFT,
            .clockid = CLOCK_REALTIME,
            .get_time = &ktime_get_real,
        },
        {
            .index = HRTIMER_BASE_BOOTTIME_SOFT,
            .clockid = CLOCK_BOOTTIME,
            .get_time = &ktime_get_boottime,
        },
        {
            .index = HRTIMER_BASE_TAI_SOFT,
            .clockid = CLOCK_TAI,
            .get_time = &ktime_get_clocktai,
        },
    }
};
```

12.2 計時器的應用

在計時器中斷到來時進入硬中斷處理函式 hrtimer_interrupt，如果最近到期的任務是硬體 timer，則繼續在當前中斷環境下處理。如果是軟體 timer，則暫停軟中斷 HRTIMER_ SOFTIRQ，軟中斷在 hrtimer_run_softirq 中處理軟 timer 任務。

```
static struct cpuhp_step cpuhp_hp_states[] = {
    [CPUHP_HRTIMERS_PREPARE] = {
        .name               = "hrtimers:prepare",
        .startup.single     = hrtimers_prepare_cpu,
        .teardown.single    = hrtimers_dead_cpu,
    },
}
```

關於 hrtimer 的執行，讓我們來看它的流程是什麼樣的，如圖 12-6 所示。

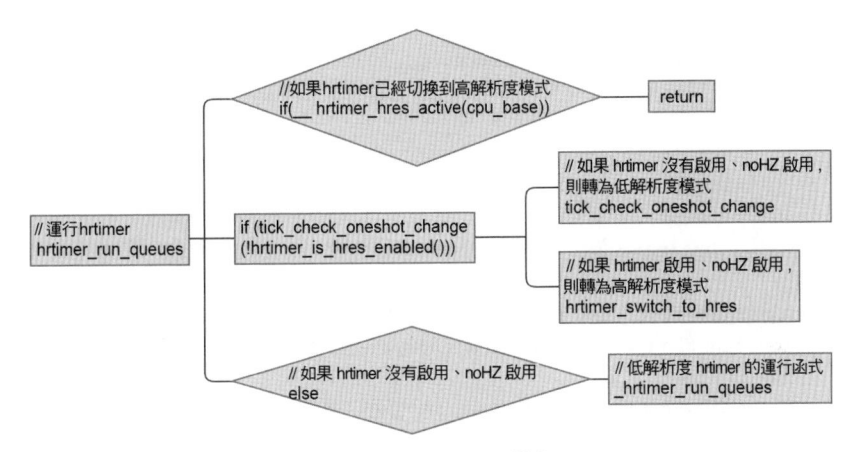

▲ 圖 12-6 hrtimer 執行

hrtimer 有低解析度模式和高解析度模式：

- 低解析度模式：NOHZ_MODE_INACTIVE，NOHZ_MODE_LOWRES

低解析度模式時，local timer 工作在 PERIODIC 模式，即 timer 以 tick 時間(1/Hz) 週期性地產生中斷。在 tick timer 中處理任務排程 tick、低解析度 timer、其他時間更新和統計 profile。在這種模式下，所有利用時間進行的運算，精度都是以 tick(1/Hz) 為單位的，精度較低。比如 Hz=1000，那麼 tick=1ms。

- 高解析度模式：NOHZ_MODE_HIGHRES

高解析度模式時 local timer 工作在 ONESHOT 模式，即系統可以支援 hrtimer（high resolution，高解析度），精度為 local timer 的計數 clk 達到 ns 等級。這種情況下把 tick timer 也轉換成一種 hrtimer。

■ hrtimer 的使用

這裡舉一個在核心中使用 hrtimer 的例子，每 5ms 週期性觸發並列印 log。

```
static struct hrtimer timer; // 建立 hrtimer 計時器

// 計時器到期處理函式
static enum hrtimer_restart hrtimer_handler(struct hrtimer *hrt)
{
        printk("hrtimer_handler");
        hrtimer_forward_now(hrt, 5000000);// 將逾時時間向後移 5000000ns=5ms
        return HRTIMER_RESTART; // 傳回重新啟動標識，無須再次呼叫 hrtimer_start
}

static int __init hrtimer_test_init(void)
{
        // 初始化 hrtimer，使用 CLOCK_MONOTONIC 時間，HRTIMER_MODE_REL_HARD 表示在硬中斷環境下處理
        hrtimer_init(&timer, CLOCK_MONOTONIC, HRTIMER_MODE_REL_HARD);
        timer.function = hrtimer_handler; // 設置逾時處理函式
        // 啟動計時器
        hrtimer_start(&timer, 5000000, HRTIMER_MODE_REL_HARD);
}

static void __exit hrtimer_test_exit(void)
{
        hrtimer_cancel(&timer);   // 取消計時器
}
```

12.2.2 低解析度計時器

系統初始化時，函式 start_kernel 會呼叫計時器系統的初始化函式 init_timers：

```
void __init init_timers(void)
{
```

```
    init_timer_cpus();
    posix_cputimers_init_work();
    open_softirq(TIMER_SOFTIRQ, run_timer_softirq);
}
```

由程式可見 open_softirq 把 run_timer_softirq 註冊為 TIMER_SOFTIRQ 的處理函式。我們看看當中斷來臨時，對應的計時器是如何回應的，如圖 12-7 所示。

從圖 12-7 的流程圖中可以看出，當 CPU 的每個 tick 事件到來時，在事件處理中斷中，update_process_times 會被呼叫，該函式會進一步呼叫 run_local_timers，run_local_timers 會觸發 TIMER_SOFTIRQ 軟中斷，處理函式如圖 12-8 所示。

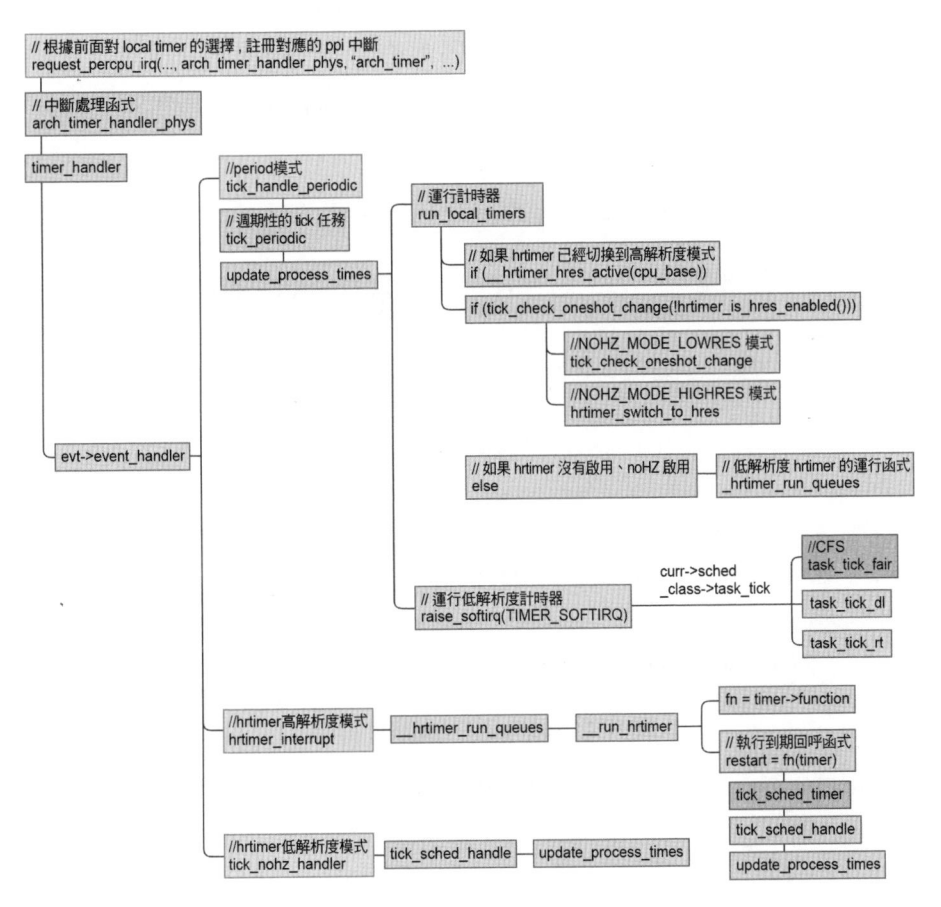

▲圖 12-7 計時器中斷處理

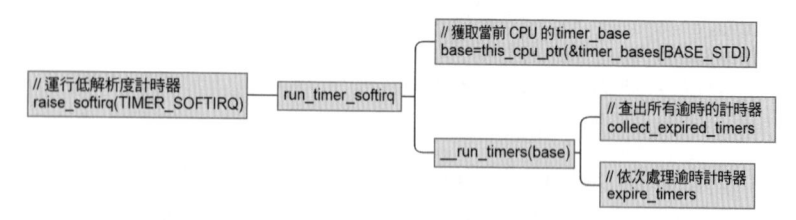

```
                                              // 獲取當前 CPU 的 timer_base
                                              base=this_cpu_ptr(&timer_bases[BASE_STD])
 // 運行低解析度計時器
 raise_softirq(TIMER_SOFTIRQ) ── run_timer_softirq ┐           // 查出所有逾時的計時器
                                                   │           collect_expired_timers
                                                   └ __run_timers(base) ┤
                                                                        │ // 依次處理逾時計時器
                                                                        └ expire_timers
```

▲ 圖 12-8 軟中斷處理

最終透過 __run_timers 這個函式完成了對到期計時器的處理工作，也完成了時間輪的不停轉動。

12.2.3 sched_timer

透過 hrtimer 模擬出的 tick timer，稱之為 sched_timer，將其逾時時間設置為一個 tick 時長，在逾時結束後，完成對應的工作，然後再次設置下一個 tick 的逾時時間，以此達到周期性 tick 中斷的需求。sched_timer 的註冊如圖 12-9 所示。

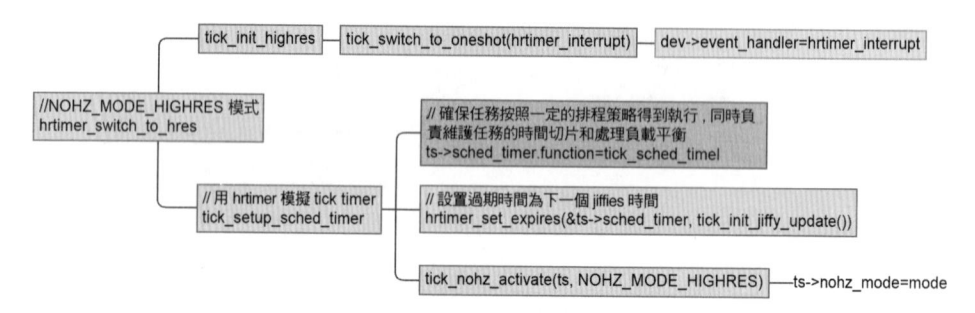

```
                          ┌ tick_init_highres ── tick_switch_to_oneshot(hrtimer_interrupt) ── dev->event_handler=hrtimer_interrupt
 //NOHZ_MODE_HIGHRES 模式 │
 hrtimer_switch_to_hres   │                          // 確保任務按照一定的排程策略得到執行，同時負
                          │                          責維護任務的時間切片和處理負載平衡
                          │                          ts->sched_timer.function=tick_sched_timel
                          │ // 用 hrtimer 模擬 tick timer
                          ├ tick_setup_sched_timer ┤ // 設置過期時間為下一個 jiffies 時間
                          │                          hrtimer_set_expires(&ts->sched_timer, tick_init_jiffy_update())
                          │
                          └ tick_nohz_activate(ts, NOHZ_MODE_HIGHRES) ── ts->nohz_mode=mode
```

▲ 圖 12-9 sched_timer 的註冊

sched_timer 計時器中斷處理常式的內容如圖 12-10 所示。

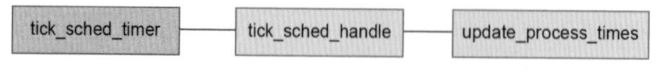

```
 tick_sched_timer ── tick_sched_handle ── update_process_times
```

▲ 圖 12-10 sched_timer 中斷處理常式

update_process_times 的程式流程如圖 12-11 所示。

12.2 計時器的應用

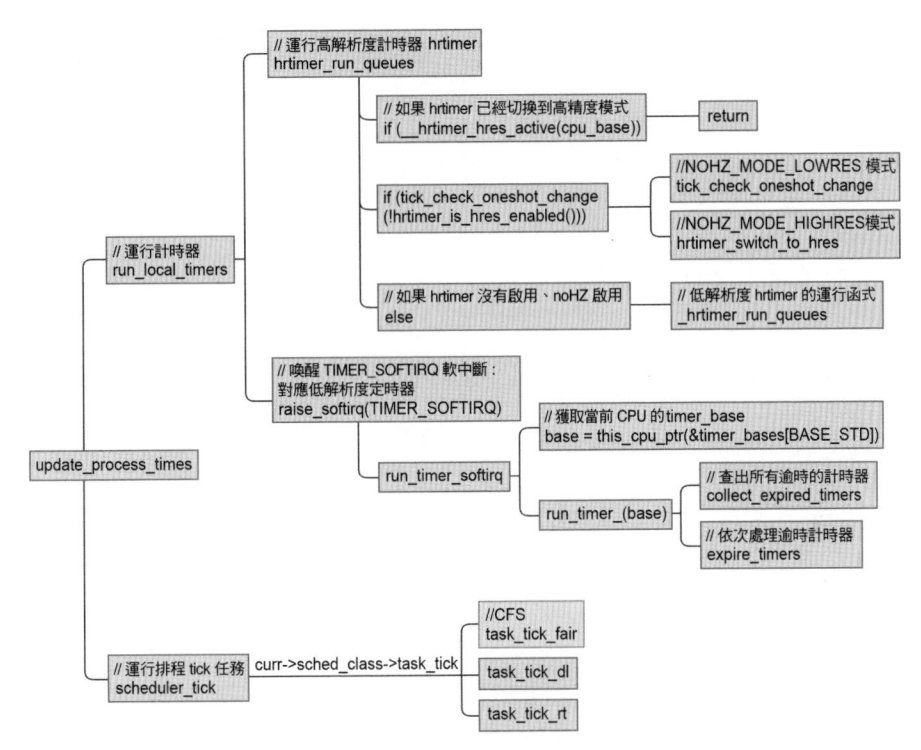

```
update_process_times
├── // 運行計時器
│   run_local_timers
│   ├── // 運行高解析度計時器 hrtimer
│   │   hrtimer_run_queues
│   │   ├── // 如果 hrtimer 已經切換到高精度模式
│   │   │   if (__hrtimer_hres_active(cpu_base))  → return
│   │   ├── if (tick_check_oneshot_change
│   │   │   (!hrtimer_is_hres_enabled()))
│   │   │   ├── //NOHZ_MODE_LOWRES 模式
│   │   │   │   tick_check_oneshot_change
│   │   │   └── //NOHZ_MODE_HIGHRES 模式
│   │   │       hrtimer_switch_to_hres
│   │   └── // 如果 hrtimer 沒有啟用、noHZ 啟用
│   │       else
│   │       └── // 低解析度 hrtimer 的運行函式
│   │           _hrtimer_run_queues
│   └── // 喚醒 TIMER_SOFTIRQ 軟中斷：
│       對應低解析度定時器
│       raise_softirq(TIMER_SOFTIRQ)
│       └── run_timer_softirq
│           └── run_timer_(base)
│               ├── // 獲取當前 CPU 的 timer_base
│               │   base = this_cpu_ptr(&timer_bases[BASE_STD])
│               ├── // 查出所有逾時的計時器
│               │   collect_expired_timers
│               └── // 依次處理逾時計時器
│                   expire_timers
└── // 運行排程 tick 任務
    scheduler_tick
    └── curr->sched_class->task_tick
        ├── //CFS
        │   task_tick_fair
        ├── task_tick_dl
        └── task_tick_rt
```

▲ 圖 12-11　update_process_times 的程式流程

透過圖 12-11 可以看出，sched_timer 的中斷處理會呼叫對應的排程器函式，比如 CFS 排程器就會呼叫函式 task_tick_fair。

第 13 章

中斷模組

中斷機制在處理器中扮演著一個至關重要的角色，它是處理器非同步回應週邊設備請求的核心方式。從技術的深層次來看，中斷是處理器在正常執行過程中，因外部或內部事件（如週邊設備的輸入/輸出請求、異常錯誤等）而暫時中斷當前執行的程式，轉而執行特定的中斷服務程式（Interrupt Service Routine，ISR）的過程。

在作業系統的上下文中，中斷處理是週邊設備管理的基石。週邊設備如硬碟、鍵盤、滑鼠等，它們的工作通常是非同步的，即它們不會按照處理器執行指令的線性順序來請求服務。中斷機制允許處理器在這些裝置需要服務時，能夠立即回應，而不必等待處理器完成當前任務。這種非同步處理的能力極大地提高了系統的回應性和效率。

此外，中斷機制還在系統排程和核心間互動中發揮著不可或缺的作用。系統排程是作業系統根據一定的策略選擇下一個要執行的處理程序或執行緒的過程。當中斷發生時，處理器可能會根據中斷的類型和優先順序來決定是否切換當前執行的上下文，從而實現任務的快速切換和排程。而在多核心或多處理器的系統中，中斷也是核心間通訊和同步的重要手段，它可以幫助不同的處理器核心之間傳遞資訊、協調工作。

本章對系統中的中斷的介紹包括硬體原理、中斷驅動解析、上半部分與下半部分，以及 softirq、tasklet、workqueue 中斷等機制。

13.1 中斷控制器（GIC）硬體原理

GIC（Generic Interrupt Controller）是 ARM 公司提供的通用的中斷控制器。主要作用是接收硬體中斷訊號，並經過一定處理後，分發給對應的 CPU 處理。

當前 GIC 有四個版本，GIC v1~v4，本章主要介紹 GIC v3 控制器。

13.1.1 GIC v3 中斷類別

GIC v3 定義的中斷類型如表 13-1 所示。

▼表 13-1 GIC v3 中斷類型

中斷類型	硬體中斷編號
SGI	0~15
PPI	16~31
SPI	32~1019
保留	……
LPI	8192~MAX

- SGI（Software Generated Interrupt）：軟體觸發的中斷。軟體可以透過寫入 GICD_SGIR 暫存器來觸發一個中斷事件，一般用於核心間通訊，核心中的 IPI（inter-processor interrupts）就是基於 SGI 的。

- PPI（Private Peripheral Interrupt）：私有外接裝置中斷。這是每個核心私有的中斷。PPI 會送達到指定的 CPU 上，應用場景有 CPU 本地時鐘。

- SPI（Shared Peripheral Interrupt）：公用的外部設備中斷，也定義為共用中斷。中斷產生後，可以分發到某一個 CPU 上。比如按鍵觸發的中斷、手機觸控式螢幕觸發的中斷。

- LPI（Locality-specific Peripheral Interrupt）：LPI 是 GIC v3 中的新特性，它們在很多方面與其他類型的中斷不同。LPI 始終是基於訊息的中斷，它們的配置儲存在表中而非暫存器中。比如 PCIe 的 MSI/MSI-x 中斷。

13.1.2 GIC v3 組

GIC v3 控制器由 Distributor、Redistributor、CPU interface 三部分組成，如圖 13-1 所示。

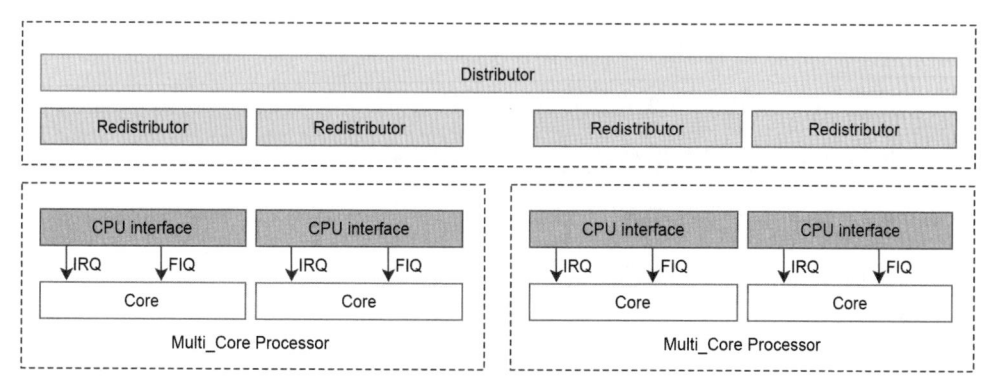

▲圖 13-1 GIC v3 控制器

- Distributor：進行 SPI 中斷的管理，Distributor 將插斷要求發送給 Redistributor，其有以下功能：

1. 開啟或關閉每個中斷。Distributor 對中斷的控制分成兩個等級。一個等級是全域中斷的控制（GIC_DIST_CTRL）。一旦關閉了全域中斷，那麼任何中斷來源產生的中斷事件都不會被傳遞到 CPU interface。另外一個等級是針對各個中斷來源進行控制（GIC_DIST_ENABLE_CLEAR），關閉某一個中斷來源會導致該中斷事件不會分發到 CPU interface，但不影響其他中斷來源產生中斷事件的分發。

2. 控制器將當前優先順序最高的中斷事件分發到一個或一組 CPU interface。當一個中斷事件分發到多個 CPU interface 的時候，GIC 的內部邏輯應該保證只有 assert 一個 CPU。

3. 優先順序控制。

4. interrupt 屬性設定。設置每個外接裝置中斷的觸發方式：電位觸發、邊緣觸發。

5. interrupt group 的設定。設置每個中斷的 Group，其中 Group0 用於安全中斷，支援 FIQ 和 IRQ，Group1 用於非安全中斷，只支援 IRQ。

- Redistributor：進行 SGI、PPI、LPI 中斷的管理，Redistributor 將中斷發送給 CPU interface，其有以下功能：

1. 啟用和禁用 SGI 和 PPI。
2. 設置 SGI 和 PPI 的優先順序。
3. 將每個 PPI 設置為電位觸發或邊緣觸發。
4. 將每個 SGI 和 PPI 分配給中斷組。
5. 控制 SGI 和 PPI 的狀態。
6. 記憶體中資料結構的基址控制，支援 LPI 的相關中斷屬性和暫停狀態。
7. 電源管理支援。

- CPU interface：用來把中斷傳輸給 CPU，其有以下功能：

1. 開啟或關閉 CPU interface，向連接的 CPU 觸發中斷事件。對於 ARM，CPU interface 和 CPU 之間的中斷訊號線是 nIRQCPU 和 nFIQCPU。如果關閉了中斷，即使是 Distributor 分發了一個中斷事件到 CPU interface，也不會觸發指定的 nIRQ 或 nFIQ 通知 Core。
2. 中斷的確認。Core 會向 CPU interface 應答中斷（應答當前優先順序最高的那個中斷），中斷一旦被應答，Distributor 就會把該中斷的狀態從 pending 修改成 active 或 pending and active（這和該中斷來源的訊號有關，例如是電位中斷並且保持了該 asserted 電位，那麼就是 pending and active）。應答中斷之後，CPU interface 就會將 nIRQCPU 和 nFIQCPU 訊號線 deassert。
3. 中斷處理完畢的通知。當 interrupt handler 處理完一個中斷，會向寫入 CPU interface 的暫存器通知 GIC CPU 已經處理完該中斷。做這個動作一方面是通知 Distributor 將中斷狀態修改為 deactive，另一方面，CPU interface 會將優先順序降級，從而允許其他 pending 狀態的中斷向 CPU 提交。

4. 為 CPU 設置中斷優先順序遮罩。利用 priority mask（優先順序遮罩），可以遮罩（mask）掉一些優先順序比較低的中斷，這些中斷不會通知到 CPU。
5. 設置 CPU 的中斷先佔（preemption）策略。
6. 在多個中斷事件同時到來的時候，選擇一個優先順序最高的通知 CPU。

13.1.3 中斷路由

GIC v3 使用層次結構來標識一個具體的 CPU，圖 13-2 所示的是一個四層的結構 (aarch64)：

用 <affinity level 3>.<affinity level 2>.<affinity level 1>.<affinity level 0> 的形式組成一個 PE 的路由。每一個 CPU 的 affinity 值可以透過 MPDIR_EL1 暫存器獲取，每一個 affinity 佔用 8 位元。配置對應 CPU 的 MPIDR 值，可以將中斷路由到該 CPU 上。

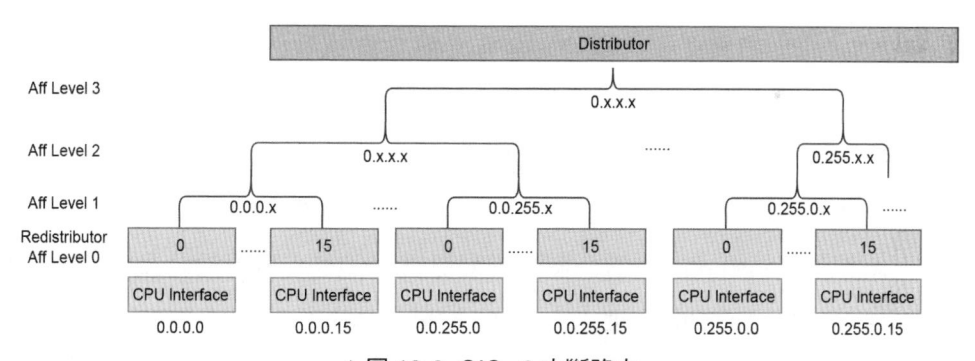

▲圖 13-2 GIC v3 中斷路由

各個 affinity 是根據自己的 SoC 來定義的，比如：

```
<group of groups>. <group of processors>.<processor>.<core>
<group of processors>.<processor>.<core>.<thread>
```

中斷親和性設置的通用函式為 irq_set_affinity，後面會做詳細介紹。

13.1.4 中斷處理狀態機

中斷處理狀態機是指描述中斷從產生到被 CPU 處理完畢的整個過程中，中斷狀態轉換和處理的機制。中斷處理狀態機如圖 13-3 所示。

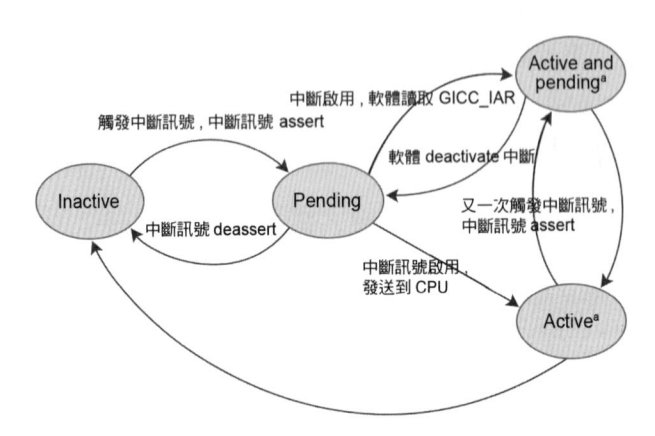

▲ 圖 13-3 中斷處理狀態機

- Inactive：無中斷狀態，即沒有 Pending 也沒有 Active。
- Pending：硬體或軟體觸發了中斷，該中斷事件已經透過硬體訊號通知到 GIC，等待 GIC 分配的那個 CPU 進行處理。在電位觸發模式下，產生中斷的同時保持 Pending 狀態。
- Active：CPU 已經應答（acknowledge）了該插斷要求，並且正在處理中。
- Active and pending：當一個中斷來源處於 Active 狀態的時候，同一中斷來源又觸發了中斷，進入 pending 狀態。

13.1.5 中斷處理流程

中斷處理流程如下：

1. 外接裝置發起中斷，發送給 Distributor。
2. Distributor 將該中斷分發給合適的 Redistributor。
3. Redistributor 將中斷資訊發送給 CPU interface。

4. CPU interface 產生合適的中斷異常給處理器。

5. 處理器接收該異常,並且軟體處理該中斷。

13.2 中斷控制器的驅動實現

這裡主要分析 Linux 核心中 GIC v3 中斷控制器的程式（drivers/irqchip/irq-gic-v3.c）。先來看一個中斷控制器的裝置樹資訊：

```
gic: interrupt-controller@48000000 {
    compatible = "arm,gic-v3";
    reg = <0 0x48000000 0 0x10000>,
          <0 0x48040000 0 0xc0000>;
    #interrupt-cells = <3>;
    interrupt-controller;
    interrupts = <GIC_PPI 9 IRQ_TYPE_LEVEL_HIGH>;
    interrupt-parent = <&gic>;
};
```

- compatible：用於匹配 GIC v3 驅動。
- reg：GIC 的物理基底位址,分別對應 GICD、GICR、GICC。
- #interrupt-cells：這是一個中斷控制器節點的屬性。它宣告了該中斷控制器的中斷指示符號（interrupts）中 cell 的個數。
- interrupt-controller：表示該節點是一個中斷控制器。
- interrupts：其中的內容分別代表 GIC 類型、中斷編號、中斷類型。

接下來看看中斷控制器的初始化過程。

■ 1. irq chip driver 的宣告

```
IRQCHIP_DECLARE(gic_v3, "arm,gic-v3", gic_of_init);
```

定義 IRQCHIP_DECLARE 之後,相應的內容會儲存到 irqchip_of_table：

```
#define IRQCHIP_DECLARE(name, compat, fn) OF_DECLARE_2(irqchip, name, compat, fn)

#define OF_DECLARE_2(table, name, compat, fn) \
        _OF_DECLARE(table, name, compat, fn, of_init_fn_2)
```

```
#define _OF_DECLARE(table, name, compat, fn, fn_type)          \
    static const struct of_device_id __of_table_##name         \
        __used __section(__##table##_of_table)                 \
         = { .compatible = compat,                             \
             .data = (fn == (fn_type)NULL) ? fn : fn  }
```

irqchip_of_table 在連結指令稿 vmlinux.lds 裡，被放到了 irqchip_begin 和 __irqchip_of_end 之間，該區段用於存放中斷控制器資訊：

```
#ifdef CONFIG_IRQCHIP
    #define IRQCHIP_OF_MATCH_TABLE()                           \
        . = ALIGN(8);                                          \
        VMLINUX_SYMBOL(__irqchip_begin) = .;                   \
        *(__irqchip_of_table)                                  \
        *(__irqchip_of_end)
#endif
```

在核心啟動初始化中斷的函式中，of_irq_init 函式會去查詢裝置節點資訊，該函式的傳入參數就是 __irqchip_of_table 區段，由於 IRQCHIP_DECLARE 已經將資訊填 of_irq_ init 函式會根據「arm,gic-v3」去查詢對應的裝置節點，並獲取裝置的資訊。or_irq_init 函式中，最終會回呼 IRQCHIP_DECLARE 宣告的回呼函式，也就是 gic_of_init，而這個函式就是 GIC 驅動的初始化入口。下面來看 gic_of_init 函式的實現流程。

■ 2. gic_of_init 函式的實現流程：

gic_of_init 函式的實現流程如下所示：

```
static int __init gic_of_init(struct device_node *node, struct device_node *parent)
{
  ......
    dist_base = of_iomap(node, 0);                             ------(1)
      ......
    err = gic_validate_dist_version(dist_base);                ------(2)
    if (err) {
       pr_err("%pOF: no distributor detected, giving up\n", node);
       goto out_unmap_dist;
    }
```

```
    if (of_property_read_u32(node, "#redistributor-regions", &nr_redist_regio
ns))                                                              ------(3)
        nr_redist_regions = 1;
    ……
    for (i = 0; i < nr_redist_regions; i++) {                     ------(4)
    ……
    }

    if (of_property_read_u64(node, "redistributor-stride", &redist_stride))
                                                                  ------(5)
        redist_stride = 0;

    err = gic_init_bases(dist_base, rdist_regs, nr_redist_regions,
        redist_stride, &node->fwnode);                            ------(6)
    if (err)
        goto out_unmap_rdist;

    gic_populate_ppi_partitions(node);                            ------(7)
    ……
    return err;
}
```

為了更進一步地理解上面的程式，這裡按照程式裡標注的序號進行解釋：

（1）映射 GICD 的暫存器位址空間。

（2）驗證 GICD 的版本是 GIC v3 還是 GIC v4（主要透過讀取 GICD_PIDR2 暫存器 bit[7:4]。 0x1 代表 GICv1，0x2 代表 GICv2……依此類推）。

（3）透過 DTS 讀取 redistributor-regions 的值。

（4）為一個 GICR 域分配基底位址。

（5）透過 DTS 讀取 redistributor-stride 的值。

（6）後面詳細介紹。

（7）設置一組 PPI 的親和性。

下面看看序號（6），函式 gic_init_bases 的實現如下：

```
static int __init gic_init_bases(void __iomem *dist_base,
            struct redist_region *rdist_regs,
            u32 nr_redist_regions,
            u64 redist_stride,
```

```c
                    struct fwnode_handle *handle)
{ ......
    typer = readl_relaxed(gic_data.dist_base + GICD_TYPER);        ------(1)
    gic_data.rdists.id_bits = GICD_TYPER_ID_BITS(typer);
    gic_irqs = GICD_TYPER_IRQS(typer);
    if (gic_irqs > 1020)
        gic_irqs = 1020;
    gic_data.irq_nr = gic_irqs;

    gic_data.domain = irq_domain_create_tree(handle, &gic_irq_domain_ops,
                                                                   ------(2)
                    &gic_data);
    gic_data.rdists.rdist = alloc_percpu(typeof(*gic_data.rdists.rdist));
    gic_data.rdists.has_vlpis = true;
    gic_data.rdists.has_direct_lpi = true;
......
    set_handle_irq(gic_handle_irq);                                ------(3)

    gic_update_vlpi_properties();                                  ------(4)

    if (IS_ENABLED(CONFIG_ARM_GIC_V3_ITS) && gic_dist_supports_lpis())
        its_init(handle, &gic_data.rdists, gic_data.domain);       ------(5)

    gic_smp_init();                                                ------(6)
    gic_dist_init();                                               ------(7)
    gic_cpu_init();                                                ------(8)
    gic_cpu_pm_init();                                             ------(9)

    return 0;
......
}
```

按照程式裡標注的序號依次進行解釋：

（1）確認支援 SPI 中斷編號最大的值為多少。

（2）向系統中註冊一個 irq domain 的資料結構，irq_domain 的主要作用是將硬體中斷編號映射到 irq number，後面會做詳細介紹。

（3）設定 arch 相關的 irq handler。gic_irq_handle 是核心 gic 中斷處理的入口函式，後面會做詳細介紹。

（4）gic 虛擬化相關的內容。

（5）初始化 ITS。

（6）設置 SMP 核心間互動的回呼函式，用於 IPI，回呼函式為 gic_raise_softirq。

（7）初始化 Distributor。

（8）初始化 CPU interface。

（9）初始化 GIC 電源管理。

為了便於理解中斷控制器的驅動實現，這裡用圖 13-4 所示的流程圖來總結。

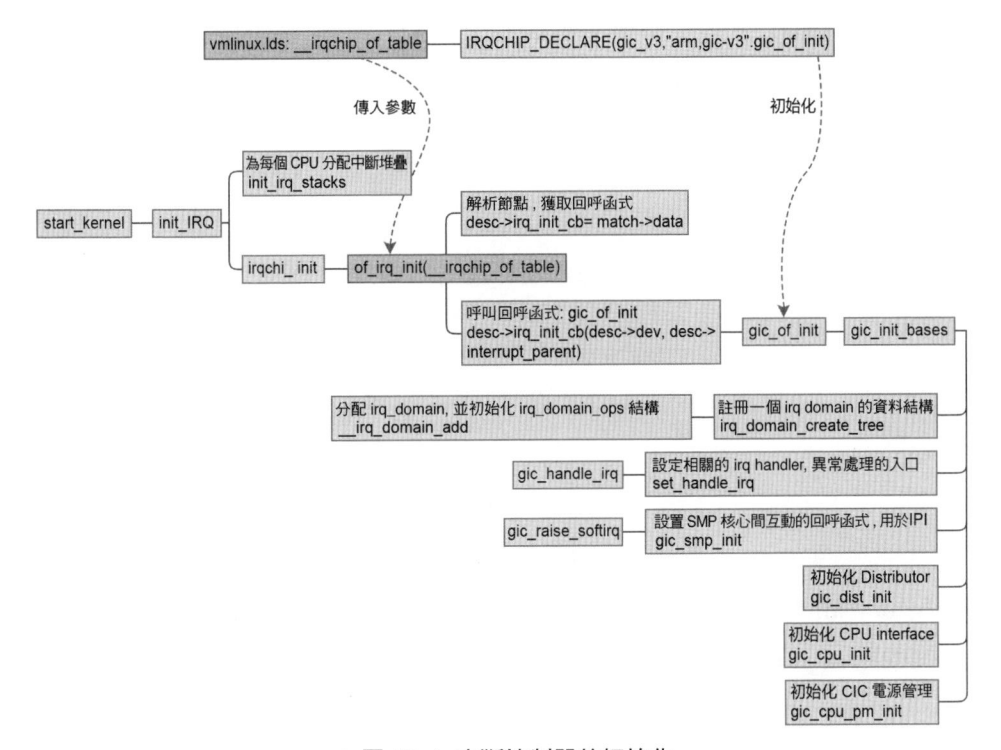

▲圖 13-4 中斷控制器的初始化

13.3 中斷的映射

早期的系統只存在一個中斷控制器，而且中斷數目也不多的時候，一個很簡單的做法就是：一個中斷編號對應中斷控制器的編號，這屬於一種簡單的線性映射，如圖 13-5 所示。

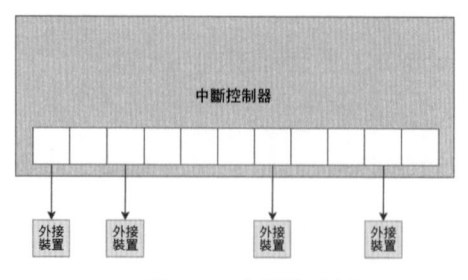

▲ 圖 13-5 中斷的映射

但當一個系統中有多個中斷控制器，而且中斷編號也逐漸增加的時候，Linux 核心為了應對此問題，引入了 domain（對應資料結構 irq_domain）的概念，如圖 13-6 所示。

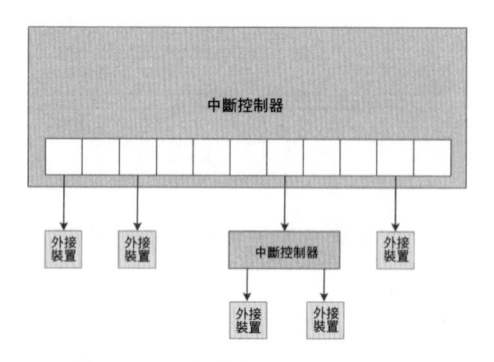

▲ 圖 13-6 中斷控制器的 domain 概念

irq_domain 的引入相當於一個中斷控制器就是一個 irq_domain。這樣一來所有的中斷控制器就會出現串聯的版面配置。利用樹狀結構可以充分利用 irq 數目，而且每一個 irq_domain 區域可以自己去管理自己的中斷特性。

每一個中斷控制器對應多個中斷編號，而硬體中斷編號在不同的中斷控制器上是會重複編碼的，這時僅用硬中斷編號已經不能唯一標識一個外接裝置中斷了，因此 Linux 核心提供了一個虛擬中斷編號的概念。

接下來我們看看硬體中斷編號是如何映射到虛擬中斷編號的。

13.3.1 資料結構

在看硬體中斷編號映射到虛擬中斷編號之前，先來看幾個重要的資料結構。

struct irq_desc 描述一個外接裝置的中斷，稱之為中斷描述符號。

```
struct irq_desc {
    struct irq_common_data  irq_common_data;
    struct irq_data         irq_data;
    unsigned int __percpu   *kstat_irqs;
    irq_flow_handler_t      handle_irq;
    ......
    struct irqaction        *action;
    ......
} ____cacheline_internodealigned_in_smp;
```

- irq_data：中斷控制器的硬體資料。
- handle_irq：中斷控制器驅動的處理函式，指向一個 struct irqaction 的鏈結串列，一個中斷來源可以由多個裝置共用，所以一個 irq_desc 可以掛載多個 action，由鏈結串列結構組織起來。
- action：裝置驅動的處理函式。

這些變數和中斷控制器的關係可以用圖 13-7 來表示。

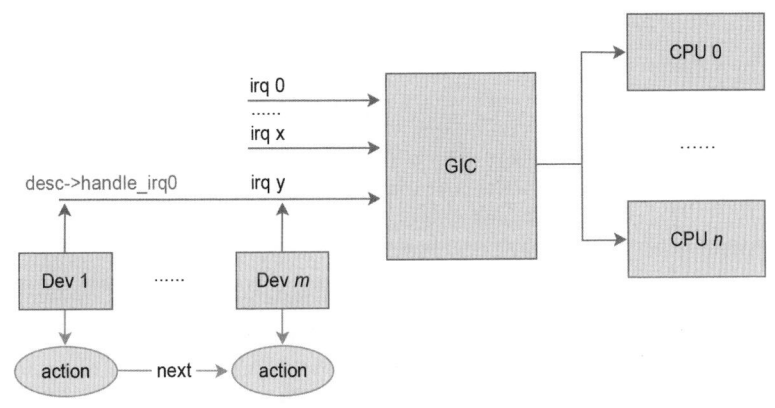

▲圖 13-7 中斷控制器的簡單示意圖

struct irq_data 包含中斷控制器的硬體資料：

```
struct irq_data {
    u32             mask;
    unsigned int        irq;
    unsigned long       hwirq;
    struct irq_common_data  *common;
    struct irq_chip     *chip;
    struct irq_domain   *domain;
#ifdef CONFIG_IRQ_DOMAIN_HIERARCHY
    struct irq_data     *parent_data;
#endif
    void            *chip_data;
};
```

- irq：虛擬中斷編號。

- hwirq：硬體中斷編號。

- chip：對應的 irq_chip 資料結構。

- domain：對應的 irq_domain 資料結構。

struct irq_chip 用於操作中斷控制器的硬體：

```
struct irq_chip {
    struct device   *parent_device;
    const char  *name;
    unsigned int    (*irq_startup)(struct irq_data *data);
    void        (*irq_shutdown)(struct irq_data *data);
    void        (*irq_enable)(struct irq_data *data);
    void        (*irq_disable)(struct irq_data *data);

    void        (*irq_ack)(struct irq_data *data);
    void        (*irq_mask)(struct irq_data *data);
    void        (*irq_mask_ack)(struct irq_data *data);
    void        (*irq_unmask)(struct irq_data *data);
    void        (*irq_eoi)(struct irq_data *data);

    int     (*irq_set_affinity)(struct irq_data *data, const struct cpumask *dest, bool force);
    int     (*irq_retrigger)(struct irq_data *data);
    int     (*irq_set_type)(struct irq_data *data, unsigned int flow_type);
    int     (*irq_set_wake)(struct irq_data *data, unsigned int on);

    void        (*irq_bus_lock)(struct irq_data *data);
    void        (*irq_bus_sync_unlock)(struct irq_data *data);
    ......
};
```

- parent_device：指向父裝置。
- name：/proc/interrupts 中顯示的名稱。
- irq_startup：啟動中斷，如果設置為 NULL，中斷預設開啟。
- irq_shutdown：關閉中斷，如果設置為 NULL，中斷預設禁止。
- irq_enable：中斷啟用，如果設置為 NULL，中斷預設為 chip->unmask。
- irq_disable：中斷禁止。
- irq_ack：開始新的中斷。
- irq_mask：中斷來源遮罩。
- irq_mask_ack：應答並遮罩中斷。
- irq_unmask：解除中斷遮罩。
- irq_eoi：中斷處理結束後呼叫。
- irq_set_affinity：在 SMP 中設置 CPU 親和力。
- irq_retrigger：重新發送中斷到 CPU。
- irq_set_type：設置中斷觸發類型。
- irq_set_wake：啟用/禁止電源管理中的喚醒功能。
- irq_bus_lock：慢速晶片匯流排上鎖。
- irq_bus_sync_unlock：同步釋放慢速匯流排晶片的鎖。

struct irq_domain 與中斷控制器對應，完成硬體中斷編號 hwirq 到 virq 的映射：

```
struct irq_domain {
    struct list_head link;
    const char *name;
    const struct irq_domain_ops *ops;
    void *host_data;
    unsigned int flags;
    unsigned int mapcount;

    struct fwnode_handle *fwnode;
```

```
    enum irq_domain_bus_token bus_token;
    struct irq_domain_chip_generic *gc;
#ifdef CONFIG_IRQ_DOMAIN_HIERARCHY
    struct irq_domain *parent;
#endif
#ifdef CONFIG_GENERIC_IRQ_DEBUGFS
    struct dentry       *debugfs_file;
#endif

    irq_hw_number_t hwirq_max;
    unsigned int revmap_direct_max_irq;
    unsigned int revmap_size;
    struct radix_tree_root revmap_tree;
    unsigned int linear_revmap[];
};
```

- link：用於將 irq_domain 連接到全域鏈結串列 irq_domain_list 中。

- name：irq_domain 的名稱。

- ops：irq_domain 映射操作函式集。

- mapcount：映射好的中斷的數量。

- fwnode：對應中斷控制器的 device node。

- parent：指向父級 irq_domain 的指標，用於支援串聯 irq_domain。

- hwirq_max：該 irq_domain 支援的中斷最大數量。

- linear_revmap[]：hwirq->virq 反向映射的線性串列。

struct irq_domain_ops 是 irq_domain 映射操作函式集：

```
struct irq_domain_ops {
    int (*match)(struct irq_domain *d, struct device_node *node,
            enum irq_domain_bus_token bus_token);
    int (*select)(struct irq_domain *d, struct irq_fwspec *fwspec,
            enum irq_domain_bus_token bus_token);
    int (*map)(struct irq_domain *d, unsigned int virq, irq_hw_number_t hw);
    void (*unmap)(struct irq_domain *d, unsigned int virq);
    int (*xlate)(struct irq_domain *d, struct device_node *node,
            const u32 *intspec, unsigned int intsize,
            unsigned long *out_hwirq, unsigned int *out_type);
    ......
};
```

- match：用於中斷控制器裝置與 irq_domain 的匹配。
- map：用於硬體中斷編號與 Linux 中斷編號的映射。
- xlate：透過 device_node，解析硬體中斷編號和觸發方式。

struct irqaction 主要用來儲存裝置驅動註冊的中斷處理函式。

```
struct irqaction {
    irq_handler_t       handler;
    void                *dev_id;
    ......
    unsigned int        irq;
    unsigned int        flags;
    ......
    const char          *name;
    struct proc_dir_entry   *dir;
} ____cacheline_internodealigned_in_smp;
```

- handler：裝置驅動裡的中斷處理函式。
- dev_id：裝置 id。
- irq：中斷編號。
- flags：中斷標識，在註冊時設置，比如上昇緣中斷、下降沿中斷等。
- name：中斷名稱，產生中斷的硬體的名稱。
- dir：指向 /proc/irq/ 相關的資訊。

下面用圖 13-8 來整理以上資料結構。

圖 13-8 所示的結構 struct irq_desc 是在裝置驅動載入的過程中完成的，讓裝置樹中的中斷能與具體的中斷描述符號 irq_desc 匹配，其中 struct irqaction 儲存著裝置的中斷處理函式。右邊框內的結構主要是在中斷控制器驅動載入的過程中完成的，其中 struct irq_chip 用於對中斷控制器的硬體操作，struct irq_domain 用於硬體中斷編號到 Linux irq 的映射。

下面結合程式看看中斷控制器驅動和裝置驅動是如何建立這些結構的，以及硬中斷和虛擬中斷編號是如何完成映射的。

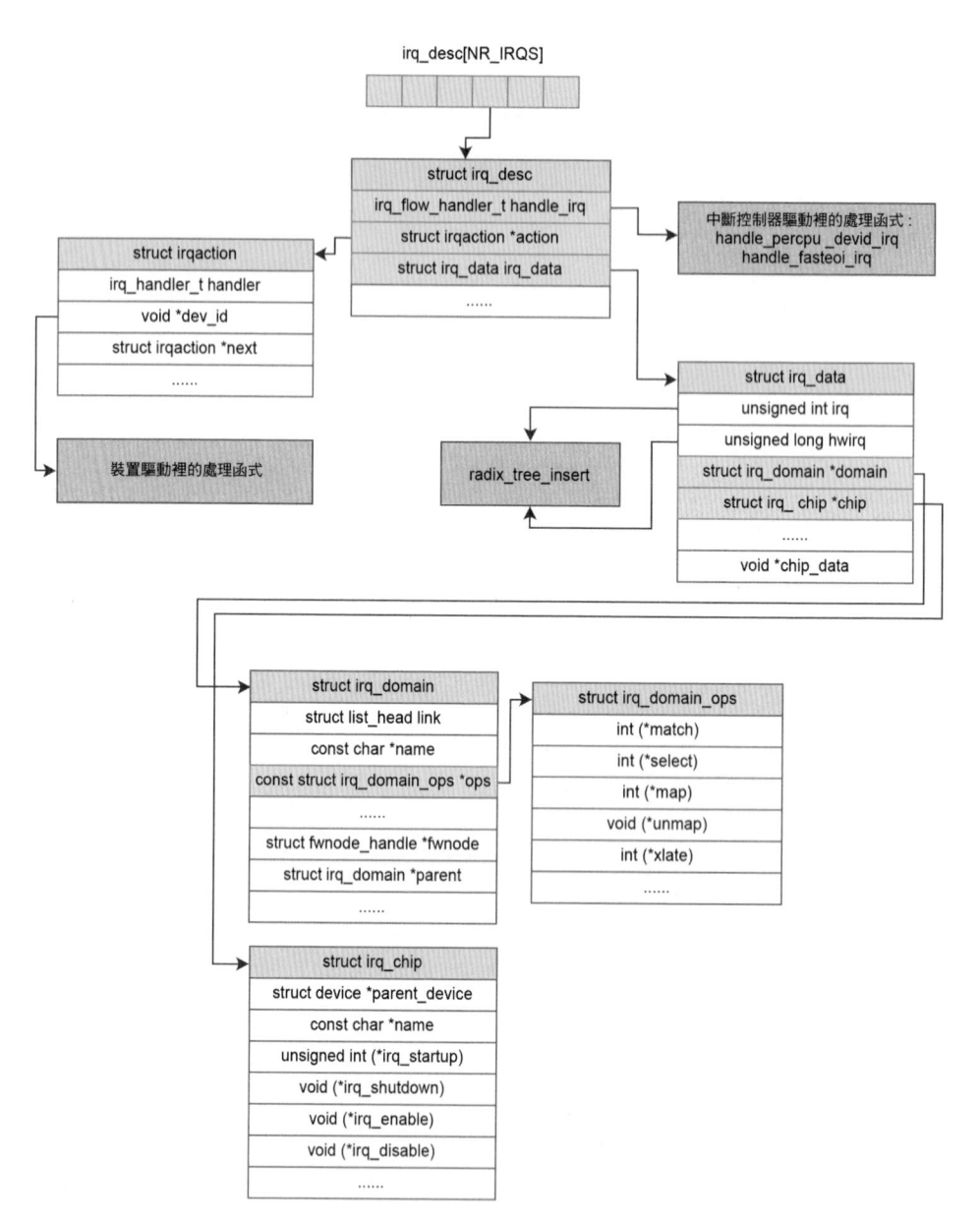

▲ 圖 13-8 資料結構之間的關係

13.3.2 中斷控制器註冊 irq_domain

我們現在已經知道 irq_domain 的作用,下面看看它是怎樣在中斷控制器裡註冊的,如圖 13-9 所示。

```
gic_init_bases → 註冊一個 irq domain 的資料結構    → 分配irq_domain, 並初始化irq_domain和irq_domain_ops結構體
                 irq_domain_create_tree              __irq_domain_add
```

▲ 圖 13-9 irq_domain 的註冊

可以看到,註冊時透過 __irq_domain_add 初始化 irq_domain 資料結構,然後把 irq_ domain 增加到全域鏈結串列 irq_domain_list 中。

13.3.3 外接裝置硬中斷和虛擬中斷編號的映射關係

裝置的驅動在初始化的時候可以呼叫 irq_of_parse_and_map 這個介面函式進行該 device node 中和中斷相關的內容的解析,並建立映射關係,如圖 13-10 所示。我們透過下面的程式來詳細解析,裝置樹裡的中斷資訊是如何和中斷控制器連結的。

第 13 章　中斷模組

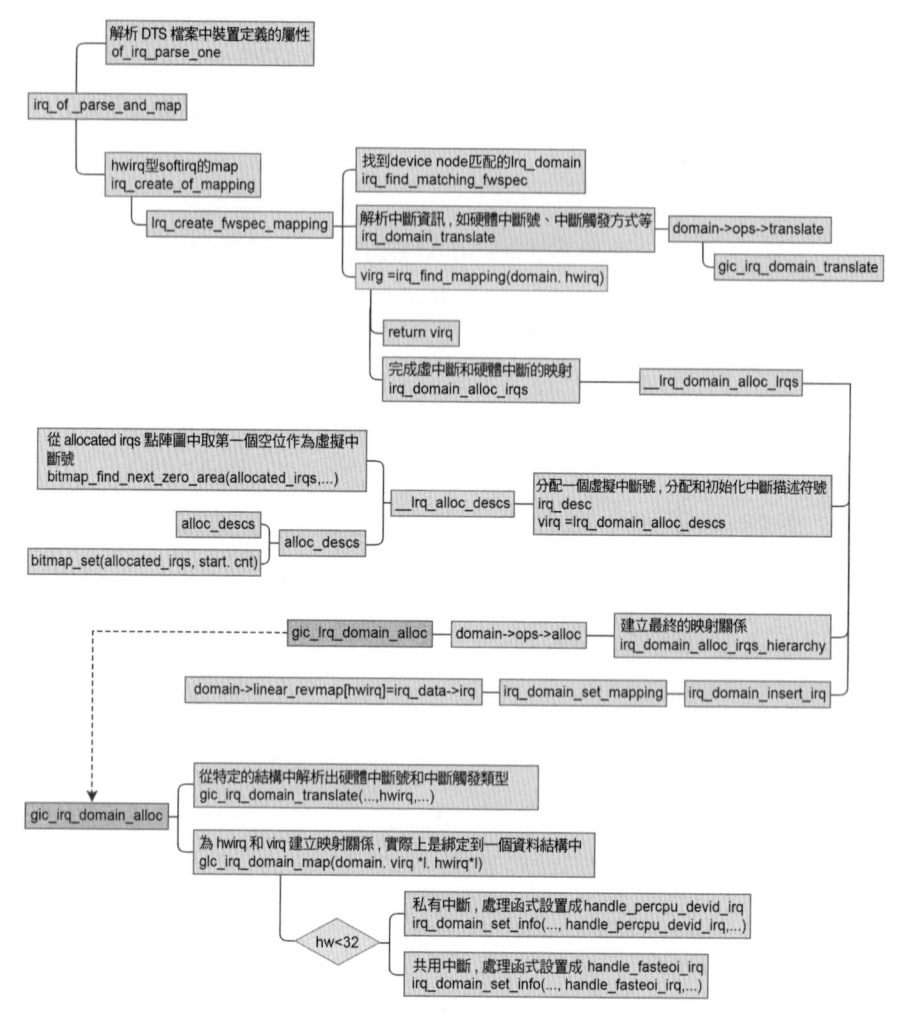

```
解析 DTS 檔案中裝置定義的屬性
of_irq_parse_one
  │
irq_of_parse_and_map
  │
  ├─ hwirq 型 softirq 的 map
  │  irq_create_of_mapping
  │     │
  │     └─ Irq_create_fwspec_mapping
  │           ├─ 找到 device node 匹配的 Irq_domain
  │           │  irq_find_matching_fwspec
  │           ├─ 解析中斷資訊，如硬體中斷號、中斷觸發方式等
  │           │  irq_domain_translate ─── domain->ops->translate
  │           │                              └─ gic_irq_domain_translate
  │           ├─ virq = irq_find_mapping(domain, hwirq)
  │           ├─ return virq
  │           └─ 完成虛中斷和硬體中斷的映射
  │              irq_domain_alloc_irqs ─── __Irq_domain_alloc_Irqs
                                              │
  從 allocated irqs 點陣圖中取第一個空位作為虛擬中    │
  斷號                                               │
  bitmap_find_next_zero_area(allocated_irqs,...) ─ __Irq_alloc_descs
                                                      ├─ 分配一個虛擬中斷號，分配和初始化中斷描述符號
  alloc_descs ─── alloc_descs                         │  irq_desc
  bitmap_set(allocated_irqs, start, cnt)              │  virq = Irq_domain_alloc_descs
                                                      │
                                                      └─ 建立最終的映射關係
        ┌─ gic_Irq_domain_alloc ── domain->ops->alloc    irq_domain_alloc_irqs_hierarchy
        │                                                   │
        │     domain->linear_revmap[hwirq]=irq_data->irq ── irq_domain_set_mapping ── irq_domain_insert_irq
        │
        └─ gic_irq_domain_alloc
              ├─ 從特定的結構中解析出硬體中斷號和中斷觸發類型
              │  gic_irq_domain_translate(...,hwirq,...)
              ├─ 為 hwirq 和 virq 建立映射關係，實際上是綁定到一個資料結構中
              │  glc_irq_domain_map(domain, virq *I, hwirq*I)
              └─ hw<32
                   ├─ 私有中斷，處理函式設置成 handle_percpu_devid_irq
                   │  irq_domain_set_info(..., handle_percpu_devid_irq,...)
                   └─ 共用中斷，處理函式設置成 handle_fasteoi_irq
                      irq_domain_set_info(..., handle_fasteoi_irq,...)
```

▲ 圖 13-10　中斷資訊的映射過程

- of_irq_parse_one 函式用於解析 DTS 檔案中裝置定義的屬性，如「reg」,「interrupt」。

- irq_find_matching_fwspec 遍歷 irq_domain_list 鏈結串列，找到 device node 匹配的 irq_ domain。

- gic_irq_domain_translate 解析出中斷資訊，比如硬體中斷編號 hwirq、中斷觸發方式。

- irq_domain_alloc_descs 分配一個虛擬的中斷編號 virq，分配和初始化中斷描述符號 irq_desc。
- gic_irq_domain_alloc 為 hwirq 和 virq 建立映射關係。內部會透過 irq_domain_set_info 呼叫 irq_domain_set_hwirq_and_chip，然後透過 virq 獲取 irq_data 結構，並將 hwirq 設置到 irq_data->hwirq 中，最終完成 hwirq 到 virq 的映射。
- irq_domain_set_info 根據硬體中斷編號的範圍設置 irq_desc->handle_irq 的指標，共用中斷入口為 handle_fasteoi_irq，私有中斷入口為 handle_percpu_devid_irq。

最後，可以透過 /proc/interrupts 下的值來看看它們的關係，如圖 13-11 所示。

```
# cat /proc/interrupts
          CPU0      CPU1      CPU2      CPU3      CPU4      CPU5
  9:         0         0         0         0         0         0     GICv3  25 Level     vgic
 11:         0         0         0         0         0         0     GICv3  30 Level     kvm guest ptimer
 12:         0         0         0         0         0         0     GICv3  27 Level     kvm guest vtimer
 13:   1149443    944871    946025    933825    967989    906568     GICv3  26 Level     arch_timer
 14:     53581     87488     74525     87211     84689     78662     GICv3 104 Level     timer@44290000
 15:    259052         0         0         0         0         0     GICv3 258 Level     445b0000.mailbox[3-0], 445b0000.mailbox[3-1]
 16:       184         0         0         0         0         0     GICv3  56 Level     47550000.mailbox[0-0], 47550000.mailbox[1-0]
 17:         2         0         0         0         0         0     GICv3 287 Level     47350000.v2x-mu[0-0], 47350000.v2x-mu[1-0]
 18:         0         0         0         0         0         0     GICv3  59 Level     47300000.mailbox[0-0], 47300000.mailbox[1-0]
 19:         0         0         0         0         0         0     GICv3 286 Level     47320000.mailbox[0-0], 47320000.mailbox[1-0]
 20:         0         0         0         0         0         0     GICv3 357 Edge      arm-smmu-v3-evtq
 22:         0         0         0         0         0         0     GICv3 360 Edge      arm-smmu-v3-gerror
 23:         0         0         0         0         0         0     GICv3 350 Level     imx-neutron-mailbox
 24:         0         0         0         0         0         0     GICv3 233 Level     imx93-adc
 25:         0         0         0         0         0         0     GICv3  23 Level     arm-pmu
 26:         0         0         0         0         0         0     GICv3 123 Level     imx9_ddr_perf_pmu
 27:         4         0         0         0         0         0     GICv3 266 Level     42430000.mailbox[0-1], 42430000.mailbox[1-1]
```

▲ 圖 13-11 中斷資訊

現在，我們已經知道核心為硬體中斷編號與 Linux 中斷編號做了映射、相關資料結構的綁定及初始化，並且設置了中斷處理函式執行的入口。接下來再看看裝置的中斷是怎樣註冊的。

13.4 中斷的註冊

裝置驅動中，獲取到 irq 中斷編號後，通常就會採用 request_irq/request_threaded_irq 來註冊中斷，其中 request_irq 用於註冊普通處理的中斷。request_threaded_irq 用於註冊執行緒化處理的中斷，執行緒化處理的中斷的主要目的是把中斷上下文的任務遷移到執行緒中，減少系統關中斷的時間，增強系統的即時性。中斷註冊的程式如下所示：

```c
static inline int __must_check
request_irq(unsigned int irq, irq_handler_t handler, unsigned long flags,
        const char *name, void *dev)
{
    return request_threaded_irq(irq, handler, NULL, flags, name, dev);
}
```

在上述程式中 irq 是 Linux 中斷編號，handler 是中斷處理函式，flags 是中斷標識位元，name 是中斷的名稱。在講具體的註冊流程前，先來看主要的中斷標識位元：

```
#define IRQF_SHARED         0x00000080      // 多個裝置共用一個中斷編號，需要外接裝置硬體支援
#define IRQF_PROBE_SHARED   0x00000100      // 中斷處理常式允許 sharing mismatch 發生
#define __IRQF_TIMER        0x00000200      // 時鐘中斷
#define IRQF_PERCPU         0x00000400      // 屬於特定 CPU 的中斷
#define IRQF_NOBALANCING    0x00000800      // 禁止在 CPU 之間進行中斷均衡處理
#define IRQF_IRQPOLL        0x00001000      // 中斷被用作輪詢
#define IRQF_ONESHOT        0x00002000      /* 一次性觸發的中斷，不能巢狀結構，1）在硬體中斷處理完成後才能開啟中斷；2）在中斷執行緒化中保持關閉狀態，直到該中斷來源上的所有 thread_fn 函式都執行完 */
#define IRQF_NO_SUSPEND     0x00004000      // 系統休眠喚醒操作中，不關閉該中斷
#define IRQF_FORCE_RESUME   0x00008000      // 系統喚醒過程中必須強制開啟該中斷
#define IRQF_NO_THREAD      0x00010000      // 禁止中斷執行緒化
#define IRQF_EARLY_RESUME   0x00020000      /* 系統喚醒過程中在 syscore 階段 resume，而不用等到裝置 resume 階段 */
#define IRQF_COND_SUSPEND   0x00040000      /* 與 NO_SUSPEND 的使用者共用中斷時，執行本裝置的中斷處理函式 */
```

中斷建立完成後，透過 ps 命令可以查看系統中的中斷執行緒，注意這些執行緒是即時執行緒 SCHED_FIFO：

```
# ps -A | grep "irq/"
root      1749    2    0    0 irq_thread    0 S [irq/433-imx_drm]
root      1750    2    0    0 irq_thread    0 S [irq/439-imx_drm]
root      1751    2    0    0 irq_thread    0 S [irq/445-imx_drm]
root      1752    2    0    0 irq_thread    0 S [irq/451-imx_drm]
root      2044    2    0    0 irq_thread    0 S [irq/279-isl2902]
root      2192    2    0    0 irq_thread    0 S [irq/114-mmc0]
root      2199    2    0    0 irq_thread    0 S [irq/115-mmc1]
root      2203    2    0    0 irq_thread    0 S [irq/322-5b02000]
root      2361    2    0    0 irq_thread    0 S [irq/294-4-0051]
```

13.5 中斷的處理

當完成中斷的註冊後，所有結構的組織關係都已經建立好，剩下的工作就是在訊號來臨時，進行中斷的處理工作。這裡我們在前面基礎知識的基礎上，把中斷觸發、中斷處理等整個流程走一遍。

假設當前在 EL0 執行一個應用程式，觸發了一個 EL0 的 irq 中斷，則處理器在做中斷處理的時候，對應的暫存器操作如圖 13-12 所示。

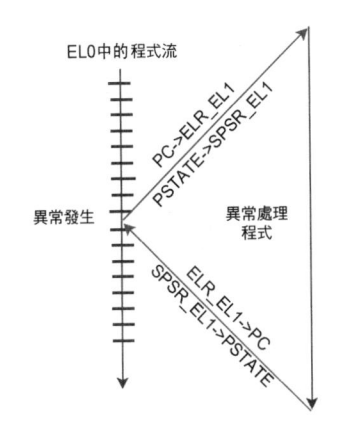

▲圖 13-12 中斷處理時的暫存器行為

程式首先會跳到 arm64 對應的異常向量表：

```
/*
 * 異常向量
 */
        .pushsection ".entry.text", "ax"

        .align   11
SYM_CODE_START(vectors)
        ......

        kernel_ventry    1, sync          // el1 下的同步異常，例如指令執行異常、缺頁中斷等
        kernel_ventry    1, irq           // el1 下的非同步異常，硬體中斷。 1 代表異常等級
        kernel_ventry    1, fiq_invalid   // FIQ EL1h
        kernel_ventry    1, error         // Error EL1h

        kernel_ventry    0, sync          // el0 下的同步異常，例如指令執行異常、缺頁中斷
                                          //（跳躍位址或取位址）、系統呼叫等
        kernel_ventry    0, irq           // el0 下的非同步異常，硬體中斷。0 代表異常等級
```

```
            kernel_ventry    0, fiq_invalid      // FIQ 64 位元 EL0
            kernel_ventry    0, error            // Error 64 位元 EL0

......
#endif
SYM_CODE_END(vectors)
```

ARM64 的異常向量表 vectors 中設置了各種異常的入口。kernel_ventry 展開後，可以看到有效的異常入口有兩個同步異常 el0_sync 和 el1_sync，和兩個非同步異常 el0_irq 和 el1_irq，其他異常入口暫時都為 invalid。中斷屬於非同步異常。

在進入主要內容前，先巨觀看看中斷處理的流程，如圖 13-13 所示。

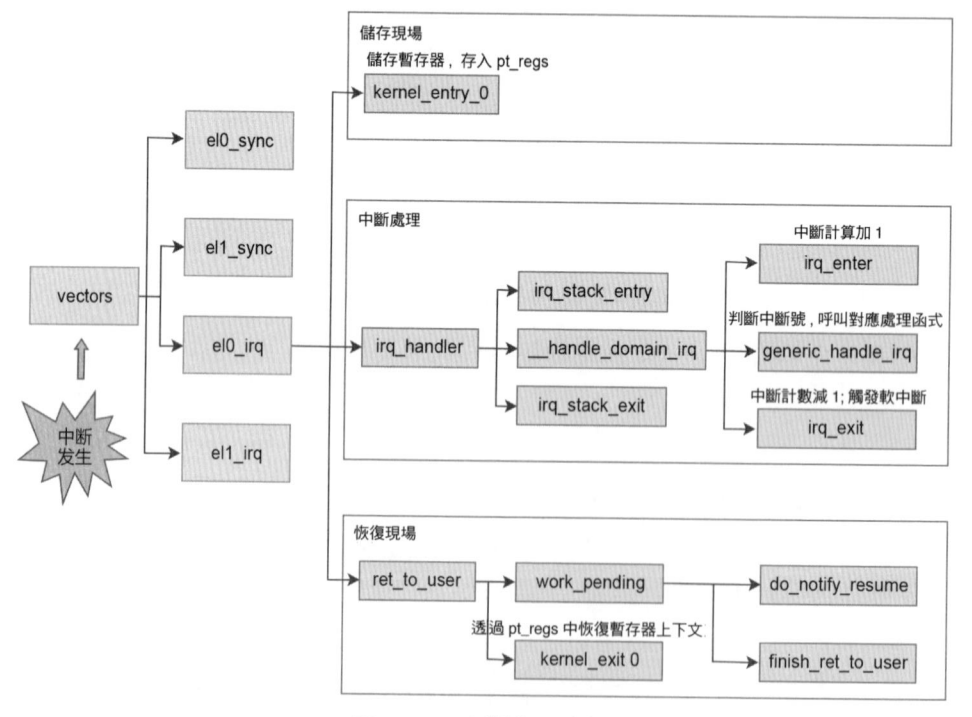

▲ 圖 13-13 中斷處理流程圖

透過圖 13-13 可以看出中斷的處理分為三部分：保護現場、中斷處理和恢復現場。其中 el0_irq 和 el1_irq 的具體實現略有不同，但處理流程是大致相同的。接下來以 el0_irq 為例對上面三個步驟進行整理。對應的組合語言程式碼如下所示：

```
SYM_CODE_START_LOCAL(el\el\ht\()_\regsize\()_\label)
    kernel_entry \el, \regsize
    mov     x0, sp
    bl      el\el\ht\()_\regsize\()_\label\()_handler
    .if \el == 0
    b       ret_to_user
    .else
    b       ret_to_kernel
    .endif
SYM_CODE_END(el\el\ht\()_\regsize\()_\label)
```

13.5.1 保護現場

透過上面的程式我們知道，當中斷發生時，先呼叫程式 kernel_entry 0，其中 kernel_entry 是一個巨集，此巨集會將 CPU 暫存器按照 pt_regs 結構的定義將第一現場儲存到堆疊上。巨集的定義如下：

```
.macro  kernel_entry, el, regsize = 64
.if     \regsize == 32
mov     w0, w0
.endif
stp     x0, x1, [sp, #16 * 0]
stp     x2, x3, [sp, #16 * 1]
stp     x4, x5, [sp, #16 * 2]
stp     x6, x7, [sp, #16 * 3]
stp     x8, x9, [sp, #16 * 4]
stp     x10, x11, [sp, #16 * 5]
stp     x12, x13, [sp, #16 * 6]
stp     x14, x15, [sp, #16 * 7]
stp     x16, x17, [sp, #16 * 8]
stp     x18, x19, [sp, #16 * 9]
stp     x20, x21, [sp, #16 * 10]
stp     x22, x23, [sp, #16 * 11]
stp     x24, x25, [sp, #16 * 12]
stp     x26, x27, [sp, #16 * 13]
stp     x28, x29, [sp, #16 * 14]

.if     \el == 0
clear_gp_regs
mrs     x21, sp_el0
ldr_this_cpu    tsk, __entry_task, x20
```

```
    msr     sp_el0, tsk
```

上述程式中的 enable_da_f 是關閉中斷。

```
.macro enable_da_f
msr     daifclr, #(8 | 4 | 1)
.endm
```

總之，保護現場的處理主要包含下面 3 個操作：

1. 將 PSTATE 儲存到 SPSR_ELx 暫存器。

2. 將 PSTATE 中的 D A I F 全部遮罩。

3. 將 PC 暫存器的值儲存到 ELR_ELx 暫存器。

13.5.2 中斷處理

保護現場後，即將跳入中斷處理 irq_handler。

```
.macro  irq_handler
ldr_l   x1, handle_arch_irq
mov     x0, sp
irq_stack_entry         // 進入中斷堆疊
blr     x1              // 執行 handle_arch_irq
irq_stack_exit          // 退出中斷堆疊
.endm
```

中斷堆疊用來儲存中斷的上下文，中斷發生和退出的時候呼叫 irq_stack_entry 和 irq_stack_exit 來進入和退出中斷堆疊。中斷堆疊是在核心啟動時就建立好的，核心在啟動過程中會去為每個 CPU 建立一個 per cpu 的中斷堆疊（呼叫流程為 start_kernel->init_IRQ->init_irq_stacks）。

那中斷控制器的 handle_arch_irq 又指向哪裡呢？其實前面講過，在核心啟動過程中初始化中斷控制器時，設置了具體的 handler，gic_init_bases->set_handle_irq 將 handle_arch_irq 指標指向 gic_handle_irq 函式，程式如下：

```
void __init set_handle_irq(void (*handle_irq)(struct pt_regs *))
{
    if (handle_arch_irq)
        return;

    handle_arch_irq = handle_irq;
```

```
}
static int __init gic_init_bases(void __iomem *dist_base,
                 struct redist_region *rdist_regs,
                 u32 nr_redist_regions,
                 u64 redist_stride,
                 struct fwnode_handle *handle)
{
    set_handle_irq(gic_handle_irq);
}
```

所以,中斷處理最終會進入 gic_handle_irq:

```
static asmlinkage void __exception_irq_entry gic_handle_irq(struct pt_regs *regs)
{
    u32 irqnr;

    do {
        irqnr = gic_read_iar();                                     ------(1)

        if (likely(irqnr > 15 && irqnr < 1020) || irqnr >= 8192) {  ------(2)
            int err;

            if (static_key_true(&supports_deactivate))
                gic_write_eoir(irqnr);
            else
                isb();

            err = handle_domain_irq(gic_data.domain, irqnr, regs);  ------(3)
            if (err) {
                WARN_ONCE(true, "Unexpected interrupt received!\n");
                if (static_key_true(&supports_deactivate)) {
                    if (irqnr < 8192)
                        gic_write_dir(irqnr);
                } else {
                    gic_write_eoir(irqnr);
                }
            }
            continue;
        }
        if (irqnr < 16) {                                           ------(4)
            gic_write_eoir(irqnr);
            if (static_key_true(&supports_deactivate))
                gic_write_dir(irqnr);
#ifdef CONFIG_SMP
            handle_IPI(irqnr, regs);                                ------(5)
#else
            WARN_ONCE(true, "Unexpected SGI received!\n");
```

```
#endif
            continue;
        }
    } while (irqnr != ICC_IAR1_EL1_SPURIOUS);
}
```

為了更進一步地理解上面的程式，下面按照程式裡標注的序號進行解釋：

（1）讀取中斷控制器的暫存器 GICC_IAR，並獲取 hwirq。

（2）外接裝置觸發的中斷。硬體中斷編號 0~15 表示 SGI 類型的中斷，15~1020 表示外接裝置中斷（SPI 或 PPI 類型），8192~MAX 表示 LPI 類型的中斷。

（3）中斷控制器中斷處理的主體。

（4）軟體觸發的中斷。

（5）核心間互動觸發的中斷。

序號（3）是中斷控制器中斷處理的主體，詳細程式如下：

```
int __handle_domain_irq(struct irq_domain *domain, unsigned int hwirq,
            bool lookup, struct pt_regs *regs)
{
    struct pt_regs *old_regs = set_irq_regs(regs);
    unsigned int irq = hwirq;
    int ret = 0;

    irq_enter();                                    ------(1)

#ifdef CONFIG_IRQ_DOMAIN
    if (lookup)
        irq = irq_find_mapping(domain, hwirq);      ------(2)
#endif

    if (unlikely(!irq || irq >= nr_irqs)) {
        ack_bad_irq(irq);
        ret = -EINVAL;
    } else {
        generic_handle_irq(irq);                    ------(3)
    }

    irq_exit();                                     ------(4)
```

```
    set_irq_regs(old_regs);
    return ret;
}
```

其中標注序號的程式的功能如下：

（1）進入中斷上下文。

（2）根據 hwirq 去查詢 Linux 中斷編號。

（3）透過中斷編號找到全域中斷描述符號陣列 irq_desc[NR_IRQS] 中的一項，然後呼叫 generic_handle_irq_desc，執行該 irq 編號註冊的 action。

（4）退出中斷上下文。

上面序號（3）的詳細程式如下：

```
static inline void generic_handle_irq_desc(struct irq_desc *desc)
{
    desc->handle_irq(desc);
}
```

呼叫 desc->handle_irq 指向的回呼函式。

irq_domain_set_info 根據硬體中斷編號的範圍設置 irq_desc->handle_irq 的指標，共用中斷入口為 handle_fasteoi_irq，私有中斷入口為 handle_percpu_devid_irq，如圖 13-14 所示。

- handle_percpu_devid_irq：處理私有中斷，在這個過程中會分別呼叫中斷控制器的處理函式進行硬體操作，該函式呼叫 action->handler() 來進行中斷處理。

- handle_fasteoi_irq：處理共用中斷，並且遍歷 irqaction 鏈結串列，一個一個呼叫 action-> handler() 函式，這個函式正是裝置驅動程式呼叫 request_irq/request_threaded_irq 介面註冊的中斷處理函式。此外，如果中斷執行緒化處理，還會呼叫 __irq_wake_ thread 喚醒核心執行緒。

[圖 13-14 中斷處理的過程的流程圖]

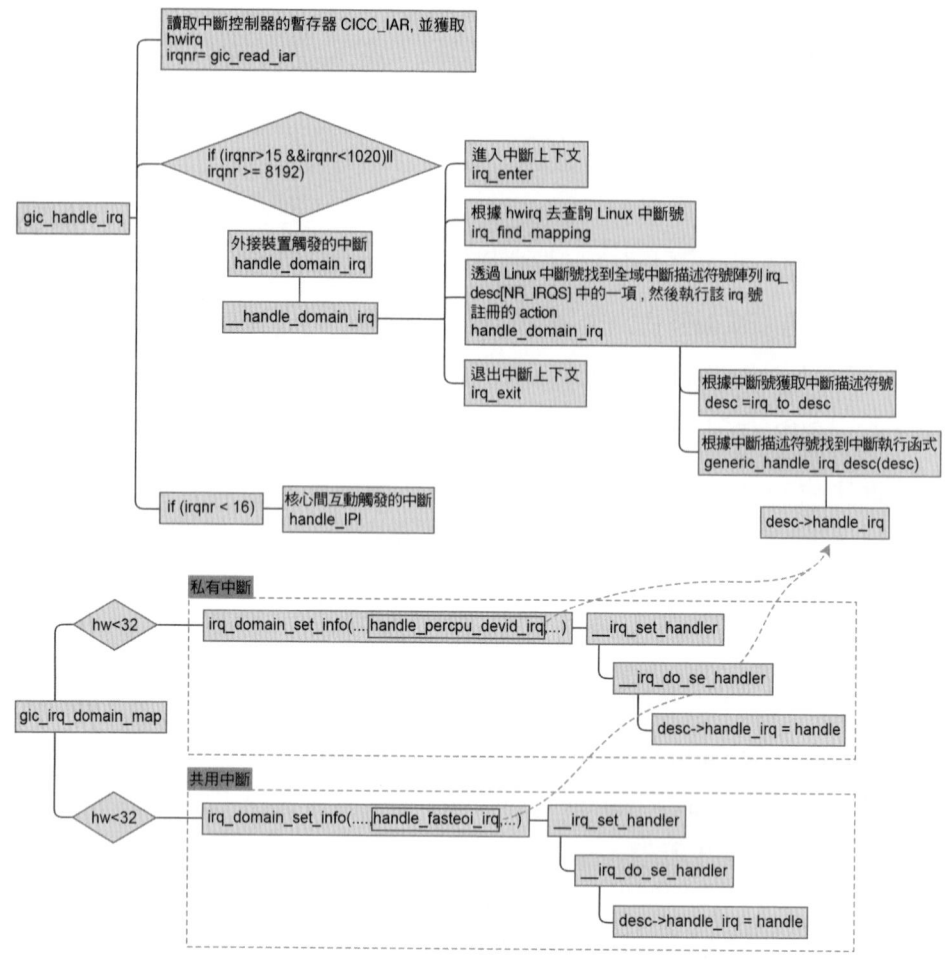

▲圖 13-14 中斷處理的過程

13.5.3 恢復現場

講完了保護現場、中斷處理，下面就是中斷的最後一個階段：恢復現場。

```
SYM_CODE_START_LOCAL(ret_to_user)
        disable_daif                    //D A I F 分別為 PSTAT 中的四個異常
                                        // 遮罩標識位元，此處遮罩這 4 種異常
        gic_prio_kentry_setup tmp=x3
#ifdef CONFIG_TRACE_IRQFLAGS
        bl      trace_hardirqs_off
#endif
```

```
        ldr     x19, [tsk, #TSK_TI_FLAGS]    // 獲取 thread_info 中的 flags 變數的值
        and     x2, x19, #_TIF_WORK_MASK
        cbnz    x2, work_pending
finish_ret_to_user:
        user_enter_irqoff
        clear_mte_async_tcf
        enable_step_tsk x19, x2
#ifdef CONFIG_GCC_PLUGIN_STACKLEAK
        bl      stackleak_erase
#endif
        kernel_exit 0                        // 恢復 pt_regs 中的暫存器上下文
```

恢復現場主要分三步：第一步取消中斷；第二步檢查在退出中斷前有沒有需要處理的事情，如排程、訊號處理等；第三步將之前壓堆疊的 pt_regs 彈出，恢復現場。

上面講了中斷控制器和裝置驅動的初始化。包括從裝置樹獲取中斷來源資訊的解析、硬體中斷編號到 Linux 中斷編號的映射關係、irq_desc 等各個結構的分配及初始化、中斷的註冊，等等。總而言之，就是完成靜態關係建立，為中斷處理做好準備。

當外接裝置觸發中斷訊號時，中斷控制器接收到訊號並發送到處理器，此時處理器進行異常模式切換，如果包括中斷執行緒化，則還需要進行中斷核心執行緒的喚醒操作，最終完成中斷處理函式的執行。